数据库系统原理

周志逵　郭贵锁　陆耀　孙新　张文耀　编著

清華大學出版社
北京

内容简介

本书对数据库系统的概念、原理、技术和方法进行了系统和全面的阐述。全书共分 17 章,其中,第 1～3 章介绍了数据库的基本概念,包括数据库的发展过程、数据库的系统结构、数据模型和关系代数等;第 5～9 章对数据库管理系统中的查询优化、数据库安全性和完整性、数据库的恢复技术、并发控制等内容进行了阐述;第 10 章和第 11 章分别是数据库设计理论和数据库设计方法;第 4 章和第 12 章分别介绍了标准的 SQL 语言和 SQL Server 的 Transact-SQL 语言编程;第 13 章介绍了数据库的存储技术;第 14～17 章是数据库新技术的内容,分别介绍了分布式数据库、面向对象数据库、多媒体数据库、空间数据库、XML 数据库等。

本书在介绍理论的同时对 SQL Server 数据库中的具体实现进行了简要的描述,以达到理论与实际相结合的目的。

本书可以作为高等学校计算机专业、信息管理与信息系统等相关专业数据库原理课程的教材,也可作为从事数据库系统研究、开发和应用的研究人员和工程技术人员的参考书。

图书在版编目(CIP)数据

数据库系统原理/周志逵等编著.—北京:清华大学出版社,2008.11(2024.1 重印)
ISBN 978-7-302-18626-7

Ⅰ.数… Ⅱ.周… Ⅲ.数据库系统 Ⅳ.TP311.13

中国版本图书馆 CIP 数据核字(2008)第 145006 号

责任编辑: 张瑞庆　李玮琪
责任校对: 焦丽丽
责任印制: 沈　露

出版发行: 清华大学出版社
　　网　　址: https://www.tup.com.cn, https://www.wqxuetang.com
　　地　　址: 北京清华大学学研大厦 A 座　　**邮　　编:** 100084
　　社 总 机: 010-83470000　　**邮　　购:** 010-62786544
　　投稿与读者服务: 010-62776969,c-service@tup.tsinghua.edu.cn
　　质 量 反 馈: 010-62772015,zhiliang@tup.tsinghua.edu.cn
印 装 者: 涿州市般润文化传播有限公司
经　　销: 全国新华书店
开　　本: 185mm×260mm　　**印　张:** 26.5　　**字　　数:** 645 千字
版　　次: 2008 年 11 月第 1 版　　**印　　次:** 2024 年 1 月第 5 次印刷
定　　价: 66.90 元

产品编号:028993-04

前言

FOREWORD

数据库技术是计算机科学领域中发展最快、应用最广泛的技术之一。自20世纪60年代末以来，在40年的发展历程中，数据库技术的研究和应用取得了巨大的成就。数据库技术被广泛应用于管理各种信息，已成为当今计算机信息系统的基础和核心，成为管理和利用信息资源不可缺少的工具。

数据库技术的广泛应用受到了人们的极大关注，学习和了解数据库技术成了广大科技工作者、管理人员和数据库使用者的共同需要。数据库是计算机专业大学生的必修课之一，非计算机专业的学生也需要学习和应用数据库技术来解决本专业的问题。从这些需求出发，作者编写了这本数据库系统原理教材。

本书是作者在多年从事教学和科研的基础上编写成的。在编写和组织内容时，注重了内容的全面性和实用性。本书内容包括数据模型、数据库语言、数据库的实现技术、数据库的设计理论和技术、数据库的存储结构等。除了介绍数据库的基础知识和技术外，还介绍了数据库的新技术，力求使读者能够全面了解数据库涉及的概念、原理、方法和技术，了解数据库技术的发展和研究成果。书中的大部分示例结合了商用数据库管理系统 SQL Server 数据库。从实用性出发，在介绍基本 SQL 语句功能的基础上，进一步介绍了这些命令语句的实际应用，以帮助读者加深对 SQL 语句的理解和应用。在数据库设计部分，介绍了实用的 IDEF1X 数据建模方法，这在同类教材中很少见。书中结合实际示例介绍了数据库系统的数据建模过程。

全书共分17章，第1章数据库系统引论，介绍数据处理技术的发展、数据库系统结构和数据库管理系统等涉及的基本概念；第2章数据模型，介绍E-R模型、层次模型和网状模型、关系模型和面向对象模型中的基本概念；第3章关系数据库，介绍关系数据库涉及的基本概念及对关系的各种运算；第4章关系数据库标准语言 SQL，介绍 SQL 语言涉及的基本概念和 SQL 语言的主要功能；第5章查询处理和优化，介绍关系数据库的查询处理和查询优化技术；第6章至第9章，介绍数据库保护技术，分别介绍了数据库安全性概念和数据库采用的各种安全性措施、数据库完整性概念和完整性约束机制、数据库恢复技术和数据库并发控制技术，并介绍了实际数据库管理系统中所采用的各种数据保护技术；第10章至第12章介绍数据库设计理论和设计方法，结合 SQL Server 数据库介绍了数据库编程中的基本概念和方法；第13章数据库的存储结构，介绍数据库存储技术，包括记录的存储结构和数据库中使用的各种文件的存储结构；第14章至第17章介绍数据库的新技术，重点介绍了分布式数据库、对象和对象关系数据库、多媒体数据库、空间数据库、XML 数据库等，并简要介绍了其他数据库的新技术和新应用。

本书在编写过程中注意取材合理，尽量反映国内外最新研究成果，力求做到理论联系实际，概念清晰，通俗易懂，以便于自学。

本书可作为大专院校数据库课程的使用教材，1～13 章为本科生教学的基本内容，建议学时 48～64，其中带 * 的部分为非主讲内容，其他章节可供本科生、研究生作为参考。本书也可作为从事数据库系统研究、开发和应用的研究人员和工程技术人员的参考书。

参加本书编写的人员和章节：第 1 章～第 4 章和第 10 章由周志逵编写，第 5 章～第 7 章由孙新编写，第 8 章和第 9 章由陆耀编写，第 11 章、第 12 章、第 16 章和第 17 章由郭贵锁编写，第 13 章～第 15 章由张文耀编写。周志逵对全书内容进行了统稿和审定。

在本书的编写过程中，2006 级研究生陈银美等参与了书稿的部分编辑工作，在此表示衷心的感谢。

由于作者水平有限，书中难免存在许多不足之处，恳请读者批评指正。

作　者

2008 年 5 月

目录

CONTENTS

第1章 数据库系统引论

数据库是20世纪60年代末发展起来的数据处理新技术，它的出现使数据处理进入了一个崭新时代。数据库技术被广泛地用于信息管理、办公自动化、计算机辅助设计、计算机辅助决策等。时至今日，数据库已成为管理和应用信息资源不可缺少的重要工具。数据库的应用提高了人们的工作效率，产生了极大的社会和经济效益。同时，数据库的广泛应用也进一步促进了数据库技术的发展，使其成为计算机科学中发展最快的一个领域。本章介绍数据库系统涉及的基本概念，通过本章的学习，将对数据库有一个概括的了解。首先，回顾一下数据处理技术的发展。

1.1 数据管理技术的发展

所谓数据是表示信息的符号，可以是数字、文字、图形、图像、声音等。对数据进行收集、加工、应用、储存和传播等的一系列过程称为数据处理。

用计算机进行数据处理始于20世纪50年代初，那时的计算机不但能够处理数字，也具有处理字母的能力。人们用卡片、纸带或磁带作为存储介质把数据输入到计算机中进行处理，然后把处理结果打印出来。随着计算机软、硬件的发展，数据管理技术也在不断地发展。从最初的数据处理到现在的数据库管理，数据管理技术经历了人工管理、文件系统和数据库系统三个阶段。

1.1.1 人工管理阶段

20世纪50年代中期以前，计算机主要用于科学计算。这一阶段，计算机除硬设备外没有任何数据管理软件，数据处理方式是批处理。这一阶段的数据处理具有如下特点：

(1) 数据不保存

处理的数据由应用程序读入内存，经过处理后即将结果输出。数据和程序都不保存在计算机中。

(2) 没有专用的软件管理数据

应用程序中除了要规定数据的逻辑结构外，还要考虑数据在计算机中如何存储和组织，为数据分配空间、决定存取方法等。

(3) 应用程序完全依赖于数据

由于应用程序需要管理数据的逻辑结构和物理结构，数据结构的改变，存储与存取方法的变化，都会使应用程序跟着改变。这种应用程序与数据的存储、存取方式密切相关的情况，称为“数据依赖”。

(4) 数据不能共享

应用程序与数据是一一对应的。如果几个应用要用到同一数据，这些数据要重复存储，数据的冗余度很大。

这一阶段，数据的管理还是手工的、分散的，处理效率很低。数据与程序之间的关系如图 1-1 所示。

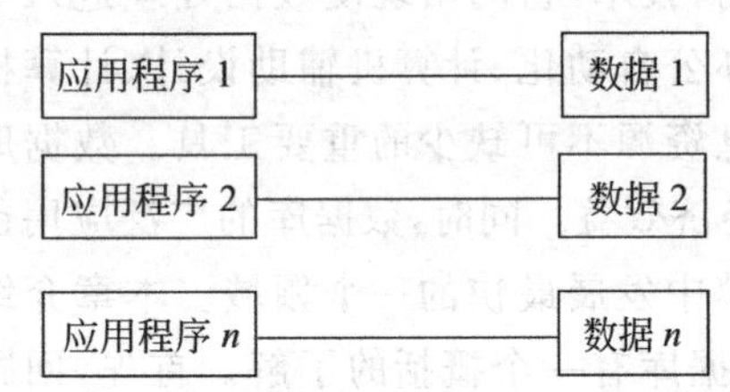

图 1-1　手工管理阶段数据与程序间的关系

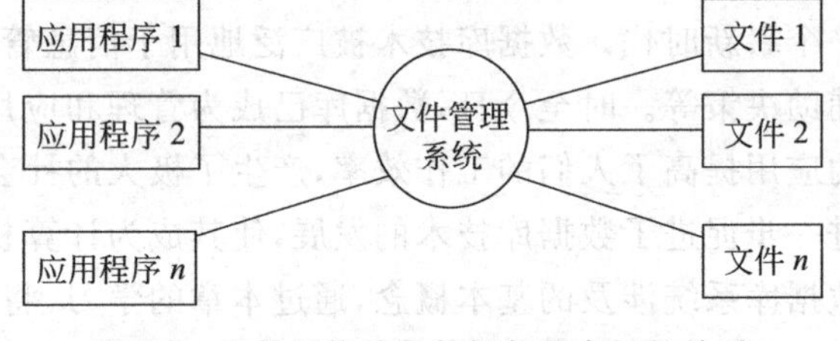

图 1-2　文件系统阶段数据与程序间的关系

1.1.2　文件系统阶段

20 世纪 50 年代后期，外设有了磁盘、磁鼓等直接存取的存储设备。与此同时，计算机软件也在迅速发展，出现了操作系统软件，数据可以以文件的形式存储在外存中。随着数据处理的日渐增多，有了专用于数据处理的软件，称为文件管理系统。

文件的应用，是计算机数据处理的重大进展。数据文件可以按名引用，应用程序通过文件管理系统与数据文件发生联系，数据的物理结构与逻辑结构间有了简单变换。在应用程序中，可以不必过多地考虑数据的物理存储细节，简化了程序员的数据管理工作。同时，一个应用程序可以和几个数据文件发生联系，增加了数据处理的灵活性。数据处理的方式有批处理，也有联机处理。但是，数据仍然是分散的，是面向应用的。文件系统阶段数据与程序间的对应关系如图 1-2 所示。

文件系统阶段数据处理有如下特点：

(1) 数据可以长期保存

大量的数据以文件形式保存在磁介质上，可以对数据进行查询、插入、删除和修改等操作。

(2) 有专门的文件系统软件管理数据

应用程序与数据间的依赖关系得到了改善。应用程序通过文件系统存取数据文件，不再管理数据的物理存储，程序与数据间具有一定的物理独立性。

(3) 数据是面向应用的

在文件系统阶段，应用程序与数据间不再是一一对应，部分系统允许应用程序存取多个文件中的数据。但数据还是面向应用的，文件间相互独立，缺乏联系。数据的记录结构与应用相对应，应用程序与数据间仍然存在着依赖关系。一旦数据结构改变，相应的应用程序就得进行修改,增加了程序的编制和维护的工作量。

(4) 数据冗余度大

由于数据面向应用,数据文件只为用户的特定用途服务,数据仅以文件为单位实现共享,因而应用所需要的相同数据可能重复存储,随着数据量的增大,造成大量的数据冗余,不仅浪费了存储空间,降低了存储器的利用率,而且带来潜在的数据不一致性。

例如,某单位的人事、教学、科研部门都需要处理职工的有关信息。

人事处要处理的信息有:部门名、职工号、姓名、性别、年龄、籍贯、文化程度、职务、工资、社会关系、个人简历。

教务处要处理的信息有:部门名、职工号、姓名、性别、年龄、职务、学历、专业、教学历史。

科研处要处理的信息包括:部门名、职工号、姓名、性别、年龄、职务、学历、科研历史。

在以上三个应用中,相同的数据如部门名、职工号、姓名、性别等要在不同文件中重复存储。如某人的职务发生了变化,人事处及时做了更新,但教务处和科研处可能还没有修改,出现了数据的不一致。

(5) 缺乏对数据统一的控制机制

在文件系统中数据的完整性、安全性等完全由应用程序自己管理,增加了程序的复杂性,部分管理软件虽然提供了安全、保密措施,但也不能满足应用的需求,数据的完整性、安全性等无法得到保证。

利用文件系统管理数据在编制程序和处理效率上有了明显的提高,但数据冗余、数据与程序依赖、不易扩充等还是没有得到很好的解决。文件系统的这些弊端促使人们研究新的数据管理技术。

1.1.3　数据库系统阶段

文件系统处理数据存在着诸多不足,而计算机用于管理,规模越来越大,数据量急剧增长。20 世纪 60 年代中期,磁盘技术取得了重要进展,大容量和快速存取的磁盘开始进入市场,给数据库系统的研究提供了良好的物质基础。60 年代后期出现的三件大事,标志着数据库管理技术已经进入了数据库时代。

(1) 1968 年美国 IBM 公司研制了世界上第一个商品化的数据库管理系统层次数据库系统 IMS(Information Management System)。

(2) 1969 年美国数据库系统语言研究会(Conference On Data System Language, CODASYL)下属的数据库任务组(DataBase Tast Group,DBTG)公布了基于网状模型的 DBTG 报告。

(3) 1970 年 IBM 公司的研究员 E. F. Codd 发表了题为《大型共享数据库数据的关系模型》等一系列关系数据库论文,奠定了关系数据库的理论基础。

用数据库技术管理数据基本上解决了数据冗余和数据依赖,实现了数据共享。数据以一定方式组织起来,由一个软件共同管理,作为应用程序与数据的接口。这一阶段数据与程序的关系如图 1-3 所示。

20 世纪 70 年代,数据库技术得到了迅速发展。在这期间,世界上研制出了许多数据库

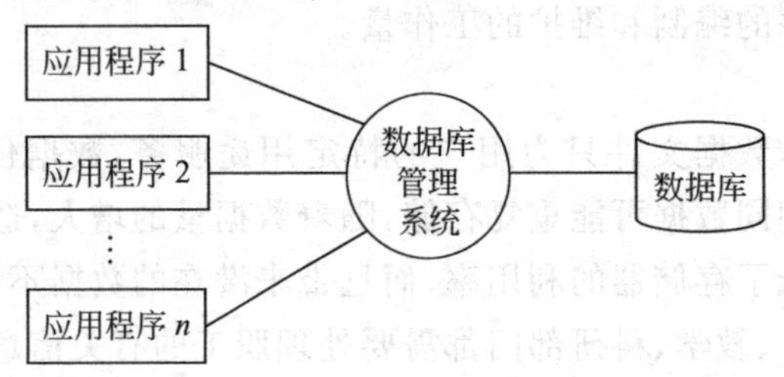

图 1-3 数据库系统阶段数据与程序间的关系

系统，较著名的有 IMS、IDMS、ADABAS、DMS11O、TOTAL、SYSTEMR、INGRES 等。70 年代末，数据库技术逐渐走向成熟。

数据库系统管理数据较文件系统有许多不同。它的主要特征如下。

1. 数据结构化

文件系统中的数据从整体上看是无结构的，数据文件之间不存在任何联系。而数据库系统中的数据是相互关联的，这种联系不仅表现在记录内部，更重要的是记录类型之间的相互联系。在数据库系统中，数据不是仅为某个应用服务，而是面向所有数据库的用户，所有数据以一定的形式结构而成，用户可以通过不同的路径存取数据，以满足用户的不同需要。

2. 数据独立性高

在文件系统中，应用程序不但与数据文件相互对应，而且与数据的存储和存取方式密切相关。在数据库系统中，应用程序不再同物理存储器上具体文件相对应，每个用户所使用的数据有其自身的逻辑结构。在数据库方式下，数据独立性表现在两个方面：物理独立性和逻辑独立性。

(1) 物理独立性

物理独立性是指数据库物理结构的改变，如数据的存储格式和组织方法的改变，外存设备的更换等不影响数据的逻辑结构，因而不会使应用程序随物理结构的改变而修改，数据的物理存储是独立于应用程序的。

(2) 逻辑独立性

逻辑独立性是指数据库中的逻辑数据结构，因增加新应用或某些应用发生变化而需要对数据重新定义或数据间的联系发生改变时，其他应用程序无需修改，即其他用户感觉不出数据逻辑结构的更改。

数据库系统中，数据独立性是通过系统所提供的二级映像实现的。这二级映像为：数据的存储结构与逻辑结构之间的映像；数据的全局逻辑结构到应用所涉及的局部逻辑结构之间的映像。

数据独立性给数据库的使用、调整、优化和进一步扩充带来了方便，提高了数据库应用系统的稳定性，减轻了程序员的负担。

3. 减少数据冗余

在数据库系统管理下的数据不再是面向应用，而是面向系统。数据集中管理，统一进行组织、定义和存储,避免了不必要的冗余,因而也避免了数据的不一致性。

在实际系统中,为提高数据的存取效率,少量数据的冗余还是存在的,但这些数据的冗余将受到控制,系统负责对冗余数据的检查、维护工作。

4. 数据共享

实现数据共享是数据库发展的一个主要原因,也是数据库系统的一个重要特征。数据库中的数据可以供多个用户使用,每个用户只与数据库中的一部分数据打交道;用户数据可以重叠,在同一时刻不同的用户可以同时存取数据而互不影响,大大地提高了数据的利用率。

数据共享还表现在对存储的数据开展一些新应用,即可为使用数据库的新用户服务。而且,当应用需求改变时,只要重新选取数据的子集或增加一些数据就可以满足新的需求,系统易于扩充。

5. 统一的数据保护功能

数据库由管理系统统一管理,多个用户共享数据资源,系统提供统一的数据安全性、一致性、并发控制及数据库恢复等功能。

为使数据安全、可靠,系统对用户使用数据有严格检查,对非法用户系统拒绝其进入数据库。专用数据可规定密码或存取权限,只有有存取权的用户才能对数据进行操作。

不同用户同时使用数据库,可能会相互干扰而出现数据的不一致,数据库系统具有并发控制功能,以保证数据的正确性。

此外,系统还提供其他的数据保护措施,如数据的有效性检查、故障恢复等来保证数据的正确性。

1.2 什么是数据库

以上介绍了数据处理技术的发展,介绍了数据库系统的特征。但我们还没有提到:什么是数据库?文件系统中数据是分散的,应用程序对应着各自的数据文件,而在数据库系统中,数据被集中进行管理,就像货物仓库中的物品一样,用户需要什么数据就去库中提取。因此,形象地把这样的系统称为"数据库"(Data Base,DB)。

所谓数据库就是存放数据的仓库。具体地说,数据库是长期存储在计算机内、有组织的数据集合,它根据数据间的联系组织在一起,具有较高的数据独立性,较少数据冗余,能够为各种用户共享。

从以上叙述看出,数据库是存放在介质上的相关数据的集合。它需要由一个软件系统统一管理,这个软件系统称为数据库管理系统(DataBase Management System,DBMS)。

数据库管理系统是位于用户和操作系统之间的数据管理软件,负责对数据库的管理和维护,具有数据定义(定义数据结构)、数据操纵(对数据进行查询、插入、修改、删除)、运行管理和维护等功能。DBMS 接受并完成用户程序及终端命令对数据库的不同请求,负责保护数据免受各种干扰和破坏。

数据库管理系统是数据库系统的核心，对数据提供存储、管理和应用的计算机系统称为数据库系统(DataBase System，DBS)。这样一个系统包括计算机硬件、软件、用户及相关管理人员，称为数据库管理员(DataBase Administrator，DBA)。

数据库系统组成及其间的联系如图 1-4 所示。

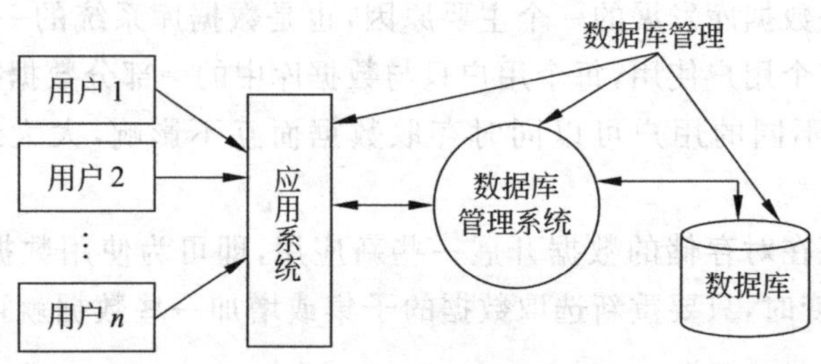

图 1-4 数据库系统

数据库系统的运行需要有一定的硬件支持，除大容量的磁盘直接存储器以外，对内存也有一定的要求。在数据库系统运行期间，内存中除操作系统外还有数据库管理系统和一定数量的缓冲区。数据处理需要大量的缓冲区，以减少内外存交换次数，提高数据存取效率。因此，数据库系统的运行速度，除了与 CPU 本身的速度有关外，还与内存容量及输入、输出操作所占时间有关。

1.3 数据模型

为了了解世界、研究世界、相互交流情况，人们需要描述各种事物。但客观存在的事物是复杂的，因此，人们把表示事物的主要特征抽象地用一种形式化的描述反映出来，以简化问题，便于处理，模型方法就是这种抽象的一种表示。如为了研究地球概貌，人们设计出了地球仪，地球仪上表示了山川、湖泊、海洋、城市、国家等的地理分布位置，而与之无关的其他特征则被略去。

信息领域中采用的模型通常称为数据模型。

数据模型是对现实世界的一种模拟，是将现实世界中的各种事物及其间的联系用数据及数据间的联系表示的一种方法。目前使用的数据模型大体可以分为两种类型，一种是独立于计算机之外的，如实体-联系模型、语义数据模型等，这类模型不涉及信息在计算机中如何表示，与具体 DBMS 无关，而是用来描述某一特定范围内人们所关心的信息结构，是面向用户的，这种模型常称为概念数据模型或信息模型；另一类模型是直接面向计算机的，它们按照计算机系统的观点对数据建模，数据库系统中常用的关系模型就属于这类模型，称为基本数据模型。概念模型一般是稳定的，只要用户的需求不变，概念模型也不变。但数据模型是与具体 DBMS 有关的，不同 DBMS 支持的数据模型不同，传统的数据模型有层次模型、网状模型和关系模型。

数据模型是数据特征的抽象，用来描述数据的一组概念和定义。一般来说，数据模型包含以下三个方面。

1. 数据结构

数据结构是构造数据库的基本数据结构类型，它包括应用所涉及的对象和对象具有的特征以及对象间的联系，它是对数据静态特性的描述。如网状模型中的数据项、记录、系型，关系模型中的域、关系等。

2. 数据操作

数据操作是对数据库中对象实例执行的一组操作。通常对数据库的操作有检索、插入、删除、修改等，这些操作是对数据的动态特性的描述。因为现实世界中的实体及实体间的联系是在不断变化的，数据模型应能反映出这种变化。

3. 数据的完整性约束

数据的完整性约束是对数据静态和动态特性的限定，它定义相容的数据库状态的集合及可允许的状态改变。如在关系模型中，规定任一记录都必须有一个确定的关键字值来标识；又如在进行数据操作时，不能破坏数据间存在着的联系，因此要规定插入、删除、修改规则等。现实世界中的实体是按一定方式相互制约、相互依存的，数据的完整性约束条件反映了数据模型中数据间的这种制约和依存关系。

从以上叙述可知，一个基本数据模型实际上给出了在计算机系统中进行描述和动态模拟现实世界信息结构及其变化的一种抽象方法。数据模型不同，描述和实现方法亦不相同，相应的支持软件即数据库管理系统也就不同。

严格地讲，一个数据模型应该由上述三部分组成，但数据模型的结构表示了应用所涉及的对象和对象间的联系，是区别数据模型最主要的部分。因此，一般所指的不同数据模型主要是由数据结构来表征。

在数据库系统中，数据模型有两个层次。一个是用户所看到的数据模型；另一个是数据实际存储在设备介质上所对应的数据模型，前者称逻辑数据模型，后者称物理数据模型。我们一般所说的数据模型大都是指逻辑数据模型，用户对数据库的操作都是在逻辑数据模型一级进行的。逻辑数据模型仅表示数据的逻辑结构，现有 DBMS 都是以其所支持的逻辑数据模型来分类的。表示数据存储结构和存取方法的数据模型称物理数据模型，它反映逻辑数据模型在物理存储器上的具体实现。因此，物理数据模型不仅与 DBMS 有关，还与操作系统和硬件有关。

有关数据模型的详细内容将在第 2 章介绍。

1.4 数据库系统结构

在数据库系统中，用户可以逻辑地、抽象地处理数据，而不必考虑数据在计算机中是如何进行组织、存放的。要提供这一功能，数据库系统结构应该是一个多级结构。它应具有既能让用户方便地存取数据,又能高效地组织数据,使数据在物理存储器上以最佳形式进行存放的能力。现有的数据库系统虽然支持不同的数据模型,使用不同的数据库语言,软硬件环境各不相同,但在总的体系结构上大都是三级模式结构的。

1.4.1 数据库系统的三级模式结构

数据库系统的结构,一般划分为三个层次,称为三级模式,分别为外模式、模式和内模式。它们之间的关系如图 1-5 所示。

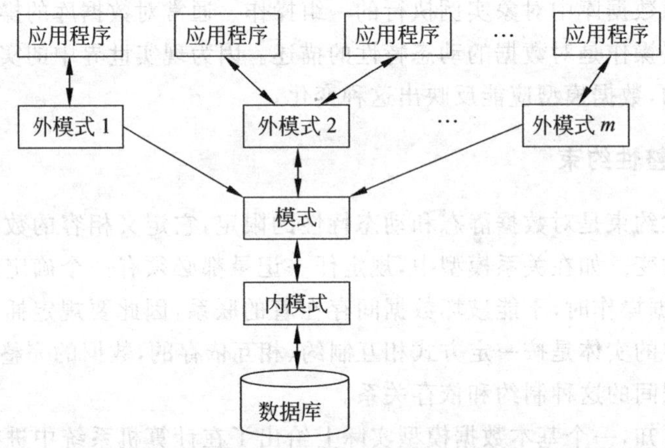

图 1-5 数据库系统的三级模式结构

1. 模式

模式(Schema)亦称概念模式或逻辑模式。它是数据库总的框架,是对数据库中全体数据的逻辑结构和特性的描述,是独立于应用程序和物理存储的。一个数据库对应一个模式。在以记录为单位的数据库系统中,模式是对所有记录类型和数据项类型及其联系的描述,还包括对数据的安全性、完整性等方面的定义。数据库系统提供模式描述语言(Data Description Language,DDL)来描述以上内容。对一个具体数据库结构的所有描述,构成了数据库的一个总的框架,所有数据都是按这一模式进行装配的。

2. 外模式

外模式(External Schema)亦称子模式(Subschema),是数据库用户的数据视图。它体现了用户的数据观点,是对用户数据结构的逻辑描述。其内容与模式描述大致相同。

外模式通常是模式的一个子集,也可以是整个模式。所有的应用程序都是根据外模式中对数据的描述而不是根据模式中对数据的描述存取数据的。一个应用程序只能使用一个外模式,但一个外模式可以对应多个应用程序,即外模式可以共享。

根据应用的不同,一个模式可以对应多个外模式,外模式间可以相互覆盖。外模式对于数据的描述包括数据结构、类型、长度等都可以与模式不同。

外模式由外模式描述语言(Subschema Data Description Language,SDDL)定义。外模

式描述语言与所使用的编程语言有关。根据不同的编程语言,一个 DBMS 可以提供不同的外模式描述语言。

3. 内模式

内模式(Internal Schema)亦称存储模式,是对数据库的存储结构和存取方法的描述。它规定数据在存储介质上的物理组织方式、记录寻址方式,定义物理存储块的大小,溢出处理方法等。它与模式相对应,即一个数据库模式对应一个内模式。

内模式由数据存储描述语言(Data Storage Description Language,DSDL)定义和描述。一般称为内模式描述语言(内模式 DDL)。

数据库系统的三级模式结构将数据库的全局逻辑结构同用户的局部逻辑结构和物理组织结构分别开来,用户能逻辑抽象地处理数据,不必关心数据在计算机中的内部表示,而数据的存储也不必考虑用户对数据的使用。数据库系统的这种分层结构给数据库的使用和组织带来了方便。

1.4.2 三级模式结构的二级映像

三级模式结构提供了三种级别的数据抽象,即视图级、概念级和物理级。在数据库系统的三级模式结构间存在着二级映像:外模式与模式之间的映像;模式与内模式之间的映像。这种映像实现了数据库系统的数据独立性。

外模式与模式之间的映像定义局部数据逻辑结构与全局逻辑结构之间的对应关系,这种对应关系通常在外模式中描述。一个模式对应多个外模式,当模式结构改变,如增加了新的应用或应用需求改变而需要增加新的关系或关系中的属性时,则只要修改外模式与模式间的对应关系,而不必修改外模式中的局部逻辑结构,因而相应的应用程序亦可不必修改,实现了数据的逻辑独立性。

模式与内模式之间的映像定义全局数据逻辑结构和物理数据存储间的对应关系,这种对应关系通常在模式中描述。一个模式对应一个内模式。当数据库的物理存储结构改变时,仅需要修改模式与内模式间的映像关系,而可以使模式保持不变,从而使应用程序保持不变,提供了数据的物理独立性。

1.5 数据库管理系统

1.5.1 数据库管理系统的功能

数据库管理系统是数据库系统的核心软件,它建立在操作系统的基础上,对数据库的所有操作,数据库的建立、使用和维护,都是在 DBMS 的统一管理和控制下进行的。DBMS 的主要功能如下。

1. 数据库的定义功能

DBMS 提供数据定义语言定义数据库的数据结构,数据定义语言包括模式定义语言(DDL)、外模式定义语言(外模式 DDL)和内模式定义语言(内模式 DDL)。

模式定义语言定义数据库的全局逻辑结构。DDL 描述的内容有:定义记录型和记录的数据项,包括记录和数据项的命名,记录的键,数据项的数据类型、长度;说明数据之间的联系(即记录型之间的从属关系);定义是对数据进行有效性检查的约束条件;规定数据的安全控制等。

外模式定义语言用来定义用户的局部逻辑结构。其形式和功能基本与模式 DDL 语言相同,但它描述的是用户数据库的逻辑结构,其中对记录和数据项及它们之间的联系是按用户视图描述的,因此可以与模式有不同的记录名、记录组成,有不同的数据项名、类型及长度,记录间的联系也可以与模式中不同。一个数据库管理系统可以提供多种外模式定义语言,外模式定义语言与应用程序所用的程序设计语言的文法形式是相同的。

内模式定义语言定义物理数据库的结构。物理数据库是在设备介质上真正存在的数据库,数据在介质上如何表示、如何组织,都由内模式语言描述;内容包括:数据的存储方式(如直接存储、索引组织或链式结构),数据的存取方式和检索技术(如索引方式用索引寻址法,对直接文件用散列法等),对数据的分区、分页,如规定数据区、索引区等。

以上所述定义语言对数据库的不同模式用不同的 DDL 语言,但实际上 DBMS 多数仅提供一种或两种 DDL 语言来完成这些功能。

数据定义语言是一种高级语言,用其描述的模式称为源模式。源模式由模式翻译程序翻译成用机器代码表示的形式,称为目标模式。目标模式保存在数据字典中,DBMS 将参照它们决定存取路径,执行对数据库的操作。

2. 数据库的操纵功能

DBMS 提供数据操纵语言(Data Manipulation Language,DML)实现对数据库的操作,对数据库的基本操作有检索和更新两大类,数据更新包括对数据库的插入、删除和修改操作。

DML 分为自含型 DML 语言和宿主型 DML 语言两种。

自含型 DML 语言可以交互使用,具有单独的编译或解释程序。它一般具有检索、修改、建库等功能,使用方便、易于学习,主要用于查询。用户只要指出"做什么",不需要指出"怎么做",从终端键入查询命令及查询条件,就能检索出所需要的数据,并按一定格式显示在屏幕上或由打印机输出结果,通常称为查询语言(Query Language)。

宿主型 DML 语言不能单独执行,它必须嵌入主语言如 C 语言、COBOL、FORTRAN 等高级语言中使用。它是应用程序与数据库管理程序之间的接口,DML 语言主要实现对数据库的读、写操作,主语言完成数据处理过程的控制、数据的输入/输出控制等功能。因此 DML 语言是对主语言的扩充。

与自含型 DML 语言相比,用主语言和 DML 语言书写的应用程序有更多的过程控制。对问题的处理,程序中不但要说明"做什么",而且要有"怎么做"的过程,编程较复杂,但可以满足用户的不同需要,一般大型应用系统都是将 DML 语言嵌入在主语言中完成的。而自含型 DML 语言是面向问题的,用户只要提出“做什么”,如何去做是由 DBMS 完成的,因而较简单,但处理速度比较慢。

在关系 DBMS 中提供的 DML 语言,既可作为查询语言独立使用,又可以嵌入主语言中,而且与 DDL 语言融为一体,组成统一风格的关系数据子语言,使用方便、灵活,这是关系模型优于其他模型之处。

3. 数据库的保护功能

数据库的保护功能包括对数据库的安全性、完整性控制,并发控制和数据库恢复功能。

数据库的安全性控制主要是防止未授权用户对数据库的操作所造成数据的泄露、更改和破坏。

数据库的完整性控制能够保证数据库数据的正确性和相容性,以防止对数据库的误操作。完整性控制是通过完整性约束实现的,如学生的学号是唯一的、成绩不可以是负值等,都是约束条件。

数据库的并发控制主要解决多用户共享数据库时不会出现读写数据库的错误。因多个用户可能同时存取数据库中的同一个数据而产生不正确的结果,DBMS 需要提供并发控制功能以保证多用户存取数据的正确性。

数据库系统在运行时可能会出现各种各样的故障,如软件、硬件故障,停电,磁盘损坏等,使数据库处于不一致的状态。数据库的恢复功能能够在提供数据遭到破坏时将数据库恢复到正确状态。

4. 数据库维护功能

为保证数据库系统的正常运行,DBMS 还应提供对数据库的维护功能。一般 DBMS 都有一些实用例程供数据库管理员定期施行对数据库的维护。常用的维护程序如下。

(1) 转储程序

防止数据库出现故障时破坏数据,用转储程序将数据库转储到磁带上备份。一般转储工作是定期进行的。

(2) 数据装入程序

用于把大量原始数据转换成数据库的存储格式存储到数据库中,或将备份数据装入数据库。

(3) 统计分析程序

将程序运行期间收集的统计资料如数据的存取、空间利用等信息加以分析整理,以决定是否需要重组数据库。

(4) 重组程序

重新组织数据库,包括文件组织方式的改变、数据的重新装配等,使数据库达到良好状态。

此外,还包括对无用数据的收集及空间的再分配等程序。

DBMS 的功能随系统而异,大型系统功能较强、较全。而大部分微机数据库系统功能相对简单些,如统计分析、故障恢复、重组织等功能给简化或省略了。

1.5.2 数据库管理系统的组成

要提供以上功能,DBMS应由多个程序模块组成,每个程序模块完成数据库系统的一种功能。主要的程序模块包括以下几项:

(1) 系统主控程序。控制系统的起停、监控DBMS的各种活动,使其他模块正确工作。

(2) 存取控制程序。检查用户标识、口令、权限、决定是否允许对数据的访问。

(3) 并发控制程序。处理多用户同时访问数据时的并发操作。

(4) 数据有效性检查程序。根据数据的约束条件,检查数据的有效性、一致性。

(5) 数据保护程序。包括数据保密、故障恢复等。

(6) 查询处理程序。执行查询预处理和查询优化处理,进行语法检查,存取路径的选择和代码生成。

(7) 数据更新程序。数据更新时负责数据的重新组织、排列顺序等。

(8) 目录管理程序。目录管理包括对数据库模式定义、完整性约束、存取权限、索引等的管理。

(9) 通信程序。完成应用程序或终端与DBMS间的通信。

数据库管理系统是一个复杂的软件系统,以上功能模块大部分都是一个较完整的子系统。此外,DBMS还包括I/O缓冲管理、索引和存取方法管理、存储管理等功能模块。

1.5.3 数据库系统的工作过程

以DBMS为核心的数据库管理系统的工作环境如图1-6所示。DBMS在操作系统的支持下工作。此外,为提高应用开发系统的效率,现代的数据库系统提供了各种应用开发工具,如应用生成器、报表生成器、电子表格软件、图形系统等。这些软件以数据库管理系统为核心,直接支持数据库系统的应用开发。

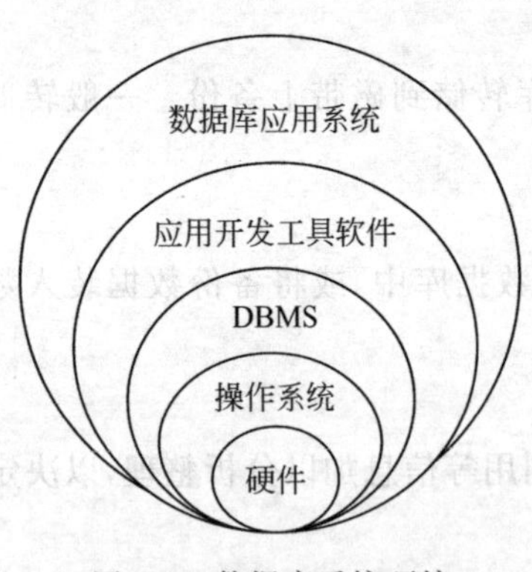

图 1-6 数据库系统环境

一个数据库的建立是按照模式和存储模式定义的框架,将原始数据存储到设备介质上形成的。用户可以通过应用程序或查询语言实现对数据库的操作。

下面我们以应用程序读取数据库中一个记录为例讨论DBMS的工作过程,了解DBMS与应用程序、操作系统的关系。

图1-7是DBMS工作过程示意图。图中标注了程序读取一个记录时的工作流程。当一个应用程序运行时,DBMS为每个程序开辟一个数据工作区和一组通信单元。工作区用于数据传输和格式的转换,一组通信单元用于DBMS与应用程序间的通信。图1-7中,当程序A通过DML命令向DBMS发读取记录的请求时,DBMS的工作过程如下。

(1) 应用程序A通过DML命令向DBMS发读请求,并提供读取记录参数。如记录名、关键字值等。

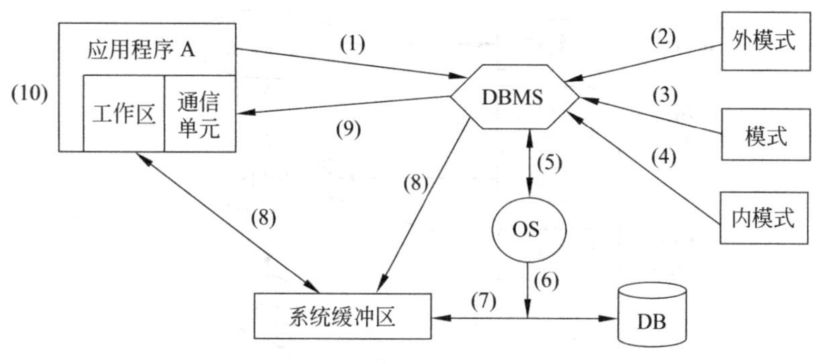

图 1-7　DBMS 工作过程示意

(2) DBMS 根据应用程序 A 对应的外模式中的信息，检查用户权限、决定是否接受应用程序 A 的读请求。

(3) 如果是合法用户，则查看模式，根据模式与外模式间数据的对应关系，确定需要读取的逻辑数据记录。

(4) DBMS 查看内模式，根据模式与内模式间的映像关系确定需要读取哪些物理记录。

(5) 向操作系统发读取记录的命令。

(6) 操作系统执行该命令，控制存储设备从数据库中读取物理记录数据。

(7) 在操作系统控制下将读出的记录送入系统缓冲区，并通知 DBMS 数据已读出。

(8) DBMS 比较模式和外模式，从系统缓冲区中得到所需的逻辑记录，经过必要的数据变换后，将数据送入用户工作区。

(9) DBMS 设置通信单元以向应用程序 A 发送读命令执行情况的状态信息。

(10) 应用程序 A 根据状态信息确定 DML 命令执行是否成功，若成功则对工作区中读出的数据进行相应处理，否则出错处理。

对其他的数据操作，处理过程与读出一个记录类似。如修改数据记录，首先将该记录从数据库中读出到工作区，然后由程序进行修改，修改后的记录写入数据库。数据写入数据库的过程留给读者自己去完成。

1.6　数据库系统的不同视图

一个数据库系统的设计、建立、使用和维护涉及许多人，这些人员可以分为四类：数据库管理员、系统分析员、应用程序员和用户。不同人员涉及数据的抽象级别不同，因而具有不同的数据库视图，如图 1-8 所示。

1. 用户

这里指最终用户。这类用户通过应用系统使用数据库，他们不必熟悉程序语言和对数据库的各级描述。应用系统提供浏览器或菜单方式供用户选择，获得所需要的数据、表格及图形显示等。

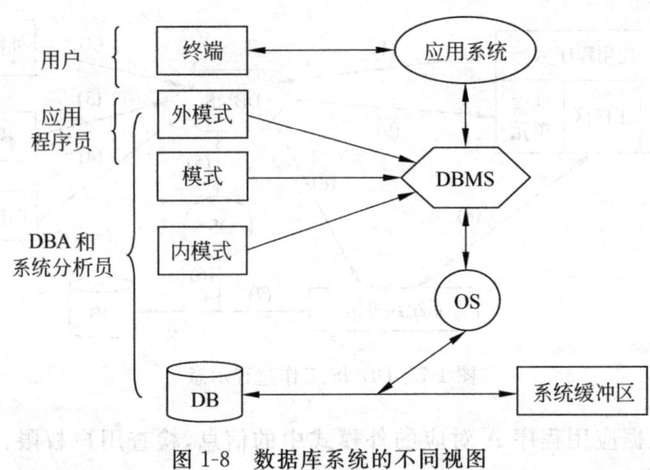

图 1-8 数据库系统的不同视图

2. 应用程序员

应用程序员负责应用系统的程序设计。他们可以同 DBA 和系统分析员一起完成子模式的设计,并根据子模式编写应用程序。

3. 系统分析员

系统分析员负责应用系统的需求分析。他们不但熟悉计算机系统的软、硬件各方面的知识,而且也熟悉用户工作。他们同 DBA 一起确定应用系统的软、硬件配置,并参与数据库各级模式的概要设计。

4. 数据库管理员

DBA 是负责整个数据库系统建立、维护和协调工作的专门人员。他们对程序语言、系统软件和 DBMS 都非常熟悉,也了解用户业务,是掌握数据库全局并进行数据库设计和管理的骨干。

DBA 的具体职责有:

(1) 决定数据库的信息内容。数据库中存放什么信息是由 DBA 和系统分析员决定的。DBA 必须参加数据库设计的全过程,同系统分析人员一起完成数据库模式及存储模式的设计,并同应用程序员一起,完成用户子模式的设计工作。

(2) 决定数据库的存储结构和存取策略。确定数据的物理组织、存放方式及数据存取方法。

(3) 定义存取权限和有效性检查。用户对数据库的存取权限、数据的保密级别、数据的约束条件,都是由 DBA 确定的。

(4) 建立数据库。DBA 负责原始数据的装入,建立用户数据库。

(5) 监督数据库的运行。DBA 负责监视数据库的正常运行,当出现软、硬件故障时,能及时排除,使数据库恢复到正确状态,并负责数据库的定期转储、日志文件的维护等工作。

(6) 重组和改进数据库。DBA 通过数据库的运行记录、统计数字等分析系统的性能。

当系统性能下降，如存取效率或空间利用率降低时，对数据库进行重新组织。同时根据用户的使用情况，不断改进数据库的设计。当用户的需求改变时，需要修改数据库的结构以满足用户需要。

1.7　数据库技术的发展

数据库技术的发展从 20 世纪 60 年代末到现在已有 40 年的历史。在这 40 年中，数据库技术经历了第一代层次、网状数据库系统，第二代关系数据库系统，到新一代数据库系统。

第一代数据库系统是 60 年代末研制的层次、网状数据库系统。IBM 公司研制的层次数据库系统 IMS 是层次数据库系统的代表，是世界上最早出现的商品化数据库管理系统，在 IBM-360 系列机上研制成功，该系统的不同版本至今还在使用。网状数据库系统的代表是美国数据库系统语言研究会（CODASYL）下属的数据库任务组（DBTG）在 70 年代初公布的 DBTG 报告，报告中所提出的有关数据库的基本概念、方法和技术，对数据库系统的研究和发展起着重大影响，是数据库系统的重要文献之一，许多网状数据库系统都是基于 DBTG 报告的。20 世纪 70 年代，数据库技术得到了迅速发展，这一阶段推出了许多商品化的网状、层次数据库系统。

第二代数据库系统是关系数据库系统。1970 年 E. F. Codd 提出了关系数据模型的概念，之后相继发表了一系列关系模型的论文，奠定了关系数据库的理论基础，为数据库的发展做出了杰出的贡献。为此，1981 年获得了 ACM 图灵奖。

20 世纪 70 年代是关系数据库理论研究和原型系统开发阶段。1974—1979 年，IBM 公司的 San Jose 研究实验室用了 5 年时间研制出了关系数据库系统 System R。与此同时，加利福尼亚大学 Berkeley 分校也研制出了关系数据库系统 INGRES。这标志着关系数据库系统已经走向商品化阶段。

进入 20 世纪 80 年代，关系数据库由于其结构简单、操作方便、并有扎实的理论基础而得到长足的发展，有关关系数据库的研究和产品日益增多，关系数据库逐渐成为数据库发展的主流。同时，各种微机关系数据库系统不断出现并得到了广泛应用。数据库技术被广泛地应用于工厂、学校、科研院所、政府部门等的信息管理、情报检索、辅助决策等各个方面，成为信息系统和计算机应用系统的核心和基础。

20 世纪 80 年代中期以来，随着数据库应用领域的不断扩大和信息量的急速增长，传统关系数据库系统已不能满足新的应用领域的需求，如计算机辅助设计/制造（CAD/CAM）、计算机集成制造（CIM）、计算机辅助软件工程（CASE）、办公自动化系统（OAS）、地理信息系统、知识库系统等都需要数据库新技术的支持。这些新应用领域的特点是：存储和处理的对象复杂，对象间的联系具有复杂的语义信息；需要复杂的数据类型支持，包括抽象数据类型、无结构的超长数据、时间和版本数据等；需要常驻内存的对象管理以及支持对大量对象的存取和计算；实现程序设计语言和数据库语言的无缝集成等。这些需求是传统关系数据库系统难以满足的。

20 世纪 80 年代中后期，数据库技术与其他领域的技术相结合出现了数据库的许多新的分支。如数据库技术与网络、分布处理技术相结合的分布式数据库，与面向对象技术相结合的面向对象数据库，与人工智能技术相结合的知识库、主动数据库，与并行处理技术相结合的并行数据库，与多媒体技术相结合的多媒体数据库等。此外，针对不同的应用领域出现了工程数据库、实时数据库、空间数据库、地理信息数据库、统计数据库、时态数据库、Web数据库、数据仓库等多种数据库。

在关系数据库系统之后，人们围绕面向对象数据模型(OO模型)开展了对新一代数据库系统的研究。1990年高级DBMS功能委员会发表了《第三代数据库系统宣言》的文章，文章中提出了第三代DBMS应具有的基本特征，其中之一就是要具有面向对象数据模型的基本特征，即第三代数据库系统要支持面向对象的数据模型。由于面向对象数据模型从理论和实现技术上还有许多问题需要解决，尽管也开发了很多面向对象数据库管理系统(OODBMS)，但没有出现人们预期的结果。因此，对新一代数据库系统，至今还没有形成一致的认识。从实际应用来看，新的数据库系统支持不同的数据模型，有扩展关系模型的对象关系数据库系统、支持OO模型的对象数据库系统、支持XML半结构化模型的XML数据库系统等。

1.8 小 结

本章介绍了数据管理技术的发展和数据库涉及的基本概念。数据库技术是管理和处理数据的先进技术，与文件系统相比有许多优点。

数据模型是数据库技术研究的一项主要内容。有两类数据模型，一类是独立于计算机之外的模型，称为概念模型或信息模型；另一类是面向计算机的模型，通常称数据模型。数据模型的组成包括数据结构、数据操作和数据完整性约束三个方面。

数据库系统由计算机硬件、软件及数据库的用户组成。其中，数据库管理系统是数据库系统的核心软件。数据库管理系统的主要功能有：数据定义、数据操纵、数据保护和数据维护等。

数据库系统的总体结构可分为三级：模式、外模式和内模式。三级结构间存在着二级映像，通过这二级映像可实现数据库的数据独立性。

本章最后介绍了数据库技术的发展，数据库技术是计算机领域里最活跃的一个分支，是发展最快和应用最广泛的计算机技术之一。数据库技术的发展方兴未艾，向人们展示着广阔的前景。

习 题

1. 试述数据管理的不同阶段数据管理的特点。
2. 什么是数据库、数据库系统、数据库管理系统？
3. 什么叫数据独立？数据库的数据独立性表现在哪些方面？
4. 试述数据模型的概念。

5. 试述数据库系统的三级模式结构及存在的二级映像。
6. 试述数据库管理系统的主要功能。
7. 试述数据库管理系统的组成及其各部分的作用。
8. 试述数据库管理系统的工作过程。
9. 数据库管理员的主要职责是什么？

第2章

数据模型

数据模型是数据库研究的一个核心问题，涉及数据在计算机中如何表示。一个好的数据模型应该能够精确地模拟现实世界，易于理解和便于在计算机上实现，每个 DBMS 都是基于某种数据模型的。传统的数据模型有层次模型、网状模型和关系模型。此外，为了便于设计数据模型，人们常常先将现实世界抽象为一种概念模型，然后再将概念模型转换为特定的数据模型。第 1 章介绍了数据模型的基本概念，本章将介绍具体的数据模型以及涉及的相关内容。

2.1 E-R 概念模型

数据模型是对现实世界中客观存在的事物的抽象描述。在组织数据模型时，人们首先将现实世界中存在的客观事物抽象出其特征为信息，用某种信息结构表示出来，然后再转化为用计算机能表示的数据形式。在这一过程中，经过了二次抽象，一次是将客观存在的事物抽象为能够用某种形式表示的信息，一次是将信息经过加工、整理、抽象，使其能够在计算机上加以保存、管理。用某种信息结构所表示的模型称为概念数据模型。

概念模型是现实世界到信息世界的抽象表示。所谓信息，是客观世界中存在的事物在人们头脑中的反映，人们把这种反映用文字、图形等形式记录下来，经过命名、整理、分类就形成了信息。

最常用的概念模型是实体-联系模型（Entity-Relationship data model，E-R 模型），E-R 模型中的主要概念有：实体、属性以及实体之间的联系。下面先介绍这些概念，然后给出 E-R 模型的表示方法。

2.1.1 E-R 数据模型中的基本概念

1. 实体

实体表示客观存在的可以相互区别的事物。实体可以是有形的，也可以是无形的，可以是具体的，也可以是抽象的。如一个人、一本书、一枚硬币、一场比赛、一次旅行、一宗交易等都是实体。实体用其特征来描述，如学生李明，可以用姓名、性别、年龄等表征。又如一本书，可以用书名、作者、出版单位、出版时间等描述。

实体是指现实世界存在的个体，具有同类特征的个体的集合形成一个实体集。所谓“同类特征”是指研究问题的某个方面，如同是学生、同是教师、同是学校的职工等。为了抽象描述一个实体集，用实体名及表征实体的多个特征的集合来描述，称为实体的“型”，实体集中的每个实体是它的值或实例。如学生实体型可用学号、姓名、性别、年龄等特征来描述，学生李明、王晓霞、刘安平等都是学生实体集中的实例。在以下叙述中常称实体集和实体型为实体，可以根据上下文理解实体的含义。

2. 属性

实体具有若干特征或性质，这些特征或性质称之为属性。每个属性有一定的取值范围，称为该属性的域。如学生实体的属性学号的域为 6 位整数，姓名的域为字符串的集合，性别的域为男和女，年龄的域为三位整数等。用这些属性对应的一组值可以表示具体的实体。如学生实体对应的一组值为“909915，王兵，男，19”，表示王兵是一个男同学，学号是 909915，年龄为 19 岁。又“809823，王兵，男，20”，表示同样是一个叫王兵的学生，但其学号是 809823，年龄为 20 岁。两人姓名相同，但其他特征值不同，因此是两个不同的实体。

一个属性的值一般是单值的，也可以是多值的。比如电话号码，有的人有一个电话号码，有的人有单位、家庭、手机等多个电话号码，其属性值就是多值的。

实体的属性可以是单个域，也可以是多个域组成的复合属性。如通信地址就是一个复合属性，是由省、市、街道、门牌号码、邮政编码等多项组成的，每一项都有不同的值域。复合属性也可以用单属性表示，但用复合属性表示有时更清晰。

为了区别一个实体集中的每个实体，用能够起标识作用的一个或一组属性加以区分，这个或这组属性称为实体的标识符。如学生实体集中的属性学号能够标识学生实体，可作为学生实体的标识符。这样，就可以用学号的不同来标识具有相同姓名的不同学生。

3. 实体间的联系

在现实世界中，事物的联系有两种，一种是事物内部的联系；另一种是事物之间的联系。在概念模型中表现为实体内部的联系和实体间的联系。实体内部的联系是指实体的各个属性之间的联系，实体之间的联系是指不同实体集间的联系。两个实体集之间的联系，称为二元联系。两个实体集间有以下三类联系。

(1) 一对一的联系

这是实体集间最简单的一种联系，它表示了两个实体集中的个体间存在着一对一的联系。设两个实体集分别为 E1 和 E2，则一对一的联系描述为：如果对于实体集 E1 中的每个实体，实体集 E2 中至多只有一个实体与之有联系，反之亦然，则称实体集 E1 与实体集 E2 间具有一对一的联系，记为 1∶1。

例如，在学校中，一个系有一个系主任，这个系主任只能在一个系中任职，则实体集系和实体集系主任间是一对一的联系。又如，一个班级有一个班长，一个班长只能属于一个学生班，则班级和班长间也是一对一的联系。

(2) 一对多的联系

实体间存在的另一种联系是一对多的联系。一对多的联系为：如果对于实体集 E1 中的每个实体，实体集 E2 中有 n 个实体($n\geqslant 0$)与之有联系，反之，对于实体集 E2 中的每个实体，实体集 E1 中至多只有一个实体与之有联系，则称实体集 E1 与实体集 E2 间具有一对多的联系，记为 $1:n$。

例如，一个班级有若干名学生，而一个学生只在一个班级学习，则实体集班级和学生是一对多的联系。还有系-职工、国家-城市等都是一对多的联系。

(3) 多对多的联系

一对多的联系是现实世界存在的较为普遍的联系，但实体间更多的联系是多对多的联系。多对多的联系为：如果对于实体集 E1 中的每个实体，实体集 E2 中有 m 个实体($m\geqslant 0$)与之有联系，反之，对于实体集 E2 中的每个实体，实体集 E1 中也有 n 个实体($n\geqslant 0$)与之有联系，则称实体集 E1 与实体集 E2 间具有多对多的联系，记为 $m:n$。

例如，学生与选课，一个学生可以选修多门课程，而一门课可供多个学生选修，则学生和选课间存在着多对多的联系。还有如工厂与产品、货物与订货人等都是多对多的联系。

实体间联系可用图示方式来表示，图 2-1 分别表示了班级与班长之间、班级与学生之间、学生与课程之间的 $1:1$、$1:n$、$m:n$ 的联系。

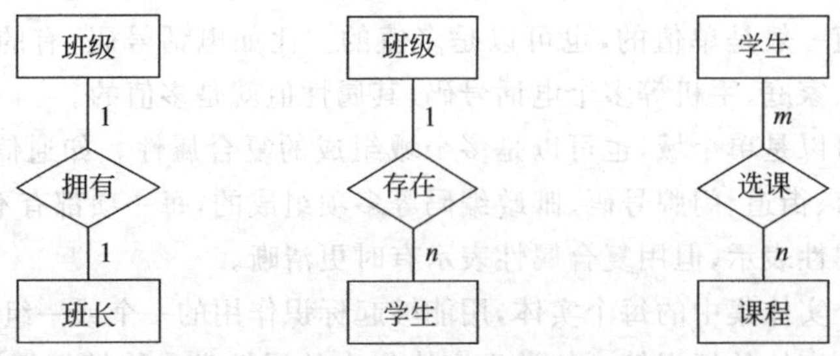

图 2-1 两个实体集间的三类联系

以上是两个实体集之间的联系，在多个实体集之间也可以存在有联系，称为多元联系。如供应商、零件、工程间存在着供应关系。若规定一个供应商可供应多种零件给多个工程，一个工程可由多个供应商供应多种零件，一种零件可由多个供应商供应给多个工程，则在供应商、零件和工程间存在着多对多的联系，表示为 $m:n:p$。图 2-2 表示供应商、零件、工程之间的多对多联系。

要区别多个实体间的联系和多个实体两两间的联系，它们表示的语义是不同的。图 2-2 表示的是三个实体间的供应关系，即表示某个供应商供应某种零件给某个工程。例如，供应商 S1 和 S2 都供应零件 P2，但图 2-2 所示的三个实体间的供应关系可表示出“供应商 S1 供应零件 P2 给工程 J1”，而不是“供应商 S2 供应零件 P2 给工程 J1”。但供应商、零件和工程两两之间的多对多联系却不能表示这种供应关系，它仅能表示一个工程需要哪些零件，这些零件可以由哪些供应商供应，而表示不出一个工程所用的零件具体由哪个供应商供应，也反映不出一个供应商具体供应哪种零件给哪个工程。供应商、零件和工程两两之间的多对多联系请读者自己画出。

除了不同实体间的联系外，在一个实体集内部的不同实体间也可能存在着一对一、一对多、多对多的联系。如在职工实体间存在着上下级关系，在人与人之间存在着父子关系、夫妻关系等。图 2-3 表示了在职工实体间存在着的领导与被领导的一对多联系。

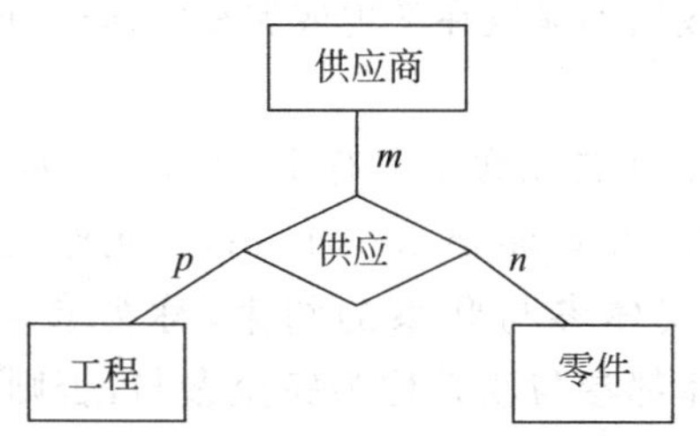

图 2-2　三个实体间的多对多联系

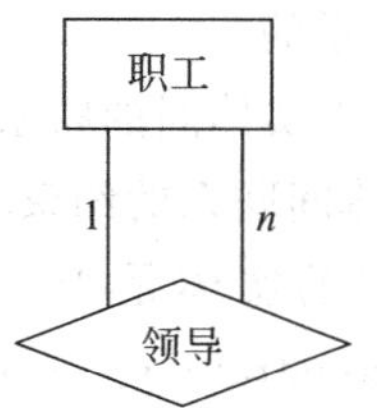

图 2-3　一个实体内部的一对多联系

2.1.2　E-R 数据模型

E-R 模型是用 E-R 图表示现实世界中实体与实体间联系的模型。一个单位或一个部门管理的信息中存在有若干实体，不同实体间存在有各种各样的联系，这些联系可以用 E-R 图非常直观地表示出来。

E-R 图中有三个基本的成分：实体、联系和属性。

(1) 实体

在 E-R 图中，实体型用矩形框表示，框中写上实体名。

(2) 属性

描述实体的属性用椭圆形框表示，用属性名标注，并将椭圆形框用无向边与矩形框连接起来。

如图 2-4 所示为用 E-R 图表示的学生实体及其属性。

(3) 联系

E-R 图中：实体之间的联系用菱形框表示，菱形框内标明联系名，并分别用连线将关联的实体连接起来，在连线旁标明实体间联系的类型。

图 2-5 为学生选课的 E-R 图，图中的学生和课程实体间存在选课联系，联系的类型是多对多的。

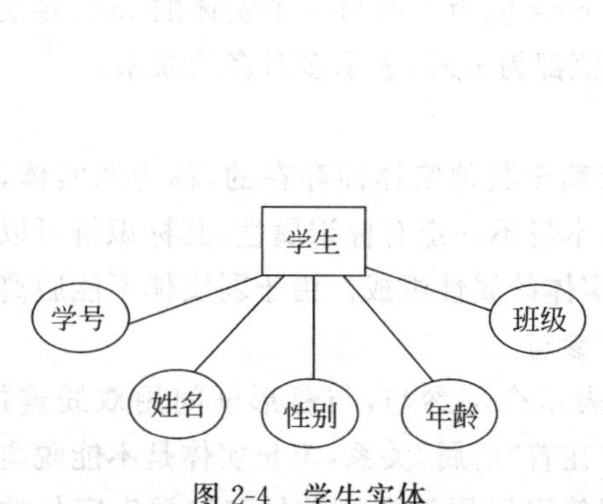

图 2-4　学生实体

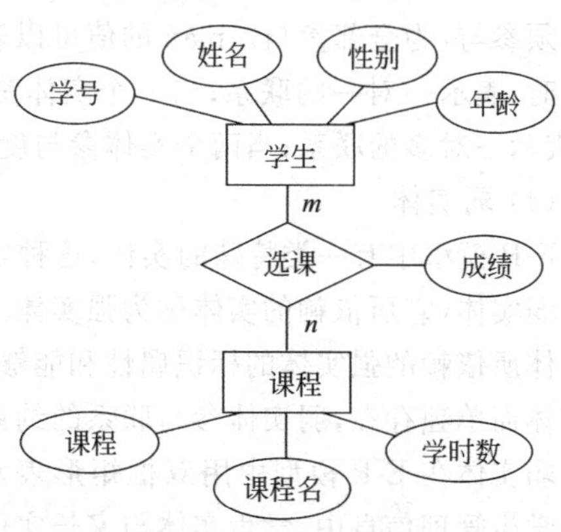

图 2-5　学生选课的 E-R 图

除了实体用属性描述外，联系也可以用属性描述。如学生选课 E-R 图中，选课联系用属性成绩来表示某个学生选修某门课的成绩，属性成绩不能放在学生或课程实体中，该属性是描述选课联系的。

E-R 模型中实体间的联系提供了较多的语义，如在二元联系中有 1∶1、1∶n、m∶n 的联系，这种实体间联系的约束称为基数比约束(cardinality radio constraint)。此外，还可以根据实体集中的实体是否全部参与联系来描述实体参与联系的约束，称为参与约束(participant constraint)。一个实体集中的所有实体都参与联系称为完全参与，否则，称为部分参与。如在教师与课程联系中，一门课至少要有一位教师讲授，而有的教师不一定承担授课任务，则在这一联系中，课程实体为完全参与，教师实体为部分参与。

可以进一步地给出实体参与联系的最小和最大次数，称为实体的参与度。例如，学生选课中，如果规定一个学生最少选修 2 门课，最多选修 5 门课，则学生在选课联系中的参与度是(2,5)。又如，规定一门课至少要有 10 个学生选修，至多有 60 个学生选修，则课程在选课联系中的参与度是(10,60)。用参与度表示学生与课程间的选修联系如图 2-6 所示。

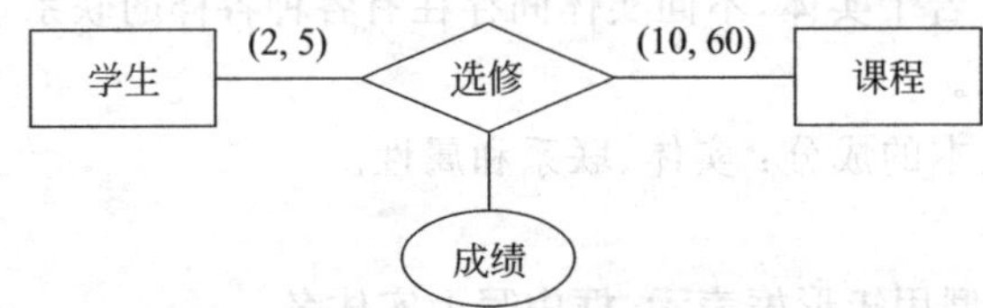

图 2-6 学生与课程间的选修联系

用参与度可以表示基数比约束。如图 2-6 所示，一个学生最多可以选修 5 门课，而一门课至多有 60 个学生选修，因此，学生与课程间的选课联系是多对多的。用参与度也可以表示参与约束，如一个学生最少选修 2 门课，表示所有学生都参与了选课，而一门课至少要有 10 个学生选修，表示所有的课程都要有学生选修，课程实体也是全部参与。因此，用参与度表示实体间的联系看起来没有那么直观，却能够同时表示基数比约束和参与约束，而且使实体参与联系的程度有了量的概念，更加具体了。

若将参与度表示为(min，max)，有 0≤min≤max，max≥1。min 的值可以表示参与约束：min=0，表示有的实体不参与联系，为部分参与；若 min>0，表示实体集中的所有实体都必须参与，为全部参与。max 的值可以表示基数比约束：当两个实体参与度的 max 值都为 1 时，表示一对一的联系；当一个实体参与度的 max 值为 1 而另一个实体的 max 值为 n 时，表示一对多的联系；当两个实体参与度的 max 值都为 n 时，表示多对多的联系。

(4) 弱实体

E-R 模型中有一类特殊的实体，这种实体是依赖于其他实体而存在的，称为弱实体，相对于弱实体，它所依赖的实体称为强实体。弱实体本身不一定有标识属性，其标识符可以由弱实体所依赖的强实体的标识属性和能够区分弱实体的属性组成。由于弱实体不能脱离依赖实体而单独存在，弱实体参与联系的约束为全部参与。

弱实体在 E-R 模型中用双框矩形表示，为了表示全部参与，与菱形框间用双线连接。如在学生管理信息中，学生实体与家长实体之间存在着“所属”关系，家长实体是不能脱离学生实体而独立存在的，为弱实体。家长实体的标识符可以用学生的学号和该学生家长的姓名共同标识。如图 2-7 所示为学生实体与家长实体之间联系的 E-R 图表示。家长实体用双框矩形框起来，表示弱实体，该实体与“所属”菱形框间用双线连接，表示每位家长必须与一个学生相对应。

(5) 子类实体

在扩展 E-R 数据模型(extended E-R data model，EER 数据模型)中增加了子类和超类的概念，使 E-R 数据模型具有更多的语义。

在基本 E-R 模型中，一个实体集是具有共同特性的一类实体的集合，但有时需要将实体集根据个体的不同特性分为多个子集。如学校里一个系的职工，按照他们不同的工作特点可分为教师、实验员和机关工作人员等。他们除具有共同的特性如姓名、年龄、性别外，还有各自不同的特性，如教师有研究方向、进修、兼职等特性，实验员有实验室分工、责任等，而机关工作人员有每个人分管的工作、兼管的工作等。为能够表示这些关系，职工实体用如图 2-8 所示的一个层次结构表示。职工实体处在上层，教师、实验员、机关工作人员等实体处在下层。下层实体用两竖边为双线的矩形框表示，上层实体和下层实体之间用加小圈的直线连接起来，下层实体称为上层实体的子类，上层实体称为超类。在图 2-8 中，职工实体为超类，教师、实验员、机关工作人员为职工实体的子类。

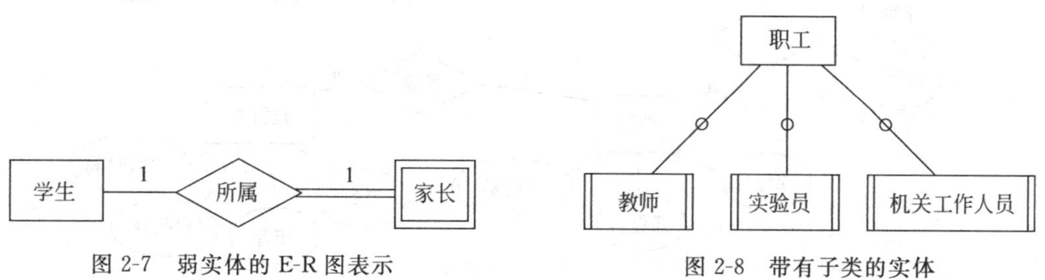

图 2-7　弱实体的 E-R 图表示　　图 2-8　带有子类的实体

这种实体结构中，从上到下是根据个体的不同特征进行特殊化的过程，而自下而上是对不同实体集的共同特征的概括。这种实体结构有一个重要的特性是继承性，子类可以继承其超类的所有属性。如教师、实验员，机关工作人员可以继承职工实体的姓名、年龄、性别等全部属性。子类也可以继承超类的联系，如职工与系是一对多的联系，则每个教师、实验员、机关工作人员也都是某个系的职工，都与其各自所属的系有联系。此外，子类也可以有自己的联系，如教师实体可以建立与课程实体间的联系。

下面我们给出学校里学院的一个教务管理的 E-R 模型，如图 2-9 所示。图中表示了学院、职工、学生、家长、课程和教科书等实体及实体间的联系。其中，教师实体、实验员实体和机关工作人员实体是职工实体的子类。

在实体间存在的联系有：

一个学院有若干名职工，一个职工仅在一个学院工作，学院与职工间是 $1:m$ 的联系；一个学院有若干名学生，一名学生仅在一个学院学习，学院与学生间是 $1:m$ 的联系；一个学生可以选修多门课，一门课可供若干学生选修，学生与课程间是 $m:n$ 的联系；一个学生有一位家长联系，一位家长对应一个学生，学生与家长间是 $1:1$ 的联系；一个教师可以讲授多门课，在讲授某门课的同时确定所用教材；一门课可以有多个授课教师，不同教师可以用不同的教材；一种教材可用于多门课且被不同的教师选用。教师、课程、教科书之间存在着 $p:m:n$ 的联系。

E-R数据模型表示了实体、属性和实体间的联系，在实际应用中，对复杂的信息结构，将E-R图中的实体和属性与实体间的联系分开表示就更加清晰明了。如图2-9所示的E-R图，可将系、学生等实体和实体的相关属性单独表示，实体间的联系用另一个E-R图表示。图2-10是教务管理中仅表示实体和实体间联系的E-R图。

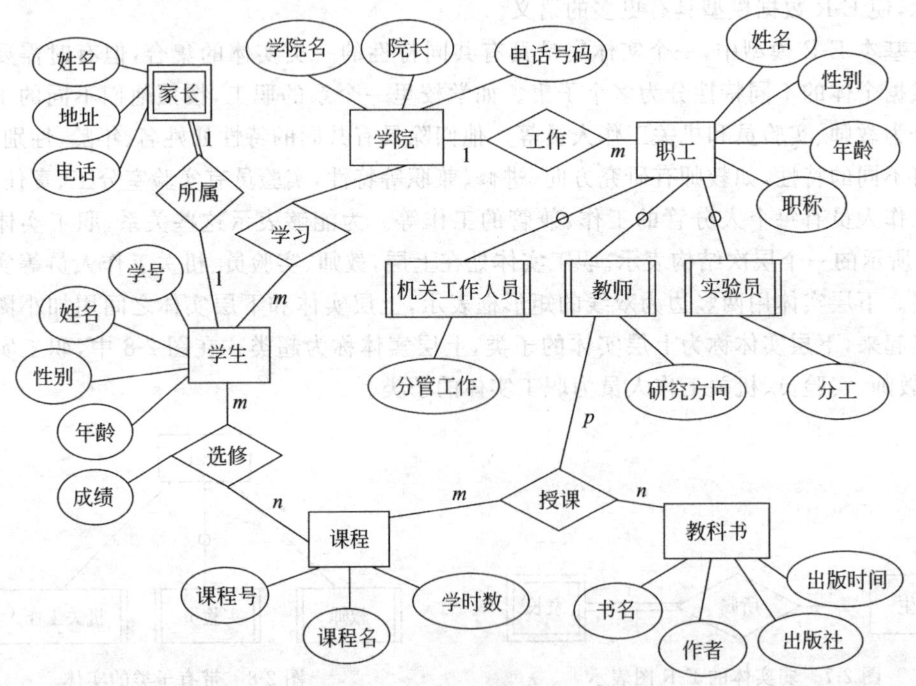

图2-9 教务管理的E-R图

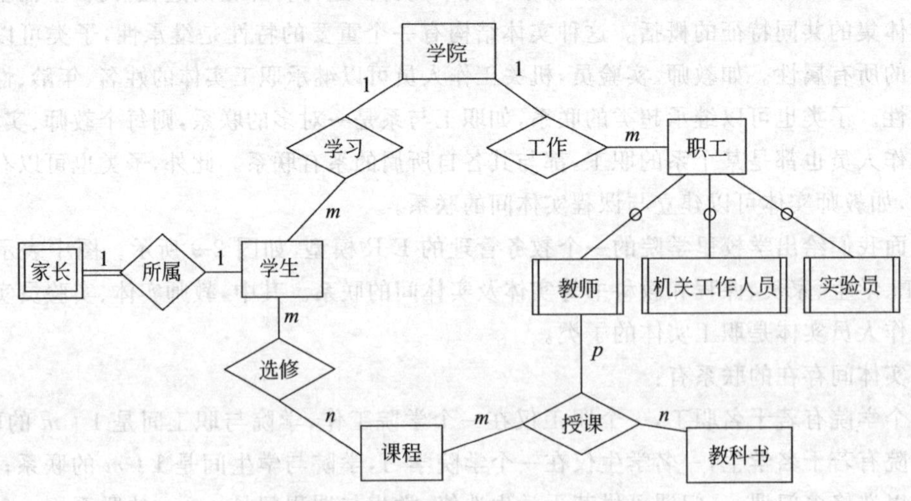

图2-10 教务管理中的实体-联系图

E-R模型被广泛地用于数据库概念模型的设计。在E-R图中仅表示现实世界中的信息结构及信息之间的关系，不涉及任何信息在计算机中的表示。只要用户的需求不变，E-R模型是稳定的。运用E-R模型，可以很方便地将其转换为具体的DBMS所支持的数据模型。

2.2　层次数据模型

层次数据模型(hierarchical data model)是较早用于数据库技术的一种数据模型，它是按层次结构来组织数据的。在现实世界中许多事物间存在着自然的层次关系，如组织机构、家庭关系、物品的分类等。用层次模型能够很好地模拟这种自然的层次关系。

层次结构也叫树形结构，树中的每个结点代表一种记录类型。这些结点应满足：

(1) 有且仅有一个结点无双亲，这个结点称为根结点；

(2) 其他结点有且仅有一个双亲结点。

在层次模型中，根结点处在最上层，其他结点都有上一级结点作为其双亲结点，这些结点称为其双亲结点的子女结点，同一双亲结点的子女结点称为兄弟结点。没有子女的结点称为叶结点。在层次模型中，双亲结点到子女结点间表示了记录间的一对多的联系。

图 2-11 是由学院、班级、教研室、教师、学生组成的层次模型的一个例子。在这个例子中，学院是根结点，也是班级、教研室的双亲结点，班级、教研室是兄弟结点，在学院和班级、教研室两个记录型之间分别存在着一对多的联系。同样，在班级和学生、教研室和教师之间也存在着一对多的联系。

层次模型中的基本数据结构是记录和由记录组成的层次结构。

记录是层次模型中存取数据的基本单位，是由若干字段(field)组成的。

若干记录型按照层次结构组织成一个层次数据库模式。为表示各个记录在层次结构中的位置，一般按照“从上到下，从左到右”的顺序即“先序遍历”的顺序表示。一个层次数据库模式可以有多个实例，每个实例是一棵值树。一个层次数据库模式的所有实例组成一个层次数据库。

图 2-12 表示上述层次模型中记录的结构。图 2-13 是该模型的一个具体实例。该实例由 D09 学院与所有下层记录值组成。D09 学院有两个班：C981 和 C982，C981 班有三个学生：S11、S12、S13；C982 班有两个学生：S01 和 S02。D09 学院还有三个教研室：T901、T902、T903，其中仅 T901 有两位教师：E911、E912。

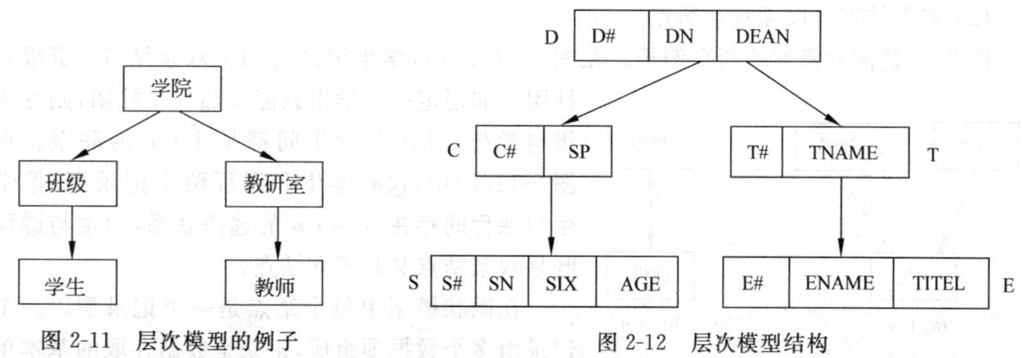

图 2-11　层次模型的例子　　图 2-12　层次模型结构

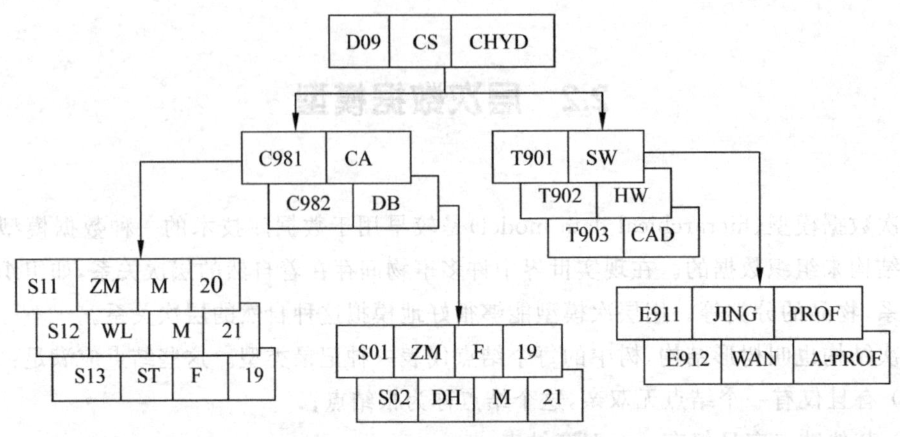

图 2-13 层次模型的一个实例

层次模型能够很好地模拟数据间自然的层次关系，存取效率高。但其缺点是只能表示实体间的 1∶m 联系，对非层次型的 m∶n 联系需要引入虚拟指针或冗余数据，冗余数据会造成数据的不一致，而大量指针会增加系统开销，使系统性能降低。

层次数据库是 20 世纪 60 年代末至 70 年代广为使用的一种数据库管理系统，其最具代表性的系统是 IBM 公司在 1968 年研制成的商品化数据库系统（Information Management System，IMS）。

2.3 网状数据模型

在层次模型中一个结点只能有一个双亲结点，且结点间的联系只能是 1∶n 的，在描述现实世界中自然的层次结构关系时简单、直观，易于理解，但对于更复杂的实体间的联系就很难描述。网状模型没有层次模型那样的限制，结点间的联系可以是任意的，任何两个结点间都能发生联系，更适于描述客观世界。

将层次模型中对结点的限制去掉后就成为网状模型。网状模型中，允许：

（1）一个结点可以有多个双亲结点；

（2）多个结点可以无双亲结点。

图 2-14 是网状模型的两个例子。在图 2-14(a)中，学生记录有两个双亲结点：班级和社团。如规定一个学生只能参加一个社团，则在班级与学生、社团与学生间都是 1∶n 的联系。在图 2-14(b)中，仅有学生和课程两个记录型，但学生与课程间存在着 m∶n 的选课联系，学生与课程既是双亲结点又是子女结点。

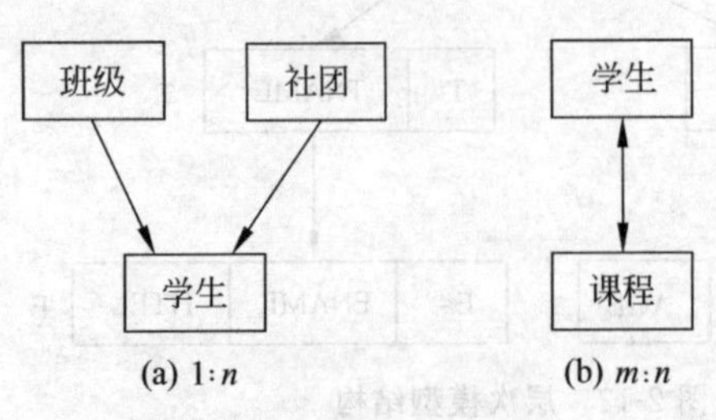

图 2-14 网状模型的例子

在网状模型中每个结点是一个记录型。一个记录由多个数据项组成，记录是数据存取的基本单位，而数据项是可存取的最小数据单位。

为了表示数据间的联系，网状模型中引入了“系(Set)”的概念。系可以看成是一个二级树，由一个父结点和一个或多个子女结点组成，表示上下层之间的 1∶m 联系。系结构提供了在网状模型中组织数据的一种方法，数据库中的数据通过系组织在一起。在网状模型中允许一个记录型作为多个系的父结点，也允许一个记录型作为多个系的子女结点，还可以使一个记录型既作为一个系的子女结点，又作为另一个系的父结点。

图 2-15(a)是系结构表示的一个网状模型，模型中有学院、教师、班级、学生、社团共五个记录类型。其中，学院与班级、学院与教师间都是 1∶m 的联系，可以组织成两个系：学院-班级系和学院-教师系，学院记录是这两个系的公共父结点。班级与学生、社团与学生间是 1∶m 的联系，分别组织成两个系：班级-学生系和社团-学生系，学生记录是这两个系的公共子女结点，学生记录既是班级-学生系的子女结点，又是学生-社团系的子女结点。此外，班级记录是学院-班级系的子女结点，但又是班级-学生系的父结点。图 2-15(b)是该模型的一个实例，表示了计算机学院有多名教师和多个学生班，王明和范颖是该学院的教师，学生班包括 981 班和 992 班。其中，张一凡、吴浩和严伟是 981 班的学生，赵文庭和林利是 992 班的学生。图中还表示张一凡和赵文庭参加了诗社，而严伟和林利参加了合唱团。

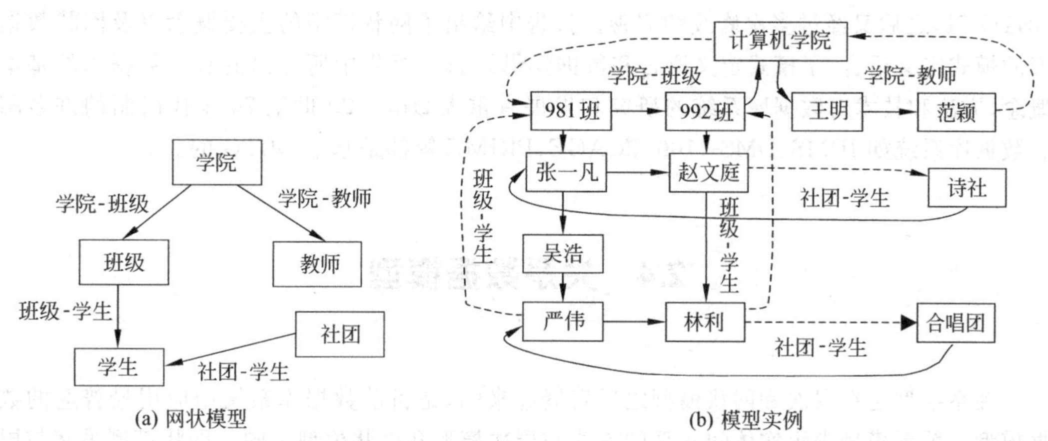

图 2-15　系结构的网状模型和模型实例

在已实现的网状数据库系统中，用系结构只能处理 1∶m 的联系，而对于 m∶n 的联系，需要转换成 1∶m 的联系。转换方法是用增加一个联结记录实现。如图 2-14(b)中，学生与课程间是 m∶n 的联系，可以转换成图 2-16(a)所示的模型。其中联结记录由学生记录和课程记录的标识符学号和课程号组成，还可以加入学生成绩等数据项。转换后的模型组织成两个系 Set1 和 Set2，Set1 系中学生是父结点，联结记录是子结点，表示某个学生所选修的课程；Set2 系中课程为父结点，同样，联结记录是子结点，表示有哪些学生选修了该门课。图 2-16(b)是该模型的一个实例，包括三个学生、三门课。其中，学生 S1 选修了 C1 和 C2 两门课，S2 选修了 C1 一门课，S3 选修了 C2 和 C3 两门课。由图还可知，选修 C1 课的学生有 S1 和 S2，选修 C2 课的有 S1 和 S3，而选修了 C3 课的为 S3。

网状模型没有层次结构的限制，与层次模型相比，能够很好地模拟事物间的各种复杂联系。它用指针实现数据间的联系，存取效率是很高的。但复杂的导航机制以及数据定义和数据操纵语言的复杂性，不容易掌握。

网状数据库系统的典型代表是 DBTG 系统。它不是一个具体机器上实现的 DBMS，而

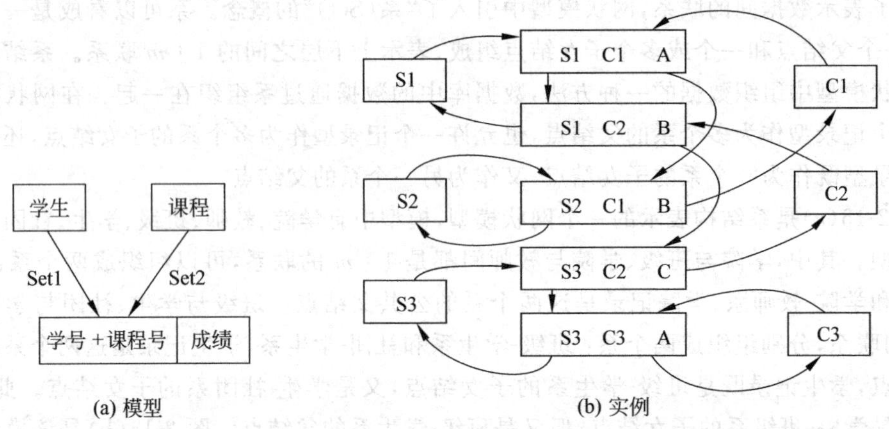

图 2-16 联结记录表示 $m:n$ 的联系

是 CODASYL 委员会下属组织 DBTG(数据库任务组)于 1969 年 10 月提出的有关网状模型的数据库系统语言规范的报告,1971 年 4 月经修改后 DBTG 公布了这份报告,称为 DBTG-71,之后又经过多次修改和完善。报告中给出了网状模型的主要概念以及网状数据库的模式定义语言、子模式定义语言和数据操纵语言。报告中所提出的有关数据库的基本概念、方法和技术对数据库系统的研究和发展有重大影响。20 世纪 70 年代研制的许多网状数据库系统如 IDMS、DMS-1100、IMAGE、PRIME 等都是基于 DBTG 的。

2.4 关系数据模型

关系模型是在层次和网状模型之后发展起来的,是目前数据库系统中应用最普遍的数据模型。关系模型表示实体间联系的方法与层次模型和网状模型不同。网状模型虽然与层次模型相比,可以直接表示实体之间的复杂关系,但它与层次模型在本质上没有太大的区别,都是用专门的数据结构来表示记录之间的联系。在关系模型中,实体及实体之间的联系是通过表格数据来实现的。因此,关系模型是将数据及数据之间的联系都组织成关系的一种数据模型。

2.4.1 关系模型的基本概念和结构

表格是人们所熟悉的。在现实世界中,人们通常用表格形式表示数据信息,如履历表、工资表、体检表、生产进度表、各种统计报表等。不过人们日常所使用的表格有的比较复杂,如履历表中个人简历一栏要包括若干行,这样处理起来不太方便。在关系模型中,基本数据结构被限制为二维表,一张二维表称为一个关系。

1. 关系

关系是数学上集合论中的一个概念,关系模型是以关系为基础发展起来的。关系所涉及的主要概念有关系、属性、域、元组和键等。这些概念将在下一章给出，这里仅简单介绍这些概念。

(1) 关系

关系(relation) 是一张二维表，是由多个行和列组成的。一个关系可用来描述一个实体集。如表 2-1 为学生关系，是由若干个学生实体组成的集合。

表 2-1 学生关系

学 号	姓 名	出生年月	性 别	入学年份	班 级
2006901	张 伟	1988.01	男	2006.09	200602
2007912	王 刚	1989.03	男	2007.09	200705
…	…	…	…	…	…

(2) 属性

一个关系有多个列，每一列为关系的一个属性(attribute)。属性用属性名标识，描述实体的不同特征，在一个关系中属性名是唯一的。如学生关系中，用属性名学号、姓名、出生年月、性别、入学年份和班级描述学生的不同特征。

(3) 域

一个属性对应一个值的集合，即域(domain)是属性的取值范围。如学号的域是 7 位字符数字的集合，学生姓名是汉字字符串的集合等。在关系中，要求域值是不可再分的，即域值是原子值的集合，对非原子的列，应分成多个列表示。属性名是唯一的，一个属性对应一个域，但不同的属性可以有相同的域。如学生的出生年月和入学年份的域是相同的，都是年和月的数字串的集合。

域是值的集合，这些值都是同类型的，如都是数字值或是字符串等。在现实世界中，有些值是未知的或者是不能确定的。如学生选修了某门课，这门课在未考试前其成绩是未知的。又如，工作单位新分来的学生，在刚刚报到后还没有被分配到下属部门，则其职工的部门属性值是不确定的。为了表示这些情况，在关系模型中引入了空值(NULL)符号。因此，空值是域中的一个特殊值，当元组的属性值不能用具体值表示时就可用空值表示。

(4) 元组

关系是元组(tuple)的集合，一个元组对应实体集中的一个个体。一个元组由若干个分量组成。一个分量对应一个属性值。如学生关系中，一个元组对应一个学生实体，学生实体是由 6 个分量组成的。

(5) 键

键(key)是一个或多个属性组成的，能够唯一标识一个元组。一个关系中可能有多组属性都能够起到标识元组的作用。因而，一个关系中可能有多个键，选择其中的一个作为主键，其余为候选键。如学生关系中的学号是一个键，每个学生的学号是唯一的。如果学生没有重名，则学生姓名也是键。如选学号为主键，姓名为候选键。

2. 关系模式

对关系结构的描述称为关系模式(relation schema)。关系模式可用如下形式表示：

关系名(属性名 1,属性名 2,…,属性名 n)。

如学生关系可表示为：学生(学号,姓名,出生年月,性别,入学年份,班级)。

一个关系用一个关系模式描述。关系数据库模式是一组关系模式的集合,这组关系模式对应的关系的集合称为关系数据库。

关系模型中基本的数据结构是单一的关系,现实世界中实体及实体间的联系都用关系表示。因此,在关系中存放了两类数据:

(1) 表征实体的数据;

(2) 实体间的联系。

关系模型中,实体间的联系是通过不同关系中的同名属性实现的。

表 2-2 是学生选课表,其关系模式为：选课(学号,课程名,系别,任课教师)。在学生关系和选课关系间存在着选修课的联系,这一联系是由两个关系中的相同属性名学号实现的,因此,由学生关系和选课关系可以得到这样一些信息：某个学生选修的某门课是由哪个教师讲授的,某门课由哪些学生选修等。这些信息是通过两个关系中同名属性学号的值相同得到的。

表 2-2 学生选课表

学 号	课程名	系 别	任课教师
2006901	数据库	计算机	严明亮
2007912	数据结构	计算机	刘西学
⋮	⋮	⋮	⋮

2.4.2 关系模型的数据完整性约束

在关系模型中,基本的数据结构是单一的关系。为了维护数据库中的数据与现实世界的一致性,需要对数据施加一定的约束条件。这些约束可分为三类：对实体完整性的约束、对实体间联系的约束和用户定义的完整性约束。对实体完整性的约束是对关系的键的约束,对实体间联系的约束是指实体间公共域上属性值的约束。这两种约束是关系模型中最重要的两类完整性约束,有关数据完整性约束的详细描述将在第 3 章介绍。

2.4.3 关系模型的数据操纵

关系模型中,对关系中的数据可进行查询、插入、删除和修改操作。关系是数学上集合论中的一个概念,在关系数据库系统中,对数据的全部操作都可以归结为对关系的运算。对关系可以进行多种运算,运算结果形成一个新关系。关系运算可分为两大类：关系代数和关系演算,关系演算又分为元组关系演算和域关系演算。关系数据库系统中的数据操纵子语言都是基于某种关系运算的。在关系模型中,对数据的操纵是非过程化的。用户只需指出“做什么”,而不必指出“怎么做”,数据的存取对用户是透明的。

2.4.4　关系模型与网状和层次模型的比较

商品化的关系数据库系统是在网状和层次数据库系统之后出现的。关系数据库系统在 20 世纪 70 年代一段时间里由于效率比较低，有人曾怀疑它的实用性，但随着查询优化的实现，不但在查询速度上关系数据库系统可以与网状和层次数据库系统相媲美，而且在性能上大大地优于后者，它除具有一般数据库系统的优点外还具有其独特的优点，主要表现在以下几个方面。

1. 数据结构简单

关系数据库中的数据结构是单一的二维表格，这些表格是独立存在的，表之间的联系一般用公共属性名表示，而没有像网状和层次数据模型那样的指针链接，简化了数据定义，数据操纵也变得简单。

2. 一体化的数据子语言

支持网状和层次数据模型的 DBMS，其数据语言分为数据定义和数据操纵语言，他们有不同的语法结构，各自完成不同的功能，而关系数据子语言将这些功能合为一体，既可进行查询、更新等数据操作，又具有数据定义和控制功能，在进行数据操纵的同时还可动态地修改数据结构，使用方便，提高了编程效率。

3. 数据独立性高

关系数据库中，数据库的逻辑结构和对数据的操作不涉及数据的存取方法和存取路径，它完全独立于数据的存储方式，因而用户不必关心数据的物理存储细节。另外，当数据模式发生变化时，可通过连接、投影等运算重新定义用户视图，使原有程序不受影响，具有很高的逻辑独立性。

4. 面向集合的存取方式

网状与层次数据库一次只能存取一个记录，而关系数据库可以在关系一级进行运算，一次查询结果可以得到一组元组记录，对数据的其他操作也可以一次多个元组进行。语言简练，非过程化程度高。

5. 坚实的理论基础

关系数据库的研究是建立在严格的数学概念基础上的，如集合论、一阶谓词逻辑等。此外，还有关系的规范化和查询优化等理论。这些研究成果使对数据库技术的研究从经验发展到科学的高度，给数据库技术的进一步研究奠定了坚实的理论基础。

6. 有利于开展其他应用

关系数据库为各种非预期查询提供了有效的支持。这为数据库的应用向高层决策管理发展提供了便利，而关系数据语言与一阶谓词逻辑的固有内在联系，为以关系数据库为基础的推理系统和知识库的研究提供了便利。

当然,基本关系模型的数据库系统也表现出了一些不足,突出的一点是语义比较贫乏。不能够明确地表示实体间的联系,即不能够将实体间的自然联系呈现给用户。关系模型也不能很好地描述复杂对象,一个关系仅能表示一个简单对象,复杂对象需要用多个关系模式描述。如供货合同对象由甲乙双方和合同细目组成,关系模型至少要由甲方、乙方、定货细目3个关系模式表示。

1970年E. F. Codd提出关系数据模型,至今已有近40年的时间。在这期间,关系数据模型得到了广泛的应用。人们从理论、关系DBMS的设计和应用系统设计等方面对关系数据模型进行了深入的研究,关系数据模型已是一个很成熟的数据模型。随着数据库技术应用领域的深入,一些新的要求不断出现,如对数据的描述需要更丰富的语义信息,要求具有定义抽象数据类型的能力等,这些已超出了关系模型所能支持的范围,应用需要新的数据模型的出现。但由于关系数据模型的诸多优点,它仍然是数据库系统支持的最主要的数据模型,而且也是新一代数据库技术不可缺少的基础。

2.5 面向对象数据模型

传统数据模型具有一定的局限性,不能够很好地模拟现实世界中的复杂对象,因而人们提出了面向对象的数据模型。面向对象数据模型是20世纪80年代初提出来的,许多概念源于面向对象程序设计语言,它是数据库技术和面向对象程序设计方法学相结合而产生的。与传统数据模型不同,其数据结构不是记录或元组,而是具有复杂结构的对象。目前对面向对象数据模型还没有一个统一的公认的定义,但已有的面向对象数据库系统都支持以下几个核心概念。

1. 对象

现实世界中存在的一切事物都可以称为对象(object)。它可以是一个简单对象,如一个整数、一个字符串,也可以是一个复杂对象,如一辆汽车、一个可执行程序段等。每个对象有一个唯一的标识,称为对象标识符(OID)。

2. 类

类(class)是定义具有某些相似特征对象的对象类,代表了它所表示对象的类型。类中的对象称为实例(instance),类由实例变量和方法描述,实例变量描述对象的结构,方法是定义在对象实例上的操作。类有子类(subclass)和超类(superclass),子类可以继承超类的特性。类和子类及超类形成了类层次结构。

3. 消息

消息(message)是发送给某个对象的动作标识符,它指示对象执行某些动作。由于对象是封装的,对对象中实例变量和方法的存取和调用只能通过给对象发消息实现,执行结果也以消息的形式返回。

4. 方法

方法(method)是消息的实现,是定义在对象实例上的一组操作。方法定义对象如何响应消息的细节。

5. 封装

封装(encapsulation)是一种信息隐蔽技术,它把对象的特征和行为隐蔽起来,使得一个对象可以作为一个独立的整体使用而不用担心对象的功能受到影响。

6. 继承

继承(inheritance)支持层次分类的观点,即继承只有在类按层次排列时才有意义。一个类可以从另一个类中继承其特征,包括数据和方法。子类可以继承其直接超类及祖先的特征。

为了使数据库能够满足不同应用领域的需求,人们开展了对面向对象数据库的研究,也已有商品化的 OODBMS,但面向对象数据库还不成熟,还有许多关键问题如对面向对象概念的形式化、标准化、系统的性能等有待解决,许多课题如模式进化、对象存储管理、查询优化等还需要进一步的研究。而关系数据库具有许多众所周知的优点。扩展关系数据库系统使其具有面向对象的特征,从而形成对象-关系数据库系统(ORDBMS),就成为必然的发展趋势。对象-关系数据库系统兼有关系数据库和面向对象数据库两方面的特征,已得到了广泛应用。

2.6 小　结

本章介绍了两类数据模型:概念模型和数据库系统支持的数据模型。

概念模型是用来表示信息结构的模型,不涉及信息在计算机中的表示。常用的概念模型有实体-联系模型,即 E-R 模型。E-R 模型可用于数据库设计的概念建模。

数据库系统支持的模型有:层次数据模型、网状数据模型、关系数据模型和面向对象数据模型等。层次模型和网状模型都可以用图形结构表示,又称为格式化数据模型。关系模型与层次和网状模型相比较有许多优点,是目前数据库系统中使用最广泛的数据模型。这三类模型也统称为传统的数据模型。与关系数据模型比较,面向对象数据模型能够表示复杂的对象结构和更多的语义,但还不成熟。将关系数据模型与面向对象数据模型相结合形成的对象关系数据模型,兼有关系数据模型和面向对象数据模型的特征,现在许多商用 DBMS 都支持这种数据模型。支持这种模型的数据库系统称为对象-关系数据库系统。

习 题

1. 定义并解释以下术语。

   实体、实体型、实体集、属性、实体标识符、联系。

2. 试分别举出事物间具有一对一、一对多、多对多联系的三个例子。
3. 试给出一个描述实际事物及事物间联系的E-R模型。要求模型中至少有五个实体，实体间有1∶1、1∶n和m∶n的联系，其中要有一个联系涉及三个实体。
4. 某商场对商品信息管理有如下数据。

   商品出售按照商品类分为食品、日用品、服装、鞋帽等，每个销售组出售一类商品；一个组有一个组长，有若干售货员；商品按分类存放在不同仓库中；一种商品有多个供应商，一个供应商可供应多种商品。试用E-R图给出概念模型。

5. 请你为下述两种情况分别建立银行-储户-存款单之间的数据模型。

   (1) 一个储户只在固定的一个银行存款。

   (2) 一个储户可以在多个银行存款。

   这两个模型有什么根本区别?

6. 试述层次、网状和关系数据模型中主要的数据结构。
7. 试与层次、网状模型比较，关系数据模型有哪些优点。
8. 试述下列面向对象模型中的基本概念。

   对象、对象标识、类、类层次、子类、超类、封装、继承。

第3章

关系数据库

关系数据库是在层次和网状数据库之后发展起来的。1970 年 E. F. Codd 提出了关系数据模型的概念，之后相继发表了一系列关系模型的论文，奠定了关系数据库的理论基础。近 40 年来，对关系数据库的研究取得了丰硕的成果。与层次和网状数据库相比较，关系数据库数据结构简单、一体化的语言易学易用，因而得到了广泛的应用。关系数据库是当前数据处理应用中的主流数据库。尽管面对新的复杂的应用，关系数据库显得有些力不从心，但在传统的数据处理应用领域，关系数据库仍占有主导地位。

关系数据库是以集合论中关系的概念为基础发展起来的。它运用数学方法研究数据库的结构和定义对数据的操作。本章将详细论述关系数据库涉及的基本概念及对关系的各种运算。

3.1 关系模型的基本概念

3.1.1 关系的定义

在关系模型中唯一的数据结构是关系，一个关系对应一张二维表。关系可以在笛卡儿积(Cartesian Product)的基础上定义，下面先给出笛卡儿积的概念。

定义 3.1 给定一组集合 $D_1,D_2,\cdots,D_n$，它们可以是相同的。定义 $D_1,D_2,\cdots,D_n$ 的笛卡儿积为：

$$D_1\times D_2\times\cdots\times D_n=\{\ (d_1,d_2,\cdots,d_n)\,|\,d_i\in D_i,i=1,2,\cdots,n\ \}$$

其中每一个元素$(d_1,d_2,\cdots,d_n)$叫做一个 n 元组(n-tuple)，元素中第 i 个值 d_i 叫做第 i 个分量。

例如：设 $D_1=\{1,2,3\}$，$D_2=\{a,b\}$，则 $D_1\times D_2=\{(1,a),(1,b),(2,a),(2,b),(3,a),(3,b)\}$。

定义 3.2 $D_1\times D_2\times\cdots\times D_n$ 的任一个子集称为 $D_1,D_2,\cdots,D_n$ 上的一个关系(Relation)。集合 $D_1,D_2,\cdots,D_n$ 是关系中元组的取值范围，称为关系的域(Domain)，n 叫做关系的目或度(Degree)。

度为 n 的关系称 n 元关系。如 $n=1$ 的关系称一元关系，$n=2$ 的关系称二元关系。

关系是一个二维表，表中的每一行对应一个元组，每一列对应一个域。关系中的列称为属性，每一列用属性名表示。关系中的元组常用 t 表示，$t[A_i]$表示元组 t 在属性 A_i 上的值。用符号 dom(A_i)表示属性 A_i 的域，这些域是有限的非空集合。

表 3-1 是学生选课表，表中有四列，为四元关系。关系的属性有：SNAME(学生名)、CLASS(班级)、COURSE(课程)、TNAME(任课教师)。如果关系中属性的域分别为：

D_1＝dom(SNAME)＝{王建设，刘华，范林军，李伟}；

D_2＝dom(CLASS)＝{200791，200792，200793}；

D_3＝dom(COURSE)＝{数据结构，数据库原理，操作系统}；

D_4＝dom(TNAME)＝{张六一，杜为，吴作宾}。

则学生选课关系是笛卡儿积 $D_1 \times D_2 \times D_3 \times D_4$ 的一个子集。该笛卡儿积共有 108 个元组，但这些元组不都是有意义的。如元组(王建设，200791，数据结构，张六一)和元组(王建设，200792，数据结构，张六一)是笛卡儿积 $D_1 \times D_2 \times D_3 \times D_4$ 中的元组，但在现实世界中至多有一个元组为真，因王建设只能是 200791 班或 200792 班的学生，而不可能同时是两个班的学生(这里，假定学生没有重名)。所以，一般来说，只有笛卡儿积的子集能够反映现实世界，是有意义的。

表 3-1 学生选课表

SNAME	CLASS	COURSE	TNAME
王建设	200791	数据结构	张六一
刘 华	200791	数据结构	张六一
范林军	200792	操作系统	杜 为
李 伟	200793	数据库原理	吴作宾

关系是数学上的概念，但关系数据库中的关系与之还是有区别的。在数学上，元组定义为有序的 n-元组，如元组(a, b)与(b, a)是不同的两个元组，而在关系数据库中，元组的各个分量的次序是无关紧要的。如元组(王建设，200791，数据结构，张六一)与(王建设，数据结构，200791，张六一)是没有区别的，都表示王建设是 200791 班的学生，选修了数据结构这门课，由教师张六一授课。又如，数学上的关系可以是无限的，但关系数据库中无限关系是没有意义的，必须是有限元组的集合。

关系是一个表，但与通常我们所见的表也是有区别的。一般的表根据需要一个列可能由多个列组成。如职工工资表中，工资分基本工资、津贴、扣款等，而津贴又分岗位津贴、副食补贴、洗理费、书报费等，扣款也分房租、水电、保险等，形成嵌套表。而关系中的列是不能再分的，是一个简单的二维表。还有，在日常的表中，某些列值可以是一个组合项。如定货合同中，一列对应一种商品，而一种商品的交货数量和交货日期可以有多个。但这种情况在关系数据库中是不允许的，必须分为多个元组。

关系数据库中，每个关系都是规范化的，它们具有如下性质：

(1) 每一列中的值是同类型的数据，来自同一个域。

(2) 不同的列可以有相同的域，每一列称为属性，用属性名标识。

(3) 列的次序是无关紧要的。

(4) 元组的每个分量是原子的，是不可分的数据项。

(5) 元组的次序是无关紧要的。

(6) 各个元组是不同的，即关系中不允许出现重复元组。

满足以上性质的关系称为规范化的关系。这些性质是对于关系操作的限定，对关系的操作应该遵循这些限定。但实际商品化的数据库管理系统不一定都符合这些限定，这就是理论与实际之间的差距。

3.1.2 关系模式和关系数据库

在关系数据库中，构造数据库的基本结构是单一的关系。关系有"型"和"值"之分。关系的型称为关系模式，是对关系结构的描述，该描述包括关系名、属性名、属性的类型和长度，以及属性间固有的数据关联关系。

关系模式一般简记为关系名和属性名的集合：$R(A_1, A_2, \cdots, A_n)$，有时也仅用关系名 R 表示。如图书关系模式可描述为：图书(书号，书名，作者，单价，出版社)或简写为图书关系。

关系的值是元组的集合，称为关系。模式 R 上的一个关系是模式中属性到对应域映射的有限集，通常写为 $r(R)$。关系是对现实世界中事物在某一时刻状态的反映，关系的值是随时间在不断变化的，如可以对关系中的元组施行插入、删除和修改操作，因此某一时刻和另一时刻关系的状态可能是不同的。但关系模式不同，关系模式一经定义后是相对固定的，除非需要对它重新定义。在有的书籍中，称关系模式为关系的内涵，而称关系的值为关系的外延。我们常常将关系模式和关系的值统称为关系，读者应从上下文中理解其含义。

关系模式的集合称为关系数据库模式，是对数据库中所有数据逻辑结构的描述，表示为 $\boldsymbol{R}=\{R_1, R_2, \cdots, R_p\}$。关系数据库模式中的每个关系模式上的关系的集合称为关系数据库，表示为：$d=\{r_1, r_2, \cdots, r_p\}$，其中，$r_i$ 是对应关系模式 R_i 上的一个关系($1 \leqslant i \leqslant p$)。

3.1.3 键

键(Key)是关系数据库中的一个重要概念。关系是元组的集合，为了区分不同元组，用其中一个或多个属性值标识，能够唯一标识元组的属性或属性组称为关系的键。若属性集 K 是关系模式 R 的键，对 $r(R)$ 中任意两个不同的元组 t_1、t_2 应满足 $t_1[K] \neq t_2[K]$，即任意两个不同的元组其 K 的值是不同的。

定义 3.3　设关系模式 $R(U)$，$K \subseteq U$，r 是 R 上的任一关系，若对 r 中的任意两个不同的元组满足：

(1) $t_1[K] \neq t_2[K]$；

(2) 不存在 $K' \subset K$ 而使得 $t_1[K] \neq t_2[K]$成立。

则称 K 是 R 的键。若条件(2)成立，称 K 是 R 的超键(superkey)。

由以上定义知，键除了能标识元组外，还应具有最少属性数。在有的关系中，能够标识元组的属性或属性组可能不止一个。如关系列车时刻表中有属性车次、始发站、终到站、开车时间和到达时间。其中，属性车次可标识表中的元组，是列车时刻表的键。但属性集始发站、终到站和开车时间也可以标识元组,因一般不会从同一始发站同一时间开出两趟客车到同一终到站,因此属性集始发站、终到站和开车时间也是关系的键。我们把关系中能够起标识作用的这些键都称为候选键(Candidate Key)。

在一个关系中,如果有多个候选键,选其中的一个键作为主键(Primary key),其余的候选键称隐含键(Implicit key)或候补键(Alternate Key)。

一个关系至少有一个键。若关系的键由多个属性组成,称为联合键(Concatened Key)。在极端情况下,关系中所有的属性组合才能标识一个元组,即关系的所有属性构成该关系的键,这样的键称为全键(All Key)。例如,供应关系有属性供应商、商品、商场,表示某个供应商供应某个商场某种商品。因一个供应商可以供应多种商品给不同商场,而一个商场也可以多渠道进货,供应关系的键必须由所有的三个属性组成,供应关系的键就是全键。

以上我们在一个关系的范围内讨论了键的概念。在关系中有这样一种属性,它是一个关系中的一般属性,也可以是该关系中组成键的部分属性,但它是另一个关系的键,则称该属性为这个关系的外键(Foreign Key)。例如,有学生关系S(学号,学生姓名,年龄,性别,班号),班级关系C(班号,班长,学生人数,专业)。班号是班级关系C中的键,在学生关系S中,属性班号称为外键。又如,学生选课关系SC(学号,课程号,成绩)中的学号和课程号是该关系的联合键,但其中的属性学号是学生关系S中的主键,则在学生选课关系中,学号既是组成主键的属性,又是外键属性。可见,外键给出了在不同关系间建立联系的一种方法。

3.1.4 完整性约束

为了维护数据库中的数据与现实世界的一致性,关系模式中的所有关系必须满足一定的完整性约束条件。这些约束条件包括对属性取值的约束,属性间值的约束,不同关系中属性值的约束等。如一个人的年龄限定在130岁以下,因世界上还没有人的年龄能超过这个数字。若年龄的值在130以上,就认为这个数字是不正确的。这个条件就可以作为完整性约束加在属性年龄上。完整性约束是语义上的概念,是现实世界对数据的限定。如同样是属性年龄,若是职工的年龄,一般限定在18到60岁之间。可见,为了使数据库中的数据能够很好地反映现实世界,数据的完整性约束是很重要的。

在关系数据库中,完整性约束主要分三类:实体完整性约束、参照完整性约束和其他约束。

1. 实体完整性约束

实体完整性约束(Entity Integrity Constraint)是对主键取值的约束,指作为键的各个属性的值不能取空值。

在关系数据库中,元组是对实体特征的描述,一个元组对应一个实体。实体是相互区别的,他们具有某种唯一性的标志。在关系中,用键唯一标识一个元组,从而也唯一地标识了它所描述的实体。如果一个元组的键为空值,或部分值为空,该元组将不可标识,也就不能表示任何实体,因而是无意义的。这在数据库中是不允许的。

2. 参照完整性约束

参照完整性约束(Reference Integrity Constraint)是对关系中作为外键的值的约束。参照完整性约束规定：若关系 R_1 中属性 A 是另一个关系 R_2 中的主键，则对于关系 R_1 中的任一个元组在属性 A 上的值。必须或者为空值，或者为另一个关系 R_2 中某个元组的主键的值。

参照完整性约束给出了关系间建立联系的约束规则。关系 R_1 称为参照关系，关系 R_2 称为被参照关系。所谓参照，就是某个关系与另一个关系通过定义在同一个域上的属性而建立的联系。例如有职工关系 EMP(职工号，职工名，部门号)和部门关系 DEPT(部门号，部门名，部门负责人)。部门关系 DEPT 中的主键是部门号，职工关系 EMP 中的属性部门号就是外键。根据参照完整性约束，属性部门号的值在关系 EMP 中只能够取两种值，一种是部门关系中部门号的值，表示某职工在那个部门工作；另一种是空值，表示该职工属于哪个部门还未确定，还没有被分配到某个部门工作。除此之外，该属性取任何值都是无意义的。

参照完整性约束规定了作为外键的取值仅有两种情况：(1)空值；(2)被参照关系中某个元组的主键的值。若外键是参照关系中的一般属性可以取这两种值，如职工关系中的部门号。但外键属性若是参照关系中组成主键的部分属性，则根据实体完整性约束，这样的外键值是不能取空值的。如学生选课关系 SC 中的学号和课程号虽是该关系的外键，但又是该关系的主键，则在任何情况下它们都不能取空值。

3. 其他约束

实体完整性约束和参照完整性约束是关系模型中最基本的约束，数据库系统都应该支持这两种完整性约束。此外，还有一些其他约束，这些约束与具体的数据库应用系统有关，是由用户根据实际应用定义的完整性约束，如前所述对属性取值的约束、属性间的约束等。对这类约束，一般 DBMS 应该提供定义和检查机制，由用户定义约束条件，由 DBMS 检查，而不应由应用程序承担。

完整性约束反映了数据库中的数据为保证数据的正确性和一致性所应该满足的约束条件。在商品化的 DBMS 中，对数据完整性约束的支持程度不尽相同，但其发展趋势是将逐步扩大对完整性约束的检查功能。

3.2 关系代数

关系数据库的数据子语言是非过程化的语言，使用方便灵活，表达能力强。特别是它的查询功能，一次查询可以在多个关系上进行，一次查询可得到所需的一组数据。关系数据子语言之所以有这些特点，主要是因为关系模型数据结构单一，对数据的各种操作都可以归结为对关系的运算，只要给出运算表达式，就可以得到所需的数据。

在关系数据库中，对关系的运算可分为两大类：

(1) 关系代数。把关系作为集合,对其施加各种集合运算和特殊的关系运算。

(2) 关系演算。用谓词表示查询要求和条件。关系演算按谓词演算的不同又可以分为元组关系演算和域关系演算两种。

关系代数和关系演算是抽象的查询语言,与具体关系数据库子语言并不完全一样,但它们是这些高级数据语言的基础。本节先介绍关系代数的各种运算,3.3 节介绍关系演算。

关系是元组的集合,关系代数是以集合代数为基础发展起来的,是以关系为运算对象的一组运算的集合。关系代数运算可分为两类:

(1) 传统的集合运算:并、交、差、笛卡儿积。

(2) 专门的关系运算:选择、投影、连接、除法。

3.2.1 传统的集合运算

集合运算是两个关系间的运算,运算结果生成一个新关系。其中,并(∪)、交(∩)、差(—)运算要求参加运算的两个关系R和S具有相同的目且其对应属性定义在同一个域上,称R和S为同类型的关系,或为相容关系。

1. 并

关系R和S的并(Untion),其结果为R和S中的所有元组组成,记为:

$$R \cup S = \{t \mid t \in R \vee t \in S\}$$

2. 差

关系R和S的差(Difference),其结果由属于R但不属于S的所有元组组成,记为:

$$Q = R - S = \{t \mid t \in R \wedge t \notin S\}$$

3. 交

关系R和S的交(Intersection),其结果为既属于R又属于S的所有元组组成,记为:

$$R \cap S = \{t \mid t \in R \wedge t \in S\}$$

交运算不是必须的,交运算能用差运算来表示,即$R \cap S = R - (R - S)$。

设r和s是关系模式$R(A,B,C)$上的两个关系,则$r \cup s$、$r - s$、$r \cap s$运算结果如图 3-1 所示。

4. 笛卡儿积

关系R和S的笛卡儿积(Cartesian Product)为R中所有元组和S中所有元组的拼接。若R和S的属性个数分别为k_1和k_2,则R和S的笛卡儿积的属性个数为$k_1 + k_2$。若R中有m个元组,S中有n个元组,则R和S的笛卡儿积的元组个数为$m \times n$。记为:

$$R \times S = \{t \mid t = t_r t_s,\ t_r \in R \wedge t_s \in S\}$$

两个关系作笛卡儿积没有限制。如图 3-2 所示为关系r和s及r和s的笛卡儿积。

r(A	B	C)
a_1	b_1	c_1
a_1	b_1	c_2
a_2	b_2	c_1

s(A	B	C)
a_1	b_1	c_2
a_2	b_2	c_1
a_2	b_2	c_2

r∪s (A	B	C)
a_1	b_1	c_1
a_1	b_1	c_2
a_2	b_2	c_1
a_2	b_2	c_2

r−s (A	B	C)
a_1	b_1	c_1
a_2	b_2	c_1

r∩s (A	B	C)
a_1	b_1	c_2

图 3-1 关系的并、差、交运算

r(A	B	C)
a_1	b_1	c_1
a_1	b_1	c_2
a_2	b_2	c_1

s(D	E)
d_1	e_1
d_2	e_2

r×s (A	B	C	D	E)
a_1	b_1	c_1	d_1	e_1
a_1	b_1	c_1	d_2	e_2
a_1	b_1	c_2	d_1	e_1
a_1	b_1	c_2	d_2	e_2
a_2	b_2	c_1	d_1	e_1
a_2	b_2	c_1	d_2	e_2

图 3-2 关系的笛卡儿积运算

3.2.2 专门的关系运算

专门的关系运算有选择、投影、连接和除法。

1. 选择

选择(Selection)运算是关系上的一元运算，是从关系中选择满足一定条件的元组子集。关系 R 上的选择运算用符号 $\sigma_F(R)$ 表示。

$$\sigma_F(R)=\{t\mid t\in R\wedge t(F)\}$$

其中，σ 为选择算符，F 是限定条件的布尔表达式，由逻辑算符(∧、∨、¬)连接比较表达式组成。上式表示在关系 R 中选择使 $t(F)$ 为真的所有元组。

图 3-3 中给出了学生选课数据库的三个关系。其中，学生关系 Student 包含属性学号 Sno、姓名 Sname、年龄 Sage、性别 Ssex 和学生 Student 所在系 Sdept，课程关系 Course 包含属性课程号 Cno、课程名 Cname、开课系 Cdept，学生选课关系 SC 包含属性学生号 Sno、课程号 Cno、成绩 Grade。下面的例子将在这些关系上进行。

【例 3-1】 选取年龄小于 20 岁的学生。

$$\sigma_{\text{Sage}<20}(\text{Student})$$

【例 3-2】 选取计算机系的女学生。

$$\sigma_{\text{Sdept='计算机'}\wedge\text{Ssex='女'}}(\text{S})$$

2. 投影

投影(Projection)也是关系上的一元运算。选择运算是选取关系中行的子集，而投影运

学生关系 Student

Sno	Sname	Sage	Ssex	Sdept
200701	刘明亮	18	男	计算机
200702	李和平	17	男	外语
200073	王 茵	21	女	计算机
200704	张小芳	20	女	数学

课程关系 Course

Cno	Cname	Cdept
C1	C语言	计算机
C2	英语	外语
C3	数据库	计算机
C4	数学	数学

选课关系 SC

Sno	Cno	Grade
200701	C1	85
200701	C2	70
200701	C3	78
200702	C1	81
200702	C2	84
200703	C2	75
200703	C3	90

图 3-3 学生选课数据库的三个关系

算则是选取关系中列的子集。在模式 R 上的投影运算表示为：

$$\Pi_X(R)=\{t[X]\mid t\in R\}$$

其中，Π 是投影算符；X 是模式 R 属性的子集；$t[X]$表示 R 中元组在属性集 X 上的值或为元组t在X上的投影。$\Pi_X(R)$为选取关系R中元组在属性集X上的值，结果生成一个新关系。

【例 3-3】 选取学生所在的系。

$$\Pi_{\text{Sdept}}(S)$$

需要注意的是：如果属性集 X 不包含 R 的键，则选取的列中可能会出现重复元组，投影后的关系中应不包含重复元组。如例 3-3 中选取学生所在的系，结果如表 3-2 所示，表中去掉了重复元组计算机系。

表 3-2 投影结果

Sdept
计算机
外语
数学

3. 连接

连接(Join)运算是把两个关系中的元组按条件连接起来，形成一个新关系。连接运算有两种，一种称为条件连接；另一种称为自然连接。下面先介绍条件连接。

条件连接也称 θ-连接，是将两个关系中满足 θ 条件的元组拼接起来形成新元组的集合。设属性 A 和 B 分别是关系 R 和 S 上的属性，且定义在同一个域上，R 和 S 的连接记为：

$$R\underset{A\theta B}{\bowtie}S=\{t\mid t=t_rt_s,\ t_r\in R\wedge t_s\in S\wedge t_r[A]\theta t_s[B]\}$$

其中，$\bowtie$是连接符，$A\theta B$ 为连接条件。式中的 θ 是比较符，可以是$>$、$\geqslant$、$<$、$\leqslant$、$=$、$\neq$等比较符。如连接条件为 $A=B$，则连接结果元组满足关系 R 中的元组在属性 A 上的值与 S 中元组在属性 B 上的值相等。

最常用的连接是两个属性值的相等比较，称为等值连接。其他如 θ 为$>$称为大于连接，θ 为$<$称为小于连接等。除等值连接外，其余的连接一般称不等值连接。根据需要，也可以将多个比较表达式"与"起来作为连接条件。

两个关系的连接是其笛卡儿积的子集，即从两个关系的笛卡儿积中选取满足条件的元组的集合。连接运算可表示为：

$$R \underset{A\theta B}{\bowtie} S=\sigma_{A\theta B}(R \times S)$$

【例 3-4】 设关系 R 和 S，B 和 C 分别是 R 和 S 上的属性且定义在同一个域上。R 和 S 及 $R \underset{B<C}{\bowtie} S$ 如图 3-4 所示。

R:

A	B
a_1	1
a_2	2
a_2	5

S:

C	D
2	d_1
3	d_2
6	d_2

$R \underset{B<C}{\bowtie} S$:

A	B	C	D
a_1	1	2	d_1
a_1	1	3	d_2
a_1	1	6	d_2
a_2	2	3	d_2
a_2	2	6	d_2
a_2	5	6	d_2

图 3-4　两个关系连接的例子

以上是两个关系中元组属性值满足比较条件的连接。在数据库应用中，比较多的连接是在两个关系共同属性上的等值连接，称为自然连接(Natural Join)。自然连接用$\bowtie$表示。记为：

$$R \bowtie S=\{t \mid t=t_r t_s[\overline{A}], t_r \in R \wedge t_s \in S \wedge t_r[A]=t_s[A]\}$$

以上表示 R 和 S 在公共属性 A 上值相等的连接。$t_s[\overline{A}]$为元组 t_s 去掉 A 后其他属性列的值。因此，与等值连接不同，自然连接中的公共属性列在结果元组中仅出现一次。如果 R 和 S 没有公共属性，$R \bowtie S$ 的结果是什么呢？$R \cap S=\varnothing$，则 $R \bowtie S$ 为关系 R 和 S 的笛卡儿积。

【例 3-5】 设关系 R 和 S 及 R 和 S 的自然连接如图 3-5 所示。

R:

A	B	C
a_1	1	c_1
a_2	2	c_2
a_2	5	c_2

S:

B	C	D
1	c_1	d_1
2	c_1	d_2
2	c_2	d_2

$R \bowtie S$:

A	B	C	D
a_1	1	c_1	d_1
a_2	2	c_2	d_2

图 3-5　两个关系的自然连接

在自然连接中，若两个关系中有一个以上的同名属性，则必须在这些属性上的值都相等，两个元组才能连接。

4. 除法

除法(Division)运算是一个二元运算，运算符用÷表示。若 $R \div S$，要求 R 和 S 有定义在同一域上的属性或属性组。$R \div S$ 的结果生成一个新关系 R'，R'的属性是 R 的属性中去

掉与 S 具有公共域属性后的其他属性。

设 $R(X,Y)$，$S(Y)$，$R'(X)$。则 $R\div S$ 记为：

$$R\div S=R'=\{t|t\in R'\wedge t_r\in R\wedge t_s\in S\wedge t_r[R']=t\wedge t\bowtie S\subseteq R\}$$

以上式子可描述为：$R\div S$ 是 $\Pi_{R'}(R)$ 的最大子集 R'，以至使 $R'\bowtie S$ 包含在 R 中。可以看出，$R'\bowtie S$ 是 R' 和 S 的笛卡儿积。

关系的除法运算的含义是什么呢？下面我们举一个例子来说明。

【例 3-6】 在学生选课数据库中，将选课关系 SC 在属性 Sno 和 Cno 上投影后得到图 3-6(a)中的关系 SC'。假设课程关系在属性 Cno 上投影后的关系分别为 C'、C"，关系 C'、C"及除法运算 SC'÷C'和 SC'÷C"的结果如图 3-6(b)所示。

SC'

Sno	Cno
200701	C1
200701	C2
200701	C3
200702	C1
200702	C2
200703	C2
200703	C3

(a)

C'

Cno
C1

SC'÷C'

Sno
200701
200702

C"

Cno
C2
C3

SC'÷C"

Sno
200701
200703

(b)

图 3-6 除法运算的例子

以上除法的含义是，SC'÷C' 运算的结果为选修了 C1 课的学生，而 SC'÷C"运算的结果为同时选修了 C2 和 C3 课的学生。学号为 200702 的学生虽然选修了 C2 课，但是没有选修 C3 课，因此不在 SC'÷C"的结果中。

3.2.3 扩充的关系运算

前面介绍了基本的关系代数运算。此外，为了更方便地表达查询，本节介绍几种扩充的关系运算：属性重命名、左外连接、右外连接和全外连接。

1. 属性重命名

关系运算中，利用属性重命名可以把一个关系作为两个关系运算，从而得到更多的信息。例如，如果想知道哪些学生是同一个系的，用前面介绍的运算很难表示这样的查询，用属性的重命名运算可以表示这样的查询。

设 r 是模式 R 上的一个关系，A 是 R 中的一个属性，B 为属性名，B 不是 R 中的属性，但 B 和 A 具有相同的域。设 $R'=(R-A)\cup B$，则属性 A 被重命名为 B 后，得到的关系 r' 记为：

$$r'(R')=\delta_{A\rightarrow B}(r)$$

r' 为重命名运算符，重命名后的关系 r' 可表示如下：

$$r'(R')=\{\ t' \mid t'\in r' \wedge t\in r \wedge t'[R-A]=t[R-A] \wedge t'[B]=t[A]\}$$

重命名运算可以同时对一组属性操作。设 r 是模式 R 上的关系，$A_1,A_2,\cdots,A_k$ 为 R 中的一组不同属性，$B_1,B_2,\cdots,B_k$ 为不在 $R-(A_1,A_2,\cdots,A_k)$ 中的一组不同属性，且 B_i 和 A_i 具有相同的域($1\leqslant i\leqslant k$)。属性集 $A_1,A_2,\cdots,A_k$ 被分别重命名为 $B_1,B_2,\cdots,B_k$，可表示为：

$$r'(R')=\delta_{A_1,A_2,\cdots,A_k\rightarrow B_1,B_2,\cdots,B_k}(r)$$

【例 3-7】 把学生关系中的学号和姓名即 Sno 和 Sname 重命名为 Sno'和 Sname'。

$$\delta_{\text{Sno, Sname}\rightarrow\text{Sno', Sname'}}(\text{Student})$$

有了属性重命名运算，可以通过对属性的重命名在同一个关系上做自然连接运算，也可以做同一个关系的笛卡儿积，还可以将两个关系的等值连接方便地表示为自然连接。

2. 外连接

连接运算是把两个关系中的元组按条件连接起来，结果为满足条件的元组集合，这样的连接称为内连接(inter join)，还有一种连接称为外连接。

外连接(outer join)是对自然连接运算的扩展。外连接结果中除了满足连接条件的元组外还包含没有被连接的元组。外连接分为左外连接(left outer join)、右外连接(right outer join)和完全外连接(full outer join)。

(1) 左外连接

若两个关系 R 和 S 的连接 $R\bowtie S$ 为左外连接，则连接结果中包含了关系 R 即左边关系中不满足连接条件的元组，在这些元组对应关系 S 属性上的值为空值，记为：$R\bowtie_L S$。

(2) 右外连接

若两个关系 R 和 S 的连接 $R\bowtie S$ 为右外连接，则连接结果中包含了关系 S 即右边关系中不满足连接条件的元组，在这些元组对应关系 R 属性上的值为空值，记为：$R\bowtie_R S$。

(3) 完全外连接

若两个关系 R 和 S 的连接 $R\bowtie S$ 为完全外连接，则连接结果中包含了关系 R 中不满足连接条件的元组，同时也包含了关系 S 中不满足连接条件的元组。也就是说，若关系 R 和 S 的连接是完全外连接，则连接结果是左外连接和右外连接结果的并，记为：$R\bowtie_F S$。

【例 3-8】 检索学生的选课信息。

$$\text{Student}\bowtie_L SC$$

结果关系如表 3-3 所示。由于是做两个关系的左外连接，结果关系中除包含选课学生的信息外，还包含了没有选课学生的信息，即学生张小芳没有选课，在 Cno 和 Grade 属性上的值为空值。

表 3-3　学生关系和选课关系左外连接的结果

Sno	Sname	Sage	Ssex	Sdept	Cno	Grade
200701	刘明亮	18	男	计算机	C1	85
200701	刘明亮	18	男	计算机	C2	70

续表

Sno	Sname	Sage	Ssex	Sdept	Cno	Grade
200701	刘明亮	18	男	计算机	C3	78
200702	李和平	17	男	外语	C1	81
200702	李和平	17	男	外语	C2	84
200703	王　茵	21	女	计算机	C2	75
200703	王　茵	21	女	计算机	C3	90
200704	张小芳	20	女	数学	NULL	NULL

3.2.4 举例

上面介绍了关系代数的各种运算，这些运算可以表示对数据库的操作。我们把关系代数运算经有限次复合而成的式子称为关系代数表达式。下面以学生选课数据库为例，用关系代数表达式表示对数据库的各种操作。

【例 3-9】 检索计算机系学生的学号和姓名。

$$\Pi_{Sno,Sname}(\sigma_{Sdept='计算机'}(Student))$$

【例 3-10】 检索选修了 C1 课的学生信息。

$$\Pi_{Sno}(\sigma_{Cno='C1'}(SC))\bowtie Student$$

【例 3-11】 检索不选 C1 课的学生信息。

$$Student-(\Pi_{Sno}(\sigma_{Cno='C1'}(SC))\bowtie Student)$$

【例 3-12】 检索选修了全部课的学生的学号。

$$\Pi_{Sno,Cno}(SC)\div\Pi_{Cno}(Course)$$

【例 3-13】 插入学号为 200504 的学生选修了 C4 课、成绩为 88 分的选课记录。

$$SC\cup\{'200504','C4',88\}$$

【例 3-14】 删除学生刘明亮选修的英语课。

$$SC-(\Pi_{Sno}(\sigma_{Sname='刘明亮'}(Student))\bowtie SC\bowtie\Pi_{Cno}(\sigma_{Cname='英语'}(Course)))$$

【例 3-15】 检索在同一个系的学生的学号和姓名。

$$\Pi_{Sno,\ Sname}(Student\bowtie\delta_{Sno,\ Sname,\ Sage,\ Ssex\rightarrow Sno',\ Sname',\ Sage',\ Ssex'}(Student))$$

在例 3-15 中，对学生关系中的学号、姓名、年龄和性别重命名后，只有属性名系是相同的，自然连接的结果为系相同的学生信息。

以上例子的关系代数表达式不是唯一的，可以有不同的表示。

用关系代数运算可以完成对数据的检索、插入和删除操作，如果要做修改可以分两步进行，先做删除再插入修改后的元组。因此，以关系代数运算为基础的数据子语言可以实现对数据库的所有查询和更新操作。E. F. Codd 把关系代数的这种处理能力称为关系的完备性(Relational completeness)。

在关系代数运算中，并、差、笛卡儿积、选择、投影是基本的关系代数运算，其他的运算可以由这些基本运算表示。如：

交运算可用差运算表示：

$$R \cap S = R - (R - S)$$

连接运算可由选择和笛卡儿积表示：

$$R \underset{A\theta B}{\bowtie} S = \sigma_{A\theta B}(R \times S)$$

除运算可用下式表示：

$$R \div S = \Pi_X(R) - \Pi_X(\Pi_X(R) \bowtie (S - R))$$

上式中，X 为 R 中除去与 S 属性相同的其余属性。

3.2.5 ISBL 语言

用关系代数运算可以实现对数据库的操作，ISBL(Information System Base Language)语言就是一种典型的关系代数语言。它是英国 IBM 公司 Peterlee 科学研究中心研制的，用于实验系统 PRTV(Peterlee Relation Test Vehice)。它与关系代数十分相近。ISBL 中使用的运算符与关系代数的对应关系如表 3-4 所示。R 和 S 可以是任意的关系代数表达式，F 是布尔表达式。

表 3-4 ISBL 与关系代数操作符的对应

ISBL	关系代数
R+S	$R \cup S$
R−S	$R - S$
R·S	$R \cap S$
R:F	$\sigma_F(R)$
R%A_1,A_2,…,A_K	$\Pi_{A_1,A_2,\cdots,A_K}(R)$
R*S	$R \bowtie S$

ISBL 语言可以完成关系代数的基本运算。

下面以学生选课数据库为例说明 ISBL 对数据的操作。

【例 3-16】 检索计算机系学生的学号和姓名。

```
LIST Student: Sdept= '计算机' %Sno,Sname
```

命令 LIST 打印表达式执行的结果。表达式中包括选择和投影两种运算，先在关系 Student 中选择计算机系的学生，然后投影得到学生的学号和姓名。

【例 3-17】 检索选修了 C1 课的学生姓名和学生所在系。

```
R=Student * SC
LIST R: Cno='C1' %Sname,Sdept
```

在 ISBL 语言中允许使用赋值号"="，把关系表达式的值赋给一个关系变量，如 R=Student *SC 表示把关系 Student 和 SC 连接后生成的新关系赋值给名为 R 的关系。

R = Student *SC 还可以写成 R=N!Student *N!SC 的形式，式中 N!为延迟赋值符号，使得表达式中的关系在进行计算时才实际赋值参加运算。使用延迟赋值符号可以将一个大的复杂的表达式用几个子表达式表示，不易出错。此外，延迟赋值实际上定义了数据库的一个视图，这些中间关系就像实际存在的关系一样可被使用。R＝N!Student ＊N!SC 定义后，可直接在所定义的 *R* 上进行其他操作。如检索学号为 200702 学生的选课成绩，可执行如下命令。

```
LIST R: Sno= '200702' %Sname,Cno,Grade
```

【例 3-18】 检索没有选数据库课的学生姓名。

```
C1=N!C:Cname='数据库' %Cno
SC1=N!C1 * N!SC%Sno
LIST (Student-Student * SC1) %Sname
```

以上使用了延迟赋值符号，仅在执行 LIST 命令时才计算关系 SC1 的值。

ISBL 语言允许属性的重命名，使两个属性数相同而具有不同属性名的关系间进行并、交、差运算。属性的重命名是通过投影运算进行的。如关系 R(A,B)与 S(A,C)，属性 B 和 C 定义在同一个域上，则 R(A,B)与 S(A,C)的并可表示为：

```
(R%A,B→C)+S
```

式中通过在关系 R 上投影后的新关系，将属性名 B 改名为 C，运算结果得到属性名为 A 和 C 的关系。

利用属性的重命名，可对两个有同名属性的关系做笛卡儿积。如 R(A,B)，S(B,C)由于有同名属性 B，R＊S 是 R 与 S 的自然连接，要得到 R 和 S 的笛卡儿积，可表示为：

```
(R%A,B→D) * S
```

ISBL 语言可以完成关系代数的五种基本运算，它是关系完备的。该语言仅用于实验研究系统，没有专门的插入、删除、修改语句，这些功能可借助于主语言完成。

3.3 元组关系演算

关系演算是以谓词演算为基础的关系数据查询语言。与关系代数不同，使用谓词演算只需要用谓词的形式给出查询结果应满足的条件，查询如何实现完全由系统自行解决，是高度非过程化的语言。而关系代数中先做什么运算，后做什么运算是有顺序的，因而不是完全非过程化的。

关系演算分为两类：元组关系演算和域关系演算。它们的主要区别是谓词变量不同，前者的变量为元组变量，而后者的变量为域变量。本节介绍元组关系演算。

3.3.1 元组关系演算简介

元组关系演算用元组演算表达式表示查询，表达式中的变量是元组变量。元组变量表示某一关系中的元组，其取值范围是整个关系。

元组关系演算表达式可表示为：

$$\{t: \varphi(t)\}$$

其中，t 是元组变量；$\varphi(t)$是由原子公式和运算符组成的公式。

原子公式有三类：

1. $R(t)$

R 是关系名，t 是元组变量，$R(t)$表示 t 是关系 R 中的元组。

2. $t[i]\theta s[j]$

t、s 是元组变量，$t[i]$、$s[j]$分别表示 t 的第 i 个分量和 s 的第 j 个分量。θ 是算术比较符，$t[i]\theta s[j]$表示 t 的第 i 个分量与 s 的第 j 个分量应满足 θ 关系。例如，$t[1]=s[2]$表示 t 的第一个分量与 s 的第二个分量相等。

3. $t[i]\theta C$

C 为常量，$t[i]\theta C$ 表示 t 的第 i 个分量与常量 C 满足 θ 关系。

谓词公式中的运算符有以下几种：

(1) 比较算符：=、>、<、≥、≤、≠。

(2) 逻辑算符：∧(逻辑与)、∨(逻辑或)、¬(逻辑非)。

(3) 量词：存在量词∃、全称量词∀

存在量词和全称量词用在公式中元组变量的前面，如 $\exists u(\varphi(u))$，$\forall u(\varphi(u))$。同离散数学中的概念一样，元组变量前有量词∃或∀，则该元组变量是“约束”变量，否则为“自由”变量。

以上运算符的优先次序为：比较算符，量词∃和∀，逻辑算符¬、∨、∧。括号可改变运算优先级，括号的优先级最高。

公式按如下方式递归定义：

(1) 每个原子公式都是公式。

(2) 设 φ_1 和 φ_2 都是公式，则 $\neg\varphi_1$、$\varphi_1\wedge\varphi_2$、$\varphi_1\vee\varphi_2$ 也都是公式。当 φ_1 为真时，$\neg\varphi_1$ 为假。当 φ_1 和 φ_2 同时为真时 $\varphi_1\wedge\varphi_2$ 为真，否则为假。当 φ_1 或 φ_2 为真，或 φ_1 和 φ_2 同时为真时，$\varphi_1\vee\varphi_2$ 为真，否则为假。

(3) 设 $\varphi(t)$是公式，t 是元组变量，则 $\exists u(\varphi(t))$和 $\forall u(\varphi(t))$都是公式。当至少存在一个 t 使 $\varphi(t)$为真时，$\exists u(\varphi(t))$为真。当所有 t 使得 $\varphi(t)$为真时，$\forall u(\varphi(t))$为真。

设 t 的域值为集合 $T=(t_1, t_2, \cdots, t_k)$，则：

$$\exists u(\varphi(t))=\varphi(t_1)\vee\varphi(t_2)\vee\cdots\vee\varphi(t_k)$$

上式表示：右边表达式的 k 个 t 中只要有一个使得 φ 为真，$\exists u(\varphi(t))$就为真。

同样，$\forall u(\varphi(t))$可表示为：

$$\forall u(\varphi(t))=\varphi(t_1)\wedge\varphi(t_2)\wedge\cdots\wedge\varphi(t_k)$$

上式表示：只有 k 个 t 都使得 φ 为真，$\forall u(\varphi(t))$才为真。

在元组演算表达式中的公式 $\varphi(t)$都是由以上三种形式或是由这些形式的复合形式所组成。元组演算表达式$\{t: \varphi(t)\}$是使 $\varphi(t)$为真的所有元组的集合。

以学生选课数据库为例，如下是一些原子公式：

$$S(t)、SC(u)、t[1]='200701'、t[1]=u[1]$$

下列式子都是公式：

$$\exists u(SC(u) \land u[1]=t[1]) \quad (1)$$

$$\forall u(SC(u) \land u[3]='90') \quad (2)$$

式(1)表示：关系 SC 中存在一个元组 u，它的第一个分量与元组 t 的第一个分量相等。

式(2)表示：关系 SC 中成绩为 90 分的所有元组。

下面给出用元组关系演算表示查询的例子。

【例 3-19】 检索计算机系的学生姓名。

$$\{t[2]:\ Student(t) \land t[5]='计算机'\}$$

【例 3-20】 检索选修了 C1 课的学生信息。

$$\{t:\ Student(t) \land \exists u(SC(u) \land u[2]='C1' \land u[1]=t[1])\}$$

【例 3-21】 检索未选 C1 课的学生信息。

$$\{t:\ Student(t) \land \neg \exists u(SC(u) \land u[2]='C1' \land u[1]=t[1])\}$$

【例 3-22】 检索选修了所有课的学生信息。

$$\{t:\ Student(t) \land \forall v(Course(v) \land \exists u(SC(u) \land u[2]=v(1) \land u[1]=t[1])\}$$

3.3.2 元组关系演算语言 ALPHA

ALPHA 语言是 E. F. Codd 提出的，是一种基于元组关系演算的语言。关系数据库系统 INGRES 所用的 QUEL 语言与该语言十分相似，它是在 ALPHA 语言的基础上研制的。

ALPHA 语言的基本语句格式为：

```
(操作符) <工作空间名> ((目标表)) [:<条件>]
```

操作符为命令语句完成的功能，工作空间是内存中用户与数据库间的数据通信区，工作空间名用字母 w 表示，目标表为所要查询的目标或操作对象，通常是关系名或属性名。条件是含逻辑算符∧、∨、¬和量词∃、∀的谓词公式，条件可以为空。

ALPHA 语言具有查询、插入、删除、修改等功能，主要操作语句有 GET、PUT、HOLD、UPDATE、DELETE 和 DROP 等 6 条语句，还提供了聚集函数，可以求元组的个数、求和、求平均值、求最大最小值，还可以将查询结果排序和定额查询等。下面我们以学生选课数据库为例介绍这些操作。

1. 检索操作

检索操作用 GET 语句表示。

【例 3-23】 检索所有学生信息。

```
GET W (R)
```

该语句中没有条件，检索结果为 R 中的所有元组。

【例 3-24】 检索计算机系的学生姓名。

```
GET W (Student.Sname): Student.Sdept='计算机'
```

以上是带限定条件的检索，冒号后为检索限定的条件。

【例 3-25】 检索年龄不超过 19 岁的学生姓名及年龄，并按年龄排序。

```
GET W (Studen.Sname, Studen.Sage):
    Studen.Sage<=19 DOWN Studen.Sage
```

式中 DOWN 为降序排列，升序用 UP。

【例 3-26】 检索计算机系的一个学生。

```
GET W(1)(Studen): Studen.Sdept='计算机'
```

式中(1)为检索的元组数，表示只需检索出满足条件的一个学生。

【例 3-27】 检索选修了数据库原理课的学生的学号和成绩。

```
RANGE Course CX
GET W (SC.Sno,SC.Grade):
    ∃CX(CX.Cname='数据库原理'∧CX.Cno=SC.Cno)
```

上式中 CX 是元组变量，用 RANGE 语句说明。RANGE Course CX 定义元组变量 CX 在关系 Course 的范围内变化。在条件表达式中使用量词时需要元组变量。上式表示"在关系 Course 中存在这样一个元组，其课程名为数据库"。

【例 3-28】 检索没有选修 C1 课的学生姓名。

```
RANGE Student SX
RANGE SC SCX
GET W (SX.Sname): ¬∃SCX(SCX.Cno='C1'∧SX.Sno=SCX.Sno)
```

上式中，RANGE Student SX 语句可以不要，但使用该语句可以简化关系名，使得查询语句的表示更简洁。

以上检索也可以用全称量词表示。

```
RANGE Student SX
RANGE SC SCX
GET W (SX.Sname): ∀SCX(SCX.Cno¬='C1'∨SX.Sno¬=SCX.Sno)
```

【例 3-29】 检索选了所有课的学生姓名。

```
RANGE Student SX
RANGE SC SCX
RANGE Course CY
GET W (SX.Sname): ∀CY∃SCX(SCX.Cno=CY.Cno∧SX.Sno=SCX.Sno)
```

ALPHA 语言中提供了 TOTAL(求和)、COUNT(元组计数)、AVG(平均值)、MIN(最小值)、MAX(最大值)等聚集函数供用户选用。

【例 3-30】 求选修了 C1 课的学生的平均成绩。

```
GET W (AVG(SC.Grade): SC.Cno='C1'
```

2. 更新操作

(1) 插入

插入操作符为 PUT。执行 PUT 前先用主语言将新元组送入工作空间,命令执行后将元组插入指定关系中。

【例 3-31】 学号为 200714 的学生选修了 C2 号课,成绩为 86,将其加入学生选课关系中。

```
MOV '200714' TO W.Sno
MOV 'C2' TO W.Cno
MOV 86 TO W.Grade
PUT W(SC)
```

(2) 修改

修改操作符为 UPADTE,其作用是将工作空间中已修改的值送回数据库。修改前要先读出被修改的元组值,用主语言修改后送回。

【例 3-32】 将张小芳学生所在的系改为计算机系。

```
HOLD W (Student.Sno): Sname='张小芳'
MOVE '计算机' TO W.Sdept
UPDATE W
```

这里,HOLD 的功能与 GET 类似,但是检索出的数据要进行修改,系统需提供并发控制以保证修改数据的正确性。另外,使用 HOLD 语句时,需将被修改元组的主键同时读出,但主键不能被修改,若要修改,应先将该元组删除后再插入新的元组。

(3) 删除

操作符为 DELETE。被删除的元组要先读入工作空间然后再删除。

【例 3-33】 删除 200721 号学生选修的 C1 课。

```
HOLD W (SC.Sno, SC.Cno): Sno='2000721'∧Cno='C1'
DELETE W
```

3.4 域关系演算

3.4.1 域关系演算简介

关系运算表达式中的变量若是域变量,则为域关系演算。与元组变量不同,域变量的变化范围是指定属性的域而不是整个关系。

域关系演算表达式的形式为:

$$\{t_1, t_2, \cdots, t_k : \varphi(t_1, t_2, \cdots, t_k)\}$$

其中,$t_1, t_2, \cdots, t_k$ 是域变量;$\varphi(t_1, t_2, \cdots, t_k)$是由原子公式和运算符组成的公式。

域关系演算表达式中的原子公式有三类:

1. $R(\{A_i: V_i\} \mid i=1,2,\cdots)$

A_i 是关系 R 中的属性名，V_i 可以是域变量或是一个常量。如原子公式 S(Sno：t_1，Sdept：计算机)中，t_1 为关系 S 上的域变量，其对应的属性为 Sno，属性 Sdept 的值为常量。该公式表示 t_1 是计算机系的学生的学号。

2. $x\theta y$

x、y 是域变量，θ 是比较符。$x\theta y$ 表示域变量 x 与 y 满足 θ 关系。

3. $x\theta c$

x 是域变量，c 是常量。$x\theta c$ 表示 x 与常量 c 满足 θ 关系。

域关系演算表达式中，公式 φ 是由以上三类原子公式和运算符组成的复合公式。$\{t_1,t_2,\cdots,t_k:\varphi(t_1,t_2,\cdots,t_k)\}$ 表示使 φ 为真的 $t_1,t_2,\cdots,t_k$ 组成的元组集合。运算符与元组关系演算表达式中的运算符一样。

下面用域关系演算表达式表示查询。

【例 3-34】 检索计算机系的学生姓名。

$$\{t_1: \text{Student}(\text{Sname}:t_1, \text{Sdep}:\text{计算机})\}$$

【例 3-35】 检索未选 C1 课的学生的学号和姓名。

$$\{t_1,t_2: \text{Student}(\text{Ssno}:t_1,\ \text{sname}:t_2) \land \neg \exists u(\text{SC}(\text{Sno}:u_1,\ \text{Cno}:u_2) \land u_2='\text{C1}' \land u_1=t_1)\}$$

【例 3-36】 检索选修了所有课的学生信息。

$$\{t_1,t_2,t_3,t_4,t_5: \text{Student}(\text{Sno}:t_1,\ \text{Sname}:t_2,\ \text{Sage}:t_3,\ \text{Ssex}:t_4,\ \text{Sdept}:t_5) \land \forall v_1(\text{Course}(\text{Cno}:v_1) \land \exists u_1(\text{SC}(\text{Sno}:u_1,\text{Cno}:u_2) \land u_2=v_1 \land u_1=t_1))\}$$

不难看出，很容易将元组演算表达式转换为域演算表达式，也容易将域演算表达式转换为元组演算表达式。二者的区别仅是定义的变量不同，其运算符是相同的。前者是在关系上定义一个元组变量，而后者是在关系的不同属性上定义不同的域变量。用域演算表达式表示查询更直接。

3.4.2 域关系演算语言 QBE

域关系演算语言(Query By Example, QBE)是一个具有较大影响的基于域关系演算的数据库语言，该语言由 M. M. Zloof 提出，在 IBM 370 机上实现。QBE 是一种非专业用户使用的高级语言，它采用二维表作为用户界面，提供了全屏幕填表式的联机查询方式，对数据的操作都在表格中进行，不需编制程序，操作简单，易于理解，易于学习和使用。QBE 的这种操作方式是用户，特别是非专业人员乐于接受的一种操作方式。

QBE 的主要操作命令有 P.(显示)、I.(插入)、D.(删除)、U.(修改)。操作命令简单，只要在表列或表的属性列中填入操作符，就能完成相应的操作。使用 QBE，一次可在多个表上查询，对表的操作顺序没有限制，是高度非过程化的。

QBE 中的域变量称为示例元素，用带下划线的变量表示。示例元素可以是任意变量，可以是查询结果中的一个值或属性列对应域中的值。这正是该语言名称的由来：通过例子进行查询。

QBE 的操作界面是二维表,其操作框架如图 3-7 所示。操作框架分四个区域,其中,关系名栏输入要操作的关系名。当输入关系名后,系统自动显示该关系的属性名。元组操作符栏输入对关系的操作,该操作符对整个元组有效。数据或查询条件输入栏可输入查询的条件、插入或需要修改的数据,也可以输入示例元素。

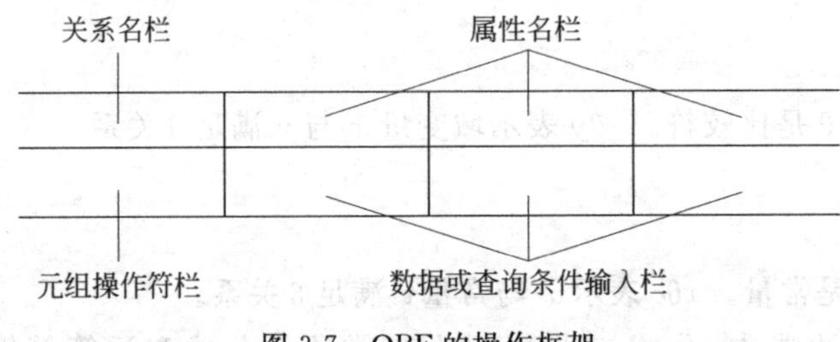

图 3-7 QBE 的操作框架

下面以学生选课数据库为例,说明 QBE 的使用方法。

1. 检索操作

【例 3-37】 检索所有学生信息。

Student	Sno	Sname	Sage	Ssex	Sdept
P.					

在元组操作符栏键入命令 p. 将显示所有学生元组。

【例 3-38】 检索年龄大于 18 岁的计算机系的学生姓名。

Student	Sno	Sname	Sage	Ssex	Sdept
		P. SN	>18		计算机

表中,SN 是示例元素,P. 写在属性栏 Sname 中,表示查询结果仅显示该列的值。在同一行写出的条件之间是"与"的关系。

【例 3-39】 检索年龄大于 18 岁的学生或计算机系的学生。

Student	Sno	Sname	Sage	Ssex	Sdept
		P. SN1	>18		
		P. SN2			计算机

写在不同行上的条件之间是"或"的关系。每一行都需要有命令 P. 显示查询结果,对应不同行的示例元素是不相同的。

【例 3-40】 检索选修了 C1 号课的学生姓名和学生所在系。

Student	Sno	Sname	Sage	Ssex	Sdept
	S1	P. SN1			P. 1 系

SC	Sno	Cno	Grade
	S1	C1	

以上查询涉及两个关系。在 QBE 中，多表连接是通过关系间用相同示例元素表示连接属性实现的。

【例 3-41】 检索没有选 C1 号课的学生姓名。

Student	Sno	Sname	Sage	Ssex	Sdept
¬	S1	P. SN1			

SC	Sno	Cno	Grade
	S1	C1	

表列中的 ¬ 为逻辑非，表示学生SN1 选修 C1 课为假。

除了一般查询，QBE 还提供了聚集函数如 CNT(count)、SUM、AVG、MIN、MAX、UN(unique)等用于查询计算。UN 表示不计算重复值，可同其他聚集函数一起使用。

【例 3-42】 检索选修了数据库课的学生人数。

SC	Sno	Cno	Grade
	P. CNT. S1	C1	

Course	Cno	Cname
	C1	数据库

2. 更新

(1) 插入

插入用命令 I. 。QBE 中，插入元组非常方便，仅需将要插入的数据键入数据输入栏即可。

【例 3-43】 在选课关系中插入学号为 200711 的学生选修 C01 号课的信息。

SC	Sno	Cno	Grade
I.	200711	C1	

(2) 修改

修改用命令 U. ，U. 可以出现在要修改的列中，也可写在元组操作符栏中。修改一个元组中的属性值需要给出该元组的主键和修改后的值。修改的值可以用常量或表达式表示。在 QBE 中，关系的主键不能修改，若要修改关系的主键，需要先删除该元组，然后再插入修改后的值。

【例 3-44】 将学号为 200612 的学生选修的 C03 号课的成绩改为 85 分。

SC	Sno	Cno	Grade
U.	200612	C03	85

【例 3-45】 将所有选修 C01 号课的学生成绩增加 5 分。

vSC	Sno	Cno	Grade
	S1	C01	d1
U.	S1	C01	d1+5

先查出选修了 C01 课的学生,然后再修改。

(3) 删除

删除命令为 D.,给出元组的键或删除条件删除满足条件的元组。

【例 3-46】 删除学号为 200702 的学生选修的 C02 号课。

SC	Sno	Cno	Grade
D.	200702	C02	

除以上功能外,QBE 还具有数据定义、完整性和安全性控制等功能,允许用户定义完整性约束条件和对表操作的控制。QBE 支持关键字和域的概念,在生成表时可以指定关键字、规定域值范围等。QBE 还有一些其他的功能,但作为一种易学易用的语言,具有友好的用户界面是其最有特色的地方。

3.4.3 关系运算的安全限制和三种关系运算的等价性

1. 关系运算的安全限制

关系是集合论中的概念,在集合论中,关系可以是无限的。但在关系数据库中,关系被限定为是有限的,关系运算也应该是有意义的,关系运算的结果是一个有限关系。在关系运算中,不应该出现无限关系。我们把不产生无限关系的关系表达式称为安全运算表达式,所采取的措施称为安全限制。

关系代数运算是安全的,只要参加运算的关系是有限的,关系运算的结果关系也是有限的。关系运算的有限次复合不会出现无限关系。

关系演算不一定是安全的。例如关系元组演算表达式$\{t: \neg R(t)\}$表示不在关系 R 中的元组的集合,其结果是关系 R 中属性的笛卡儿积与关系 R 的差。如果 R 中有一属性的定义域是无限的,则$\{t: \neg R(t)\}$的结果就是无限的,是没有实际意义的,称这样的表达式是不安全的。域关系演算也会出现类似的表达式。因此,如果不加以限制,关系演算是不安全的。关系演算的安全限制,通常的方法是定义一个有限的符号集 DOM(φ),DOM(φ)由 φ 中出现的关系中的所有符号和 φ 中出现的常量符号组成。这样的符号集是有限的,在 DOM(φ)限制下的关系演算是安全的。

一个元组演算表达式如果满足以下条件,则该表达式是安全的。

(1) 如果 t 能使 $\varphi(t)$ 为真，则 t 的每一个分量是 DOM(φ)中的一个元素。

(2) 对于 φ 中的每一个形如 $\exists u(w(u))$ 的子表达式，如果 u 能使 $w(u)$ 为真，则 u 的每一个分量是 DOM(φ)中的元素。

(3) 对于 φ 中的每一个形如 $\forall u(w(u))$ 的子表达式，如果 u 能使 $w(u)$ 为假，则 u 的每一个分量是 DOM(φ)中的元素。换句话说，若 u 的某个分量不属于 DOM(φ)，则 $w(u)$ 为真。

条件(2)和条件(3)保证了形如 $\exists u(\varphi(u))$ 和 $\forall u(\varphi(u))$ 的真假值是可确定的，只要考虑 DOM(φ)中的符号就够了。

DOM(φ)实际上是元组演算表达式所涉及的关系中可能出现的所有属性值的值域的集合。在 DOM(φ)的限制下，类似$\{t: \neg\varphi(t)\}$、$\exists u(\varphi(u))$和$\forall u(\varphi(u))$的结果是有意义的。

域演算安全表达式可用与元组演算安全表达式类似的三个条件定义，这里不再细述。

下面举例说明关系演算的安全限制。

【例 3-47】 设关系 R 如图 3-8 所示，元组演算表达式：$S=\{t: \neg R(t)\}$

R

A	B	C
a	2	6
b	5	8

S

A	B	C
a	2	8
a	5	6
a	5	8
b	2	6
b	2	8
b	5	6

图 3-8 关系演算安全限制的例子

在以上例子中，关系 R 的属性 B 和 C 的域是整数集，如不进行限制，表达式的结果关系 S 是一个无限关系。令：

$$\text{DODM}(\varphi)=\Pi_A(R)\cup\Pi_B(R)\cup\Pi_C(R)=\{\{a,b\},\{2,5\},\{6,8\}\}$$

则结果为关系 S，其元组是不包括在关系 R 中的元组的集合，这些元组是 DODM(φ)中对应关系 R 的各个域值的笛卡儿积与关系 R 的差集。

2. 三种关系运算的等价性

以上介绍了三种关系运算，在加以安全限制后，这三种关系运算在表达关系的功能上是等价的。可以证明，如果 E 是一个关系代数表达式，则必定存在一个与 E 等价的安全的元组关系演算表达式；对于每个安全的元组关系演算表达式，必定存在一个等价的安全的域关系演算表达式；对于每个安全的域关系演算表达式，必定存在一个等价的关系代数表达式。有关三种关系运算等价性的证明请参阅文献[1]。

域关系演算表达式与元组关系演算表达式只是表达式中的变量不同，所用的运算符和表达方式是相同的，由一个元组关系演算表达式很容易转换成域关系演算表达式。每个域变量的取值就是元组变量中分量的取值，因此转换后的域关系演算表达式是安全的。

关系代数的五种基本运算并、差、笛卡儿积、选择、投影都可以用元组演算表达式表

示。如

$R \cup S$ 可表示为

$$\{t: R(t) \vee S(t)\} \tag{1}$$

$R-S$ 可表示为

$$\{t: R(t) \wedge \neg S(t)\} \tag{2}$$

$R \times S$ 可表示为

$$\{t^{(k_1+k_2)}: (\exists u^{(k_1)})(\exists v^{(k_2)})(R(u) \wedge S(v) \wedge t[1]=u[1] \wedge \cdots \wedge t[k_1]=u[k_1] \wedge t[k_1+1]=v[1] \wedge \cdots \wedge t[k_1+k_2]=u[k_2])\} \tag{3}$$

$\Pi i_1, i_2, \cdots, i_k(R)$ 可表示为

$$\{t^{(k)}: (\exists u)R(u) \wedge t[1]=u[i_1] \wedge t[2]=u[i_2] \wedge \cdots \wedge t[k]=u[i_k] \tag{4}$$

$\sigma_F(R)$ 可表示为

$$\{t: R(t) \wedge F'\} \tag{5}$$

其中 F' 是 F 在元组演算表达式中的等价公式。

以上表示关系运算的元组演算表达式都是安全的。式(1)中，任何满足 $\varphi(t)$ 的 t 在 $R(t)$ 或 $S(t)$ 中，因而它的每个分量一定在 $\mathrm{DOM}((R(t) \vee S(t))$ 中。式(2)中满足 $\varphi(t)$ 的 t 在 $R(t)$ 中，它的每个分量一定在 $\mathrm{DOM}((R(t) \wedge \neg S(t))$ 中。而式(3)和式(4)中 $t[i]$ 只能是 $R(u)$ 或 $S(v)$ 中某个元组的分量。式(5)同式(2)类似，因而这些表达式是安全的。可以用归纳法证明，一个关系代数表达式等价于一个安全的元组关系演算表达式。

3.5 小　结

关系数据库系统是目前使用最广泛的数据库系统，理解和掌握关系模型和关系数据库系统中的基本概念是很重要的。本章系统介绍了关系及关系模型的主要概念，包括关系、关系模式和关系数据库的概念，关系的完整性约束和在关系上的操作。关系代数、元组关系演算和域关系演算用不同的表达方式形式化地表示了对关系的操作，这三种运算对数据操作的能力是等价的。这三种关系运算是实际数据库系统中所提供的数据操作语言的基础。关系数据库系统中所用的语言有的是基于关系代数的，有的是基于元组关系演算或域关系演算的，还有的语言是几种运算的结合。如第 4 章所介绍的 SQL 语言就是关系代数和元组关系演算相结合的一种高级语言。

习　题

1. 解释下列术语。

   关系、属性、元组、域、关系模式、关系模型、关系数据库。

2. 给出键、候选键、外键的概念。

3. 试述关系模型的完整性规则。在参照完整性中，为什么外键属性 A 的值可以为空，什么

情况下才可以为空？

4. 已知零件供应数据库包括如下三个关系模式。

供应商 S(SNO,SNAME,CITY)

零件 P(PNO,PNAME,COLOR,WEIGHT)

零件供应关系 SP(SNO,PNO,QTY)

供应商关系 S 的属性有：供应商号 SNO,供应商名 SNAME,供应商所在城市 CITY;零件关系 P 的属性有：零件号 PNO,零件名 PNAME,颜色 COLOR,重量 WEIGHT;零件供应关系 SP 的属性有：供应商号 SNO,零件号 PNO,供应数量 QTY。

要求用关系代数和关系演算完成下列操作。

(1) 找出能提供零件号为 P1 的供应商。

(2) 找出能提供供应商 S2 所提供的所有零件的供应商。

(3) 找出不提供零件 P2 和 P3 的供应商。

(4) 找出同时提供零件 P1 和 P2 的供应商。

(5) 找出同供应商 S1 在同一城市的供应商所提供的所有零件。

(6) 找出供应红色零件且供应量大于 1000 的供应商。

5. 试用 ISBL 语言完成习题 4 的操作。

6. 试用 ALPHA 语言完成习题 4 的操作。

7. 试用 QBE 语言完成习题 4 的操作。

第4章

关系数据库标准语言 SQL

SQL(Structured Query Language)语言是数据库的标准语言,对数据库特别是关系数据库的发展起着重要作用,大多关系数据库产品都支持 SQL 语言。本章将详细介绍 SQL 语言涉及的基本概念和 SQL 语言的主要功能。

4.1 SQL 简 介

SQL 语言的前身是 SQUARE(Specifying Queries As Relational Expression)语言,是 1974 年由 Boyce 和 Chamberlin 提出的,并在 IBM 公司的关系数据库系统 SYSTEM R 上实现。后改名为 SEQUEL(Structured English QUEry Language)语言,SEQUEL 简称 SQL。

由于 SQL 语言使用方便、功能丰富、语言简洁、易学易用,使其从众多的数据库语言中脱颖而出,被整个计算机界认可,成为数据库标准语言,在数据库领域得到广泛应用。1986 年 10 月美国国家标准局(ANSI)颁布了 SQL 语言的美国标准,1987 年 6 月国际标准组织(ISO)采纳为国际标准。此后 SQL 标准被不断修改和完善,1989 年 4 月颁布了增强了完整性特征的 SQL-89 标准,1992 年又公布了 SQL-92 标准,简称为 SQL2。1999 年 ISO 发布了 SQL-99,简称 SQL3,SQL3 标准中主要增加了面向对象的概念。较新的 SQL 标准是 2003 年发布的 SQL 2003,简称 SQL4。

SQL 语言是一种具有关系代数和关系演算特点的结构化查询语言,是一种通用的功能强大的关系数据库语言。SQL 语言按其功能可分为四个部分:

(1) 数据定义(Data Definition Language,DDL)。包括定义表、视图和索引;

(2) 数据操纵(Data Manipulation Language,DML)。包括查询、插入、删除和修改操作;

(3) 数据控制(Data Control Language,DCL)。包括访问权限管理、事务管理;

(4) 嵌入式 SQL。SQL 语句嵌入到程序语言中的使用。

大多数据库产品如 DB2、ORACLE、SQL Server、SYBASE 等都不同程度地支持 SQL 标准,并且在 SQL 标准的基础上做了扩充。本章介绍的内容主要基于 SQL2,个别细节源于商用 DBMS 的具体实现。

4.2 SQL 的系统结构

SQL 语言支持数据库的三级模式结构。在 SQL 中,关系模式称为“基本表(Base Table)”,基本表的集合形成数据库模式,对应三级模式结构的全局逻辑级。一个基本表在物理上与一个存储文件相对应,所有存储文件的集合为物理数据库。局部逻辑级由“视图(View)”组成,视图是定义在一个或多个基本表上的表,它本身不独立存储在数据库中,称为“虚表”。SQL 的分层结构如图 4-1 所示。

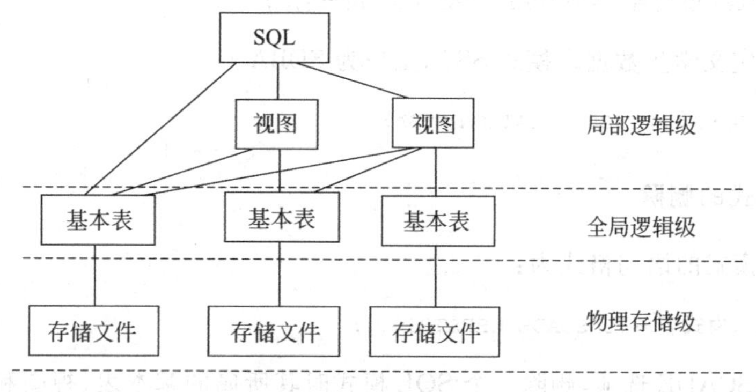

图 4-1 SQL 的系统结构

基本表是独立存在的表,一个关系模式对应一个基本表。在 SQL 中,表称为基本表是因为与前面介绍的表的概念有些不同,如表的基本概念中规定一个表中不允许出现重复元组,而 SQL 查询的结果允许有重复元组等。SQL 中,在一个表上可动态地建多个索引。

一个基本表在物理上对应一个存储文件,存储文件是实际存在的表。多个存储文件放在一个大的物理空间中,数据库空间的管理和结构对用户是透明的。

视图不是实际存在的表,而是从一个或多个基本表中导出的表,视图仅有逻辑上的定义,不实际存储。视图的定义存储在数据字典中,只有对视图操作时,才根据定义从基本表中形成数据供用户使用,因此视图是用户心目中的表,是一种“虚表”。但视图一经定义,可以和基本表一样进行查询和更新操作(在视图上的操作要受到一定限制)。因此,SQL 中的表分为两种:基本表和视图。

4.3 SQL 的数据定义

SQL 的数据定义功能主要包括定义表、定义视图和定义索引,在 SQL2 中还增加了对 SQL 数据库模式的定义。下面介绍定义数据库模式、基本表和索引,有关视图的定义和相关概念将在 4.5 节介绍。

4.3.1 SQL 模式的定义和删除

1. SQL 模式的定义

在 SQL 中,一个 SQL 模式(SQL Schema)由模式名、权限标识符和模式中元素的描述符组成。权限标识符指明拥有该模式的用户或账号,模式元素包含一个数据库应用的表、视图和索引等。属于同一应用的表、视图和索引等可以定义在同一模式中。在定义模式时可先给出模式名和权限标识符,以后再定义其中的元素。

定义 SQL 模式的语句格式为:

```
CREATE SHEMA <模式名> AUTHORITHZATION <用户名>;
```

【例 4-1】 定义学生数据库模式 SST,用户为 SDBA。

```
CREATE SHEMA SST AUTHORITHZATION SDBA;
```

2. SQL 模式的删除

删除 SQL 模式的语句格式为:

```
DROP SHEMA <模式名> [CASCADE | RESTRICT];
```

如果有 CASCADE 选项,删除一个 SQL 模式时其所属的基本表、视图和索引等元素将一起被删除。如果有 RESTRICT 选项,则只有当模式中没有任何元素时才能删除,否则拒绝删除该模式。

【例 4-2】 删除学生数据库模式 SST。

```
DROP SHEMA SST;
```

4.3.2 基本表的定义、修改和删除

1. 基本表的定义

定义一个基本表即创建一个表的结构,包括表名、属性名、属性的数据类型和完整性约束。定义基本表的语句格式为:

```
CREATE TABLE <表名> (<列名 1><数据类型 1>[<列级完整性约束条件 1>]
    [, <列名 2><数据类型 2>[<列级完整性约束条件 2>] ...]
    [, <表级完整性约束条件>]);
```

其中<表名>由用户指定。一个基本表由一个或多个属性(列)组成。每个列需要定义列名、数据类型和长度,同时还可以定义列的完整性约束条件。完整性约束条件可以在列一级定义,也可以在表一级定义,即在定义了所有的列后再定义约束条件。但如果完整性约束条件涉及该表的多个属性列,则必须在表一级定义。这些完整性约束条件同表的结构一起被存入系统的数据字典中,当用户插入、删除或修改表中数据时,DBMS 将自动检查这些操作

是否违反完整性约束条件。

SQL 提供的数据类型有数值型、字符型、位串型、日期和时间型等。如下是常用的一些数据类型：

SMALLINT	短整数
INTETER 或 INT	长整数
REAL	浮点数
DOUBLE PRECISION	双精度浮点数
FLOAT(n)	浮点数，精度为 n 位
NUMBER(p[,q])	定点数，共 p 位，其中小数点后有 q 位
CHAR(n)	长度为 n 的定长字符串
VARCHAR(n)	最大长度为 n 的变长字符串
BIT(n)	长度为 n 的二进制位串。
BIT VARCHAR(n)	最大长度为 n 的二进制位串
DATE	日期型，格式为 YYYY-MM-DD
TIME	时间型，格式为 HH：MM：SS
DATETIME	日期加时间

【例 4-3】　建立学生表 Student，表中属性有学号 Sno、姓名 Sname、年龄 Sage、性别 Ssex、学生所在系 Sdept。

```
CREATE TABLE Student
  (Sno CHAR(6) NOT NULL UNIQUE,
  Sname CHAR(8),
  Sage INT,
  Ssex CHAR(2),
  Sdept CHAR(12),
  CONSTRAINT C1 CHECK (Ssex IN('男','女')),
  CONSTRAINT S_PK PRIMARY KEY(Sno));
```

其中，NOT NULL 定义列 Sno 的值不允许取空值，UNIQUE 定义列值必须唯一；CONSTRAINT 子句定义列级或表级约束，其格式为：

```
CONSTRAINT <约束名><约束>。
```

如以上 CONSTRAINT 子句分别定义了 C1 和 S_PK 两个表级约束；CHECK(Ssex IN ('男','女'))定义性别仅能取男和女两个值；PRIMARY KEY(Sno)定义学生表的主键是学号 Sno。有关数据库的完整性约束将在第 7 章中详细介绍。

在定义基本表时，表所属的数据库模式一般被隐式指定，也可以显式地在定义表时指定表所属的数据库模式名。如下语句在定义学生表时，同时指出学生表所在的模式为学生数据库模式 SST。

```
CREATE TABLE SST.Student
   (Sno CHAR(6) NOT NULL UNIQUE,...);
```

在 SQL2 中增加了定义域的语句，可以用域名代替指定列的数据类型。如果有一个或多个表的属性的域是相同的，通过对域的修改可以很容易地改变属性的数据类型。

域定义语句的格式为：

```
CREATE DOMAIN <域名><数据类型>;
```

如下用 CREATE 语句创建一个名为 Sdept_TYPE 的域。

```
CREATE DOMAIN Sdept_TYPE CHAR(12);
```

域 Sdept_TYPE 创建后，定义学生表时，对列 Sdept 的类型定义可以用域名代替：Sdept Sdept_TYPE。

【例 4-4】 建立课程表 Course 和学生选课表 SC。Course 表中属性有课程号 Cno、课程名 Cname、学分 Ccredit。SC 表中属性有学号 Sno、课程号 Cno、学生选课的成绩 Grade。

```
CREATE TABLE Course
    (Cno CHAR(6) NOT NULL,
    Cname CHAR(20),
    Ccredit INT,
    CONSTRAINT C_PK PRIMARY KEY(Cno));
CREATE TABLE SC
    (Sno CHAR(6) NOT NULL,
    Cno CHAR(6) NOT NULL,
    Grade INT CHECK (Grade BETWEEN 0 AND 100),
    CONSTRAINT SC_PK PRIMARY KEY(Sno,Cno),
    CONSTRAINT SC_FK1 FOREIGN KEY (Sno) REFERENCES Student(Sno),
    CONSTRAINT SC_FK2 FOREIGN KEY (Cno) REFERENCES Course(Cno));
```

以上定义了课程表 Course 和选课表 SC，其中 Course 表的主键为 Cno，SC 表的主键为(Sno，Cno)。在 SC 表中还定义了两个外键 Sno 和 Cno，其引用值分别是学生表 Student 中已有的学号和课程表 Course 中的课程号。此外，SC 表中还规定选课成绩的取值范围为 0～100 分。

2. 基本表的修改

已经建好的表，可以修改其结构。修改语句的格式为：

```
ALTER TABLE <表名>
  [ADD<列名><数据类型>[<完整性约束>]]
   [DROP<列名>[CASCADE | RESTRICT]]
   [ALTER<列名><数据类型>];
```

对基本表的修改有增加列、删除列级约束和修改列的数据类型。ADD 子句用于增加新列，包括列名、数据类型和列级完整性约束；DROP 子句用于删除指定的列名，若有选项 CASCADE，表示删除列时自动删除引用该列的视图和约束，若有选项 RECTRICT，表示没有视图和约束引用时，才能删除该列，否则将拒绝删除操作；ALTER 子句用于修改列的定义，如修改列的数据类型或修改列的宽度。

【例 4-5】 在学生表 Student 中增加一列，列名为班级。

```
ALTER TABLE Student
  ADD CLASS CHAR(8);
```

增加列后，表中已有的元组在该列上的值为空。因此，在新增加的列上不能够定义约束条件为 NOT NULL。

【例 4-6】 修改学生表 Student 中姓名列的长度为 20。

```
ALTER TABLE Student
  ALTER Sname CHAR(20);
```

3. 基本表的删除

表不再需要时可以删除，删除语句的格式为：

```
DROP TABLE <表名> [CASCADE | RECTRICT];
```

执行删除语句后，将删除表结构和表中的所有数据。有 CASCADE 选项时，表上建立的索引和表上定义的视图也一起被删除；有 RECTRICT 选项时，只有没有表上定义的视图或参照约束表时才能删除，否则拒绝删除该表。

因执行 DROP TABLE 语句时将删除表结构和所有元组，要小心使用该语句。

【例 4-7】 删除学生表 Student。

```
DROP TABLE Student;
```

执行以上语句将学生表 Student 从数据库中删除，包括表的结构和表中的元组。

4.3.3 索引的建立和删除

在表上建立索引可以提供不同的存取路径，加快查询速度。一个表上可以建立一个或多个索引。数据库管理员 DBA 或创建表的主人(Owner)有权建立和删除索引，而索引的更新，在大型数据库系统中是由 DBMS 自动完成的。

1. 建立索引

建立索引的语句格式为：

```
CREATE [UNIQUE] [CLUSTER]  INDEX <索引名>
    ON <基本表名> (<列名> [<次序>] [,<列名> [<次序>] ...]);
```

执行 CREATE INDEX 语句将建立指定“索引名”的索引文件。可以在一列或多列上建立索引，也可以指定索引值排列的次序，升序(ASC)或降序(DESC)，默认为升序。

若语句中有 UNIQUE 选项，表示索引列的值是唯一的。在插入或更新元组时，系统将检查该列值的唯一性，如果插入或更新的元组在该列上的值不唯一，系统将拒绝执行相应操作。

语句中的 CLUSTER 选项表示要建立的索引是聚集索引(cluster index)。所谓聚集索引是指索引次序与表中元组的物理次序一致的索引。显然，在一个基本表上仅能建立一个聚集索引。在经常需要查询的列上建立聚集索引对加快数据查询将起重要作用。

【例 4-8】 在学生表 Student 的列学号上按升序建立唯一索引。

```
CREATE UNIQUE INDEX S_SNO
  ON Student(Sno);
```

【例 4-9】 在学生表 Student 上，班级按降序、年龄按升序建立索引。

```
CREATE INDEX SCLASS_AGE ON Student(CLASS DESC, Sage ASC);
```

以上语句的执行在学生表上建立班级为降序和年龄为升序排列的索引文件 SCLASS_AGE，当班级值相同时将按年龄升序排列。

2. 删除索引

当索引不再需要时可以用 DROP INDEX 语句删除。

删除索引的语句格式为：

```
DROP INDEX <索引名>;
```

执行 DROP INDEX 语句将删除语句中指出的索引文件，同时系统会把有关索引的描述从数据字典中删去。

【例 4-10】 删除学生表上建立的 S_SNO 索引。

```
DROP INDEX S_SNO;
```

4.4 SQL 的数据操纵

表创建后，可以把数据载入表中，供用户使用。SQL 的数据操纵包括数据的查询、插入、修改和删除 4 种操作，下面先介绍 SQL 的查询操作。

4.4.1 数据查询

SQL 的查询语句是最有特色的，功能强大、内容丰富，一个 SELECT 语句可以满足对数据的多种查询。查询语句的格式为：

```
SELECT [ALL|DISTINCT] <目标表列>
    FROM <基本表或视图名>[,<基本表或视图名>]...
      [WHERE <条件表达式 1>]
      [GROUP BY <列名 1>[HAVING <条件表达式 2>]]
      [ORDER BY <列名 2>[ASC| DESC]];
```

SELECT 语句的基本形式是 SELECT-FROM-WHERE。其含义是，在指定的基本表或视图中查找符合条件的目标表列。SELECT 语句也可以进行分组查询(GROUP BY)和将查询结果进行排序(ORDER BY)。

在 SELECT 语句中，目标表中的 ALL 短语表示查询所有元组，ALL 可省略，

DISTINCT 表示查询结果中将去掉重复元组。SELECT 语句中如果有 WHERE 子句将查找满足条件表达式 1 的元组，否则将查询表中所有元组；如果有 GROUP BY 子句，将按照列名 1 的值分组查询，一个列名值对应一个结果元组，分组查询的条件由 HAVING 短语后的条件表达式 2 表示，分组查询主要用作对数字型列的统计；如果有 ORDER BY 子句表示查询结果将按照列名 2 升序（ASC）或降序（DESC）排列。

一个查询可以在单个表上进行，也可以在多个表上进行，还可以进行嵌套查询和集合查询。

下面以第 3 章给出的学生选课数据库为例说明这些查询。学生选课数据库中的三个关系模式如下。

学生表 Student(Sno, Sname, Sage, Ssex, Sdept)；

课程表 Course(Cno, Cname, Ccredit)；

选课表 SC(Sno, Cno, Grade)。

1. 单表查询

单表查询是仅在一个表上的查询。

【例 4-11】 查询计算机系学生的学号和姓名。

```
SELECT Sno, Sname
  FROM Student
  WHERE SD='计算机';
```

【例 4-12】 查询选修了课的学生学号，并按学号升序排列。

```
SELECT DISTINCT Sno
  FROM SC
  ORDER BY Sno;
```

查询结果为所有选课的学生号。因一个学生可以选多门课，在查询结果中会出现学号相同的多个元组，用 DISTINCT 短语可以去掉重复的学生学号。

【例 4-13】 查询年龄在 18～25 岁之间的学生信息。

```
SELECT *
  FROM Student
  WHERE Sage BETWEEN 18 AND 25;
```

目标表用“*”表示查询表中的所有属性。

【例 4-14】 查询学生的学号和出生年份。

```
SELECT Sno,2008-Sage
  FROM Student
```

SELECT 后面可以是字段名，也可以是字符串常量或由字段和常量组成的算术表达式。如本例中学生的出生年份，可用算术表达式 2008-Sage 计算得出。

SQL 中提供了许多聚集函数，可以实现统计查询。SQL 提供的聚集函数有：

COUNT([DISTINCT]*)　　　　　　统计元组个数

或

COUNT([DISTINCT]＜列名＞)　　统计一列中值的个数
AVG([DISTINCT]＜列名＞)　　求一列值的平均值
SUM([DISTINCT]＜列名＞)　　求一列值的和
MAX([DISTINCT]＜列名＞)　　求一列值的最大值
MIN([DISTINCT]＜列名＞)　　求一列值的最小值

其中,选项 DISTINCT 表示统计时不计重复值。

【例 4-15】 查询选修了每门课的学生人数。

```
SELECT Cno, COUNT(*)
   FROM SC
   ORDER BY Cno;
```

以上用分组查询统计选修课的人数。先按课程分组,然后计算每组的人数。查询结果,一门课对应一个元组。

要注意的是,在分组查询中除了分组的列名之外,其他的列名不能出现在目标表中。

```
SELECT Cno, COUNT(*), Grade
   FROM SC
   GROUP BY Sno;
```

如上语句因目标表中出现列名 Grade,执行将出错。

【例 4-16】 查询平均成绩在 85 分以上的学生的学号和平均成绩。

```
SELECT Sno, AVG(Grade)
   FROM SC
   GROUP BY Sno
   HAVING AVG(Grade)>85;
```

以上查询按学号分组后计算平均成绩,因有 HAVING 选项,只有平均成绩大于 85 分的学生的学号会出现在结果中。

注意分组的条件不能用 WHERE 子句表示。如下查询语句执行将出错。

```
SELECT Sno, AVG(Grade)
   FROM SC
   GROUP BY Sno
   WHERE AVG(Grade)>85;
```

表 4-1 中列出了 SQL 中常用的查询条件。

【例 4-17】 查询成绩在 75～85 分之间的学生的学号和平均成绩。

```
SELECT Sno, Grade
   FROM SC
   GROUP BY Sno
   WHERE Grade BETWEEN 75 AND 85;
```

以上查询中的条件也可以表示为 Grade＞＝75 AND Grade＜＝85。

表 4-1 查询条件

比较表达式	<列名 1> 比较算符 <列名 2(或常量)> 比较算符:=、>、>=、<、<=、<>(或!=)
逻辑表达式	<条件表达式 1> 逻辑算符 <条件表达式 2> 逻辑算符:AND (与)、OR (或)、NOT(非)
BETWEEN	<列名 1> (NOT)BETWEEN <常量 1 或列名 2> AND <常量 2 或列名 3>
IN	<列名>(NOT)IN (常量表列 或 SELECT 语句)
LIKE	<列名>(NOT)LIKE '匹配字符串' 匹配符:"_"表示匹配一个字符,"%"表示匹配任意字符串
NULL	<列名> IS(NOT) NULL
EXISTS	(NOT)EXISTS (SELECT 语句)

【例 4-18】 查询年龄为 19 岁的所有姓李的学生姓名。

```
SELECT Sname
   FROM Student
   WHERE Sname LIKE '李%' AND Sage=19;
```

利用 LIKE 可以做模糊查询,可以查出一列中含有关键字符串的属性值。例如要查询姓李的且仅有两个汉字的学生姓名,查询条件可写为 Sname LIKE '李_'。其匹配串中的'_'表示一个汉字(有的系统一个汉字需要用两个'_'表示),只有长度为两个汉字的李姓学生是满足条件的。

【例 4-19】 查询缺考学生的学号和课程号。

```
SELECT Sno, Cno
   FROM SC
   WHERE Grade IS NULL;
```

需要注意的是:缺考学生的成绩为空,其查询条件不能表示为 Grade=0 或 Grade=NULL。

2. 连接查询

连接查询是涉及两个或两个以上表的查询。一般连接条件是两个表中的同名属性,查询时,先将同名属性上值相等的元组拼接起来再查询,称为自然连接。此外,还有等值连接、非等值连接、自身连接等。

【例 4-20】 查询成绩在 70~80 分之间的学生学号和姓名。

```
SELECT S.Sno,Sname
   FROM Student, SC
   WHERE (Grade BETWEEN 70 AND 80) AND
   SC.Sno=Student.Sno;
```

其中 SC. Sno= Student. Sno 是连接条件,在查询条件中不能省略。

需要注意,在 SQL 中的不同表中可出现相同列名,若一个多表查询中涉及不同表中的相同列名，必须用带表名的列名加以限定。如连接条件 SC. Sno＝ Student. Sno 中，用带表名的 Sno 区分学生表 Student 和选课表 SC 中的列名。同样，SELECT 后的目标表列中的学号也必须要用表名限定，尽管用 Student. Sno 和用 SC. Sno 其结果是一样的。

【例 4-21】 查询缺考学生的学号、姓名和缺考的课程名。

```
SELECT Student.Sno,Sname,Cname
  FROM Student, SC, Course
  WHERE Grade IS NULL AND SC.Sno=Student.Sno AND
  Course.Cno=SC.Cno;
```

本例是涉及三个表的查询，有两个连接条件 SC. Sno＝ Student. Sno 和 Course. Cno＝SC. Cno。

【例 4-22】 查询与李利在同一个系的学生。

```
SELECT S2.*
  FROM Student AS S1, Student AS S2
  WHERE S1.Sname='李利' AND S1.Sdept=S2.Sdept;
```

连接可在不同表间进行，也可在一个表内做自身连接。这种情况下，可以把一个表看做两个表，用别名(alias)相区别。用如下的形式定义别名：

<基表名> AS <别名>

本例中，S1、S2 为表 Student 的别名。可以把 S1 和 S2 作为两个不同的表，S1. Sdept 表示李利所在的系，满足条件 S1. Sdept＝S2. Sdept 就可以查出 S2 中与李利所在系相同的学生元组。

用 AS 也可以对 SELECT 后的目标表列重新命名。

【例 4-23】 查询计算机系学生选修了数据库课的平均成绩。

```
SELECT S.Sdept AS 计算机系, AVG(Grade) AS 平均成绩
  FROM Student AS S, SC
    WHERE S.Sdept='计算机' AND SC.Cno='数据库' AND SC.Sno=S.Sno;
```

在重新命名后，查询结果关系的属性名分别命名为计算机系和平均成绩。另外，本例中的别名是用来简化表名的。

以上例子是在多个表上的查询，查询结果为满足条件的元组集合。这些查询涉及多个表之间的连接，称为内连接。还有一种连接为外连接，有关外连接的概念在 3.2.3 中已做过介绍。

SQL2 支持外连接的概念，可以在 FROM 子句中用关键字 OUTER JOIN 直接说明是外连接，ON 后指出连接条件。外连接有左外连接(LEFT OUTER JOIN)、右外连接(RIGHT OUTER JOIN)和完全外连接(FULL OUTER JOIN)。

【例 4-24】 查询计算机系学生的选课情况。

```
SELECT Student.*, SC.*
  FROM Student LEFT OUTER JOIN SC ON Student.Sno=SC.Sno
  WHERE Student.Sdept='计算机';
```

查询语句中使用了左外连接。查询结果为学生表和选课表中的所有属性,结果表中包含计算机系的所有学生信息和对应学生的选课信息。如果某学生没有选课,该学生的选课信息为空。

3. 嵌套查询

SELECT 语句可以出现在查询条件中,称为嵌套查询或子查询。一个 SELECT-FROM-WHERE 称为一个查询块,子查询可以嵌套多层。

子查询分为一般子查询和相关子查询(correlated subquery)。常用的查询谓词是 IN 和 EXISTS。

下面我们通过例子来说明相关子查询与一般子查询的使用。

【例 4-25】 查询与学生李利在同一个系的学生信息。

```
SELECT *
  FROM Student
  WHERE Sdept IN(
  SELECT Sdept FROM Student WHERE Sname='李利');
```

本例为一般子查询,条件中括号内的 SELECT 语句称为子查询或内查询,外层查询称为父查询或外查询。因子查询中的条件不依赖于父查询,这类查询又称为不相关子查询。系统执行该语句时,先执行子查询,查出学生李利所在的系,然后再执行外查询,查询出与李利所在系相同的学生信息。

以上例子中,因子查询结果仅有一个值,谓词 IN 也可以用“=”代替。

```
SELECT *
  FROM Student
  WHERE Sdept=(
  SELECT Sdept FROM Student WHERE Sname='李利');
```

本例也说明,用 SELECT 语句表示查询不是唯一的,例 4-25 与例 4-22 的查询结果是相同的。本例还可以用如下查询表示:

```
SELECT *
  FROM Student S1
  WHERE EXISTS(SELECT * FROM Student S2
  WHERE S2.Sname='李利' AND S1.Sdept=S2.Sdept);
```

以上查询条件中用了存在量词 EXISTS。带 EXISTS 的子查询返回的是 TRUE、FALSE 值,如果子查询存在有满足条件的元组,返回值为 TRUE,否则为 FALSE。因不必返回具体值,一般带 EXISTS 的子查询中 SELECT 后的目标表常用“*”表示。

以上查询为相关子查询。与一般子查询不同的是,在相关子查询的查询条件中含有外层查询关系的属性。如以上查询中,子查询的查询条件 S1. Sdept = S2. Sdept,其中 S1. Sdept 为外层关系 S1 中的属性。因此在系统执行该语句时,需先从外层查询中得到一个学生元组,该学生所在的系若与学生李利所在系相同,这表示在关系 S2 中存在有满足条件的元组,则子查询返回值为 TRUE,该学生元组会出现在查询结果中;若该学生所在系与李利所在系不相同，则不存在满足条件的元组，子查询返回值为 FALSE，该学生对应元组就不会出现在查询结果中。外层查询表中的所有元组都做这样的操作，结果会得到所有满足条件的元组。

【例 4-26】 查询没有选 C1 号课的学生姓名。

```
SELECT Sname
  FROM Student
  WHERE NOT EXISTS
  (SELECT * FROM SC WHERE SC.Cno='C1' AND
  Student.Sno=SC.Sno);
```

谓词 EXISTS 用得较多的是它的否定形式。如果子查询结果为空，则其否定表示条件为 TRUE。以上例子中，若某学生没有选 C1 课，则子查询查询条件为 FALSE，外查询条件为 TRUE，该学生的姓名为查询结果中的一个值。

本查询也可以表示为如下的查询语句：

```
SELECT Sname
  FROM Student
  WHERE Sno NOT IN (
  SELECT Sno FROM SC WHERE SC.Cno='C1');
```

【例 4-27】 查询选修了所有课的学生姓名。

```
SELECT Sname
  FROM Student
  WHERE NOT EXISTS(SELECT * FROM Course
  WHERE NOT EXISTS(SELECT * FROM SC
  WHERE SC.Cno=C.Cno AND Student.Sno=SC.Sno));
```

选修了所有课应该用全称量词，但在 SQL 中没有提供全称量词，可用如下的等价形式进行转换，即用两个带否定的存在量词表示。

$$(\forall x)P(x) \equiv \neg(\exists x)(\neg(P(x)))$$

在例 4.27 中用了两个 NOT EXISTS，表示："在查询结果中不存在这样的学生，他没有选所有的课"，也可以理解为："在查询结果中的学生，不存在一门课是他没选的。"

除 IN 和 EXISTS 外，还有带谓词 ANY、ALL 和比较算符的子查询。

【例 4-28】 查询选修了 C1 号课且成绩比赵敏高的学生姓名。

```
SELECT Sname
  FROM Student, SC
  WHERE Cno='C1' AND Student.Sno=SC.Sno
  AND SC.Grade>(SELECT Grade FROM Student, SC
      WHERE Sname='赵敏' AND Cno='C1' AND Student.Sno= SC.Sno);
```

【例 4-29】 查询选修了 C1 号课且成绩最低的学生的学号。

```
SELECT Sno
  FROM SC
  WHERE Cno='C1' AND Grade<=ALL
```

```
(SELECT Grade FROM SC WHERE Cno='C1');
```

以上查询中，子查询结果为选了 C1 号课的所有成绩。这里用“<=ALL”表示要找的学生成绩“小于等于所有的”成绩，即为最低成绩。

例 4-29 的查询用如下的语句表示更简单明了。即先由子查询得到 C1 号课的最低成绩，等于该成绩的学生就是要找的学生。

```
SELECT Sno
  FROM SC
  WHERE Cno='C1' AND Grade=
  (SELECT MIN(Grade) FROM SC WHERE Cno='C1');
```

4. 集合查询

SQL 语言可以实现关系代数的选择、投影和笛卡儿积(包括连接)运算。这些运算主要是通过 SELECT 语句实现的。SELECT 后的列名表示投影运算后的表列，FROM 后若有多个关系相当于做关系的笛卡儿积，WHERE 后的条件为选择运算的条件，也包括多表间的连接条件。

利用 SELECT 的查询结果还可以实现并、交、差等集合运算。SELECT 查询的结果是元组的集合，多个查询结果可以进行并、交、差集合运算。在标准 SQL 中仅提供了 UNION 语句。在实际数据库系统中，除 UNION 语句外一般还提供 INTERSECT 语句和 MINUS 语句。

【例 4-30】 查询计算机系的学生的学号以及选修了 C1 号课的学生的学号的并集。

```
SELECT Sno FROM Student WHERE Sdept='计算机'
UNION
SELECT Sno FROM SC WHERE Cno='C1';
```

UNION 操作要求两个查询结果的属性列个数相同，属性名相同，数据类型也相同，这些属性可以来自不同的表。

用 UNION 可将两个查询结果合并在一起。如果合并后有重复元组，系统会自动消除。如果需要查询所有的重复元组，可用 UNION ALL。

【例 4-31】 查询选修了 C1 号课的学生姓名与计算机系选修了 C1 号课的学生姓名的差集。

```
SELECT Sname FROM Student, SC
  WHERE Cno='C1' AND Student.Sno=SC.Sno
MINUS
SELECT Sname FROM Student, SC
  WHERE Cno='C1' AND Student.Sno=SC.Sno AND Sdept='计算机';
```

执行 MINUS 操作，将第二个 SELECT 语句查询结果从第一个查询结果中差掉，即去掉计算机系选修了 C1 课的学生姓名。

以上查询实际是查询非计算机系选修了 C1 号课的学生姓名，可用一个 SQL 语句表示。

```
SELECT Sname FROM Student, SC
  WHERE Cno='C1' AND Student.Sno=SC.Sno AND Sdept<>'计算机';
```

【例 4-32】 查询选修了 C1 号课的学生姓名与选修了 C2 号课的学生姓名的交集。

```
SELECT Sname FROM Student, SC
  WHERE Cno='C1' AND Student.Sno=SC.Sno
INTERSECT
SELECT Sname FROM Student, SC
  WHERE Cno='C2' AND Student.Sno=SC.Sno;
```

以上查询实际是查询选修了 C1 号课,同时也选修了 C2 号课的学生姓名,该查询可用如下 SQL 语句表示。

```
SELECT Sname
  FROM Student
  WHERE Sno IN (SELECT Sno FROM SC WHERE Cno='C1') AND
    Sno IN (SELECT Sno FROM SC WHERE Cno='C2');
```

由以上这些例子可知,系统中不提供 UNION、INTERSECT 和 MINUS 命令语句,查询也可以用其他语句表示,但使用这些命令语句表示查询简单明了。

4.4.2 数据更新

SQL 的数据更新包括数据插入(INSERT)、删除(DELETE)和修改(UPDATE)三条语句。

1. 插入

SQL 的数据插入语句一次可以插入一个或多个元组。插入语句的格式有两种。

格式一:

```
INSERT INTO <表名> [(<列名 1>[, <列名 2>...])
     VALUES (<常量 1>[, <常量 2>...]);
```

格式一的 INSERT 语句仅插入一个新元组到指定的表中。若 INSERT 语句中没有指出列名,则新插入的元组必须按表中定义的列顺序给出每个列的值;如果在表定义中,列说明为 NOT NULL,则插入时该列不能取空值;若 INSERT 语句中有列名选项,则没有出现在列名表中的列值为空值。选项中的列名顺序可以与表中列顺序不一致,只要插入值的顺序与给出的列名顺序一致即可。

【例 4-33】 在学生表中插入一个学生元组,其学号为 101215,姓名为李斌,男,19 岁,是计算机系的学生。

```
INSERT INTO Student
   VALUES('101215','李斌','男',19,'计算机');
```

如按照顺序('101215','李斌','计算机',19,'男')插入,INSERT 语句可表示为:

```
INSERT INTO Student(Sno, Sname, Sdept, Sage, Ssex)
  VALUES('101215','李斌', '计算机',19,'男');
```

【例 4-34】 学号为 101253 的学生选了 C2 号课,将其插入选课表中。

```
INSERT INTO SC(Sno, Cno)
  VALUES('101253','C2');
```

由于没有插入选课成绩,在 INSERT 语句中给出了插入数据的列名。属性 Grade 没有出现在列名选项中,新插入的元组在该列上的值为空值。

本例也可以表示为如下 SQL 语句。

```
INSERT INTO SC
  VALUES('101253','C2', NULL);
```

插入元组的成绩一列直接输入空值。

格式二:

```
INSERT INTO <表名>[(<列名 1>[,<列名 2>, ...])]
  <SELECT 语句>;
```

格式二一次可插入多个元组,即把 SELECT 语句查询的结果插入表中。需要注意的是,SELECT 后的目标表要与插入表的表列一致。

【例 4-35】 计算计算机系学生的平均成绩,并保存在 CS-AVG 表中。

首先生成学生的平均成绩表 CS-AVG。

```
CREATE TABLE CS-AVG
  (Sno CHAR(6)NOT NULL,
  Grade NUMBER(4,1));
```

在平均成绩表 CS-AVG 中插入计算机系学生的平均成绩。

```
INSERT INTO CS-AVG (Sno, Grade)
  SELECT Sno,AVG(Grade) FROM SC
   WHERE Sno IN (
  SELECT Sno FROM Student WHERE Sdept='计算机');
```

2. 修改

修改语句 UPDATE 用于修改元组的属性值。

修改语句的格式为:

```
UPDATE <表名>
  SET 列名 1=<表达式 1>[,列名 2=<表达式 2>]...
  [WHERE <条件表达式>];
```

修改语句一次可以修改元组中多个列的值。其中,表达式可以是常量或是带列名的算术表达式;WHERE 子句中的条件表达式与 SELECT 中的条件表达式相同。如果省略 WHERE 子句,则修改表中所有元组的值。

【例 4-36】 修改数据库课的学分为 4。

```
UPDATE Course SET Ccredit=4 WHERE Cname='数据库';
```

本例仅修改满足条件的一个元组的值。

【例 4-37】 将所有学生的年龄增加 1 岁。

```
UPDATE Student SET Sage=Sage+1;
```

没有 WHERE 条件,修改所有学生元组的值。

【例 4-38】 将所有选修了数据库课的学生的成绩清空。

```
UPDATE SC SET Grade=NULL
  WHERE Cno IN
  (SELECT Cno FROM Course WHERE Cname='数据库');
```

修改满足条件的多个元组的值,其查询条件带有子查询。

3. 删除

删除语句的格式为:

```
DELETE FROM <表名>
    [WHERE <条件表达式>];
```

DELETE 语句从表中删除满足条件的元组,删除条件由 WHERE 后的条件表达式给出。其条件表达式与查询语句中的条件表达式类似。

如果省略 WHERE 子句,则删除表中的所有元组,其结果为空表。

【例 4-39】 删除学号为 201225 的学生记录。

```
DELETE FROM Student WHERE Sno='201225';
```

【例 4-40】 删除所有选修数据库课学生的选课信息。

```
DELETE FROM SC
  WHERE Cno IN
  (SELECT Cno FROM Course WHERE Cname='数据库');
```

SQL 的数据更新语句比较简单,所有的插入、删除和修改操作都在单个表上进行。

需要注意的是,更新操作后要保证数据库的一致性。如在学生表中删除一个学生记录,应该在选课表中同时删除该学生选课的所有信息,否则将使数据库处于不一致的状态。

4.5 SQL 中的视图

数据库中实际存储的是基本表,视图是建立在一个或多个基本表上的虚表。不同的用户通过视图可以对数据库的部分数据进行查询和更新操作。视图提供了用户从不同角度观察数据库的方法。本节介绍视图的定义和在视图上的操作。

4.5.1　视图的定义

1. 创建视图

创建视图的语句格式为：

```
CREATE VIEW<视图名>[(<列名 1>[, <列名 2>]...)]
   AS <SELECT 语句>
   [WITH CHECK OPTION];
```

执行 CREATE VIEW 语句后生成视图，系统仅将视图的定义保存到数据字典中。在对视图操作时才生成数据，供用户使用。因此，视图能够反映数据库的变化，通过视图得到的是数据库的当前数据。

定义在基本表上的视图，其属性和数据类型与基本表相对应。视图定义语句中，SELECT 后的目标表即为视图包含的属性列。需要注意的是，在视图定义中的 SELECT 语句不能包含 ORDER BY 子句。

在视图的定义语句中，选项[(<列名 1>[，<列名 2>]…)]用来定义视图的列名。在一般情况下，视图的列名为 SELECT 查询结果的目标表列名，可以不要该选项。但在下列情况下必须有列名选项：

(1) 目标列中包含聚集函数或表达式；

(2) 在多个表上定义的视图，视图的列含有出现在多个表中的相同列名；

(3) 需要定义与基本表列名不相同的视图的列名。

如果视图定义语句中含有列名表选项，则该选项中的列名个数和次序都要与 SELECT 后的列名表一致。

在视图定义语句中还有 WITH CHECK OPTION 选项。该选项的作用是：通过视图插入、删除或修改元组时检查元组是否满足视图定义中的条件，如果不满足将拒绝执行这些操作。如果视图定义中含有条件，建议选择 WITH CHECK OPTION 选项，以约束更新的数据。

【例 4-41】 建立年龄小于 23 岁的学生视图，并要求数据更新时进行检查。

```
CREATE VIEW Sage_23
   AS SELECT * FROM Student WHERE Sage<23
   WITH CHECK OPTION;
```

执行以上语句将建立学生视图，其结构与原学生表相同。因含有 WITH CHECK OPTION 选项，当通过视图更新学生元组时，系统将检查所更新的学生年龄是否小于 23 岁，不满足条件时系统将拒绝执行更新操作。

【例 4-42】 按系建立学生平均年龄的视图。

```
CREATE VIEW D-Sage (Sdept, Avgage)
   AS SELECT Sdept, AVG(Sage)
   FROM Student GROUP BY Sdept;
```

因在 SELECT 目标表中有聚集函数 AVG,视图定义中必须含有列名选项。视图的列名与 SELECT 后的列名相对应,即使有与基本表相同的列名也不能省略。

【例 4-43】 建立计算机系选修了 C2 课的学生姓名和成绩的视图。

```
CREATE VIEW CS_SC(Sno, Sname, Grade)
  AS SELECT Student.Sno, Sname, Grade FROM Student, SC
    WHERE Sdept='计算机' AND Student.Sno=SC.Sno AND SC.Cno='C2';
```

在 SELECT 目标表中有带表名的列名 Student. Sno,视图定义中必须要重新定义列名。

【例 4-44】 建立计算机系选修了 C2 课且成绩在 90 分以上的学生视图。

```
CREATE VIEW CS_90
  AS SELECT Sno, Sname, Grade
     FROM CS_SC
     WHERE Grade>=90;
```

本例中,在已建立的视图上定义视图,以简化视图定义中的条件。

2. 删除视图

视图不再需要时可以删除。删除视图的语句格式为:

```
DROP VIEW <视图名>
```

【例 4-45】 删除学生视图 CS_90。

```
DROP VIEW CS_90;
```

4.5.2 视图上的操作

与基本表一样,通过视图可以对数据库执行查询和更新操作。

1. 查询

【例 4-46】 查询计算机系年龄小于 23 岁的学生。

```
SELECT *
  FROM Sage_23
  WHERE Sdept='计算机';
```

当通过视图查询时,系统首先从数据字典中取出视图定义,把查询语句与视图定义中的子查询合并在一起,然后在相关基本表上执行查询。如在视图 Sage_23 上的查询,系统将转换为对学生表的查询,转换后的等价语句如下。

```
SELECT *
  FROM Student
  WHERE Sdept='计算机' AND Sage<23;
```

对视图的查询实际是在基本表上进行的。因此,表中数据的变化可以反映到视图上,就如同"窗口"一样,通过视图可以看到数据库的动态变化,查询到表中最新的数据。

【例 4-47】 查询专业系,要求学生的平均年龄小于 21 岁。

```
SELECT Sdept
   FROM D-Sage
   WHERE Avgage<21;
```

该查询在学生平均年龄的视图 D-Sage 上执行。其转换后的等价语句为:

```
SELECT Sdept
   FROM Student
   GROUP BY Sdept
   HAVING AVG(Sage)<21;
```

在视图 D-Sage 的定义中用了 GROUP BY 短语,而查询的条件涉及分组后的计算值。因此对视图的查询中虽然有条件,但直接转换成如下查询语句是错误的。

```
SELECT Sdept
   FROM Student
   WHERE AVG(Sage)<21
   GROUP BY Sdept;
```

2. 更新

可以通过视图插入、删除和修改数据,对视图的更新最终要转换成对基本表的更新。

【例 4-48】 通过视图 Sage_23 插入学生刘敏的信息('20041','刘敏',21,'女','数学')。

```
INSERT INTO Sage_23
   VALUES ('20041','刘敏',21,'女','数学');
```

以上插入将转换成如下语句执行:

```
INSERT INTO Student
   VALUES ('20041','刘敏',21,'女','数学');
```

执行结果在学生表中增加一个元组。

【例 4-49】 通过视图 D-Sage 插入计算机系学生的平均年龄('计算机',21)。

```
INSERT INTO D-Sage
   VALUES ('计算机',21);
```

由于视图 D-Sage 是由学生表导出的虚表,学生的平均年龄由学生元组计算得出。因此直接插入元组('计算机', 21)没有意义,以上插入语句不能执行。

【例 4-50】 通过视图 Sage_23 删除学生王茵的记录。

```
DELETE FROM Sage_23
   WHERE Sname='王茵';
```

该删除语句将转换为对基本表的操作:

```
DELETE FROM Student
   WHERE Sname='王茵' AND Sage<23;
```

【例 4-51】 通过视图 CS_SC 删除学生刘明亮的信息。

```
DELETE FROM CS_SC
  WHERE Sname='刘明亮';
```

由于视图 CS_SC 是在学生表 Student 和选课表 SC 上定义的，是计算机系选修了 C2 课的学生成绩视图。通过该视图删除学生信息，不知是删除学生刘明亮的信息还是该学生的选课信息。这样的删除操作涉及两个表，是不能执行的。

【例 4-52】 通过视图 Sage_23 修改学生王茵的年龄为 22 岁。

```
UPDATE Sage_23
  SET Sage=22
  WHERE Sname='王茵';
```

该修改转换为对学生表的修改：

```
UPDATE Student
  SET Sage=22
  WHERE Sname='王茵';
```

因修改后学生年龄小于 23 岁，该操作可直接对表 Student 修改。

【例 4-53】 通过视图 D-Sage 修改计算机系学生的平均年龄为 21 岁。

```
UPDATE D-Sage
  SET Sage=21
  WHERE Sdept='计算机';
```

与例 4-49 类似，视图 D-Sage 中学生的平均年龄是不能修改的，因不能转换为对表 Student 的操作，以上语句不能执行。

可以看出，尽管视图对用户来说也是表，对表操作的语句对视图也能够执行，但视图毕竟是"虚表"，在视图上的更新操作有些是可以执行的，有些是不能执行的，即不能转换为对基本表的对应操作。

视图更新是一个比较复杂的问题，在实际商品化系统中对视图的更新都有限制。有一些视图是不可更新的，但也有一些视图是可更新的而实际系统没有实现。一般地，仅在一个表上取其行列值且其列中包含了候选键，这样所形成的视图都是可更新的，这类视图称为"行列子集视图"。而对其他视图的更新会受到限制。一般的限制有：

(1) 由两个或两个以上基本表导出的视图不允许更新；

(2) 视图定义中用到 GROUP BY 或聚集函数，则视图不允许更新；

(3) 视图的列含有常量或表达式，则视图不允许更新；

(4) 视图定义中含有 DISTINCT 短语，则视图不允许更新。

4.5.3 视图的优点

SQL 中提供了视图的概念，使用户操作数据更加灵活、方便，提高了数据库的性能。使用视图有如下优点。

(1) 视图提供了逻辑数据独立性

当数据的逻辑结构发生改变时，如数据库需要扩充新信息时，只需扩充基本表的结构即增加新字段，或只需增加新的基本表，与扩充信息无关的应用不会受到影响，因而不必修改应用程序。

当数据库需要重构时，即基本表内或基本表间的属性需重新组合而形成不同表时，由于数据库的数据不变，尽管数据库的逻辑结构发生了变化，但通过对视图的重新定义，可以使用户程序不必修改。这种情况对查询不会有影响，但可能会影响到数据的更新。

(2) 简化了用户视图

视图机制使用户把注意力集中在他所关心的数据上，简化了用户的数据结构。同时，将一些需要通过若干表连接才能得到的数据，以简单表的形式提供给用户，而将连接操作隐蔽起来，简化了用户的查询。如用户可以通过 CS_SC 视图直接得到“选修了 C2 课学生的成绩”而不必做表间连接。

(3) 视图使用户以不同角度看待相同的数

如一些用户关心各个系学生的平均成绩，另一些用户仅关心某门课的成绩，通过定义不同的视图可以满足这些用户的不同需求。当许多不同种类的用户使用同一集成的数据库时，这种灵活的使用方式显然是很重要的。

(4) 视图提供了安全保护功能

数据库将所有用户的数据集成起来统一管理，但一些数据是不能随便查看的。对不同用户定义不同的视图，用户通过视图只能操作他可以操作的数据，其他数据被隐藏起来，实现了对机密数据的保护。

4.6 SQL 的数据控制

SQL 的数据控制功能包括数据的安全性、完整性、并发控制和数据恢复。这一节仅介绍安全性中对数据的存取权限控制语句，其他内容在后面的章节介绍。

数据库中的数据是受保护的，SQL 对数据的安全保护采取了许多措施，前面介绍的视图机制就是一种安全保护措施。此外，SQL 还可以通过权限控制用户对数据的操作，用户只有拥有对数据的操作权，才能够执行相应操作。

SQL 中，权限通常是指使用 SQL 语句存取数据的权力，不同数据对象上有不同的操作权限。数据库中的操作对象一般有数据库、表、列、视图等。

在表上的操作权限有查询(SELECT)、插入(INSERT)、删除(DELETE)、修改(UPDATE)、修改表结构(ALTER)和在表上建立索引(INDEX)等。前四种权限是对表中数据的操作权限，后两种是对表的权限。

在视图和列上的操作权限有查询(SELECT)、插入(INSERT)、删除(DELETE)和修改(UPDATE)。

此外，还有是否允许用户在数据库中创建表等其他权限。

SQL 提供了一套灵活的授权机制，哪些用户拥有对哪些数据的操作权限可以通过授权获得。与权限相关的命令语句有两条：授权语句 GRANT 和回收语句 REVOKE。有授予权的用户可以通过授权语句授予其他用户对数据的不同操作权限。

4.6.1 授权

授权是指有授予权的用户将自己所拥有的权限授予其他用户。如创建表或视图的主人(Owner)具有在所创建表或视图上的所有权限,包括授予权。表或视图的主人通过授权可以把相应权限授予其他用户,而其他用户未经授权不能存取这些表和视图。

授权语句格式为:

```
GRANT {<权限 1>, <权限 2>, ...}
   ON [主人.] <表名或视图名>
   TO {<用户名 1>,<用户名 2>, ... | PUBLIC}
   [WITH GRANT OPTION];
```

GRANT 语句的功能是把指定对象的某些权限授予指定的用户。当有 WITH GRANT OPTION 短语时,被授权的用户还可以把获得的权限再授予其他用户。GRANT 语句执行后,DBMS 把授权的结果存入数据字典,当用户提出操作请求时,系统将检查用户在该数据上有无操作权,以决定是否执行相应操作。

一个 GRANT 语句可以把相应权限同时授予多个用户,授予权限的用户在用户名表中列出,用户名表如用短语 PUBLIC 代替,则表示把权限授予数据库的所有用户。

【例 4-54】 授予用户 User1 在表 Student 上的查询权。

```
GRANT SELECT
   ON TABLE Student
   TO User1;
```

【例 4-55】 授予用户 User2 在表 Student 上的查询权和删除权,同时使 User2 拥有将所得权限授予其他用户的权力。

```
GRANT SELECT, DELETE
   ON TABLE Student
   TO User2;
   WITH GRANT OPTION;
```

执行以上语句后,用户 User2 获得了对表 Student 的查询权和删除权,同时也获得在表 Student 上的授予权,User2 可以通过执行如下语句将拥有的权限授予其他用户,如用户 User3。

```
GRANT SELECT
   ON TABLE Student
   TO User3;
```

【例 4-56】 授予用户 User4 对表 SC 中的列 Grade 的修改权。

```
GRANT UPDATE(Grade)
   ON TABLE Sc
   TO User4;
```

对修改操作,可以在列一级授权,即仅允许用户对指定列的数据进行修改。一次可以指定一列或多列。

【例 4-57】 把学生表 Student 上的查询权授予所有用户。

```
GRANT SELECT
   ON TABLE Student
   TO PUBLIC;
```

4.6.2 权限回收

具有授予权的用户可以通过回收语句将所授予的权限回收。

回收语句格式为：

```
REVOKE {<权限 1>, < 权限 2> , ...}
   ON [主人.] <表名或视图名>
   FROM {<用户名 1>,<用户名 2>, ... | PUBLIC}
   [RESTRICT|CASCADE];
```

其中,CASCADE 选项表示回收权限时要引起级联操作,即拥有授予权(WITH GRANT OPTION)的用户如果把拥有的权限授予了其他用户,则要把转授出去的权限一起回收。RESTRICT 选项表示,只有用户没有将拥有的权限转授给其他用户时才能回收该用户的权限,否则系统将拒绝执行。

执行回收语句后,系统将从数据字典中删除用户的相应权限。

【例 4-58】 回收用户 User2 对学生表 Student 的查询权和删除权。

```
REVOKE SELECT, DELETE
   ON TABLE Student
   FROM User2
   CASCADE;
```

回收用户 User2 在表 Student 上的查询权和删除权后,User2 拥有的授予权也一起回收。若 User2 把该查询权和删除权授予了其他用户(User3),在将 User2 的权限回收后,User2 授予其他用户的相应权限也一并回收。

如果以上回收语句改为 RESTRICT 选项,则系统拒绝 REVOKE 语句的执行,因为 User2 把该查询权授予了用户 User3。

SQL 的授权机制具有极大的灵活性,DBA 和有授予权的其他用户可以根据需要授予和回收用户权限。

4.7 嵌入式 SQL

SQL 语言可以交互式使用,也可以嵌入到如 C、C++、JAVA、COBOL、PL/1 等程序设计语言中,称为嵌入式 SQL(Embedded SQL)。嵌入 SQL 的程序设计语言称为宿主语言或主语言。嵌入式 SQL 与交互式 SQL 的主要命令语句是相同的,但在细节上有所不同。本节主要介绍与交互式 SQL 语言的不同部分。下面先介绍嵌入式 SQL 与主语言的接口。

4.7.1 嵌入式 SQL 与主语言的接口

在实际应用中,仅有对数据库的操作是不够的,业务流程需要根据不同的条件对数据进行不同处理。因此,要将 SQL 语言嵌入在宿主语言中编写应用程序,SQL 语句负责对数据库的操纵,宿主语言负责程序控制流程和数据的输入和输出等。

将 SQL 语句嵌入到宿主语言中必须解决如下几个问题。

1. 编译嵌入主语言的 SQL 语句成为可执行代码

主语言编译器不能识别和接受 SQL 语句。一般处理方法是,在编译之前,先对 SQL 语句进行预处理,通过执行预处理程序把 SQL 语句变为主语言能够识别的形式,然后由主语言编译器统一对预处理后的源程序进行编译。

为了在预处理时能够识别 SQL 语句,一般在 SQL 语句前加前缀 EXEC SQL,以标识 SQL 语句。有的主语言还在 SQL 语句尾加结束标志。如 COBOL 语言以 END-EXEC 结束,PL/1 语言用分号";"结束等。

在 C 语言中,嵌入式 SQL 的一般格式为:

```
EXEC SQL <SQL 语句>;
```

2. 数据库和主语言程序间的通信

数据库由 DBMS 软件管理,对数据的存取要由 DBMS 执行,而应用程序中其他语句是主语言系统执行的。SQL 语句执行是否成功,需要将执行结果反馈给应用程序。因此,需要解决数据库和主语言程序间的通信问题。

在 SQL 中设有一通信区 SQLCA(SQL Communication Area)。SQLCA 是一个数据结构,其中包含描述 DBMS 当前工作状态的若干信息,应用程序和用户可以通过这些信息了解数据库执行情况,如 SQL 语句执行是否成功、出错提示信息等。SQLCA 中有一状态指示单元 SQLCODE,用于存放 SQL 语句的执行结果。当 SQL 语句执行成功时,SQLCODE 中置成功标志(一般为 0),否则返回一个错误代码(负值)或警告信息(正值)。应用程序通过判断 SQLCODE 中的值就可以知道 SQL 语句的执行情况。

为了使应用程序能够引用 SQLCA,需要在程序中加以说明。其格式为:

```
EXEC SQL INCLUDE SQLCA;
```

在 SQL2 中,SQL 语句是否成功执行由一个特殊的共享变量 SQL_STATE 指示。SQL_STATE 是一个字符数组,由 5 个字符组成。如果 SQL 语句执行成功,SQL_STATE 的值为 0,否则为非 0 值。应用程序通过检测 SQL_STATE 的值可知 SQL 语句的执行情况。

3. 数据库和主语言程序间的数据交换

嵌入式 SQL 语句与前面介绍的 SQL 语句不同的是可以有输入变量和输出变量,用来与主语言进行数据交换。这些变量是主语言定义的程序变量,简称主变量(host variable)或宿主变量。根据在 SQL 语句中输入/输出的不同,分为输入主变量和输出主变量。

所有主变量在使用前,需要在应用程序中说明。下面给出主变量的说明格式。

```
EXEC SQL BEGIN DECLARE SECTION;
            <主变量>
            ...  ...
EXEC SQL END DECLARE SECTION;
```

主变量就是一般的主语言变量,放在说明语句 BEGIN DECLARE SECTION 和 END DECLARE SECTION 间,以表示可以在 SQL 语句中出现。

为了与数据库对象相区别,在 SQL 语句中,主变量前要加冒号":"作为标志,在 SQL 语句以外,可以与其他程序中的变量一样直接引用。

4. 需要协调面向集合和面向记录两种不同的处理方式

SQL 语言是面向集合的,一次可以生成或处理多条记录,如 SELECT 语句返回的结果为满足条件的多个行,而应用程序一次只能处理一行。因此,需要一种机制来协调这两种不同的处理方式。游标(cursor)的引入提供了这种机制。

游标是系统为用户开设的一个数据缓冲区,用来存放 SQL 语句的执行结果。游标包含两个部分:由定义该游标的 SELECT 语句返回的结果集,存放在数据缓存区中;指向结果集中某一行的指针。可以通过移动指针每次获得结果集中的一行给主变量,由应用程序进一步处理。有关游标的操作在 4.7.3 小节中介绍。

下面以 C 语言为例,给出含有嵌入式 SQL 语句的 C 语言源程序生成可执行程序的步骤。

(1) 使用预编译器对含有嵌入式 SQL 语句的 C 语言源程序进行预处理,把 SQL 语句变为 C 语言编译器可识别的命令语句。预处理包括语法检查、存取权限检查、路径选择等。SQL 语句经处理后生成调用语句。

(2) 对预处理后的源程序用 C 编译器进行编译,生成目标代码。

(3) 连接目标代码,包括 C 语言库函数和 SQL 库函数,生成可执行程序。

4.7.2 不用游标的嵌入式 SQL

如果嵌入式 SQL 语句的执行结果为单记录,或一次处理多个记录而不是对记录逐个处理,可以不用游标。

不用游标的 SQL 语句有说明性语句、数据定义语句、查询结果为单记录的 SELECT 语句、INSERT 语句、非 CURRENT 形式的 UPDATE 语句、非 CURRENT 形式的 DELETE 语句、授权和回收语句。

嵌入式 SQL 语句可分为执行语句和非执行语句。除了说明性语句 DECLARE 外,其他都是可执行语句。不用游标的可执行语句与非嵌入式 SQL 的区别是:嵌入式 SQL 中可以使用主变量。因嵌入式数据定义语句、授权和回收语句与非嵌入式语句没有什么区别,下面主要介绍说明性语句、查询语句和更新语句。

1. 说明性语句

说明性语句用来说明主变量和定义游标等。

【例 4-59】 定义字符型主变量 Sno 和 Sname。

```
EXEC SQL BEGIN DECLARE SECTION;
      CHAR Sno(6);
      CHAR Sname(8);
      ……
EXEC SQL END DECLARE SECTION;
```

所有主变量在使用前需用 DECLARE 语句说明。BEGIN DECLARE SECTION 和 END DECLARE SECTION 必须配对使用。对主变量的定义与主语言程序中的定义相同。

2. 查询结果为单记录的 SELECT 语句

查询结果为单记录的 SELECT 语句可以不用游标，但要有 INTO 子句指定将查询结果放入主变量。嵌入式 SELECT 语句的格式为：

```
EXEC SQL SELECT [ALL|DISTINCT] <目标表列>
  INTO <主变量表列>
  FROM <基本表或视图名> [,<基本表或视图名>]...
    [WHERE <条件表达式 1>]
    [GROUP BY <列名 1> [HAVING <条件表达式 2>]]
    [ORDER BY <列名 2> [ASC| DESC]];
```

其中，SELECT 后属性列的类型和个数应与 INTO 后的主变量表列一一对应；WHERE 子句后的条件表达式和 HAVING 子句后的条件表达式中可以使用主变量，但要先赋值；如果查询结果不是单条记录而是多条记录，则程序出错，返回错误代码。

【例 4-60】 根据学号查询学生姓名和选修 C2 课的成绩。

```
EXEC SQL SELECT Sname, Cno, GRADE
     INTO :Hsname, :Hcno, :Hgrade
        FROM Student, SC
        WHERE Student.Sno=:Hsno AND Cno='C2' AND
        Student.sno=SC.sno;
```

Hsno 为输入主变量，在执行该语句前，应先用主语言命令给 Hsno 赋值。

3. INSERT 语句

嵌入式 SQL 中的 INSERT 语句与交互式 INSERT 的命令格式基本相同，只是前者在 VALUES 子句中的插入值可以用主变量表示。

【例 4-61】 在学生选课表中插入选课成绩。

```
EXEC SQL INSERT INTO SC
  VALUES (:Sno, :Cno, :GRADE);
```

在执行该语句前，应先给主变量赋值，然后执行该语句，将选课成绩插入 SC 表。

4. 非 CURRENT 形式的 UPDATE 语句

在嵌入式 SQL 中，可以一次修改多个元组，也可以先查询出结果集，然后根据应用需要逐个修改，后者与游标配合使用，要用到 CURRENT 短语。这里，先介绍不用游标的 UPDATE 语句，称为非 CURRENT 形式的 UPDATE 语句。

不用游标的 UPDATE 语句中，其赋值子句和条件表达式中可以使用主变量，其他与交互式 UPDATE 语句格式相同。

【例 4-62】 给出学生的学号和要修改的课程号，修改学生选修记录。

```
EXEC SQL UPDATE SC
    SET Cno=:Hnewcno
       WHERE Sno=:Hsno AND Cno=:Holdcno;
```

主变量 Holdcno 中为修改前的课程号，Hnewcno 中为修改后的课程号。

5. 非 CURRENT 形式的 DELETE 语句

非 CURRENT 形式的 DELETE 语句与 UPDATE 语句类似，可在删除条件中使用主变量，根据主变量给出的不同值删除满足条件的元组。

【例 4-63】 给出学号和课程号，删除学生选课记录。

```
EXEC SQL DELETE
    FROM SC
      WHERE Sno=:Hsno AND Cno=:Hcno;
```

4.7.3 用游标的嵌入式 SQL

使用游标的 SQL 语句有：查询结果为多条记录的 SELECT 语句；CURRENT 形式的 UPDATE、DELETE 语句。

与游标相关的语句有 4 条：定义游标、打开游标 、推动游标、关闭游标。

1. 定义游标

定义游标语句是一条说明性语句，仅建立游标与 SELECT 语句的对应关系而并不执行 SELECT 语句。定义游标语句的格式为：

```
EXEC SQL DECLARE <游标名> CURSOR
    FOR <SELECT 语句>
          [FOR UPDATE OF <列名>];
```

若含有 FOR UPDATE OF 子句，则表示除查询外还要更新查询结果中的列。

2. 打开游标

打开游标语句的格式为：

```
EXEC SQL OPEN <游标名>;
```

打开游标语句的功能是：执行与游标相关联的SQL查询语句，并将查询结果放入数据缓冲区，此时游标被置为打开状态，游标指向第一个元组之前的位置。

3. 推动游标

推动游标语句的格式为：

```
EXEC SQL FETCH <游标名>
  INTO <主变量> [,<主变量>]...;
```

推动游标语句的功能：把游标向前推进一个位置，然后按照游标的当前位置取一个元组，将元组值赋给INTO后的对应主变量。每执行一次FETCH语句，游标向前推进一个位置。如果游标向前推进到最后一个元组的位置，再执行一次FETCH语句，所指的位置为空，SQLCODE中返回状态码(如100)，表示缓冲区中已经没有可处理的元组。

4. 关闭游标

关闭游标语句的格式为：

```
EXEC SQL CLOSE <游标名>;
```

当游标推进到最后一个位置或不再使用游标时，要关闭游标，释放缓冲区。游标关闭后，如果还需要处理查询结果，必须再执行打开游标语句，使游标位置重新置于第一个记录前，但不必再重新定义游标。因此，游标定义后，可以多次使用。

【例4-64】 使用游标查询学生选课记录。

```
EXEC SQL DECLARE C1 CURSOR FOR
    SELECT Sno,Cno,Grade FROM SC;
EXEC SQL OPEN C1;
WHERE(1)
{EXEC SQL FETCH C1 INTO :Hsno,:Hcno,:Hgrade;
      if(sqlca.sqlcode <>0)
        break;
printf("sno:%s,cno:%s,grade:%d", Hsno, Hcno, Hgrade);
...
};
EXEC SQL CLOSE C1;
```

以上例子中，通过判断sqlca.sqlcode是否为零控制循环次数。如果FECTH语句执行成功，返回sqlca.sqlcode值为0。当游标前进到最后一个记录位置后，再执行一次FECTH语句，已没有记录值，则返回sqlca.sqlcode非零值，循环结束。

在SQL2中提供了滚动游标(Scroll Cursor)的功能，游标可以向前或向后推进。若要重复处理查询结果，仅需打开游标一次即可。如果要使游标能向前或向后推进，需要在定义游标语句和推进游标语句中说明。

定义滚动游标的游标语句格式为：

```
EXEC SQL DECLARE <游标名> SCROLL CURSOR
  FOR <SELECT 语句>
```

```
[FOR UPDATE OF <列名>];
```

其中，选项 SCROLL 表示定义的游标可以上下移动。

对应的推动游标语句格式为：

```
EXEC SQL FETCH [NEXT | PRIOR | FRIST | LAST
  | ABSOLUTE n | RELATIVE n] <游标名>
    INTO <主变量> [,<主变量>]...;
```

其中，NEXT 和 PRIOR 分别表示游标前进或后退一行；FRIST 和 LAST 分别表示游标移到查询结果的第一行或最后一行；ABSOLUTE n 表示把游标移到查询结果的第 n 行；RELATIVE n 表示把游标移到相对当前游标位置的第 n 行，n 可以是正整数或负整数。

5. CURRENT 形式的 UPDATE、DELETE 语句

在定义游标时如果有 FOR UPDATE 子句，可以对查询结果进行更新。

CURRENT 形式的修改语句格式为：

```
EXEC SQL UPDATE <表名>
  SET=<表达式>
  WHERE CURRENT OF <游标名>;
```

其中，CURRENT OF <游标名>表示当前游标所指的记录。

CURRENT 形式的删除语句格式为：

```
EXEC SQL DELETE FROM <表名>
  WHERE CURRENT OF <游标名>;
```

【例 4-65】 使用游标修改学生选课成绩。

```
EXEC SQL DECLARE C1 CURSOR FOR
SELECT Sno, Cno, Grade FROM SC FOR UPDATE OF Grade;
EXEC SQL OPEN C1;
WHERE (1)
{EXEC SQL FETCH C1 INTO :Hsno,:Hcno,:Hgrade;
 if (sqlca.sqlcode <>0)
    break;
  if (Hgrade<50)
    Scanf("%d", &NewGrade);
  EXEC SQL UPDATE SC
   SET Grade=:NewGrade
    WHERE CURRENT OF C1;
  ...
};
EXEC SQL CLOSE C1;
```

4.7.4 嵌入式 SQL 应用实例

下面通过一个 C 语言的例子说明嵌入式 SQL 的编程框架和嵌入式 SQL 语句的使用。

在这个例子中，使用游标查询并显示学生选修课的成绩，如果成绩在 85 分以上，显示成绩为“优”，在 75～84 之间，成绩为“良”，在 60～74 之间，成绩为“及格”，在 60 分以下，成绩为“不及格”。

下面给出实现如上功能的较完整的 C 语言程序。

```
#include <stdio.h>
EXEC SQL BEGIN DECLARE SECTION;                          /*定义主变量*/
CHAR uid(20);
CHAR pwd(20);
CHAR hsno(6);
CHAR hcno(6);
INT hgrade;
EXEC SQL END DECLARE SECTION;
EXEC SQL INCLUDE SQLCA;                                  /*定义 SQL 通信区*/
main ()
{cahr g (6);
  strcpy (uid, 'SA');
  strcopy (pwd, 'CRT');
  EXEC SQL CONNECT :uid IDENTIFIED BY :pwd               /*建立与 DBMS 的连接*/
  Scanf ("%s", hcno);                                    /*输入要查询的课程号*/
  EXEC SQL DECLARE C1 CURSOR FOR                         /* (定义游标)*/
  SELECT Sno, Grade
  FROM SC
  WHERE Cno=:hcno ;
  EXEC SQL OPEN C1;                                      /* (打开游标)*/
  while (1)
  {EXEC SQL FETCH C1 INTO :hsno, :hgrade;                /* (推进游标)*/
  if (sqlca.sqlcode <>0)
       break;
  if (hgrade>=85)
       g='优';
    else if ((hgrade<85) &&( hgrade>=75))
       g='良';
    else if ((hgrade<75) &&( hgrade>=60))
       g='及格';
    else g='不及格';
  printf("sno: %s  grade: %s", hsno, g)};
};
EXEC SQL CLOSE C1;                                       /* (关闭游标)*/
EXEC SQL COMMIT WORK RELEASE;                            /*提交事务,退出 DBMS*/
Exit(0);
}
```

以上程序中用到了事务的概念，事务是 DBMS 为保证数据一致性、正确性的基本控制单位。有关事务的概念将在后面章节中介绍。

4.7.5 动态 SQL

前面介绍的嵌入式 SQL 语句，对数据库对象如表、列的访问、查询条件以及所做的操作在预编译时都是确定的，这类 SQL 语句称为静态 SQL 语句。

使用静态 SQL 语句编写的应用程序，如要增加或改变应用，需要修改源程序，重新进行预处理、编译和连接后才能运行。但在一些应用中，用户的某些需求是不确定的，需要对数据进行即席处理，即随时键入 SQL 语句或 SQL 的部分子句运行。如需要统计某个班、某个年级学生的平均成绩、最好成绩或统计某门课的及格率等。为了满足这类应用，需要用到动态 SQL 语句。

动态 SQL 语句可以即席输入后直接执行，也可以经过预处理后多次执行。

1. 立即执行的动态 SQL

立即执行的动态 SQL 语句格式如下：

```
EXEC SQL EXECUTE IMMEDIATE <主变量>;
```

主变量中存放可执行的 SQL 语句。程序执行时，提示用户输入需要执行的内容，经预处理后立即执行。

【例 4-66】 通过输入 SQL 语句，立即执行动态 SQL。

```
scanf ("%s",dstring);
EXEC SQL EXECUTE IMMEDIATE :dstring;
```

如执行 scanf("%s",dstring)时输入 DELETE FROM SC WHERE Sno='S01'，在执行 EXECUTE IMMEDIATE 语句时将取出变量 dstring 中存放的 DELETE 语句，经预编译后立即执行。

2. 非立即执行的动态 SQL

非立即执行的动态 SQL 语句需要先进行预处理，然后再由 EXECUTE 语句执行。

预处理 SQL 语句格式为：

```
SQL EXEC PREPARE <语句名>FROM <主变量>;
```

PREPARE 语句的功能是预处理存放在主变量中的 SQL 语句。主变量中的 SQL 语句可即席输入。预处理后的语句用语句名保存，可由 EXECUTE 语句反复执行。

非立即执行的 EXECUTE 语句格式为：

```
SQL EXEC EXECUTE <语句名> [USING <主变量>];
```

EXECUTE 语句的作用是执行与语句名相关联的 SQL 语句，如果需要参数，由 USING 后的主变量给出。

【例 4-67】 动态 SQL 语句经预处理后再执行。

```
strcpy (dstring, "UPDATE SC SET Grade=:g WHERE Cno='C005'");
EXEC SQL PREPARE S1 FROM :dstring;
```

```
EXEC SQL EXECUTE S1 USING :HGrade;
```

在动态 SQL 语句中不出现主变量，如例子中的 g 不是主变量，仅表示参数位置，在有的 DBMS 中用"?"表示参数的位置。执行 EXECUTE 语句时，参数用主变量代替。如果出现多个参数，USING 后的参数顺序由它们在 SQL 语句中出现的先后顺序确定。

3. 查询类的动态 SQL

动态 SQL 中，对查询语句的处理要复杂一些。因 UPDATE、DALETE、INSERT 等语句执行后不返回结果，而查询语句 SELECT 执行后要返回结果，且结果值可能是一行或多行，因此要使用游标。此外，在动态 SELECT 语句中，如果查询目标是动态的，在预处理时查询结果有几列，以及每列的数据类型、长度等都是不知道的，则需要程序动态分配存储空间。为此，提供了动态处理语句 DESCRIBE 以获得分配存储空间的信息，并提供数据描述区 SQLDA 给出存储空间的结构。有关 DESCRIBE 语句和 SQLDA 描述区及动态 SQL 查询语句的许多编程细节，这里不再详细介绍，请读者参阅相关书籍。

4.8 小 结

SQL 语言是关系数据库的标准语言，从第一个版本到现在，随着数据库技术的发展，ISO 对 SQL 语言进行了多次修订，以满足应用的需求。

SQL 语言中涉及的主要概念有基本表、视图、游标、触发器等，有些概念将在后面章节中介绍。

SQL 语言的主要功能分为数据定义、数据操纵和数据控制三个部分。与 SQL 的其他语句比较，最有特点的是 SQL 的查询语句。SELECT 语句具有丰富的查询功能，可以满足用户的查询需求。

SQL 语言可以交互式使用，也可以嵌入在主语言中使用。在嵌入式 SQL 中，游标是一个重要的概念，如果查询结果为多个元组，需要用到游标。有关游标的进一步使用将在第 12 章中介绍。

目前，大部分商品化数据库管理系统都支持 SQL 语言，但没有一个 DBMS 产品与 SQL 标准完全相同，他们大都是在 SQL 标准的基础上做了扩充，但基本概念和命令动词与 SQL 标准是一致的。

习 题

1. SQL 语言的主要功能分为哪几部分？
2. 什么是基本表？什么是视图？视图和基本表有何异同？
3. 用 SQL 语句创建第 3 章习题 4 零件供应数据库中的 3 个表。
4. 什么是索引？什么是聚集索引？
5. 在习题 3 创建的 3 个表上建立主键索引。

6. 已知学生选课数据库中的三个关系模式如下。

学生表 S(Sno, Sname, Sage, Ssex, Sdept);

课程表 C(Cno,Cname,Ccredit);

选课表 SC(Sno,Cno,Grade)。

试用 SQL 语句完成下列操作:

(1) 查询年龄小于 20 岁的所有计算机系的学生。

(2) 查询学生“马莉”选修的所有课的课程号和成绩。

(3) 查询同时选修 C01 和 C05 号课的所有学生姓名和所在系。

(4) 查询选修了“C++ 程序设计”课的学生的学号、姓名及成绩。

(5) 查询学生“王一平”选修课的总学分。

(6) 查询没有选修 C01 也没有选修 C05 号课的所有学生姓名和所在系。

(7) 查询所有姓“欧阳”的学生姓名和所在系。

(8) 查询与“张帆”所选课程都相同的学生姓名。

(9) 把信息系的学生“董南”选修的 C12 号课加入选课表中。

(10) 修改“数据结构”课的学分为 3.5 学分。

(11) 删除所有“电子系”的学生所选修的 C02 号课。

7. 试述视图的优点。

8. 已知学生选课数据库如习题 6,试用 SQL 语句完成下列操作:

(1) 创建计算机系学生的选课视图,包括学号、姓名、课程名、成绩。

(2) 通过(1)中创建的视图查询成绩在 70～85 分的学生姓名和课程名。

9. 试述将 SQL 语句嵌入到主语言中需要解决哪些问题。

10. 试述游标的概念及其作用。

第5章

查询处理和查询优化

查询是数据库管理系统中使用最频繁、最基本的操作,对系统性能有很大影响。因此,查询优化技术是关系数据库的关键技术。关系数据库的查询使用SQL语句实现,对于同一个SQL查询,通常可以有多个等价的关系代数表达式。由于存取路径的不同,每个关系代数表达式的查询代价和效率也是不同的。在关系数据库中,为了提高查询效率,需要对一个查询请求获得一个相对高效的查询计划。本章主要介绍关系数据库中查询处理的基本过程,查询优化的基本方法和技术。

5.1 关系数据库系统的查询处理

查询处理是指从数据库中提取数据所涉及的处理过程,包括将用户提交的查询语句转变为数据库的查询计划,并且执行这个查询计划获得查询结果。

5.1.1 查询处理过程

关系数据库的查询处理可以分为五个阶段:查询分析、查询检查、建立查询的内部表示、查询优化和查询执行。图5-1给出了关系数据库中查询处理的一般过程。

1. 查询分析

查询处理过程的第一步是对用户提交的查询语句进行查询分析,包括词法分析、语法分析等,判断查询语句是否符合SQL的语法规则。

2. 查询检查

根据数据字典对符合语法的查询语句进行语义检查,检查语句中的数据库对象是否存在以及是否有效,包括属性名、关系名、关键字等。进一步,还要根据用户权限检查用户的存取权限,确定该用户是否具有访问相应数据的权限。进行完整性约束条件检查,确定查询语句是否违反完整性约束条件。

3. 建立查询的内部表示

SQL 语言并不适合在数据库系统内部表示查询。为了便于机器处理，需要将查询转换为系统内部的表示形式。数据库的内部表示形式通常是建立在扩展关系代数基础上的语法树或语法图，采用语法树或语法图表示关系代数表达式。

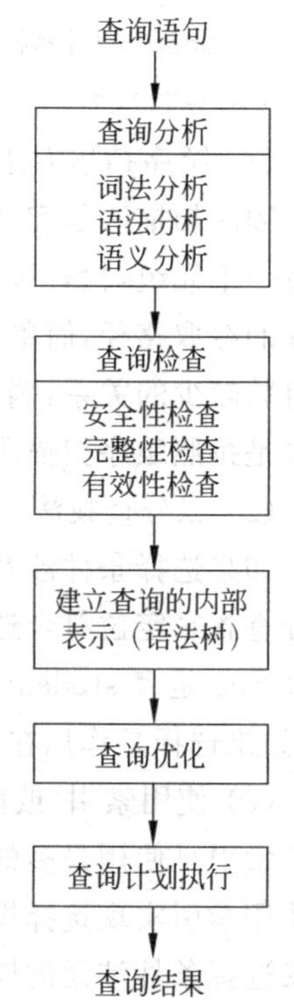

图 5-1　查询处理的过程

4. 查询优化

通常一个查询会有多种可选的执行策略，不同的处理策略实现查询的效率是不一样的。查询优化就是选择高效的查询处理策略的过程。具体可以采用代数优化和物理优化等优化技术。代数优化是指利用关系代数表达式的等价变换规则进行优化。物理优化主要是结合索引、数据值的分布等数据存储特征，进一步改善查询效率，还可以通过代价估算确定若干查询计划，从中选择代价最低的查询计划。

5. 查询执行

最后，根据查询优化获得的执行策略，DBMS 生成查询计划，包括如何访问数据库文件和如何存储中间结果等，以便从数据库文件中检索数据，输出查询结果。

查询语句的具体实现可以分为解释和编译两种实现方法。解释方式主要是指对于每一条查询语句，DBMS 不保留可执行代码，每一次都重新解释执行查询语句，事务完成后返回查询结果。这种方法具有灵活、应变性强的特点，但是开销比较大、效率比较低，主要适用于不重复使用的偶然查询。编译方式是指在运行之前，先进行编译处理，生成可执行代码。需要运行时，直接执行可执行代码。当数据库中某些数据发生改变时，再重新进行编译。编译方法的主要优点是执行效率高、系统开销小。

5.1.2　执行查询操作的基本算法

为了实现查询处理过程中的不同关系操作，关系数据库系统需要合适的算法实现这些关系操作。下面我们简单介绍实现选择、连接和投影等关系操作的典型算法，每种算法可能只适用于特定的存储结构或存储路径。5.5 节将讨论如何估计这些算法的代价。

1. 选择操作的实现

SQL 语言中，表示选择的条件非常丰富，针对不同的选择条件可以采用不同的实现算法和优化策略。下面，我们结合实例介绍几种典型的实现方法。

【例 5-1】 Select * from student where ＜条件表达式＞，其中条件表达式可以有以下几种情况：

```
C1: 无条件
C2: Sno='200636'
C3: Sage>18
C4: Sdept='计算机' and Sno='200636'
C5: Sdept='计算机' and Sage>18
C6: Sage>18 or Sdept='计算机'
```

(1) 顺序扫描方法

顺序扫描法是实现选择操作最简单的一种方法。该方法按照关系中元组的物理顺序扫描每一个元组,检查该元组是否满足选择条件,如果满足,则输出该元组。这种方法不需要特殊的存取路径,简单、有效,适用于任何关系,尤其适用于被选中的元组数占有较大比例或元组数较少的关系,例 5-1 中列出的所有选择条件都可以采用这种方法实现。但是,由于此方法是按照顺序扫描所有元组,所以对于元组数很多的大表,该方法的效率比较低。

(2) 二分查找法

如果选择条件涉及相等比较,并且物理文件是按照选择字段有序组织的,那么可以使用二分查找来定位符合选择条件的元组。通常,二分查找法比顺序扫描方法有效。例如,如果字段 Sno 是表 student 的排序属性,那么就可以用二分查找法实现 C2 中的选择条件。当然,如果选择是作用在非排序属性上,代价也会相应增加。

(3) 使用索引(或散列)的扫描方法

索引是使用最多的一种存取路径,可以快速、直接、有序地存取元组。这里主要介绍如何使用索引实现选择操作,有关索引文件的详细内容将在 13.4 节中介绍。在选择操作中,如果选择条件涉及的属性上有索引(例如 $B+$树索引或散列索引),可以使用索引扫描方法。也就是说,通过索引查找满足条件的元组指针,然后通过该指针继续检索满足查询条件的元组。

下面,结合具体实例看一下索引的建立能够在一定程度上提高查询的效率。

以 C2 为例,检索 Sno='200636'的元组,假设 Sno 上有索引(或 Sno 是散列键)。实现的具体方法是:使用索引(或散列)得到 Sno 为'200636'元组的指针,然后通过元组指针在 student 表中检索符合查询条件的元组。

以 C3 为例,检索 Sage>18 的所有元组,假设 Sage 上有 $B+$树索引。实现的具体方法是:使用 $B+$树索引找到 Sage=18 的索引项,以此为入口点在 $B+$树的顺序集上得到 Sage>18 的所有元组指针,然后通过这些元组指针到 student 表中检索到所有年龄大于 18 岁的学生。

(4) 复合选择

关系代数中的选择条件除了上面提到的最简单的等值或比较运算条件之外,还有很多由多个条件通过逻辑合取(AND)和析取(OR)连接而成的复合选择条件。

对于合取选择条件,可以使用以下方法实现:

① 使用组合索引实现合取选择。如果合取条件中的相等条件包含两个或两个以上的属性,并且在组合字段上存在组合索引(或散列),那么可以直接使用这个组合索引。以 C4 为例,如果在(Sdept,Sno)上建立了组合索引,通过这个组合索引可以直接找到满足条件的元组。

② 使用单独索引实现合取选择。如果合取条件中某一个属性具有索引，则通过索引找到符合与该属性有关的查询条件的元组指针，通过元组指针得到符合该条件的元组，并对得到的元组检查其余的查询条件是否满足，最后将满足条件的元组作为结果输出。以 C5 为例，如果 Sdept 上有索引，可以先找到 Sdept＝'计算机'的元组指针，通过这些元组指针到 student 表中检索，对得到的元组检查另一些选择条件（如 Sage＞18）是否满足，最后把满足条件的元组作为结果输出。

③ 使用多个索引实现合取选择。如果合取条件中涉及的属性都存在索引，那么可以分别检索满足单个条件的元组指针集，这些元组指针集的交集就提供了满足合取条件的指针。如果只有部分属性有索引，那么就需要进一步测试检索到的元组，以确定是否满足其余条件。以 C5 为例，假设 Sdept 和 Sage 上都有索引。分别使用索引（或散列）的扫描方法找到 Sdept＝'计算机'的所有元组指针和 Sage＞18 的所有元组指针，然后求这两组指针集的交集，再到 student 表中检索，就可以得到值为 Sdept＝'计算机'且 Sage＞18 的学生。

在合取选择条件的多个简单条件中进行选择时，通常要考虑每个条件的选择性(selectivity)。所谓选择性，就是满足条件的元组（记录）数占关系中元组（记录）总数的比例。它是介于 0～1 之间的值，选择性为 0 意味着没有满足条件的元组，选择性为 1 说明所有的元组都满足条件。虽然不能得到所有条件的准确的选择性，但是在 DBMS 数据字典中常常会记录选择性的估计值，可以在优化的时候使用。一般地，如果选择条件的选择性为 s，满足该条件的元组数则可以估计为（$s\times$元组数）。所估计的值越小，就越有必要首先使用这个条件来检索元组。

与合取选择条件相比，析取条件就是用逻辑连接符 OR 连接的查询条件，处理和优化的难度就大得多。以 C6 为例，Sage＞18 or Sdept＝'计算机'，如果 Sdept 上有索引，而 Sage 上没有索引，对于这种选择条件，满足析取条件的元组是满足单个条件的元组的并集，所以基本上无法进行优化。因此，只要任意一个条件没有索引，就只能使用顺序扫描方法。当条件中涉及的属性具有索引时，才能通过优化检索满足条件的元组，然后再通过合并操作消除重复元组。

2. 连接操作的实现

连接是从两个关系的笛卡儿积中选择满足连接条件的元组。连接操作是查询处理中最耗时的操作之一，操作本身开销大，并且可能产生很大的中间结果。假设 R 和 S 是要被连接的关系，A 和 B 是两个关系中对应的属性或属性组，具有相同的域。下面，对主要的几个连接实现算法进行简单描述。

(1) 嵌套循环法

嵌套循环法是最简单、最直接的连接算法，与选择操作中的顺序扫描法类似，不需要特别的存取路径。算法的基本思想是：对于关系 R（外循环）中的每条元组 t，检索关系 S（内循环）中的每条元组 s，检查这两条元组是否满足连接条件 $t[A]=s[B]$。如果满足连接条件，则连接两条元组作为结果输出，直到外层循环表中的元组处理完为止。

在嵌套循环法中，选择哪一个关系用于外循环、哪一个关系用于内循环会给连接的性能带来比较大的差异，一般使用较少块的文件作为外循环文件连接代价较小。嵌套循环法适用于任何条件的连接。

(2) 索引嵌套循环法

在嵌套循环法中,如果两个连接属性中的一个属性上存在索引(或散列),可以使用索引扫描代替顺序扫描。例如,在关系 S 中的属性 B 上存在索引,则对于 R 中的每个元组,可以通过 S 的索引查找满足 $s[B]=t[A]$ 的所有元组,而不必扫描 S 中的所有元组,以减少扫描时间。在一般情况下,索引嵌套循环法和嵌套循环法相比,查询的代价可以降低很多。

(3) 排序合并法

这种方法可用于自然连接和等值连接。如果关系 R 和 S 分别按照属性 A 和属性 B 已经排序,在连接属性上具有相同值的元组按照排序连续存放。首先按照连接属性同时对关系 R 和 S 进行扫描,匹配 A 和 B 上有相同值的元组,把它们连接起来,作为结果输出。在这种情况下,完成连接操作只需要把两个关系各扫描一次,而且可以同步进行。如果关系 R 和 S 没有进行排序,可以首先使用排序方法对其进行排序。

(4) 散列连接法

与排序合并法类似,散列连接(Hash Join)法只需要对两个关系各扫描一次,用于实现自然连接和等值连接。在散列连接法中,以 R 的属性 A 和 S 的属性 B 作为散列键,在这两个属性上使用同一个 hash 函数,关系 R 和 S 中的元组会被划分成一些具有相同散列值的元组的集合。散列函数应当具有随机性和均匀性。关系的划分过程如图 5-2 所示。

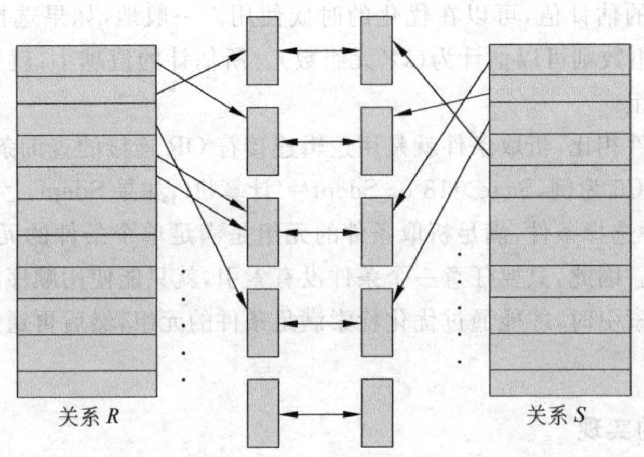

图 5-2 关系的散列划分

散列连接法主要基于这样的原理:如果属性值相等,散列值必然相等;而散列值相等,属性值未必相等。寻找匹配的 R 和 S 的元组就转化为在散列值相等的 R、S 元组集合里检查两个元组是否能够连接,即连接属性值是否真的相等的问题。

散列连接法的具体操作过程是:首先是划分阶段(partition phase),对包含元组较少的文件(例如 R)进行一遍扫描,将其元组散列到 hash 文件桶中,第二阶段是试探阶段(probing phase),先对另一个文件(S)进行一遍处理,然后把 S 的每条元组散列到相应的 hash 桶中,与该桶中来自 R 的所有匹配元组结合。经散列后,每个桶中的元组数与原关系相比会减少很多,在匹配时可以使用嵌套循环法。以上是对散列连接法的简单描述,前提是假设两个表中较小的表在第一阶段可以完全放入内存的 hash 桶中。

3. 投影操作的实现

投影操作选取关系的某些列，从垂直的方向减小关系的大小。如果投影操作 Π<属性列>(R)中的属性列包括了关系 R 的主键，那么这个操作可以直接执行，操作的结果将与 R 中的元组个数相同。但是，如果属性列不包含 R 的主键，还需要消除重复元组。为了消除重复元组，通常的做法是先对操作结果进行排序，这样排序后的元组会连续存放，很容易只留一个元组副本、去掉多余的副本。除了排序的方法外，也可以用散列法来消除重复元组，即把投影结果中的每条元组散列到相应的桶中，然后检查是否与该桶中已存在的元组重复，如果该元组是重复的，则不把这个元组插入桶中，否则把该元组插入桶中。

在介绍 SQL 语句时，我们知道 SQL 语句默认的情况下是不消除查询结果集的重复元组的，只有当查询中包含 DISTINCT 关键字时，才会从查询结果中消除重复元组，就是因为为了消除重复元组，DBMS 需要进行额外的操作。

4. 集合运算的实现

传统的集合运算是二元的，包括并、差、交、笛卡儿积四种运算。并、差、交运算要求参加运算的两个关系必须是同类关系，运算的结果也是同类关系。这三种操作的实现方法基本相同，常用方法类似于前面介绍的排序合并法，只不过不是把两个关系排序后将具有相同属性值的元组连接起来，而是对具有相同属性值的元组进行并、差、交运算。具体地，首先对参加运算的两个关系分别按照主键属性排序，排序后只需同时对两个关系执行一次扫描就可以生成计算结果。

笛卡儿积的实现通常使用嵌套循环法，由于笛卡儿积的操作结果中包含了 R 和 S 中每个元组的组合，其结果集会比参与运算的关系大得多，所以笛卡儿积操作的代价非常高。

5.2 关系数据库系统的查询优化

查询是数据库系统中最基本、最常用的数据操作，必须要考虑查询处理的开销和代价。在关系数据库中，对于相同的查询请求，存在着多种实现策略，系统在执行这些查询策略时所付出的开销是有很大差别的。为了提高查询效率，需要对查询请求获得一个相对高效的查询计划。在查询处理过程中，数据库系统必须能够从查询的多个执行策略中选择合适的执行策略来执行，这种选择的过程就是查询优化。

5.2.1 查询优化技术

查询优化是影响关系数据库管理系统性能的关键因素。通常情况下，对于一个具体的查询请求，可以用多种形式的查询语句来表达，而不同的表达会使数据库的响应速度大不相同。因此，在实际应用中需要利用查询优化技术对不同形式的查询语句进行分析，选择高效、合理的查询语句，降低执行查询所需的系统开销，从而提高数据库系统的性能。

按照查询优化的层次的不同，查询优化技术主要分为以下几种：

1. 代数优化

代数优化是指关系代数表达式的优化，即按照一定的规则，改变代数表达式中操作的次序和组合，使查询执行更高效。这类优化的特点是通过对查询的关系代数表达式进行等价变换，根据关系代数表达式的等价变换规则就可以完成优化，减少执行开销，所以也称为规则优化。代数优化只改变查询语句中操作的次序和组合，不涉及底层的存取路径。

2. 基于存取路径的优化

合理选择各种操作的存取路径，可以取得显著的优化效果，这类问题称为基于存取路径的优化。基于存取路径的优化需要考虑数据的物理组织和访问路径，以及底层操作算法的选择，涉及数据文件的组织方法、数据值的分布情况等，所以也称为物理优化。

3. 基于代价估算的优化

对于多个可选的查询策略通过估算执行策略的代价，从中选择代价最小的作为执行策略，这种技术称为代价估算优化。代价估算优化由于需要计算操作执行的代价，开销较大。

此外，还有一种查询优化的方法已经被提出来，称为语义查询优化。这种技术是根据数据库模式上制定的约束，例如唯一属性或其他约束条件，把最初的查询转换成另一个执行效率较高的查询。这里，我们用一个简单的例子来说明。例如，查询那些工资比领导高的员工的姓名。假设，数据表上有约束，要求任何雇员的工资不能比他的直接领导的工资高。这样，一旦语义查询优化器检查到了这个约束条件，就会知道这个查询的结果是空，所以不需要再执行这个查询，这样可以节省相当多的时间。语义查询优化需要解决的一个关键问题是如何降低搜索约束条件的代价，主动规则是一个较好的解决方法。随着数据库系统中具有主动规则功能的实现，将来的数据库管理系统可能会加入语义查询优化的方式。

以上各种查询优化技术都可以在不同程度上减少查询处理的时间。在实际的关系数据库中，查询优化的具体实现不完全相同，但往往都综合运用了这些优化技术，以获得较好的查询优化效果。

查询优化的一般过程是：首先将查询转换成某种内部表示，通常是语法树，再根据一定的等价变化规则对语法树进行优化，然后，选择底层的操作算法，对于语法树中的每个操作，根据存取路径、数据存储分布、存储数据的聚簇等信息选择具体的执行算法。最后，生成查询计划。查询计划是由一系列内部操作组成的，这些内部操作按照一定的次序构成查询的一个执行方案，通常这样的执行方案有很多，需要对每个执行计划计算代价，从中选择代价最小的一个。

5.2.2 查询优化实例

下面结合学生选课数据库的一个查询实例，说明查询优化的必要性。

【例 5-2】 查询选修 DataBase 课程的学生成绩。用 SQL 表达如下：

```
SELECT  SC.Grade
    FROM  Course,SC
    WHERE Course.Cno=SC.Cno AND Course.Cname='DataBase';
```

这个查询语句可以用多种等价的关系代数表达式表达：

(1) $\Pi_{Grade}(\sigma_{Course.Cno=SC.Cno \wedge Course.Cname='DataBase'}(Course \times SC))$

(2) $\Pi_{Grade}(\sigma_{Course.Cname='DataBase'}(Course \bowtie SC))$

(3) $\Pi_{Grade}(SC \bowtie \sigma_{Course.Cname='DataBase'}(Course))$

假设学生选课数据库中 SC 表有 10000 个选课记录，Course 表有 100 个课程记录，其中满足条件的元组，即选修 DataBase 课程的选课记录有 100 个。下面我们来分析这三个等价的关系代数表达式的查询效率。这里我们只是对查询执行过程进行粗略的估计，主要考虑 I/O 的代价，而 CPU 的代价忽略不计。

(1) 估计第一个表达式 $\Pi_{Grade}(\sigma_{Course.Cno=SC.Cno \wedge Course.Cname='DataBase'}(Course \times SC))$ 的查询代价

① 计算广义笛卡儿积

求笛卡儿积需要把 Course 中的每个元组和 SC 的每个元组连接起来，也就是说，对于 100 个课程记录，每个都要与 10000 个选课记录连接起来。经过连接后产生的 100×10000 个元组，需要保存在中间文件中，写回到磁盘。

执行笛卡儿积操作的常用方式是：内存被划分成若干物理存储块，首先在内存中尽可能多地装入 Course 表，留出一块存放 SC 的元组。然后，把 SC 中的每个元组和 Course 中的每个元组连接，完成之后，继续读入下一块 SC 的元组，同样和内存中 Course 的每个元组连接，依此类推，直到 SC 表的元组全部处理完毕。接下来，再把 Course 表中没有装入的元组尽可能多地装入内存，同样逐块装入 SC 表的元组去做元组的连接，直到 Course 表的所有元组全部进行完连接。

假设内存被划分为 6 块，每一个块能装 10 个 Course 元组或 100 个 SC 元组。每一次在内存中存放 5 块 Course 元组和 1 块 SC 元组，则读取的总块数由读取的 Course 表的块数(100/10)和 SC 表的块数组成，这里 SC 表被读取多次(100 /(10×5))，每一次读取 SC 表需要的块数是(10000/100)，所以，

$$读取总块数=\frac{100}{10}+\frac{100}{10\times5}\times\frac{10000}{100}=10+2\times100=210\ 块$$

假定每秒读写 20 块，则总计要花 210/20＝10.5 s 。连接后的元组数为 100×10000＝10^6。设每块能装 10 个元组，则写这些块要用 10^5/20＝5000 s。

② 选择满足条件的元组

这一步需要将上一步已经连接好的 10^6 个元组重新读入内存，按照选择条件选取满足条件的元组。假定内存处理时间忽略，那么读取中间文件花费的时间与写回中间文件的时间相同，等于 5000 s。满足条件的元组为 100 个，可以全部放在内存。

③ 在属性 Grade 上进行投影操作

这里，仅需要在第②步的结果集的基础上作属性 Sname 的投影输出，得到最终结果，仍为 100 个元组，可以放在内存中，不需要进行 I/O 操作，同样忽略内存处理时间。

因此，执行第一个表达式需要的查询时间≈10.5＋5000＋5000≈10^4 s

(2) 估计第二个表达式 $\Pi_{Grade}(\sigma_{Course.Cname='DataBase'}(Course \bowtie SC))$ 的查询代价

① 作自然连接

这一步首先需要装入 Course 和 SC 表的元组，读取 Course 和 SC 表的策略不变，需要花费的时间和代价与前面相同，总的读取块数仍为 210 块，时间大约 10.5 s。但是自然连接的结果集比第一种情况大大减少，为 10000 个元组，将这些元组写回磁盘的时间为 $10^4/10/20=50$ s。

② 选择满足条件的元组

这一步需要将上一步已经连接好的 10000 个元组重新读入内存，检查是否满足选择条件，产生一个 100 个元组的结果集。需要的读取中间文件的时间与写回中间文件的时间相同，等于 50 s。

③ 在属性 Grade 上进行投影操作，不需要进行 I/O 操作

因此，执行第二个表达式需要的查询时间≈10.5＋50＋50≈110.5 s。

(3) 估计第三个表达式 $\Pi_{Grade}(SC \bowtie \sigma_{Course.Cname='DataBase'}(Course))$ 的查询代价

① 做选择运算

对 Course 表进行选择运算，需要先装入 Course 表元组，时间需要大约(100/10)/20＝0.5 s，选择满足条件的元组，产生满足条件的结果集为 1 个，可以放在内存，不必使用中间文件。

② 做自然连接

这一步包括将 10000 个 SC 的元组依次读入内存，和内存中的 1 个 Course 元组作自然连接。只需读一遍 SC 表共 10000/100＝100 块，大约花费时间为 100/20＝5 s。

③ 在属性 Grade 上做投影操作，不需要做 I/O 操作

因此，执行第三个表达式需要的查询时间≈5＋0.5＝5.5 s

很明显，第三个表达式执行的效率最高。原因在于：在第一个表达式中，以笛卡儿积的方式实现两个关系的查询。在第一个表达式基础上，将选择条件 Course.Cno ＝ SC.Cno 与笛卡儿积组合成连接操作就得到了第二个表达式。将选择条件 Course.Cname＝'DataBase'移到连接操作中的关系 Course 中，就得到了第三个表达式。每一次变换都使参加连接的元组大大减少，进而提高了查询效率，这就是代数优化。

进一步，数据表的选择操作算法分为顺序扫描和索引扫描两种方法，如果在 SC 表的 Cno 属性列上建立了索引，那么在(3)中的第②步里，就不用读取全部的 SC 元组，而只需要读入与课程名 DataBase 相对应的课程代码 Cno 相同的那些元组，那么读入 SC 的元组数将从 10000 降到 100，这种基于索引扫描的方法能进一步提高查询的性能，这就是物理优化。

这个例子虽然简单，但可以看出，对于等价的关系代数表达式而言，相应的查询效率有着重大差异。它充分说明了查询优化的重要性和必要性，合理优化可以获得较高的查询效率。

5.3 代数优化

下面我们介绍基于关系代数等价变化规则的优化方法，即代数优化。代数优化技术与具体系统的存储技术无关，主要思想是对查询的代数表达式进行适当的等价变换，改变相关

操作的先后执行顺序，把初始查询树转换成优化后的查询树，完成代数表达式的优化。代数优化的主要依据是关系代数表达式的等价变换规则。

5.3.1　关系代数表达式的等价变换规则

代数优化策略是通过对关系代数表达式的等价变换来提高查询效率的。如果两个关系代数表达式用相同的关系代入之后得到的结果相同，则称这两个关系代数表达式是等价的。两个关系表达式 $E1$ 和 $E2$ 是等价的，可记为 $E1 \equiv E2$。代数优化的关键就是选择合理的等价表达式。下面给出关系代数中常用的等价变换规则，证明略。

1. 连接、笛卡儿积交换律

设 $E1$ 和 $E2$ 是关系代数表达式，F 是连接运算的条件，则有

$$E1 \times E2 \equiv E2 \times E1$$

$$E1 \bowtie E2 \equiv E2 \bowtie E1$$

$$E1 \underset{F}{\bowtie} E2 \equiv E2 \underset{F}{\bowtie} E1$$

在关系代数中，连接操作和笛卡儿积是可以交换的。因此，系统就可以自由地选择其中的小关系作为外关系进行连接，提高执行效率。

2. 连接、笛卡儿积的结合律

设 $E1$、$E2$、$E3$ 是关系代数表达式，F_1 和 F_2 是连接运算的条件，则有

$$(E1 \times E2) \times E3 \equiv E1 \times (E2 \times E3)$$

$$(E1 \bowtie E2) \bowtie E3 \equiv E1 \bowtie (E2 \bowtie E3)$$

$$(E1 \underset{F_1}{\bowtie} E2) \underset{F_2}{\bowtie} E3 \equiv E1 \underset{F_1}{\bowtie} (E2 \underset{F_2}{\bowtie} E3)$$

3. 投影的串接定律

$$\Pi_{A_1,A_2,\cdots,A_n}(\Pi_{B_1,B_2,\cdots,B_m}(E)) \equiv \Pi_{A_1,A_2,\cdots,A_n}(E)$$

这里，E 是关系代数表达式，$A_i\,(i=1,2,\cdots,n)$，$B_j\,(j=1,2,\cdots,m)$ 是属性名，且 $\{A_1,A_2,\cdots,A_n\}$ 是 $\{B_1,B_2,\cdots,B_m\}$ 的子集。

这条定律说明如果满足既定的条件，对同一关系代数表达式的多个投影可以转换成其中最小的属性集的投影。

4. 选择的串接定律

设 E 是关系代数表达式，F_1、F_2 是选择条件，则有

$$\sigma_{F_1}(\sigma_{F_2}(E)) \equiv \sigma_{F_1 \wedge F_2}(E)$$

这条定律说明对同一关系代数表达式的多个选择可以合并为一个 AND 连接的选择操作，这样一次选择操作就可以检查全部条件。

5. 选择与投影操作的交换律

设 E 是关系代数表达式，F 是选择条件，并且选择条件 F 只涉及属性 $A_1,\cdots,A_n$，则有

$$\sigma_F(\Pi_{A_1,A_2,\cdots,A_n}(E))\equiv\Pi_{A_1,A_2,\cdots,A_n}(\sigma_F(E))$$

这条定律说明如果满足既定的条件，投影操作后的选择操作可以转换为选择操作后的投影操作。

若 F 中有不属于 $A_1,A_2,\cdots,A_n$ 的属性 $B_1,B_2,\cdots,B_m$，则有更一般的规则：

$$\Pi_{A_1,A_2,\cdots,A_n}(\sigma_F(E))\equiv\Pi_{A_1,A_2,\cdots,A_n}(\sigma_F(\Pi_{A_1,A_2,\cdots,A_n,B_1,B_2,\cdots,B_m}(E)))$$

6. 选择与笛卡儿积的交换律

设 $E1$、$E2$ 是关系代数表达式，F、F_1、F_2 是选择条件。如果 F 中涉及的属性都是 $E1$ 中的属性，则

$$\sigma_F(E1\times E2)\equiv\sigma_F(E1)\times E2$$

如果 $F=F_1\wedge F_2$，并且 F_1 只涉及 $E1$ 中的属性，F_2 只涉及 $E2$ 中的属性，则由上面的等价变换规则 1、4 和 6，可推出：

$$\sigma_F(E1\times E2)\equiv\sigma_{F_1}(E1)\times\sigma_{F_2}(E2)$$

若 F_1 只涉及 $E1$ 中的属性，F_2 涉及 $E1$ 和 $E2$ 两者的属性，则仍有：

$$\sigma_F(E1\times E2)\equiv\sigma_{F_2}(\sigma_{F_1}(E1)\times E2)$$

这条定律说明，根据选择条件的不同情况，可以考虑使部分选择在笛卡儿积之前先做。

7. 选择与并的分配律

设 $E1$、$E2$ 是关系代数表达式，F 是选择条件。如果 $E1$、$E2$ 有相同的属性名，则

$$\sigma_F(E1\cup E2)\equiv\sigma_F(E1)\cup\sigma_F(E2)$$

8. 选择与差运算的分配律

设 $E1$、$E2$ 是关系代数表达式，F 是选择条件。若 $E1$ 与 $E2$ 有相同的属性名，则

$$\sigma_F(E1-E2)\equiv\sigma_F(E1)-\sigma_F(E2)$$

9. 选择对自然连接的分配律

设 $E1$、$E2$ 是关系代数表达式，F 是选择条件。

$$\sigma_F(E1\bowtie E2)\equiv\sigma_F(E1)\bowtie\sigma_F(E2)$$

其中 F 只涉及 $E1$ 与 $E2$ 的公共属性。

10. 投影与笛卡儿积的分配律

设 $E1$ 和 $E2$ 是两个关系表达式，$A_1,A_2,\cdots,A_n$ 是 $E1$ 的属性，$B_1,B_2,\cdots,B_m$ 是 $E2$ 的属性，则：

$$\Pi_{A_1,A_2,\cdots,A_n,B_1,B_2,\cdots,B_m}(E1\times E2)\equiv\Pi_{A_1,A_2,\cdots,A_n}(E1)\times\Pi_{B_1,B_2,\cdots,B_m}(E2)$$

11. 投影与并的分配律

设 $E1$ 和 $E2$ 是关系代数表达式，具有相同的属性名，则：

$$\Pi_{A_1,A_2,\cdots,A_n}(E1\cup E2)\equiv\Pi_{A_1,A_2,\cdots,A_n}(E1)\cup\Pi_{A_1,A_2,\cdots,A_n}(E2)$$

5.3.2 代数优化策略

代数优化的基本原则是减少查询处理的中间结果的大小，以此提高查询效率，缩短执行时间。对于一个关系代数表达式，通过等价变换规则可以获得多个等价的表达式。代数优化涉及关系的操作顺序，不同的操作顺序会有不同的执行效率。那么，就需要确立关系代数表达式的选取规则，以便从众多的等价表达式中选取查询效率高的表达式。

关系代数的基本操作中，投影、选择等操作对关系进行水平或垂直分割，可以减少关系的大小。并和连接等二元操作需要对两个关系按条件组合，操作比较费时，而且结果集会比较大。因此，在等价变换时，尽量先安排执行投影、选择操作，后进行连接、笛卡儿积等操作。在执行连接时，先做小关系之间的连接，再做与大关系的连接。

一般系统都采用基于规则的启发式查询优化方法，这是对关系代数表达式的查询树进行优化的方法。建立规则的出发点是合理地安排操作顺序，以达到减少空间和时间的开销。虽然不同的关系数据库管理系统在解决查询优化时所采用的优化算法不尽相同，但一般都遵循下列启发式规则：

(1) 在关系代数表达式中尽可能早地执行选择操作。在优化策略中这是最重要、最基本的一条。通过选择运算可使参加其他操作的元组数目大大减少，这样可以最大程度减少中间结果的大小，一方面减少读取外存的次数；另一方面缩短了查询执行的时间。

(2) 投影运算和选择运算尽量同时进行。如有若干投影和选择运算，并且它们都对同一个关系操作，则可以在扫描该关系的同时完成所有这些运算，避免分开运算造成重复扫描关系。

(3) 把投影同其前或其后的二元操作结合起来同时进行，避免为去掉某些属性而扫描一遍关系。

(4) 把某些选择操作同在它前面要执行的笛卡儿积结合起来，合并成为一个连接操作。两个关系的笛卡儿积的结果会得到一个很大的关系，加入选择转换为连接操作后，连接运算特别是等值连接运算要比同样关系上的笛卡儿积节省很多时间和空间上的开销。

(5) 存储公共子表达式，先计算一次公共子表达式并把结果写入中间文件，以达到节省时间的目的。是否预先计算和保存重复出现的子表达式的结果集，需要考虑结果集的大小，同时还要考虑从外存中读入结果集是不是能比计算该子表达式的时间少得多。定义视图的表达式就是这种公共子表达式的一个典型情况。

5.3.3 代数优化算法

关系代数表达式的查询优化是由 *DBMS* 的 *DML* 编译器自动完成的，对关系代数表达式进行词法分析和语法分析后将其转换为某种内部表示，通常采用的内部表示是查询树。下面简单介绍一下利用上述规则优化关系代数查询树的算法思想。

算法 5.1　关系代数表达式的优化

输入：关系代数表达式的查询树。

输出：经过代数优化后的查询树。

方法：

(1) 利用等价变换规则 4，把形如 $\sigma_{F_1 \wedge F_2 \wedge \cdots \wedge F_n}(E)$ 的子表达式变换为 $\sigma_{F_1}(\sigma_{F_2}(\cdots(\sigma_{F_n}(E))\cdots))$。

(2) 对每一个选择操作，利用涉及选择的等价变换规则 4～9，尽可能将选择操作向下移到树的叶端。

(3) 对每一个投影操作，利用涉及投影的等价变换规则 3、5、10、11 中的一般形式，尽可能将投影操作向下移到树的叶端。这里，等价变换规则 3 可能会使一些投影操作消失，规则 5 可能会把一个投影分裂为两个，其中一个有可能被移向树的叶端。如果一个投影涵盖被投影的表达式的所有属性，则可以消去该投影操作。

(4) 利用等价变换规则 3～5 将选择和投影的串接合并成单个选择、单个投影或一个选择后跟一个投影。使多个选择或投影能同时执行或在一次扫描中全部完成。

(5) 将经过上述步骤得到的语法树的内结点分组。每个二元操作（×、⋈、∪、—）结点和它的直接祖先为一组（这些直接祖先是 σ、Π 运算）。如果其后代直到叶结点全是一元操作，则也将它们并入该组。如果二元操作是笛卡儿积（×），而且后面不是与它组成等值连接的选择，则选择条件要单独分为一组。

下面，结合示例说明如何使用代数优化算法对语法树进行优化。

【例 5-3】 查询选修了 DataBase 这门课程的计算机学院的学生姓名。用 SQL 语句表达如下：

```
SELECT  Student.Sname
    FROM  Student, SC, Course
    WHERE  Student.Sno=SC.Sno and Course.Cno=SC.Cno
           and Student.Dept='计算机学院' and Course.Cname='DataBase'
```

在进行代数优化之前，需要先把 SQL 查询转换为等价的关系代数表达式。我们已经学过，查询语句中 SELECT 子句对应关系代数中的投影运算，FROM 子句对应笛卡儿积运算，WHERE 子句对应选择运算。本例中的查询语句对应的关系代数表达式是：

$\Pi_{Sname}(\sigma_{Student.Sno=SC.Sno \wedge Course.Cno=SC.Cno \wedge Student.Dept='计算机学院' \wedge Course.Cname='DataBase'}((Student \times SC) \times Course))$

(1) 把 SQL 查询语句转换成查询树

本例中的查询语句可以表示为如图 5-3 所示的查询树。

(2) 转换成关系代数语法树

关系代数语法树是常用的内部表示，是对应关系代数表达式的数据结构。语法树的特征是：树中的叶结点表示关系，树中的非叶结点表示操作。执行操作从语法树的叶结点开始，由下至上，依据非叶结点指明的关系操作执行并产生结果，依此类推，直到执行到语法树的根结点，生成查询的结果关系。语法树表示了查询的一个特定操作顺序。

最初，查询优化器生成一个与 SQL 查询相对应的关系代数语法树，如图 5-4 所示。三个关系 student、SC 和 Course 分别表示为叶结点，表达式中的关系代数操作表示为树中的非叶结点。这是一个初始的没有经过任何优化的语法树。这个语法树首先对 FROM 子句中指定的关系做笛卡儿积的操作，然后用 WHERE 子句中列出的条件作为选择操作和连接操作的条件，最后对 SELECT 子句中指定的属性进行投影。因为有笛卡儿积的操作，所以依据这个语法树进行查询的效率会非常低。

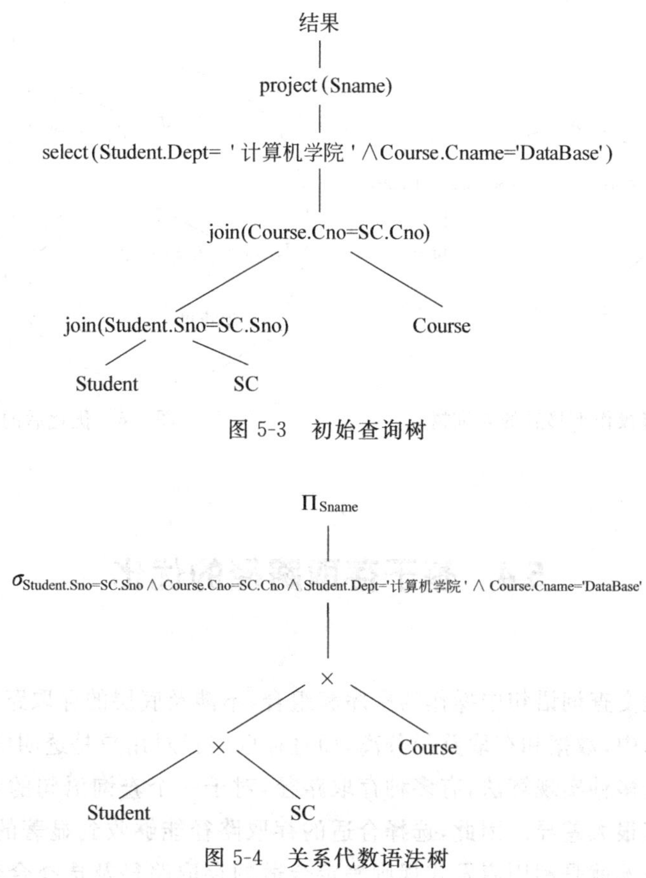

图 5-3　初始查询树

图 5-4　关系代数语法树

(3) 对查询树进行优化

① 应用规则 4 变换选择运算。

$\sigma_{Student.Sno=SC.Sno \wedge Course.Cno=SC.Cno \wedge Student.Dept='计算机学院' \wedge Course.Cname='DataBase'}$ ((Student × SC) × Course) 为 $\sigma_{Student.Sno=SC.Sno}(\sigma_{Course.Cno=SC.Cno}(\sigma_{Student.Dept='计算机学院'}(\sigma_{Course.Cname='DataBase'}((Student \times SC) \times Course))))$，可得到单独的 4 个选择操作：$\sigma_{Student.Sno=SC.Sno}$、$\sigma_{Course.Cno=SC.Cno}$、$\sigma_{Student.Dept='计算机学院'}$和$\sigma_{Course.Cname='DataBase'}$。

② 对于每一个选择，利用涉及选择的规则，尽可能将选择操作移到树的叶端。

由于$\sigma_{Student.Dept='计算机学院'}$和$\sigma_{Course.Cname='DataBase'}$分别涉及关系 Student 和 Course，经过变换后可以作为叶子结点的直接祖先。操作$\sigma_{Student.Sno=SC.Sno}$同时涉及两个关系 Student 和 SC，可以跟笛卡儿积交换位置，向下移动。而操作$\sigma_{Course.Cno=SC.Cno}$涉及两个关系 Course 和 SC，不能向下移动，得到等价的查询树如图 5-5 所示。

③ 根据算法 5.1 中的(5)，把上述得到的语法树的内结点分组，得到优化后的查询树如图 5-6 所示。根据优化后的查询树，优化后查询执行分两步。第一步执行虚线内的操作，即首先执行关系 Student 上的选择操作，操作结果与 SC 关系做笛卡儿积以及笛卡儿积后的选择，这些操作可在内存中一次执行；类似的，操作结果关系和其余的操作也可一次完成。

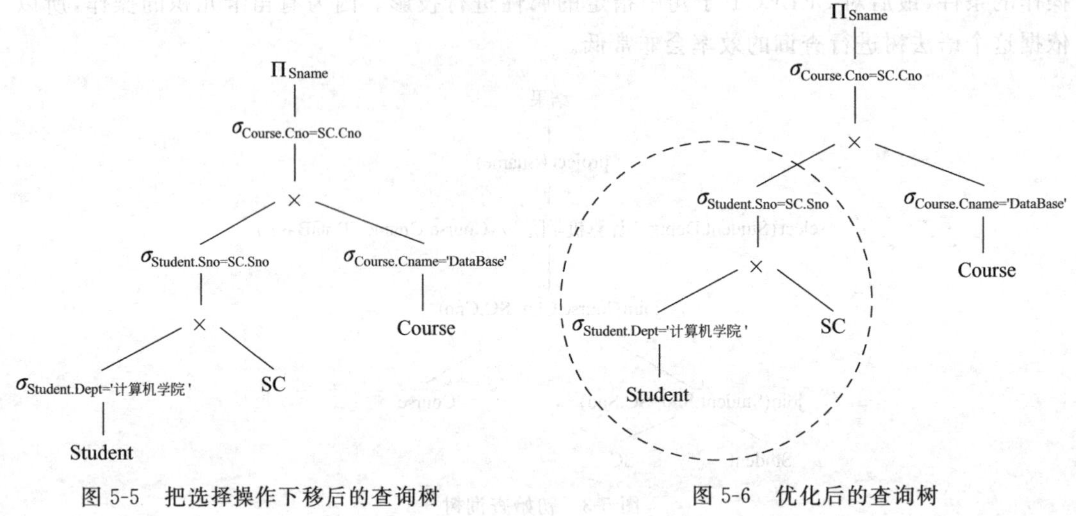

图 5-5 把选择操作下移后的查询树　　图 5-6 优化后的查询树

5.4 基于存取路径的优化

代数优化只改变查询语句中操作的次序和组合，不涉及底层的存取路径，优化效果是有限的。关系数据库中，数据和存取路径分离，而且存取路径对用户是透明的，可以动态建立、删除。每种操作有多种实现算法，有多种存取路径，对于一个查询语句的不同存取方案，它们的执行效率会有很大差异。因此，选择合适的存取路径能够收到显著的优化效果。基于存取路径的优化技术就是利用启发式规则确定合适的存取路径及选择合理的操作算法，获得优化的查询执行策略，以达到优化的目的。

1. 选择操作的启发式规则

(1) 对于小关系，使用顺序扫描方法，即使选择列上有索引。

(2) 对于选择条件是“主键＝值”的查询，查询结果最多是一个元组，可以选择主键索引。一般的 RDBMS 会自动建立主键索引。

(3) 对于选择条件是“非主属性＝值”的查询，并且选择列上有索引，需要估算查询结果的元组数目。如果比例较小(＜10%)可以使用索引扫描方法，否则还是使用顺序扫描方法。

(4) 对于选择条件是属性上的非等值查询或者范围查询，并且选择列上有索引，其选择方法与非主属性上的等值查询类似，要估算查询结果的元组数目，如果比例较小(＜10%)可以使用索引扫描方法，否则还是使用顺序扫描方法。

(5) 对于用 AND 连接的合取选择条件，如果有涉及这些属性的组合索引，优先采用组合索引扫描方法；如果某些属性上有一般的索引，则可以用索引扫描方法，否则使用顺序扫描。

(6) 对于用 OR 连接的析取选择条件，一般使用顺序扫描方法。

2. 连接操作的启发式规则

(1) 如果两个表都已经按照连接属性排序,选用排序合并方法。

(2) 如果一个表在连接属性上有索引,选用索引连接方法。

(3) 如果上面两个规则都不适用,其中一个表较小,选用 Hash join 方法。

(4) 可以选用嵌套循环方法,并选择其中较小的表,确切地讲是占用存储块数较少的表,作为外表(外循环的表)。具体理由可参考 5.5.2 小节中关于嵌套循环方法的代价估算函数。

5.5　基于代价估算的优化

查询优化器通常枚举各种可能的查询执行策略,并估算每种策略的代价,有效地找到具有优化(最低)代价的策略。这里不再讨论查询优化的算法,而是简单说明如何进行代价估算。

下面先来讨论一下影响查询执行代价的因素。

(1) 访问存储器的代价

搜索、读和写二级存储器(主要是磁盘)上的数据库的代价。在文件中搜索元组的代价依赖于文件的存取结构,如排序、散列、索引等。

(2) 存储代价

在查询执行时生成的中间文件的存储代价。

(3) 计算代价

在查询执行时对内存操作的代价,包括搜索元组、排序元组、合并元组、计算等。

(4) 内存使用代价

查询执行需要的内存缓冲区数目。

(5) 通信代价

查询过程中数据在不同数据库结点传送的代价。

对于大型关系数据库,查询优化的重点是使访问二级存储器的代价最小化,主要根据磁盘和主存之间传递的文件块数比较不同的查询执行策略。对较小的数据库来说,查询涉及的数据大部分都可以存储在内存中,所以优化的重点是计算代价的最小化。分布式数据库会涉及多个结点的数据,需要使通信代价最小化。

基于代价估算的优化需要计算各种操作算法的执行代价,它与数据库中数据的状态密切相关。数据库管理系统会在数据字典中存储查询优化器所需的各种统计信息,主要包括与关系相关的统计信息,以及与索引相关的统计信息,如表 5-1 所示。

对每个基本表,需要知道:该表的元组总数(N)、(平均)元组长度(l)、占用的块数(B),还需要知道文件的块因子(Mrs)。块因子表示每块中可以存放的结果元组数目。我们知道,块是数据在磁盘和内存之间传递的单位,所以文件中的元组必须要存放在磁盘块中,当

表 5-1 相关的统计信息

引用标识	描 述
N_R	关系 R 的元组总数
B_R	关系 R 的元组占用的块数
l_R	关系 R 中(平均)元组长度
Mrs	关系 R 的块因子,即一个块中能够存放的关系 R 的元组数量
Frs	连接选择性(join selectivity),表示连接结果元组数的比例
L	索引的层数
S	索引的选择基数
Y	索引的叶结点数

块的长度大于元组的长度时,每一个块里存放着很多的元组,当然,有些文件中的元组比一个块的大小还要大,单独一个块是存放不下一个元组的。假设块记录长度是 b 个字节,$b \geqslant l$,那么每个块中可以存放 $Mrs = \lfloor h/l \rfloor$ 个元组,值 Mrs 称为文件的块因子。

对基表的每个列,需要知道:该列不同值的个数(m)、选择率(f),该列最大值、该列最小值、该列上是否已经建立了索引、索引类型(B+树索引、Hash 索引、聚集索引)等。选择率是满足这个属性上相等条件的元组所占元组总数的比例。如果不同值的分布是均匀的,$f=1/m$;如果不同值的分布不均匀,则每个值的选择率等于具有该值的元组数除以 N。

对每个文件还需要知道文件的存取方法和存取属性。索引和索引属性保存着这些相关信息,因此需要知道有关索引方面的信息。例如对于 B+树索引,需要知道索引的层数(L)、不同索引值的个数、索引的选择基数(S),索引的叶结点数(Y)。其中,选择基数 S 是在这个属性上满足相等选择条件的平均元组数。

下面,我们给出 5.1.2 小节中给出的几种典型的查询操作实现算法的代价函数。

5.5.1 选择操作的代价估算

1. 顺序扫描方法

顺序扫描方法的代价估算如下:

(1) 如果关系 R 的元组占用的块数为 B_R,顺序扫描方法的代价 $\text{cost}=B_R$。

(2) 如果选择条件是主键上的相等比较操作,那么平均搜索一半的文件块才能找到满足条件的元组,因此平均搜索代价 $\text{cost}=B_R/2$。

2. 二分查找法

二分查找法是针对文件的物理块进行的,平均搜索代价为$\lceil \log_2 B_R \rceil$。如果选择是作用在非排序属性上,那么将会有多个块包含所需的元组,代价也会相应增加。

3. 使用索引(或散列)的扫描方法

索引扫描算法的代价估算公式:

(1) 如果选择条件是主键上的相等比较操作，则采用该表的主索引进行检索。需要检索比索引层数多一个的文件块，因此 $cost=L+1$。

(2) 如果选择条件是相等比较操作，采用 $B+$ 树索引，层数为 L，需要存取 $B+$ 树中从根结点到叶结点 L 块，再加上基本表中该元组所在的那一块，所以 $cost=L+1$。

(3) 如果选择条件涉及非主键属性，若为 $B+$ 树索引，选择条件是相等比较，S 是索引的选择基数，那么就会有 S 个元组满足条件，然而，因为索引是非聚簇的，所以每一个满足条件的元组可能会保存在不同块上，因此，最坏情况下 $cost=L+S$。如果比较条件是$>$、$>=$、$<$、$<=$操作，而且假设有一半的元组满足条件就要存取一半的叶结点，那么有可能会访问一般的表存储块，并通过索引访问一般的文件元组，则代价估计 $cost=L+Y/2+B/2$。如果可以获得更准确的选择基数，可以进一步修正 $Y/2$ 与 $B/2$。

5.1.2 小节只是列出了几种典型的方法实现选择操作，一般来说，还可以使用许多其他的方法。查询优化需要根据代价估算公式对每种可能选的存取路径的代价进行估计，从中选出一种适合的方法。

5.5.2 连接操作的代价估算

下面，以表 R 和 S 的连接为例，对主要的几个连接实现算法的代价估算进行简单介绍。

1. 嵌套循环法

设连接表 R 与 S 分别占用的块数为 B_R 与 B_S，连接操作使用的内存缓冲区块数为 K，分配 $K-1$ 块给外表，如果 R 为外表，则嵌套循环法存取的块数为 $B_R+B_RB_S/(K-1)$。如果需要把连接结果写回磁盘，则 $cost=B_R+B_RB_S/(K-1)+(Frs\times Nr\times Ns)/Mrs$。其中 Frs 为连接选择性(join selectivity)，Mrs 是存放连接结果的块因子。因此，在这个方法中，最好使用元组数目少的关系作为外关系。

2. 索引嵌套循环法

这里，简单分析一下使用索引嵌套循环法做连接所需的代价。若内关系 S 存在索引，针对外关系 R 的任意一个给定的元组，都有一次利用索引查找内关系 S 的相关元组。最坏情况下，内存只能容纳关系 R 和索引各一个物理块，所需要访问的物理块数为 $B_R+N_R\times c$，这里 c 表示利用索引的选择来获得满足连接条件的关系 S 的元组所需要的代价。可以看出，在某些情况下，在关系上建立索引进行连接操作与嵌套循环法相比，所花费的代价要降低很多。如果两个关系都有索引，一般效率较高的方法是把元组较少的关系作为外关系。

3. 排序合并法

排序合并连接算法的代价估算公式如下：

(1) 如果连接表已经按照连接属性排好序，则 $cost=B_R+B_S+(Frs\times Nr\times Ns)/Mrs$。

(2) 如果必须对文件排序，那么还需要在代价函数中加上排序的代价。对于包含 B 个块的文件排序的代价大约是 $(2\times B)+(2\times B\times \log_2 B)$，因此代价函数是：

$$\text{cost}=(2\times B_R)+(2\times B_R\times\log_2 B_R)+(2\times B_S)+(2\times Bs\times\log_2 Bs)+B_R+B_S$$
$$+(Frs\times Nr\times Ns)/Mrs$$

以上给出了几种操作算法的代价估算方法，更多的内容可以参考文献[6]。

5.6 小　结

本章主要讨论了关系数据库管理系统中查询处理和查询优化的相关技术。首先，讨论了查询处理和查询优化的一般过程，以及查询处理的一些典型的实现算法。随后，介绍了代数优化技术、基于存取路径的优化技术和基于代价估算的优化方法。实际系统的优化是综合运用这些优化技术进行的。

代数优化是指关系代数表达式的优化，即按照一定的规则，改变代数表达式中操作的次序和组合，使查询执行更高效。基于存取路径的优化是指存取路径和底层操作算法的选择和优化。代价估算的优化是对多个查询策略的优化选择，代价估算优化开销较大，而且产生所有的执行策略也是不太可能的，因此将产生的执行策略的数目保持在一定范围内才是比较合理的。

解释执行的系统，优化开销包含在查询总开销之中。在解释模式下，查询请求经过查询优化后直接被执行，此时，全面的优化会延长系统的响应时间。基于启发式规则的存取路径优化是定性的选择，适合解释执行的系统。在编译模式下查询优化后，执行查询的代码并不马上被执行，而是被存储起来，稍后运行，例如存储过程中的查询，也就是说，编译执行的系统中查询优化和查询执行是分开的，可以采用精细复杂一些的优化方法。使用代价估算的优化方法需要能够准确地估算查询代价才能比较不同的查询策略，这种方法比较适合在编译模式下使用。因此，查询优化器应该综合这些因素确定优化方案。

习　题

1. 简述查询处理的一般过程。
2. 列举几种典型的连接实现算法。
3. 简述查询优化的一般准则。
4. 查询优化技术都有哪些？
5. 什么是代数优化？
6. 假设有 S(供应商)、P(零件)和 SP(供应关系)三个关系，关系模式如下：

```
S (SNO, SNAME, CITY)
P (PNO, PNAME, WEIGHT, SIZE)
SP(SNO, PNO, DEPT, QUAN)
```

其中，SNO 表示供应商编号；SNAME 表示供应商名称；CITY 表示供应商所在的城市；PNO 表示零件编号；PNAME 表示零件名称；WEIGHT 表示零件重量；SIZE 表示零件大小；DEPT 表示被供应零件的部门；QUAN 表示被供应的数量。

设有如下查询语句：

```
SELECT SNAME
  FROM S,P,SP
  WHERE S.SNO=SP.SNO and SP.PNO=P.PNO
      and S.CITY='GUANGZHOU' and P.PNAME='BOLT' and SP.QUAN>10000
```

(1) 写出该查询的关系代数表达式；

(2) 画出查询表达式的语法树；

(3) 对语法树进行优化处理,画出优化后的语法树。

7. 讨论影响代价估算的因素都有哪些?

第6章 数据库的安全性

安全性对于任何一个数据库管理系统来说都是至关重要的。数据库管理系统需要提供数据保护功能保证数据的安全可靠和正确有效。数据保护包括两个含义：数据的安全性和数据的完整性。一般而言，数据库安全性是保护数据库不被非法使用和防止非法用户恶意破坏，数据库完整性则是保护数据库以防止合法用户无意造成的破坏。安全性措施的防范对象是非法用户的进入和合法用户的非法操作，而完整性措施是防范不符合语义的数据进入数据库。本章讨论数据库的安全性，第7章将讨论数据库的完整性。

本章首先讨论数据库安全控制技术，然后介绍SQL Server中的安全控制机制。

6.1 计算机安全性概述

安全性问题并非数据库管理系统所独有，数据安全是一个非常广泛的领域，涉及多方面的问题。影响数据库安全性的因素很多，不仅有软、硬件因素，还有环境和人的因素；不仅涉及技术问题，还涉及管理问题、政策法律问题等。概括起来，计算机系统的安全性问题可分为三大类：技术安全类、管理安全类和政策法律类。这里，我们只讨论技术安全。

计算机的应用，特别是Internet技术的发展，提高了信息的共享程度，对计算机及其相关产品、信息系统的安全性要求越来越高。为了准确地测定和评估计算机系统的安全性能指标，规范和指导计算机系统的生产，在计算机安全技术方面逐步发展建立了一套可信(Trusted)计算机系统的概念和标准。在这些计算机及其信息安全技术方面的安全标准中，最有影响的是TCSEC和CC这两个标准。

TCSEC是1985年美国国防部(DoD)颁布的《DoD可信计算机系统评估标准》(Trusted Computer System Evaluation Criteria，TCSEC)，又称橘皮书。1991年4月美国国家计算机安全中心(NCSC)颁布了《可信计算机系统评估标准关于可信数据库系统的解释》(Trusted Database Interpretatution，TDI)，又称紫皮书。TDI将TCSEC扩展到数据库管理系统，定义了数据库管理系统的设计与实现中需要满足和进行安全性级别评估的标准。

TCSEC/TDI根据计算机系统对各项指标的支持情况，将系统划分为DCBA四组七个等级，依次是D、C(C1，C2)、B(B1，B2，B3)、A(A1)，这七个等级按照系统可靠或可信程度逐渐增高。较高安全等级提供的安全保护要包含较低等级的所有保护要求，同时提供更多更完善的保护能力。七个安全等级的基本要求如下：

D 级：提供最小保护(Minimal Protection)。可以将不符合更高标准的系统都归于 D 级。如 DOS 就是操作系统中安全标准为 D 的典型例子，它具有操作系统的基本功能，如文件系统、进程调度等，但在安全性方面几乎没有什么专门的机制来保障。

C1 级：提供自主安全保护(Discretionary Security Protection)。实现用户和数据的分离，进行自主存取控制(Discretionary Access Control,DAC)，保护和限制用户权限的传播。

C2 级：提供受控的存取保护(Controlled Access Protection)。将 C1 级的 DAC 进一步细化，以个人身份注册负责，并实施审计和隔离，是安全产品的最低档次。

B1 级：标记安全保护(Labeled Security Protection)。对系统的数据加以标记，并对标记的主体和客体实施强制存取控制(Mandatory Access Control,MAC)。B1 级能够较好地满足大型企业或一般政府部门对于数据的安全需求，这一级别的产品才认为是真正意义上的安全产品。满足此级别的产品多冠以"安全"(Security)或"可信的"(Trusted)字样，作为区别于普通产品的安全产品出售。在数据库管理系统方面有 Oracle 公司的 Trusted Oracle 7，Sybase 公司的 Secure SQL Server version 11.0.6。

B2 级：结构化保护(Structural Protection)。建立形式化的安全策略模型并对系统内的所有主体和客体实施 DAC 和 MAC。

B3 级：安全域保护(Security Domains)。该级的可信任运算基础(Trusted Computing Base,TCB)必须满足访问监控器的要求，审计跟踪能力更强，并提供系统恢复过程。

A1 级：验证设计(Verified Design)。提供 B3 级保护的同时给出系统的形式化设计说明和验证以确信各安全保护真正实现。

在 TCSEC 推出后的十年里，不同国家都开始启动开发建立在 TCSEC 概念上的评估准则，这些准则比 TCSEC 更加灵活。为满足全球 IT 市场上互认标准化安全评估结果的需要，1993 年一个被称为 CC(Common Criteria)项目的行动被发起，主要目的是解决原标准中概念和技术上的差异，将各自独立的准则集合成一组单一的、能被广泛使用的 IT 安全准则。CC V2.1 版于 1999 年被 ISO 采用为国际标准，2001 年被我国采用为国家标准。目前，CC 已经基本取代了 TCSEC 成为评估信息产品安全性的主要标准。CC 提出了目前国际上公认的表述信息技术安全性的结构，把信息安全产品的安全要求分为安全功能要求和安全保证要求。CC 的文本由三部分组成，第一部分是"简介和一般模型"；第二部分是安全功能性要求；第三部分是安全保证要求。在 CC 第三部分中，根据系统对安全保证要求的支持情况提出了评估保证级(EAL)，从 EAL1 至 EAL7 共分为七级，按保证程度逐渐增高。如表 6-1 所示。

表 6-1　访问控制矩阵

评估保证级	定　义	TCSEC 安全级别(近似相当)
EAL1	功能测试(functionally tested)	
EAL2	结构测试(structurally tested)	C1
EAL3	系统地测试和检查(methodically tested and checked)	C2

续表

评估保证级	定 义	TCSEC 安全级别（近似相当）
EAL4	系统地设计、测试和复查（methodically designed, tested, and reviewed）	B1
EAL5	半形式化设计和测试（semiformally designed and tested）	B2
EAL6	半形式化验证的设计和测试（semiformally verified design and tested）	B3
EAL7	形式化验证的设计和测试（formally verified design and tested）	A1

目前有许多信息产品，如 Windows 2000，Oracle9i、DB2 V8.2 等，都已经通过了 CC 的 EAL4。

6.2 数据库安全性概述

数据库中的很多数据都是关键和重要的，涉及各种军事机密、商业机密，以及个人隐私的信息，对它们的任何非法使用或更改都可能引起灾难性的后果。因此，数据库安全问题在实际应用中就成为一个必须考虑和解决的重要问题。数据库的安全性（Database Security）是指在数据库应用系统的不同层次提供安全防范措施，保护数据库不受恶意访问。绝对杜绝对数据库的恶意使用是不可能，但可以使那些企图在没有适当授权情况下访问数据库的代价足够高，以阻止绝大多数的恶意访问。

数据库的安全性的目标主要是保证数据的完整性、可用性、保密性和可审计性。数据的完整性是指数据的正确性、一致性和相容性。从数据安全角度来讲，系统只允许被授权的、合法用户存取数据库中的数据信息，不允许非法用户对数据进行任何存取操作，以保证数据的完整性。数据的可用性是指当系统授权的合法用户申请存取数据时，系统采用的安全机制不能明显降低数据库系统的操作性能。数据的保密性是指系统能够提供对数据库中的机密数据进行加密，防止非法用户窃取明文信息。可审计性是指提供审计功能，把合法用户对数据库所作的任何操作记录在审计数据库中，使其具有不可否认性。

数据库的安全性不是独立的，安全问题来自各个方面，既涉及数据库自身的安全机制，也涉及计算机硬件系统、操作系统、网络系统的安全机制等，这些方面的安全问题也会导致数据库的安全受到损害。数据库的安全性主要包括如下几个层次：

（1）数据库系统层。数据库系统需要保证只允许那些获得授权的用户访问权限范围内的数据，权限范围外的数据不允许访问和修改。

（2）操作系统层。操作系统有自己的安全保护措施。不管数据库系统多安全，操作系统安全性方面的弱点也会造成数据的安全隐患。

（3）网络层。几乎所有的数据库系统都允许通过终端或网络进行远程访问，网络层的安全同样需要考虑。

为了保证数据的安全，在规划和设计数据库的安全性时，需要综合每一层的安全性，在上述所有层次上进行安全性维护，使各层之间的安全管理相互支持和配合，提高整个系统的安全性。这里，我们只在技术层面介绍数据库的安全性。数据库系统所采用的安全技术主要包括以下几类：

(1) 访问控制技术：防止未授权的用户访问系统，这种安全问题所有计算机系统都存在。访问控制技术主要通过创建用户账号和口令、由 DBMS 控制登录过程来实现。

(2) 存取控制技术：DBMS 必须提供相应的技术保证用户只能访问他的权限范围内的数据，而不能访问数据库的其他内容。

(3) 数据加密技术：用于保护敏感数据的传输和存储，可以对数据库的敏感数据提供额外的保护。

(4) 数据库审计：审计是在数据库系统运行期间，记录数据库的访问情况，以利用审计数据分析数据库是否受到非法存取。

下面讨论数据库系统中提供的安全技术，包括用户标识和鉴别、存取控制、视图、数据库审计等，以及统计数据库中的安全问题。

6.3 用户标识与鉴别

用户标识和鉴别是保证数据库安全性的最简单、最基本的措施，也是系统提供的最外层安全保护措施。为了保证数据库系统的安全，任何对数据库系统的访问都需要通过用户标识来获得授权，拥有数据库登录权限的用户才能进入数据库管理系统。

具体方法是，每个用户在系统中必须有一个标识自己身份的标志符。当用户使用数据库时，数据库管理系统首先需要进行用户标识和鉴别。常用的方法是采用用户名(user name)或用户账号(user account)，以及口令(password)来标识用户身份。DBA 为合法用户创建一个账号和口令，系统内部记录合法的用户标识，以后用户对数据库进行存取的时候，都需要输入账号和口令进行数据库登录，DBMS 系统判断此用户是否是合法用户，并核对口令以鉴别用户身份。如果不是合法登录用户，拒绝访问系统。如果是合法登录用户，则允许该用户访问数据库。不同的用户被授予不同的数据访问权限，可以在权限允许的范围内修改、查询数据库。

通过用户账号和口令来标识与鉴别合法用户的方法简单易行，但用户名和口令的安全性不高，很容易被窃取。DBMS 可以采取复杂的方法保存用户账号和口令，也就是采用复杂的口令技术增强数据库系统的安全性。例如每个用户都预先约定某种计算函数或过程，鉴别用户身份时，系统提供一个随机数，用户按照自己预先约定的计算函数或过程进行计算，系统根据用户计算结果是否正确来鉴定用户身份。

近年来，一些利用用户的物理特征，如指纹、声波、相貌等的身份认证技术，以及智能卡技术发展起来，其中指纹鉴别技术发展最为迅速。这些鉴别方法可以应用于安全强度要求比较高的系统，在理论上可靠。

6.4 存取控制

用户标识和鉴别解决了用户是否合法的问题,但是不同的合法用户的存取权限是不相同的。存取控制是数据库系统内部对已经进入系统的合法用户的访问控制。在数据库系统中,为了保证用户只能访问其权限范围内的数据,需要预先对每个用户定义存取权限,也就是定义该用户可以在哪些数据对象上进行哪些类型的操作。当用户发出存取数据库操作命令后,DBMS 根据其存取权限对操作的合法性进行检查,系统只允许用户进行权限范围内的操作,这就是存取控制。存取控制技术是数据库安全系统中的核心技术,也是最有效的安全手段。

存取控制机制包括两部分内容:第一部分是定义用户权限,并将用户权限登记到数据字典中。用户权限是指不同用户对不同数据对象允许执行的操作权限。在数据库系统中,为了保证用户只能访问他有权存取的数据,必须预先对每个用户定义用户权限;第二部分是合法权限的检查。当用户发出存取数据库的操作请求后,数据库管理系统根据安全规则进行合法权限检查。对于合法用户,系统根据他所拥有的存取权限对他的各种操作请求进行控制,确保他只能执行权限范围内的操作,若用户操作请求超出了规定的权限,系统将拒绝执行此操作。

用户权限定义和合法权限的检查一起组成了 DBMS 的安全子系统。DBMS 的安全子系统通过定义和控制系统中用户对数据的存取访问权限,确保系统授权的合法用户能够可靠地访问数据库中的数据信息,并防止非授权用户的任何非法访问操作。

具体的存取控制机制可以分为以下两种。

(1) 自主存取控制(Discretionary Access Control, DAC)

用于给用户授予特权,指定用户对于不同的数据库对象的存取权限。在这种存取控制模型中,权限的控制主要基于对用户身份的鉴别和存取访问规则的确定。当用户申请以某种方式存取某个数据对象时,系统经过合法性检验,判断该用户有无此项操作权限,来决定是否允许用户进行此项操作。因此,在自主存取控制中,用户对不同的数据对象拥有不同的权限,同一个数据对象对不同的用户的权限也不同。同时,拥有权限的用户可以自主地把其所拥有的权限转授给其他用户,所以自主存取控制相对灵活。

(2) 强制存取控制(Mandatory Access Control, MAC)

将用户和数据进行分类,每个数据库对象和用户都被分为多个安全类别或安全级别。对于任意一个对象,只有具有合法分类级别的用户才可以存取。这种授权状态一般情况下不能改变,这是强制存取控制与自主存取控制的实质区别,强制存取控制相对严格。

6.4.1 自主存取控制

自主存取控制是用户访问数据库的一种常用安全控制方式,它的安全控制机制是一种基于存取矩阵的模型。该模型由三个要素组成,即主体、客体和控制策略。主体(Subject)

是指一个提出请求或要求的实体,主体可以是 DBMS 所管理的实际用户或其他任何代表用户行为的进程、作业和程序。客体(Object)是接受其他实体访问的被动实体,受主体操纵,客体可以是文件、记录、视图等。控制策略是主体对客体的操作行为集和约束条件集。简单讲,控制策略是主体对客体的访问规则集,这个规则集直接定义了主体对客体的作用行为和客体对主体的条件约束。

在自主存取控制模型中,主体、客体和控制策略构成了一个矩阵。矩阵的列标识主体,矩阵的行标识客体,矩阵中的元素则是控制策略(如读、写、删除和修改等)。访问控制矩阵(Access Control Matrix,ACM)是通过矩阵形式表示访问控制规则和授权用户权限的方法。通过这个权限矩阵,可以获得指定主体对指定客体的操作权限,如表 6-2 所示。

表 6-2 访问控制矩阵

主体 / 客体	主体 1	主体 2	…	主体 *n*
客体 1	写	读	…	读/写
客体 2	写	读	…	读
…	…	…	…	…
客体 *m*	读	读/写	…	写

在自主存取控制模型中,主体按照访问控制矩阵中的权限要求访问客体,每个用户对每个数据对象都要给定某个级别的存取权限,例如读、写等。当用户申请以某种方式存取某个数据对象时,系统根据存取矩阵判断用户是否具备此项操作权限,决定是否许可用户执行该操作。在自主访问控制中,访问控制的实施由系统完成。

在自主存取控制模型中,访问控制矩阵的元素是可以改变的。对某个数据对象拥有授予权限的用户可以自主地把其拥有的合法权限授予给其他用户,这样,系统的授权矩阵就可能被直接或间接地修改。由于主体可以通过授权的形式自主地变更某些操作权限,因此有可能给数据库系统带来不安全因素。

在数据库系统中,定义存取权限称为授权(Authorization)。用户权限由两个要素组成:数据库对象和操作类型。定义一个用户的存取权限就是要定义这个用户可以在哪些数据库对象上进行哪些类型的操作。

关系数据库系统中存取控制的数据对象包括基本关系、视图等数据库对象,以及数据本身。有关操作的权限分为两类,一类是操作数据库对象的权限,包括创建、修改和删除数据库对象,例如创建模式、创建基本关系、创建视图等的权限;另一类是操作数据库数据的权限,例如 SELECT 权限、INSERT 权限、UPDATE 权限和 DELETE 权限等。

关系数据库中授权的数据对象粒度有数据库、表、属性列、行(记录)等,也就是说用户权限定义中数据对象的粒度可以大到整个数据库、一个关系,也可以小到某个属性、某些记录行。SQL2 能够提供关系或属性级别上的授权。授权的粒度越粗,需要授权的数据对象越少,进行授权及权限控制就越简单,但也降低了灵活性。反之,授权的粒度越细,授权子系统就越灵活。例如,有的系统数据对象可精细到属性级,而有的系统只能对关系授权。但授权粒度越细,系统定义与检查权限的开销也会相应地增大,影响数据库的性能。比较合理的办法是提供多级的授权粒度，根据应用的需要选择使用。

一般的授权定义是独立于数据值的，即用户能否对某类数据对象执行操作与数据的具体取值无关，完全由数据对象本身决定。如果授权依赖于数据对象的具体内容，这种授权就称为与数据值有关的授权。与数据值有关的授权可以使用存取谓词实现，即通过定义存取的条件，限制存取的记录，同时也可以使用系统变量限制存取的时间、存取使用的终端等。

1. 自主存取控制的实现

SQL 标准支持自主存取控制，大型数据库管理系统也都提供了自主存取控制功能。执行自主存取控制主要是通过 SQL 的 GRANT 语句和 REVOKE 语句实现的。在 4.6 节中已经介绍了 GRANT 和 REVOKE 语句的基本功能，有授予权的用户可以通过 GRANT 和 REVOKE 语句授予和回收用户的权限。在数据库系统中，数据库管理员(DBA)拥有最高的权限，不仅拥有对数据库所有对象的所有权限，还可以将权限授予其他用户。数据库对象的生成者，或称为对象的所有者(Owner)，可以拥有与此对象有关的所有权限。

下面用一个完整示例说明有关自主存取控制的实际应用。假定 DBA 创建了四个用户，分别是 Wang、Li、Zhao 和 Zhou，其中只允许 Wang 具有创建数据表和视图的权限，那么 DBA 可以通过 SQL 发出如下授权命令：

```
GRANT CREATE TABLE, CREATE VIEW
TO Wang
```

有了 DBA 的上述授权，用户 Wang 就具有了创建数据表和视图的权限。我们继续这个例子，假定 Wang 创建了三个数据表，学生表 STUDENT、选课表 SC 和课程表 COURSE，则用户 Wang 就是这三个基本关系的所有者(Owner)，Wang 拥有关系 STUDENT、SC 和 COURSE 的所有权限。

如果 Wang 要给用户 Li 授予在这三个关系上查询的权限，并且允许 Li 把此权限传播给其他用户。那么 Wang 可以执行如下语句：

```
GRANT SELECT
ON TABLE STUDENT, SC, COURSE
TO Li
WITH GRANT OPTION
```

这样，Li 拥有了在这三个关系上查询的权限，Li 还可以把它的这个权限传播给其他用户。例如，Li 可以通过执行如下语句把 STUDENT 上的查询权限授予用户 Zhao：

```
GRANT SELECT
ON TABLE STUDENT
TO Zhao
```

在这里，Zhao 不能把从 Li 这里获得的 STUDENT 上的查询权限授予其他用户，因为上面这个语句中没有 GRANT OPTION 选项。

接下来，Wang 要给账户 Zhou 授予可以在这三个关系上执行插入和删除操作的权限，但并不希望 Zhou 将这些权限再授予别人，Wang 可以执行如下语句：

```
GRANT INSERT, DELETE
```

```
ON TABLE STUDENT, SC, COURSE
TO Zhou
```

由于上述命令中没有 GRANT OPTION 选项，用户 Zhou 不能把这三个关系上的插入和删除权限传播给别的用户。

由以上示例可知，运用 SQL 的 GRANT 授权语句，用户可以将自己拥有的权限授予其他用户，使其他用户获得在数据对象上的存取权限。

现在，假定 Wang 决定从 Li 那里回收 STUDENT 上的查询权限，那么 Wang 可以执行如下语句：

```
REVOKE SELECT
ON TABLE STUDENT
FROM Li
```

这个语句仅仅是回收了 Li 在 STUDENT 上的查询权限，而 Zhao 仍然拥有从 Li 这里获得的 STUDENT 上的查询权限。如果 Wang 需要自动的从 Zhao 那里回收由用户 Li 传播出去的此项权限，可以执行语句：

```
REVOKE SELECT
ON TABLE STUDENT
FROM Li
CASCADE
```

在 REVOKE 语句中有两个选项，RESTRICT 和 CASCADE。如果某个将要被取消的权限是用 WITH GRANT OPTION 赋予某用户的，那么在 REVOKE 语句中使用 CASCADE，表示收回权限的时候必须级联(CASCADE)收回，即指定收回某用户的权限时，也将收回由该用户转授给任何其他用户的同样的权限。选项 RESTRICT 表示的含义是，如果指定的那个权限没有再被授予出去，才可以执行收回权限，这时，它取消被授予者的这个权限以及再授予的权力。如果被授予者已把指定的权限传授给了别的用户，系统返回错误信息并拒绝收回此权限。

这样 Wang 在回收 Li 的权限的同时，还可以自动收回被 Li 传播出去的该项权限，这就是权限的级联收回。至于在撤销权限的时候，是否采取级联收回，需要根据实际应用的具体要求来决定。

2. 数据库角色

对上面的示例，我们再来考虑这样一种情形，作为三个关系的所有者 Wang，希望用户 Li 和 Zhao 同时拥有三个关系的查询权限，那么 Wang 可以分别执行授予权限的语句。另一种方法是，定义一个角色，让这个角色拥有三个关系的查询权限，再把该角色分配给需要授予此项权限的所有用户。

在用户数量比较大的情况下，为了便于权限管理，需要引入角色的概念。数据库角色(Role)是被命名的一组与数据库操作相关的权限，角色是权限的集合。因此，可以为一组具有相同权限的用户创建一个角色，使用角色来管理数据库权限，可以简化授权的过程。用户和角色存在多对多的联系，一个用户可以拥有多个角色，一个角色也可以授予多个用户。具体来讲，可以把使用数据库的权限授予角色，再把角色授予用户，这样用户就拥有了这个角色具有的权限。

在 SQL 中首先用 CREATE ROLE 语句创建角色，然后用 GRANT 为角色授权，其一般的语句格式如下：

(1) 角色的创建

```
CREATE  ROLE  <角色名>
```

(2) 给角色授权

```
GRANT <权限>[,<权限>]...
ON <对象类型>对象名
TO <角色>[,<角色>]...
```

(3) 将一个角色授予其他的角色或用户

```
GRANT <角色 1>[,<角色 2>]...
TO <角色 3>[,<用户 1>]...
[WITH GRANT OPTION]
```

WITH GRANT OPTION 表示获得某种权限的角色或用户还可以把这种权限授予其他的角色。这个语句可以将一个角色授予另一个角色，而后一个角色也拥有前一个角色的权限，这样，角色之间就形成一个角色链。

(4) 角色权限的收回

```
REVOKE <权限>[,<权限>]...
ON <对象类型> <对象名>
FROM <角色>[,<角色>]...
```

【例 6-1】 用户 Wang 通过角色实现将一组权限授予用户 Li 和 Zhao。

首先，Wang 创建一个角色 R1：

```
CREATE ROLE R1;
```

Wang 授予角色 R1 拥有上面三个关系的查询权限：

```
GRANT SELECT
ON TABLE STUDENT, SC, COURSE
TO R1
```

Wang 将角色 R1 授予用户 Li 和 Zhao，使他们具有角色 R1 所包含的全部权限：

```
GRANT R1
TO Li, Zhao
```

3. 权限的传播

SQL 提供了非常灵活的授权机制，DBA 拥有对数据中所有对象的所有权限，可以根据实际情况将不同的权限授予不同的用户。对象的所有者(Owner)拥有该对象的全部操作权限，并可以授权这些权限给其他用户。在授权的时候如果带有 GRANT OPTION 选项，则被授权的用户还可以把获得的权限再授予其他用户。所有授予出去的权限都可以用REVOKE语句收回。这样的存取控制就是自主存取控制。

在GRANT语句中,如果指定了WITH GRANT OPTION子句,则获得某种权限的用户还可以把这种权限再授予其他用户。如果没有指定WITH GRANT OPTION子句,则获得权限的用户只能使用该权限而不能传播该权限。例如,关系R的拥有者A把R上的一个权限授予另一个用户B的时候,可以给B授予带有GRANT OPTION选项和不带有GRANT OPTION选项的特权。假设A授予B的权限带有GRANT OPTION选项,那么B就可以把R上的权限以同样带有GRANT OPTION选项的方式授予第三个用户C。在这种情况下,关系R上的权限就可能在所有者不知道的情况下被传播给其他用户。如果R的拥有者A撤销了授予B的权限,那么,系统将自动撤销B传播出去的所有权限。

一个用户有可能从两个甚至多个来源获得某种权限。例如,C可能会从B和D处获得关于关系R的SELECT权限。在这种情况下,如果B从C处回收了该权限,那么C仍能拥有从D处获得的这个权限。因此,允许权限传播的数据库管理系统需要记录所有的权限是如何被授予的,以便能够正确地撤销所有相关权限。

在数据对象上授予和回收权限的自主存取控制技术比较灵活、易用,适用于许多不同的领域,已经发展成为关系数据库系统的主要安全性机制。但是,这种控制机制的缺点也是十分明显的,它不能提供一个确实可靠的保证来满足用户对于数据库的保护要求。由于存取权限是"自主"的,权限可以传播,接受授权的用户就可以"非法"传播数据,因此可能存在数据的"无意泄露"。例如,用户A、用户B和用户C都是系统授权的合法用户,用户A对数据D1拥有读取的权限;用户B是数据D2的所有者,并且除了用户B之外,只有用户C对D2有访问权限。那么,用户C可以自主地把数据D2的读取权限转授用户A而不需经过用户B的允许。这样,在用户B不知情的情况下,用户A就拥有了对数据D2的读取权限,这将给系统安全带来隐患。出现问题的原因就在于自主存取机制仅仅通过对数据的存取权限来进行安全控制,而数据本身并无安全性标记。

6.4.2 强制存取控制

在关系上授予和回收权限的自主存取控制技术已经发展成为关系数据库系统的主要安全性机制。当前,大多数商业DBMS都只提供自主存取控制,但是在政府、军事和很多企业应用中都存在对多级安全性管理的要求,即还需要另外一种安全性高的策略,这种策略需要在安全级别的基础上对数据或用户进行分类,这种方法称为强制存取控制(Mandatory Access Control, MAC)。强制存取控制是为保证系统具有更高程度的安全性而采取的强制存取检查手段,它不是用户能直接感知和进行控制的。

在强制存取控制中,DBMS管理的全部实体被分为主体和客体两大类。主体是系统中的活动实体,包括实际用户、账户以及客户端进程等。客体是系统中的被动实体,是受主体操作的对象,包括数据表、记录、列、视图等。在强制存取控制下,数据库系统给所有主体和客体分配了不同级别的安全属性,形成完整的系统授权状态。而且,该授权状态一般情况下不能被改变,这是强制存取控制与自主存取控制的实质不同。一般用户或程序不能修改系统安全授权状态,只有特定的系统权限管理员才能根据系统实际的需求有效地修改系统的授权状态,以确保数据库系统的安全性能。

强制存取控制策略需要在安全级别基础上对数据或用户进行分类,通过对主体和客体的已分配的安全属性进行匹配判断,决定主体是否有权对客体进行进一步的访问操作。在强制存取控制中,主体和客体被标记成不同的安全分类级别。安全分类级别可以分为若干级别,典型的级别是:绝密-TS(Top Secret)、机密-S(Secret)、可信-C(Confidential)和公开(Public)。主体的安全分类级别称为许可证级别(Clearance Level),客体的安全分类级别称为密级(Classification Level)。

强制存取控制机制通过对比主体的安全级别和客体的安全级别,最终确定主体能否存取客体。当某一主体以某种安全级别进入系统时,系统要求他对任何客体的存取必须遵循如下规则:

(1) 仅当主体的许可证级别大于或等于客体的密级时,该主体才能读取相应的客体;

(2) 仅当主体的许可证级别等于客体的密级时,该主体才能写相应的客体。

规则(1)的限定条件很直观:许可证级别低的主体不能读取安全级别比他高的客体。规则(2)禁止主体写安全分类级别比他的许可证级别低的客体。如果违反这个规则,那么就将允许信息从较高的安全级别流向较低的安全级别,这就违反了多级安全性的基本原则。在某些系统中,规则(2)规定:仅当主体的许可证级别小于或等于客体的密级时,该主体才能写相应的客体,即用户可以为写入的数据对象赋予高于自己的许可证级别的密级。这两条规则的共同点在于它们禁止了拥有高许可证级别的主体更新低密级的数据对象,从而防止敏感数据的泄漏。

强制存取控制(MAC)是对数据本身进行密级标记,无论数据如何复制和更新,密级与数据是不可分的,只有符合密级标记要求的用户才可以操作该数据,从而提供了更高级别的安全性。强制存取控制机制可能给用户使用自己的数据时带来诸多的不便,其原因是这些限制过于严格。但是,对于安全要求级别高的系统而言,强制存取控制是必要的,采用这种机制可以避免和防止大多数对数据库有意无意的侵害。

较高安全性级别提供的安全保护要包含较低级别的所有保护,因此在实现强制存取控制时,要首先实现自主存取控制,由 DAC 和 MAC 共同构成 DBMS 的安全机制。系统首先进行 DAC 检查,对通过 DAC 检查的允许存取的数据对象再由系统自动进行 MAC 检查,只有通过 MAC 检查的数据对象才可以被存取。

6.5 视图机制

视图机制也是一种重要的自主授权机制。在 4.5 节里,我们介绍了视图的定义和在视图上的操作,在关系数据库系统中,可以为不同的用户定义不同的视图,视图是数据库系统提供给用户以多角度观察数据库中数据的重要机制。视图是从一个或多个表(或视图)中导出的表,数据库中只存放视图的定义,而不存放实际的数据。从某种意义上讲,视图就像一个窗口，可以把用户能看到的数据限制在一定范围内。通过视图，用户可以访问某些数据，进行查询和修改，但是数据表或数据库的其余部分是不可见的，不能进行访问。通过视图机制可以把数据对无权存取的用户隐藏起来，从而自动的对数据提供一定程度的安全保护。具体来讲，使用视图可以实现下列功能：

(1) 将用户限定在数据表中特定的数据行上。例如，只允许员工查看与自己有关的业务记录。

(2) 将用户限定在数据表中特定的数据列上。例如，只允许员工查看其他人员的公共信息，包括部门、办公电话等，不允许查看任何包含个人信息的列，例如工资等。

(3) 将多个表中的列连接起来，使它们看起来像一个数据表。

(4) 聚合信息而非提供详细信息。

当然，视图机制主要的功能在于提供数据独立性，其安全保护功能并不很精细。因此，在实际应用中通常是视图机制与授权机制配合使用，首先用视图机制屏蔽掉一部分保密数据，然后在视图上面再进一步定义存取权限。视图机制间接地实现了支持存取谓词的用户权限定义。例如，如果关系 R 的拥有者 A 想让另一用户 B 只能查询 R 上的某些字段，那么 A 就可以为 R 创建一个视图 ViewR，视图中只包括那些允许 B 查询的属性，然后把视图 ViewR 上的 SELECT 权限授予 B。通过定义不同的视图及有选择地授予视图上的权限，可以将用户、组或角色限制在不同的数据子集内。

下面我们继续考察 6.4.1 小节中的示例。在学生-选课数据库中，用户 Li 只能获得 SC 数据表上有限的查询权限，不允许 Li 对选课表 SC 进行直接访问，查询只能局限于 06 级学生的相关记录。因此，Wang 可以创建一个只包含 06 级学生的相关记录的视图，通过对该视图的访问可以获得 06 级学生的相关记录，此视图可以用 SQL 定义如下：

```
CREATE VIEW Li_SC06
    AS SELECT Cno, Graade
        FROM SC
        WHERE Sno LIKE '2006%'
```

Wang 创建的视图只定义了需要授权的数据，具体的授权还需要通过 GRANT 语句实现，Wang 可以将上述视图的查询权限授予 Li，如下所示：

```
GRANT SELECT
ON VIEW Li_SC06
TO Li
WITH GRANT OPTION
```

用户 Li 可通过如下的 SQL 查询，看到被允许查看的数据。

```
SELECT * FROM Li_SC06
```

从这个例子可以看出，即使该用户无权看到表中的全部数据，仍可以从中查看自己权限范围内的相关数据。通过视图进行权限管理，可以很容易实现行级或列级的访问控制机制。

6.6 数据加密

对于高度敏感性的数据，如银行业务数据、军事数据、国家机密等，还可以采用数据加密技术，以加密形式存储和传输数据，可以防止通过不正常的渠道获取数据。一旦数据被加密，即使有非法访问数据或者在通信线路上窃取数据的行为，也只能看到一些无法辨识的字符。

数据加密是防止数据库中数据在存储和传输中失密的有效手段。数据加密可以用于保护通过某类通信网络传输的敏感数据，也可以用于为数据库的敏感部分提供附加的保护措施。加密的基本思想是根据一定的算法将原始数据(明文)变换为不可直接识别的格式(密文)。加密算法可以公开，而密钥则是不公开的。未授权的用户即使获得加密后的数据，也很难获得真正的数据，授权用户则可以通过拥有的密钥对数据进行解密。

加密的方法主要有两种，替换方法和置换方法。替换方法是将明文中的每一个字符转换为另一字符，所有替代的字符形成密文。置换方法是将明文中的字符按照不同的顺序重新排列，成为密文输出。仅仅选用其中一种方法来为数据加密还是不够安全，通常采取的加密技术一般是将这两种方法结合起来使用，通过提高加密算法的强度，对信息反复地执行替代和置换操作，能够提供较高的安全保护。

目前有些数据库产品提供了数据加密的例行程序，可以根据用户要求对数据进行加密处理。也有些数据库产品虽然本身没有提供加密程序，但是可以提供接口，允许用户用外部加密程序对数据进行加密。由于数据加密和解密都是比较费时的操作，会占用系统大量资源，降低数据库性能。因此，数据加密功能作为可选选项，只有对那些高度敏感的数据，可以考虑采用加密方法避免数据泄漏和破坏。

与传统的数据加密技术相比，数据库的加密技术有其自身的特点：

(1) 数据加密后的存储空间应该不能有明显的改变。一般来讲，数据库的结构一旦确定，其属性的数据类型、数据长度不能随意改变。因此，为了加密后的数据仍能有效地存放在原来的数据库中，要严格限制加密后的密文数据的长度和类型。

(2) 对加密和解密的时间要求更高，加密和解密的速度会影响数据库的可用性。数据库中的数据要支持多用户共享访问，因此，加密机制要尽量减少对数据库基本操作的影响，加密后的数据库对数据的查询、修改和更新要灵活简便。一般，数据库中采用的加密机制不对索引字段和表的主外键进行加密。

(3) 加密机制应当考虑用户在存取数据粒度上的不同要求，对数据库中的数据进行不同粒度上的加密处理，并且结合灵活的授权机制，有利于多用户对数据的共享。

6.7　数据库审计

用户标识与鉴别、存取控制、视图等安全性措施是实现安全策略的一个方面，属于强制性机制，可以将用户操作限制在规定的安全范围内，但实际上任何系统的安全措施都不是绝对可靠的。为了使 DBMS 达到一定的安全级别，在数据库安全中除了采取有效手段进行权限管理和控制之外，还需要其他方面的技术支持。数据库审计可以作为预防手段，随时记录数据库的访问情况，作出分析以供参考，同时在发生非法访问后提供初始记录以便进一步处理，这就是数据库审计。按照 TDI/TCSEC 标准中安全策略的要求，"审计"功能就是 DBMS 达到 C2 以上安全级别必不可少的一项指标。提供审计功能的目的就是把任何人对数据库所做的任何操作记录在审计文件中，DBA 通过阅读审计文件，可以发现非法访问数据库的人、时间、地点以及所有访问数据库的对象和所执行的动作。

审计是在数据库系统运行期间进行的。DBMS 需要记录在数据库上实施的所有操作，即从用户登录进入数据库开始，直到注销为止全部数据库交互操作序列都要被记录下来，存放在特殊的文件中，即审计日志中。记录的内容一般包括操作类型、操作者标识、操作终端、时间、操作所涉及的相关数据等。一旦数据库被篡改，DBA 可以利用审计跟踪的信息，重现导致数据库现有状况的事件，可以发现这个篡改是由哪个用户发出的，找出非法存取数据的人、时间和内容等。

审计一般可以分为用户审计和系统审计。用户审计是任何用户可设置的审计，主要是用户针对自己创建的数据库表或视图进行审计，记录所有用户对这些表或视图的所有操作。系统审计只能由 DBA 设置，主要监测成功或失败的登录要求以及所有数据库级权限下的操作。

数据库审计功能一般主要用于安全性要求较高的部门。审计通常是很费时间和空间的，所以 DBMS 往往都将其作为可选特征，允许 DBA 根据应用对安全性的要求，灵活地打开或关闭审计功能。如果怀疑数据库被篡改，那么可以开始执行数据库审计，审计将扫描某一段时间内的日志，以检查所有作用与数据库的存取动作和操作。当发现非法的或未授权的操作时，DBA 可以确定执行的用户。

6.8 统计数据库的安全性

统计数据库主要用于产生各类统计数据。通常，统计数据库允许用户检索各种统计信息，例如平均值、汇总值、计数值、最大值、最小值等，但是不允许查询单个记录信息，即统计数据库中包含的个人信息应该在存取过程中得到保护。通过汇总统计信息的查询可以推断出与个人有关的特点信息，这样的查询也必须禁止。统计数据库的安全性技术必须有能力禁止对个人数据的获取，可以采取的手段是禁止检索属性值的查询和只允许使用统计性聚集函数进行查询，如 COUNT、SUM、MIN、MAX 和 AVERAGE 等，这样的方法可以对个人数据的获取进行一定程度的控制，这样的查询就被称为统计查询。

统计数据库中存在着特殊的安全性问题，有些情况下，用户可能通过处理足够多的汇总信息来分析、推断出单个记录的信息。尤其在数据记录不多时，这种情况就很可能会发生。下面我们来看这样两个查询：

公司中 30 岁以下并且具有博士学位的人有多少？

公司中 30 岁以下并且具有博士学位的人的工资总额是多少？

如果，第一个查询的结果只有一条记录，那么通过第二个统计查询就可以得到这个人的个人工资信息。即使第一个查询得到的结果不是一条记录，但只要查询结果数目比较少，也可以通过使用 MAX、MIN 和 AVERAGE 等函数推导出某人收入情况的一个可能的范围值。

对于这种情况，可以规定当某个选择条件所指定的查询结果集的数目低于某一阈值的时候，就不允许执行这个统计查询。这样的规定可以降低从统计查询中推导出个体信息的可能性。

还有一种方法可以禁止检索个人信息，就是禁止对相同的人群重复地执行查询序列。我们再来看一个例子，同样有两个查询：

用户 A 和其他 N 个程序员的工资总额是多少？

用户 B 和其他 N 个程序员的工资总额是多少？

用户 A 只要知道自己的工资，就可以推导出用户 B 的工资。产生这个问题的原因就是两个查询包含了许多相同的信息。对于这种情况，可以规定任意两个查询的相交数据项不能超过 M 个。

如果破坏者只知道自己的数据，那么可以证明，用户 A 至少要花 $1+(N-2)/M$ 次查询才有可能获得其他个别记录数据。因而，系统应限制用户查询的次数在 $1+(N-2)/M$ 次以内。

另外，还有其他一些方法用于解决统计数据库的安全问题，例如“数据污染”，也就是回答查询的时候，提供一些偏离正确值的数据，有意地在统计查询的结果中引入一些误差或“噪音”，这样就可以使从统计查询的结果中推导出个体信息变得困难，避免数据泄漏。当然，这个偏离要在不破坏统计数据的前提下进行。但是无论采用什么安全性机制，都仍然会存在绕过这些机制的途径。安全机制设计的目标就是使得那些试图破坏安全的人所花费的代价远远超过他们所得到的利益。

6.9 SQL Server 的安全控制

本节主要讲述 SQL SERVER 中对安全性的管理问题。

6.9.1 SQL Server 的安全体系结构

SQL Server 的安全体系结构可以分为四个等级：

1. 操作系统的安全认证

在客户端通过网络实现对 SQL Server 服务器的访问，或者 SQL Server 服务器就运行在本地计算机上，用户首先要获得客户机操作系统的使用权。当然，在能够实现网络互联的前提下，SQL Server 可以直接访问网络端口，实现数据库的访问。操作系统安全性是操作系统管理员的任务。

2. SQL Server 的登录安全认证

用户在 SQL Server 上获得对任何数据库的访问权限之前，必须先登录到 SQL Server 上，并确定其合法身份。如果验证通过，用户就可以连接到 SQL Server 上，否则 SQL Server 拒绝用户登录。SQL Server 的登录安全认证是通过登录账户来标识用户，检验用户是否具有连接到 SQL Server 服务器的资格，决定用户能否获得 SQL Server 的访问权。

3. 使用数据库的安全认证

在用户通过 SQL Server 的登录安全认证之后，用户访问数据库时，它必须具有对具体数据库的访问权，即验证用户是否是数据库的合法用户。

4. 使用数据库对象的安全认证。

使用数据库对象的安全认证是检查用户权限的最后一个阶段。当用户操作数据库中的数据或对象时，系统判断该用户是否具有相应的操作权限。

SQL Server 安全性是建立在验证和访问许可的机制上。如果一个用户访问 SQL Server 数据库中的数据，需要经过三步：第一步是登录验证，发生在用户连接数据库服务器时，决定用户是否有连接到数据库服务器的资格；第二步是用户验证，发生在用户访问数据库时，决定用户是否为数据库的合法用户，验证用户对数据库的访问权；第三步是许可确认阶段，即进行权限验证，发生在用户操作数据库对象时，决定用户是否有对象操作许可，验证用户操作权。

6.9.2　登录管理

1. SQL Server 的验证模式

SQL Server 的用户可分为两类：一类是 Windows 授权用户，来自于 Windows 的用户或组；另一类是 SQL Server 授权用户。SQL Server 为这两类用户提供了以下两种登录验证模式。

(1) Windows 身份验证模式(Windows 合法用户)

Windows 操作系统对用户有自己的身份验证方式，登录者必须提供自己的用户名和密码才可以访问系统。在 Windows 身份验证模式下，登录者只要通过 Windows 的验证，就可以连接到 SQL Server 上。

具体方法是，当有用户使用 Windows 身份验证方式连接到 SQL Server 时，SQL Server

从连接属性中得到用户的账户信息，并依据通过 Windows 获得的用户信息验证登录的合法性，以判断是否是 SQL Server 的合法用户。当使用 Windows 身份验证模式时，用户必须首先登录到 Windows，然后再登录到 SQL Server。

这种安全模式能够与 Windows 操作系统的安全系统集成在一起，进而提供更多的安全功能，如安全合法性、口令加密、对密码最小长度进行限制等。

(2) 混合验证模式（Windows 合法用户或 SQL Server 合法用户）

在混合验证模式下，Windows 验证和 SQL Server 验证两种验证模式都是可用的。SQL Server 验证模式下，登录者在连接 SQL Server 时，必须提供 SQL Server 登录账户和密码。账户和密码事先由数据库管理员创建，登录信息存放在系统表 syslogins 中。如果提交的登录账户和密码不存在或不正确，系统拒绝该登录者的连接。

2. 对 SQL Server 登录进行管理

SQL Server 的企业管理器可以对 SQL Server 登录进行管理，选择身份验证模式以及设定登录成功后的当前数据库及默认的数据库语言等。

使用 Transact_SQL 可以对身份验证进行更复杂、更快捷的设置和管理。SQL Server 提供了一系列系统存储过程管理 SQL Server 登录功能，主要包括 sp_grantlogin、sp_revokelogin、sp_denylogin、sp_addlogin、sp_droplogin 和 sp_helplogins 等。

(1) 创建登录

sp_grantlogin 使用 Windows 身份验证授予 Microsoft Windows 网络账户（组账户或用户账户）作为连接到 SQL Server 的 SQL Server 登录。sp_addlogin 则使用 SQL Server 身份验证为 SQL Server 连接定义登录账户。

sp_addlogin 语法如下：

```
sp_addlogin [ @loginame=] 'login'
     [, [ @passwd=] 'password' ]
     [, [ @defdb=] 'database' ]
     [, [ @deflanguage=] 'language' ]
     [, [ @sid=] sid ]
     [, [ @encryptopt=] 'encryption_option' ]
```

其中：login 为登录名称；password 为登录密码，其中登录名称和密码不能省略；database 为默认数据库，默认为 master；language 为登录语言，默认为 SQL Server 设置语言；sid 为安全标识符，一般省略，由 SQL Server 自动生成；encryption 为密码加密选项。

【例 6-2】 为用户 Albert 创建一个 SQL Server 登录，并指定密码 food 以及名为 corporate 的默认数据库。

```
EXEC sp_addlogin 'Albert', 'food', 'corporate'
```

(2) 删除登录

sp_droplogin 用于删除 SQL Server 登录，以阻止使用该登录名访问 SQL Server。语法如下：

```
sp_droplogin [ @loginame=] 'login'
```

【例 6-3】 从 SQL Server 中删除登录 Albert。

```
EXEC sp_droplogin 'Albert'
```

（3）sp_denylogin 阻止 Windows 用户或组连接到 SQL Server。

（4）sp_revokelogin 从 SQL Server 中删除用 sp_grantlogin 或 sp_denylogin 创建的 Windows 用户或组的登录项。

（5）sp_helplogins 用来显示 SQL Server 所有登录者的信息，包括每一个数据库里与该登录者相对应的用户名称。

以上这些系统存储过程只有属于 sysadmin 和 securityadmin 的服务器角色的成员才可以执行。有关存储过程的详细内容请参阅 12.3 节。

6.9.3 数据库用户管理

在 SQL Server 中，账户有两类，一类是登录账户（login name）；另一类是使用数据库的用户（user name）。用户与登录账户是两个不同的概念。登录账户的一次合法的登录只表明他通过了 Windows 的验证或 SQL Server 的验证，但不表明他可以对数据库数据进行某种操作，他只能连接到 SQL Server 上，并不能访问任何数据库数据。SQL Server 可以管理多个数据库，不同数据库可以有不同的用户。如果想进一步访问 SQL Server 中的数据库数据，一个登录必须与一个或多个数据库的用户相关联，然后才能访问数据库。

每个用户首先通过登录建立自己与 SQL Server 的连接，即通过 SQL Server 的登录身份验证，以获得对 SQL Server 实例的访问权限。然后，该登录必须与 SQL Server 中的数据库用户建立映射关系，才能访问具体数据库。如果没有建立与数据库用户的映射关系，即使使用者能够连接到 SQL Server 实例，也无法访问该数据库。登录账户必须与每一个需要访问的数据库中的用户账户建立映射关系，每个登录账户在一个数据库中只能有一个用户账户，一个登录账户可以映射为多个数据库中的用户。这种映射关系为同一个 SQL Server 中多个数据库的不同权限管理带来了很大方便。管理数据库用户的过程，实际上就是建立登录与数据库用户之间的映射关系的过程。如果在新建登录过程中，指定对某个数据库具有存取权限，则在这个数据库中将自动创建一个同名的用户。

在 SQL Server 中，可以利用下列系统存储过程管理数据库用户，主要包括 sp_adduser、sp_grantdbaccess、sp_dropuser、sp_revokedbaccess 和 sp_helpuser 等。

1. 创建数据库用户

sp_grantdbaccess 为 SQL Server 登录或 Windows 用户或组在当前数据库中添加一个安全账户，并使其能够被授予在数据库中执行活动的权限。语法如下：

```
sp_grantdbaccess [@loginame=] 'login'
    [,[@name_in_db=] 'name_in_db' [OUTPUT]]
```

【例 6-4】 在当前数据库中为 Windows NT 用户 Corporate\GeorgeW 添加账户，并取名为 Georgie。

```
EXEC sp_grantdbaccess 'Corporate\GeorgeW', 'Georgie'
```

sp_adduser 为当前数据库中的新用户添加安全账户，这个过程是为了向后兼容，建议使用 sp_grantdbaccess。语法如下：

```
sp_adduser [@loginame=] 'login'
    [, [@name_in_db=] 'user' ]
    [, [@grpname=] 'group' ]
```

其中：login 为用户所属的登录，不能省略；user 为指定的用户名；如果默认，与登录同名；group 为指定用户所属的数据库角色；默认为 public 数据库角色。

2. 删除数据库用户

sp_revokedbaccess 从当前数据库中删除安全账户。语法如下：

```
sp_revokedbaccess [@name_in_db=] 'name'
```

【例 6-5】 下例从当前数据库中删除账户 Corporate\GeorgeW。

```
EXEC sp_revokedbaccess 'Corporate\GeorgeW'
```

3. 查看数据库用户

sp_helpuser 用来显示当前数据库的指定用户信息。语法如下：

```
sp_helpuser [ [@name_in_db=] 'security_account' ]
```

【例 6-6】 列出所有用户和列出用户 dbo 的信息的语句如下：

列出当前数据库中所有的用户：

```
EXEC sp_helpuser
```

列出用户 dbo 的信息：

```
EXEC sp_helpuser 'dbo'
```

在安装 SQL Server 后，默认数据库中自动创建两个用户：dbo 和 guest。dbo 是数据库的拥有者用户，隶属于 sa 登录，拥有 public 和 db_owner 数据库角色，具有该数据库的所有特权。guest 是客户访问用户，没有隶属的登录，拥有 public 数据库角色，除了 master 和 tempdb 两个数据库的 guest 用户不能删除外，其他数据库的 guest 用户可以删除。任何一个登录都可以通过 guest 用户来存取相应的数据库，但是，默认情况下，新建立的数据库只有一个 dbo 用户。

6.9.4 权限管理

访问控制机制确保用户按照用户权限访问数据库，是数据库安全的重要保障。当用户成为数据库中的合法用户之后，除了可以查询部分系统表之外，并不具有操作数据库中数据的任何权限。用户若要进行任何涉及更改数据库定义或访问数据的活动，则必须有相应的权限，因此，需要给数据库中的用户授予操作数据库对象的权限，根据授予的权限可以决定用户能够对哪些数据库对象执行哪种操作，以及能够访问、修改哪些数据。

SQL Server 使用权限许可实现存储控制。在 SQL Server 中,权限分为三种。

1. 对象权限

在处理数据或执行过程时需要使用对象权限,对象权限主要针对数据库中的表、视图和存储过程,决定对这些对象能执行哪些操作,如数据查询、增加、删除和修改数据的权限,相当于数据操作语言(DML)的语句权限。如果用户想要对某一对象进行操作,其必须具有相应的操作权限,例如,当用户要成功修改表中数据时,前提条件是他已经被授予表的 UPDATE 权限。

2. 语句权限

语句权限主要指用户是否具有权限来执行某条语句。创建数据库或数据库中的数据对象时需要语句权限,这种权限限制是否能创建数据库或数据库对象有关操作。相当于数据定义语言(DDL)的语句权限。例如,如果用户需要在数据库中创建表,则应该向该用户授予 CREATE TABLE 语句权限。

3. 隐含权限(系统权限)

隐含权限控制那些只能由 SQL Server 预定义的系统角色的成员或数据库对象所有者执行的活动。隐含权限相当于内置权限,不需要再明确地授予这些权限。例如,sysadmin 固定服务器角色成员自动继承在 SQL Server 安装中进行操作或查看的全部权限。数据库对象所有者可以对所拥有的对象执行一切活动,包括:拥有表的用户可以查看、添加或删除数据,更改表定义,以及控制允许其他用户对表进行操作的权限。

在这三种权限中,隐含权限是由系统预先定义好的,这类权限不需要、也不能进行设置。只有对象权限和语句权限可以进行权限设置。

在 SQL Server 中,使用 GRANT、REVOKE 和 DENY 三个命令来管理语句权限,也就是授予权限、收回权限和拒绝访问。其中,使用 GRANT 语句把权限授予某一用户以允许该用户执行针对该对象的操作;使用 REVOKE 语句取消用户对某一对象或语句的权限,这些权限是经过 GRANT 语句授予的,不允许该用户执行针对数据库对象的某些操作;使用 Deny 语句是拒绝权限,用来禁止用户对某一对象或语句的权限,明确禁止其对某一用户对象执行某些操作。

【例 6-7】 给用户 Mary 和 John 以及 Windows NT 组 Corporate\BobJ 授予多个语句权限。语句如下:

```
GRANT CREATE DATABASE, CREATE TABLE
TO Mary, John, [Corporate\BobJ]
```

【例 6-8】 首先,给 public 角色授予 SELECT 权限。然后,将特定的权限授予用户 Mary、John 和 Tom。于是这些用户就有了对 authors 表的所有操作权限。语句如下:

```
GRANT SELECT ON authors TO public
GO
GRANT INSERT, UPDATE, DELETE ON authors TO Mary, John, Tom
GO
```

下例对多个用户拒绝多个语句权限。

【例 6-9】 用户 Mary、John 和 Corporate\BobJ 不能使用 CREATE DATABASE 和 CREATE TABLE 语句，除非给它们显式授予权限。语句如下：

```
DENY CREATE DATABASE, CREATE TABLE
TO Mary, John, [Corporate\BobJ]
```

【例 6-10】 首先，给 public 角色授予 SELECT 权限。然后，拒绝用户 Mary、John 和 Tom 的特定权限。这样，这些用户就没有对 authors 表的任何权限。语句如下：

```
GRANT SELECT ON authors TO public
GO
DENY SELECT, INSERT, UPDATE, DELETE ON authors TO Mary, John, Tom
```

【例 6-11】 废除已授予用户 Joe 和 Corporate\BobJ 的 CREATE TABLE 权限。语句如下：

```
REVOKE CREATE TABLE
FROM Joe, [Corporate\BobJ]
```

它删除了允许 Joe 与 Corporate\BobJ 创建表的权限。与 DENY 语句不同，如果已将 CREATE TABLE 权限授予给了包含 Joe 和 Corporate\BobJ 成员的任何角色，那么 Joe 和 Corporate\BobJ 仍可创建表。

【例 6-12】 废除授予多个用户的多个语句权限。语句如下：

```
REVOKE CREATE TABLE, CREATE DEFAULT
FROM Mary, John
```

6.9.5 角色管理

在 6.2.2 小节已经介绍了数据库角色的相关内容，为便于管理用户及权限，可以将一组具有相同权限的用户组织在一起，具有相同权限的用户就称为角色。在实际应用中，可以建立一个角色来代表一类人员所执行的工作，这样只对角色进行权限设置便可实现对所有用户权限的设置，而不必对每个用户都重复地授予、拒绝和废除权限。在用户成为角色成员时，用户自动拥有了角色的所有权限。在 SQL Server 中，数据库角色是对某个数据库具有相同访问权限的用户账户和组的集合。数据库角色应用于单个数据库。对于一个角色授予、拒绝或废除的权限适用于该角色的任何成员。

在 SQL Server 中主要有两种角色：服务器角色和数据库角色。

1. 服务器角色

根据 SQL Server 的管理任务以及这些任务的重要性等级，SQL Server 把具有管理职能的用户划分成不同的用户组，每一组所具有管理 SQL Server 的权限已被预先定义，这类角色称为服务器角色。例如，具有 sysadmin 角色的用户在 SQL Server 中可以执行任何管理性的工作。服务器角色适用于服务器范围，并且其权限是不能被修改的，这一点与数据库角色不同。

SQL Server 有以下几种预定义的服务器角色，可以在这些角色中添加用户以获得相关的管理权限。各个角色的具体含义如表 6-3 所示。

表 6-3　SQL Server 的服务器角色

角　色	权　限
sysadmin	在 SQL Server 中进行任何活动
serveradmin	配置服务器范围的设置
setupadmin	添加和删除链接服务器
securityadmin	管理服务器登录
processadmin	管理在 SQL Server 实例中运行的进程
dbcreator	创建和改变数据库
diskadmin	管理磁盘文件
bulkadmin	执行 BULK INSERT 语句

在 SQL Server 中管理服务器角色的存储过程包括 sp_addsrvrolemember 和 sp_dropsrvrolemember。

2. 数据库角色

如果需要将数据库的某些权限授予多个登录用户，可以在数据库中添加数据库角色，或使用已经存在的数据库角色，并把这些具有相同数据库权限的登录用户划为同一数据库角色，而且还可以使一个用户具有属于同一数据库的多个角色。

SQL Server 提供了两种数据库角色：预定义的数据库角色和用户自定义的数据库角色。

(1) 预定义(固定)的数据库角色

预定义的数据库角色所具有的管理访问数据库权限已被 SQL Server 定义，并且 SQL Server 管理者不能对其所具有的权限进行任何修改。

SQL Server 中的每一个数据库中都有一组预定义的数据库角色，在数据库中使用预定义的数据库角色可以将不同级别的数据库管理工作分给不同的角色，易于实现工作权限的设置和传递。例如，使某一用户具有创建和删除数据库对象、表、视图、存储过程的权限，那么只要把他设置为 db_ddladmin 数据库角色即可。表 6-4 列出了一些固定数据库角色及作用。

表 6-4　预定义的数据库角色

角　色	权　限
public	维护所有默认权限
db_owner	执行所有数据库角色活动
db_accessadmin	添加和删除数据库用户，组及角色

续表

角　色	权　限
db_ddladmin	添加、更改或删除数据库对象
db_security admin	分配语句执行和对象权限
db_backupoperator	备份数据库
db_datareader	读取任何表中的数据
db_datawriter	添加、更改或删除所有表中的数据
db_denydatareader	不能读取任何表中的数据
db_denydatawriter	不能更改任何表中的数据

(2) 用户自定义的数据库角色

当预定义的数据库角色不能满足实际需求时，可以定义新的数据库角色，从而使这些用户能够在数据库中实现某一特定功能。用户自定义数据库角色的主要好处是可以在同一数据库中定义多个不同的自定义角色，这种角色的组合是自由的，并且角色之间可以嵌套，从而在数据库中实现较复杂的、不同级别的安全性。

用户定义的数据库角色有两种类型：标准角色和应用角色。

标准角色类似于用户组，它通过对用户权限等级的认定而将用户划分为不同的用户组，使用户总是相对于一个或多个角色，从而实现管理的安全性。所有的预定义的数据库角色或 SQL Server 管理者自定义的某一角色(该角色具有管理数据库对象或数据库的某些权限)都是标准角色。

应用程序角色是一种比较特殊的角色类型，只能让某些用户通过特定的应用程序间接地存取数据库中的数据，如通过 SQL Server Query Analyzer 或 Microsoft Excel 而不是直接存取数据库数据。当某登录用户使用应用角色时，表明它已放弃自己拥有的专有权限，而只能拥有应用角色设置的权限。应用程序角色不同于其他角色，应用程序角色没有成员，应用程序角色需要密码来激活，并且只有在用户运行应用程序时它们才被激活。

限制用户的这种访问方式可以禁止用户使用应用程序(如 SQL 查询分析器)连接到 SQL Server 实例并执行编写质量差的查询，以免对整个服务器的性能造成负面影响。

SQL Server 提供了系统存储过程进行角色的维护，包括角色的增加、删除以及将角色授予用户或从用户中收回角色。

SQL Server 中提供的存储过程有 sp_addrole(增加角色)、sp_droprole(删除角色)、sp_helprole(查看角色)、sp_addrolemember(用于往某个角色中添加数据库用户)，以及 sp_droprolemember (用于删除某个角色的成员)。

6.9.6 审计

SQL Server 主要通过 sp_trace_setevent、fn_trace_geteventinfo 和 fn_trace_getinfo 三个存储过程实现审计功能。

sp_trace_setevent 针对某个跟踪添加或删除一个事件或事件列。语法如下：

```
sp_trace_setevent [@traceid=] trace_id
    , [@eventid=] event_id
    , [@columnid=] column_id
    , [@on=] on
```

其中,traceid 是要修改的审计跟踪 ID 号;event_id 是要打开的审计事件 ID 号;column_id 是要为事件添加的审计跟踪列 ID 号;on 指定打开事件或关闭事件。

只有 sysadmin 固定服务器角色成员才能执行 sp_trace_setevent。

fn_trace_geteventinfo 返回有关跟踪的事件信息。语法如下:

```
fn_trace_geteventinfo ([@traceid=] trace_id)
```

fn_trace_getinfo 返回有关指定跟踪或现有跟踪的信息。语法如下:

```
fn_trace_getinfo([@traceid=] trace_id)
```

【例 6-13】 查询 traceid 为 10 的审计信息。语句如下:

```
SELECT *
FROM :: fn_trace_getinfo(10)
```

6.10 小　结

DBMS 必须具备完整而有效的安全性机制用来防止未授权的人员非法进行数据访问、恶意破坏和修改等。本章讨论了了几种实现数据库安全性的技术和方法,包括存取控制技术、视图技术、数据库审计技术,以及统计数据库的安全性等。

自主存取控制用于给用户授予权限,包括按指定的操作(插入、删除、修改和查询)存取指定的数据的权限。一般自主存取控制将整个系统的用户权限状态表示为一个授权存取矩阵。当用户执行某项操作时,系统根据用户的请求与系统的授权存取矩阵进行匹配比较,以此来决定满足或拒绝该用户请求。自主存取控制功能一般是通过给每个账户授予或撤销存取数据库数据对象的权限实现权限控制。本章介绍了运用 GRANT 语句和 REVOKE 语句来实现授予和权限的收回,并用例子说明了它们的用法。数据库的角色是一组权限的集合,使用角色管理权限可以简化授权的过程。

强制存取控制是具有较高安全级别的一种安全控制机制。与自主存取控制不同,强制存取控制把用户和数据分为多个安全类别或安全级别,只有符合规定的安全级别的用户才能存取到相关的数据。

本章还简要讨论了视图、数据加密和数据库审计等安全技术。视图机制可以把数据对象限制在一定的范围内,对数据提供一定程度的安全保护。数据加密技术主要用于保护敏感数据的传输和存储,可以对数据库的敏感数据提供额外的保护。

最后,本章介绍了实际数据库管理系统 SQL Server 中的安全控制,包括 SQL Server 的安全认证过程及权限的管理、审计等问题。

习　题

1. 简述实现数据库安全性控制的常用方法和技术。
2. 什么是自主存储控制和强制存储控制？
3. 为什么强制存取控制提供了更高级别的数据库的安全性？
4. 举例说明如何把视图机制作为一种授权机制使用。
5. 什么是数据库的审计功能，为什么要提供审计功能？
6. 简述统计数据库中存在的安全性问题是什么。
7. SQL Server 中提供了哪些管理语句权限的语句？举例说明它们的使用方法。
8. SQL Server 提供了哪几种身份验证模式？
9. 什么是固定数据库角色？

第7章

数据库的完整性

数据库的完整性是指数据的正确性、有效性和相容性，其主要目的是防止错误的数据进入数据库。所谓正确性是指数据的合法性；所谓有效性是指数据是否属于所定义的有效范围；相容性是指表示同一事实的两个数据应相同，不一致就是不相容。我们在3.1.4小节中已经介绍了关系完整性的概念，并在4.3.2小节介绍了表的主键和外键的定义方法，本章将详细介绍完整性的概念和完整性约束机制，以及SQL Server中的完整性实现机制。

7.1 数据库的完整性概述

数据库的完整性是一种语义概念，是为了防止数据库中存在不符合语义的数据，也就是防止数据库中存在不正确的数据，保证数据库中数据的质量。例如，网上购物系统的数据库中有这样两张表，一张是货物信息表，用来存储货物信息，包括货物编号和该货物的其他详细信息；另外一张是订单表，用来存储订单信息，订单表中直接用货物编号表示货物。通过直接引用货物编号，在货物信息表中可以查询到该货物的详细信息。如果用户把不再供货的货物从货物信息表中删除，这样就会造成订单表中包含的货物编号不再对应任何货物，系统就会出现错误。因此，如果没有有效的强制性措施，就难以保证数据的正确性和完整性。

为了维护数据的完整性，数据库管理系统需要提供一种机制来检查数据库中的数据是否满足语义规定的条件，判断数据的合法性以确保数据的正确性，同时避免非法的不符合语义的错误数据的输入和输出，以保证数据的有效性。另外，这种机制还要能够检查先后输入的数据是否一致，以保证数据的相容性。数据库管理系统检查数据库中数据是否满足完整性条件的机制就称为完整性检查。加在数据库数据之上的语义约束条件称为完整性约束条件或称为完整性规则。

7.1.1 完整性约束条件

完整性检查是围绕着完整性约束条件进行的，因此，完整性约束条件是完整性控制机制的核心。在关系数据库中，对数据的各种限制是以完整性约束条件的形式在关系数据库模式中指定的。完整性约束条件是对数据库中数据本身的某种语义限制、数据间的逻辑约束和数据变化时所遵循的规则等。完整性约束条件一般在数据模式中给出，作为模式的一部分存入数据库中，由DBMS自动检查是否满足完整性约束条件。

在3.1.4小节中我们已经介绍过，在关系数据库系统中，最重要的完整性约束是实体完整性和参照完整性，其他完整性约束条件都属于用户定义的完整性。实体完整性规定主键值不能为空，这是因为主键用于唯一标识一个关系的各个元组，而主键为空就意味着一些元组不能够被标识。参照完整性是对关系之间的约束，用于维持两个关系的元组之间的一致性，在插入、修改或删除元组时，参照完整性保持关系之间已定义的约束条件。实体完整性和参照完整性一般由系统实现，而用户定义的完整性需要系统提供定义完整性的功能，由用户定义特定业务需要的完整性规则，然后由系统进行完整性检查。

完整性约束条件的作用对象可以是关系、元组和属性(列)。

1. 列级约束

列级约束主要是对属性的数据类型、数据格式和取值范围、精度等的约束。具体包括：

(1) 对数据类型的约束，包括数据类型、长度、精度等的约束。例如学生姓名的数据类型是字符型，长度是8。

(2) 对数据格式的约束，例如规定日期的格式为YYYY/MM/DD。

(3) 对取值域的约束，例如学生成绩的取值范围必须是0～100。

(4) 对空值的约束，空值表示未定义的或未知的值，在数据库应用中，有些字段允许为空值，有些列的值则不允许为空值。例如学生成绩表中的成绩字段可以为空值，学生的学号就不能为空值。

2. 元组约束

一个元组是由若干个属性组成的，元组级约束就是元组中各个属性之间的约束关系。例如订货关系中发货日期不能小于订货日期，发货量不得超过订货量等。

3. 关系约束

关系约束是指一个关系的各个元组之间、或者多个关系之间存在的各种联系或约束。常见的关系约束有实体完整性约束、参照完整性约束、函数依赖约束、统计约束等。例如学生选课表中的学号属性的取值要受学生信息表中的学号属性的约束，这是参照完整性约束。又如规定部门经理的工资不得高于本部门职工平均工资的5倍，也不得低于本部门职工平均工资的2倍。这里，本部门职工的平均工资是一个统计值，这种约束条件就是统计约束。

根据完整性约束条件作用的对象状态不同，又可分为静态约束和动态约束。所谓静态约束是指数据库每一确定状态时的数据对象应满足的约束条件，它是反映数据库状态合理性的约束，如对属性的数据类型和取值范围的约束就属于静态约束。动态约束是指数据库从一种状态转变为另一种状态时，新、旧值之间应满足的约束条件，它反映数据库从一个状态变迁为另一个状态时应遵守的约束。例如职工工资修改不得低于原有工资就属于动态约束。

7.1.2 实现数据完整性的方法

数据库的完整性控制是DBMS的基本功能之一,DBMS中实现完整性控制机制的子系统称为完整性子系统。为维护数据库的完整性,DBMS在完整性约束控制方面应当具有以下三种功能。

1. 提供定义完整性约束条件的机制

主要提供完整性约束条件的定义功能,例如由SQL的DDL语言来实现。

2. 提供完整性检查的方法

DBMS检查数据是否满足完整性条件的机制称为完整性检查。一般在数据更新语句(插入、删除和修改)执行后开始检查,也可以在事务提交时检查,检查这些操作执行后数据库中的数据是否违反了完整性约束条件。

3. 违约处理

违约处理功能主要是对违反完整性约束条件的业务操作采取相应措施,以保证数据的完整性。违约处理操作包括拒绝执行该操作或级联执行等。对于违反实体完整性约束和用户定义完整性约束的操作,数据库管理系统一般都采用拒绝执行的方式进行处理。而对于违反参照完整性的操作,系统并不是简单地拒绝执行,有时需要采取另外一种方法,即接受该操作,但同时执行必要的附加操作,以保证数据库的状态仍然是正确的。

在关系数据库系统中,数据完整性控制策略包括规则、默认值、约束、触发器和存储过程等。

(1) 默认值。如果在插入行中没有指定列的值,那么默认值指定列中所使用的值。默认值可以是任何取值为常量的对象,例如自动增长值、内置函数、数学表达式等。

(2) 约束是自动强制数据完整性的方法。约束定义关系列中允许值的规则,是通用的强制完整性的标准机制。约束的作用就是保证录入的数据都是有效的数据值,并且维护表之间的关联。使用约束优于使用触发器、规则和默认值。

(3) 规则限制了可以存储在表中或者用户定义数据类型的值,它可以使用多种方式来完成对数据值的检验。规则是大多数数据库系统中一个向后兼容的功能,用于执行一些与CHECK约束相同的功能。规则以单独的对象创建,然后绑定到列上。

(4) 触发器是数据库系统中强制业务规则和数据完整性的主要机制用编程的方法实现复杂的业务规则和约束。

7.2 实体完整性

如果数据表中的一个列或若干列的组合,其值能唯一地标识表中的每一行,这样的一列或多列称为表的主键。实体完整性规则规定主键的值不能取空值,可以通过对主键值的约束实现实体完整性。

7.2.1 实体完整性的定义

关系模型的实体完整性用 PRIMARY KEY 定义。PRIMARY KEY 约束可以作为表定义的一部分在创建表时定义，也可以在表创建之后再添加。如果数据表已有 PRIMARY KEY 约束，还可以对其进行修改或删除。为了实施实体完整性，一般地，系统将在主键属性上自动创建唯一的索引来强制唯一性约束。下面我们分别举例说明。

1. 在创建表时创建 PRIMARY KEY 约束

【例 7-1】 在列级定义主键

```
CREATE TABLE Student
  (Sno   CHAR(9)  PRIMARY KEY,
   Sname  CHAR(20) NOT NULL,
   Ssex  CHAR(2),
   Sage  SMALLINT,
   Sdept  CHAR(20));
```

【例 7-2】 在表级定义主键

```
CREATE TABLE Student
  (   Sno  CHAR(9),
      Sname CHAR(20) NOT NULL,
      Ssex  CHAR(2),
      Sage  SMALLINT,
      Sdept  CHAR(20),
      PRIMARY KEY (Sno)
  );
```

2. 在已存在表上添加 PRIMARY KEY 约束

【例 7-3】 添加表的 PRIMARY KEY 约束

```
CREATE TABLE Student
  (Sno  CHAR(9)  NOT NULL,
   Sname  CHAR(20) NOT NULL,
   Ssex  CHAR(2),
   Sage  SMALLINT,
   Sdept  CHAR(20));
ALTER TABLE student
     ADD PRIMARY KEY (Sno)
```

在向表中添加 PRIMARY KEY 约束时，必须保证该表上已有的数据值不违反 PRIMARY KEY 约束。在执行 ALTER 命令时，数据库管理系统检查该表主键列中现有的数据是否满足不为空值且唯一，如果主键列上的数据具有空值或有重复值，数据库系统将不执行该操作并返回错误信息。

7.2.2　实体完整性检查和违约处理

定义表的主键后，对该表插入记录或者对主键进行更新操作时，DBMS 自动进行实体完整性的检查。包括：检查主键是否唯一，如果不唯一则拒绝进行插入或修改；检查主键的各个属性(字段)值是否为空，如果有空的字段值，则拒绝操作，从而保证实体完整性。

【例 7-4】 在 Student 表中插入记录

```
INSERT INTO Student
VALUES  (NULL,'李贤','男',17,'计算机科学技术学院');
```

执行结果如下：

```
服务器：消息 515,级别 16,状态 2,行 1
无法将 NULL 值插入列 'Sno',表 'study.dbo.Student'; 该列不允许空值。INSERT 失败。
语句已终止。
```

这个插入语句中，主键字段 Sno 值为 NULL，破坏了实体完整性约束，因此拒绝该操作。

【例 7-5】 重复执行 Student 表上的插入语句

```
INSERT INTO Student
VALUES  ('20053409','李贤','男',17,'计算机科学技术学院');
```

第一次执行的结果如下：

(所影响的行数为 1 行)

第二次执行的结果如下：

```
服务器：消息 2627,级别 14,状态 1,行 1
违反了 PRIMARY KEY 约束 'PK_Student_2A4B4B5E'。不能在对象 'Student' 中插入重复键。
语句已终止。
```

第二次执行该插入语句时，因为 Student 表中已经存在学号为 20053409 的记录，违反了实体完整性约束，因此拒绝该操作。

7.3　参照完整性

现实世界中实体之间往往存在着一定的联系。例如学生表和学生选课表中都有学号这个字段，学号在学生表中是主键，而在学生选课表中出现的学号必须是学生数据表中存在的学号，即选课表中的学号取值要受到限制，这种限制就是参照完整性约束。参照完整性约束不仅存在于关系之间，同一个关系内部属性之间也会有参照约束关系。参照完整性刻画了这种关系之间的联系。它实际给出了数据表之间相互关联的基本要求,其核心是不允许引用不存在的元组,也就是说,外键字段的取值要么为空值,要么就是被引用关系中元组的对应值。

1. 参照完整性定义

参照完整性在 CREATE TABLE 中用 FOREIGN KEY 和 REFERENCES 定义。FOREIGN KEY 短语指明该表中的哪些字段是外键,REFERENCES 短语指明该表中的外键所参照的数据表名和字段名。FOREIGN KEY 约束可以作为表定义的一部分在创建表时创建,也可以在已有表中创建 FOREIGN KEY 约束。

【例 7-6】 定义 SC 中的参照完整性

```
CREATE TABLE SC
   (Sno     CHAR(9)   NOT NULL,
    Cno     CHAR(4)   NOT NULL,
    Grade   SMALLINT,
    PRIMARY KEY(Sno,Cno),
    FOREIGN KEY (Sno) REFERENCES Student(Sno),
    FOREIGN KEY (Cno) REFERENCES Course(Cno)
    );
```

2. 参照完整性检查和违约处理

在实际应用的数据库中,通常存在许多参照完整性约束。为了指定这些约束,必须首先对每个属性集在数据库的不同关系中的含义有一个清楚的理解。例如,两个数据表 titles 与 publishers。因为在书名和出版商之间存在逻辑联系,titles 表中的 pub_id 列与 publishers 表中的主键列相对应,titles 表中的 pub_id 列的值需要参照 publishers 表中的 pub_id 列,所以 titles 表中的 pub_id 列是 publishers 表中的 pub_id 列的外键,它参照了 publishers 关系。这意味着在 titles 关系的任何一个元组中的 pub_id 值必须匹配 publishers 关系中的某个元组的 pub_id 值,或者在该图书还没有确定出版商情况下可以是空值。表 titles 与表 publishers 的参照完整性约束如图 7-1 所示。

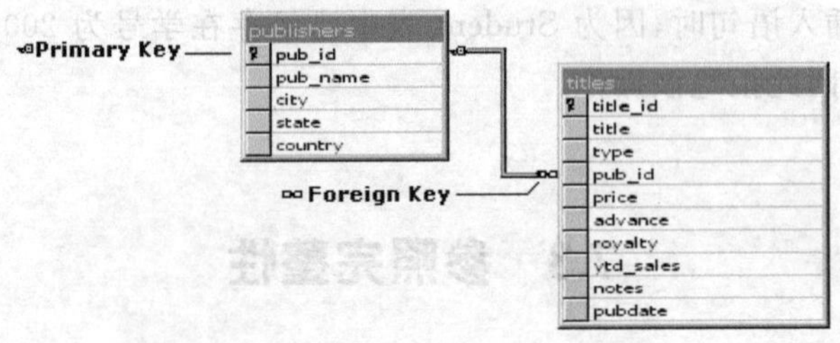

图 7-1 参照完整性约束示例

外键将两个表之间相应的元组联系起来,因此,对被参照关系和参照关系进行操作时需要检查是否破坏了参照完整性。对于 titles 表和 publishers 表,我们举例列出四种可能破坏参照完整性的情况。

第一种情况：对于参照表 titles，插入一条图书记录，该记录的出版商 ID 在 publishers 表中并不存在，表明尚不存在的某个出版商出版了图书，这与现实情况是不相符的。

第二种情况：对于参照表 titles，修改一个元组，修改后该元组的 pub_id 属性值在表 publishers 中不存在，同样表明尚不存在的某个出版商出版了图书，与现实情况不相符。

第三种情况：对于被参照表 publishers，删除一个元组，造成表 titles 中某些元组的 pub_id 属性值在表 publishers 中找不到对应的值。例如，在 publishers 表中删除 pub_id＝100 的元组，而这个出版商 ID 在 titles 表中记录图书信息时使用了，则这两个表之间参照完整性将被破坏，titles 表中该出版商的书籍因为与 publishers 表中的数据没有关联而变得孤立了。

第四种情况：对于被参照表 publishers，修改一个元组的 pub_id 属性，造成表 titles 中某些元组的 pub_id 属性值在表 publishers 中找不到对应的值，出现与第三种情况相类似的情况。

当上述情况发生时，系统需要采取相应的措施实施违约处理。下面我们从几个方面讨论维护参照完整性约束的策略。

(1) 参照关系中外键空值的问题

对于参照完整性的定义，除了应该定义外键之外，还应该定义外键是否允许为空值。一般存在两种情况：如果参照关系的外键是其主键的组成部分，根据实体完整性规则，该外键的值不允许取空值；如果参照关系的外键不是主键的组成部分，则可以根据具体的语义环境确定外键值是否允许空值。例如，表 publishers 中的 pub_id 属性不是主键的组成部分，可以取空值，其意义是该图书还没有分配出版商。如果某外键列为空，则该元组自动被认为满足约束。允许空值的存在使 SQL 中参照完整性约束的语义变得很复杂。实际应用中需要根据具体的需求确定。

(2) 在参照关系中插入元组的问题

一般地，当参照关系插入某一元组，而被参照关系不存在相应元组时，如上述的第一种情况，可以有以下策略：

① 受限插入。在第一种情况中，需要向参照关系 titles 中插入新的元组，但该元组的 pub_id 属性值在表 publishers 中不存在。系统将拒绝向 titles 中插入该元组。只有被参照关系中存在相应的元组，系统才执行插入操作。

② 递归插入。首先向被参照关系插入相应的元组，其主键值等于参照关系插入元组的外键值，然后再向参照关系插入该元组。例如，在第一种情况中，系统先向表 publishers 中插入元组，使这个出版商 ID 在被参照关系中先存在，然后再向 titles 中插入新的元组。

(3) 在参照关系中修改元组的问题

因为修改操作可以看做先删除、后插入，所以上述第二种情况可以按照(2)中的策略进行处理。

(4) 在被参照关系中删除元组的问题

尽管 FOREIGN KEY 约束的主要目的是控制存储在外键表中的数据，但它还可以控制对主键表中数据的修改。例如上述第三种情况，对于被参照关系中数据的更改会使之与参照关系中数据的链接失效的操作，DBMS 是不允许直接进行删除操作的，从而确保了参照完整性。一般地，当删除被参照关系的某个元组，而参照关系存在若干元组，其外键值与被参照关系删除元组的主键值相同，这时可以有以下三种处理策略。

① 级联删除(CASCADES)。将参照关系中所有外键值与被参照关系中要删除元组之间值相同的元组一起删除。如果参照关系同时又是另一个关系的被参照关系，则这种删除操作会继续级联下去。例如，在上述第三种情况中，如果要删除 publishers 中 pub_id=100 的元组，那么需要将 titles 中所有 pub_id=100 的元组一同级联删除，这样可以保证参照完整性不受到破坏。

② 受限删除(RESTRICTED)。仅当参照关系中没有任何元组的外键值与被参照关系中要删除元组的主键值相同时，系统才执行删除操作，否则拒绝删除操作。在上述第三种情况中，如果 titles 中存在 pub_id=100 的元组，则系统拒绝删除表 publishers 中 pub_id=100 的元组。

③ 置空值删除。删除被参照关系的元组，并将参照关系中相应元组的外键值置为空值。例如，在上述第三种情况中，如果 titles 中存在 pub_id=100 的元组，则系统删除表 publishers 中 pub_id=100 的元组，并且将 titles 中 pub_id=100 的元组的 pub_id 值置为空值。

这三种方法都保证了参照完整性约束，但具体哪种方法正确，取决于应用环境的语义，需要根据实际应用的业务规则决定具体的违约处理措施。

(5) 在被参照关系中修改主键值的问题

当修改被参照关系的主键时，除了需要保证主键的唯一性和非空性，还需要检查参照关系，是否存在这样的元组，其外键值等于被参照关系要修改的主键值。例如要将 publishers 表中 pub_id=100 的元组改成 pub_id=101，而 titles 中有 pub_id=100 的元组，这种情况与(3)中在被参照关系中删除元组的情况类似。

从上面的讨论可以看到，数据库管理系统在实现参照完整性时，除了要提供定义主键、外键的机制之外，还需要提供不同的违约处理策略供用户选择。一般地，当对参照表和被参照表的操作违反了参照完整性，系统选用默认策略，即拒绝执行。如果想让系统采用其他的策略则必须在创建表时显式地加以说明。

7.4 用户定义的完整性

除实体完整性和参照完整性以外，应用系统中往往还需要定义与应用有关的完整性限制。例如，要求某一列的值不能取空值、要求列值唯一或者满足一定数据格式等，这些都属于用户定义的完整性。用户定义的完整性是限定某一具体应用的数据必须满足的语义要求。目前的关系数据库管理系统都提供了定义和检验用户定义的完整性的机制，使用了与实体完整性、参照完整性相同的技术和方法来处理它们，而不必由应用程序承担这个功能。

1. 用户定义完整性定义

定义数据表的列属性时，可以根据应用的要求，定义属性上的约束条件。通常属性上的约束条件包括唯一 UNIQUE、非空 NOT NULL、CHECK 约束、默认值 DEFAULT 等。与属性上的约束条件的定义类似，在定义数据表时用 CHECK 短语定义元组上的约束条件，即元组级的限制，设置不同属性之间的相互约束条件。

【例 7-7】 创建数据表，指定属性列 Grade 的取值范围为 0～100。

```
CREATE TABLE SC
  ( Sno    CHAR(9)  NOT NULL,
    Cno     CHAR(4)  NOT NULL,
    Grade     SMALLINT CHECK(Grade>=0 and Grade<=100),
    PRIMARY KEY (Sno, Cno),
    FOREIGN KEY (Sno) REFERENCES Student(Sno),
    FOREIGN KEY (Cno) REFERENCES Course(Cno)
    );
```

【例 7-8】 创建 table1，指定 c1 字段不能包含重复值，c2 字段只能取特定值。

```
CREATE TABLE table1
   (  c1  CHAR(2) UNIQUE,
      c2  CHAR(4) CHECK(c2 IN('0000','0001','0002','0003')),
      c3  INT   DEFAULT 1
   );
```

2. 用户定义的完整性检查和违约处理

当往表中插入元组或修改属性的值时，关系数据库管理系统就检查数据值是否满足属性上的约束条件，如果不满足约束条件则操作被拒绝执行。下面举例来说明，对于例 7-8 中建立的数据表 table1，当执行如下语句时，系统是如何进行完整性检查和违约处理的。

(1)

```
INSERT INTO table1 (c1,c2)
VALUES ('10','0000');
```

这个插入满足所有的约束，所以接受该操作。table1 中被成功插入一条记录('10','0000',1)，其中 c3=1 是默认插入的。

(2)

```
INSERT INTO table1
VALUES ('10','0001',2);
```

执行结果：

```
服务器：消息 2627，级别 14，状态 2，行 1
违反了 UNIQUE KEY 约束'UQ_table1_4222D4EF'。不能在对象'table1'中插入重复键。
语句已终止。
```

这个插入违反了 c1 字段上的唯一性约束，操作被拒绝执行。

(3)

```
UPDATE table1
SET c2='1111'
WHERE c1='10';
```

执行结果：

```
服务器：消息 547，级别 16，状态 1，行 1
UPDATE 语句与 COLUMN CHECK 约束'CK_table1_c2_4316F928'冲突。该冲突发生于数据库'
study'表'table1',column 'c2'。
语句已终止。
```

这个插入违反了 c2 字段上的 CHECK 约束，操作被拒绝执行。

(4)

```
UPDATE table1
SET c2='0002'
WHERE c1='10';
```

这个插入满足所有的约束，所以接受该操作。table1 中的记录('10','0000',1)被更新为('10','0002',1)

7.5 触 发 器

数据库系统一般提供两种主要机制来实现业务规则和数据完整性：约束和触发器。完整性约束机制在检测出违反约束条件的操作后，只能做简单的动作，例如，拒绝操作。触发器是用户定义在关系数据表上的一类由事件驱动的特殊过程，用编程的方法实现复杂的业务规则，触发器比约束更加灵活，可以实现一般的数据完整性约束实现不了的复杂的完整性约束，具有更精细和更强大的数据控制能力。触发器常常用于强制业务规则和数据完整性。本节仅介绍如何用触发器实现数据库的完整性，在 12.5 节中将详细介绍有关触发器的内容。

1. 触发器概述

触发器是一种特殊类型的存储过程，在对表或视图发出 UPDATE、INSERT 或 DELETE 语句时自动执行。触发器通常用于保证业务规则和数据完整性约束，使用户可以用编程的方法实现复杂的处理逻辑和业务规则，一般可用触发器完成很多数据库完整性保护的功能。

触发器的优点如下。

(1) 可以实现复杂的业务规则

触发器可使业务的处理任务自动进行。例如在库存管理系统中，每次修改库存数据的时候，可以使用触发器自动检查当前库存是否到达库存临界值的下界，如果库存过低可以产生提示信息。触发器还可以在数据库中的相关表上实现级联更改。通常参照完整性可以通过外键约束定义，但在级联更新或删除时使用触发器可以确保采用适当的行为。

(2) 触发器可以实现比 CHECK 约束更复杂的数据完整性

与 CHECK 约束不同，触发器可以引用其他表中的列，通过语句定义复杂处理逻辑，特别是处理较为复杂的逻辑。例如，通过 SELECT 语句访问其他数据表、修改数据和显示错误信息等。

(3) 比较数据修改前后的状态

大部分触发器提供了引用被修改数据的能力，这样就允许用户在触发器中引用正被修改语句所影响的行，可以评估数据修改前后的表状态，并根据其差异采取对策。

(4) 维护非规范化数据

触发器可以用来在非标准数据库环境中维护底层的数据完整性。非标准数据常常是人为得出的或冗余的数据。

2. 定义触发器

创建一个触发器时必须指定触发器的名称、在其上定义触发器的表名称，以及触发器将何时激发、激活触发器后执行的语句。SQL 使用 CREATE TRIGGER 命令创建触发器，其一般格式为：

```
CREATE TRIGGER<触发器名>
         {BEFORE|AFTER}<触发事件>ON<表名>
          FOR EACH  {ROW|STATEMENT}
        [WHEN<触发条件>]
          <触发动作体>
```

下面我们对定义触发器的各部分语法进行简单说明。

(1) 创建者

只有表的拥有者即创建表的用户才可以在表上创建触发器，一个表上可以创建一定数量的触发器。

(2) 表名

表名是触发器的目标表，当触发器目标表的数据被更新时，即执行插入、删除和修改时，将激活定义在该表上相应触发事件的触发器。

(3) 触发事件

触发事件定义了激活触发器的 SQL 语句的类别，包括 INSERT、UPDATE 或 DELETE。触发器在触发事件发生时自动触发执行。

(4) 触发时间

触发时间用于指明触发器何时执行。按照触发的时间，触发器分为 BEFORE 触发和 AFTER 触发器。BEFORE 表示在触发事件进行以前，判断触发条件是否满足。若满足条件则先执行触发动作部分的操作，然后再执行触发事件的操作。AFTER 表示在触发事件完成之后，判断触发条件是否满足。若满足条件则执行触发动作部分的操作。如果触发事件因错误(如违反约束或语法错误)而失败，触发器将不会执行。

(5) 触发器类型

按照触发动作的间隔尺寸，触发器可以分为行级触发器(FOR EACH ROW)和语句级触发器(FOR EARCH STATEMENT)。行级触发器对每一个修改的元组都会触发触发器的检查和执行。而语句级触发器只在SQL语句执行时候进行触发条件的检查和触发器的执行。我们可以对比这两种不同类型的触发器，考虑下面的更新操作：为部门号DNO为5的订单部门中所有员工增加10%的工资，操作语句如下：

```
UPDATE EMPLOYEE
SET SALARY=1.1 * SALARY
WHERE DNO=5
```

这条更新语句可能会更新多条记录，所以如果使用行级触发器，那么每一行的更新都会触发该触发器。若使用语句级触发器，那么该触发器将只被触发一次。

(6) 触发条件

触发器被激活时，只有当触发条件为真时触发动作体才执行，否则触发动作体不执行。如果省略WHEN触发条件，则触发动作体在触发器激活后立即执行。

(7) 触发动作体

触发动作体是满足触发器条件后，执行的一系列数据库操作。如果触发动作体执行失败，激活触发器的事件就会终止执行，触发器的目标表或触发器可能影响的其他对象不发生任何变化。

触发器并不是SQL92或SQL99核心规范的内容，但是很多关系数据库管理系统很早就支持触发器，因此不同的数据库管理系统实现的触发器语法也会有所不同。例如，SQL Server的触发器就是语句级触发器，DML影响一行或无数行触发动作只触发一次，而ORACLE分语句级触发器与行级触发器，触发的粒度更细一些。

3. 使用触发器

触发器的执行是由触发事件激活的，并由数据库服务器自动执行。当向表中插入或者更新记录时，INSERT或者UPDATE触发器会被自动执行。一般情况下，可以用这两种触发器检查插入或者修改后的数据是否满足要求。在删除数据的时候会触发DELETE触发器，DELETE触发器常用于防止那些确实要删除、但是可能会引起数据一致性问题的情况，还可用于级联删除操作。

一个表对于每个触发操作可以有多个AFTER/BEFORE触发器。同一个表上的多个触发器激活时遵循如下的执行顺序：

(1) 执行该表上的BEFORE触发器；

(2) 激活触发器的SQL语句；

(3) 执行该表上的AFTER触发器。

如果激活触发器的SQL语句违反约束条件，则不会执行AFTER触发器。

当不再需要某个触发器时，可将其删除。当触发器被删除时，它所基于的数据表和数据并不受影响。执行删除表的操作时会自动删除其上的所有触发器。删除触发器的权限由授予该触发器所在表的所有者拥有。删除触发器的SQL语法如下：

```
DROP TRIGGER<触发器名>ON<表名>;
```

下面,我们结合示例介绍一下 SQL Server 数据库管理系统中如何通过触发器实现数据完整性。

【例 7-9】 创建限制更新数据的触发器,限制将 SC 表中不及格学生的成绩改为及格。

```
CREATE TRIGGER tri_grade
  ON SC FOR UPDATE
  AS
      IF UPDATE(Grade)
          IF EXISTS(SELECT * FROM INSERTED JOIN DELETED
                          ON INSERTED.Sno=DELETED.Sno
                          WHERE INSERTED.GRADE>=60
                                  AND DELETED.Grade<60)
          BEGIN
              RAISERROR('不允许将不及格学生的成绩改为及格!')
              ROLLBACK
          END
```

INSERTED 表和 DELETED 表是 SQL Server 表触发器专用的临时虚拟表,INSERTED 表保存了 INSERT 操作中新插入的数据和 UPDATE 操作中的更新后的数据,DELETED 表保存了 DELETE 操作中删除的数据和 UPDATE 操作中的更新前的数据,由 SQL Server 自动管理。在对具有触发器的表进行操作时,操作过程如下:

(1) INSERT 操作时,新插入的数据被记录在 inserted 表中

(2) DELETE 操作时,删除的数据被记录在 deleted 表中。

(3) UPDATE 操作时,相当于先执行删除操作,再执行插入操作,即首先在触发器表中删除更新前的行,并将这些行复制倒 DELETED 表中,然后将更新后的新行复制到触发器表和 INSERTED 表中。

触发器中对这两个逻辑表的使用方法同普通表一样,可以通过 INSERTED 表和 DELETED 表所记录的数据,获得操作前后数据的状态差异,判断对数据的修改是否正确。

下面我们来看例 7-9 是如何实现用户定义的完整性。执行语句:

```
select Cno,Grade from SC where Sno='200615121'
```

执行结果如下:

```
1       92
2       85
3       88
4       45
5       NULL
6       NULL
7       NULL
```

接下来,我们尝试将学生'200615121'的科目 Cno=4 的分数由 45 改为 65,执行语句:

```
UPDATE SC SET GRADE=65 WHERE Sno='200215121' and Cno=4
```

执行结果如下：

不允许将不及格学生的成绩改为及格！

使用触发器可以实现比 CHECK 约束更复杂的业务规则。我们再来看下面这个示例。

【例 7-10】 创建删除触发器，当删除一本书的相关信息时，需要首先检查这本书是否已经被卖出过，即是否已经和订单关联，如果已经和订单关联则该书的信息不能被删除，删除动作需要回滚。

```
CREATE TRIGGER Products_Delete
    ON Products FOR DELETE
AS
    IF (Select Count(*)
        FROM [Order Details] INNER JOIN deleted
        ON [Order Details].ProductID=deleted.ProductID
        )>0
    BEGIN
        RAISERROR('该产品有订购历史，事务无法进行。',10,1)
        ROLLBACK TRANSACTION
    END
```

7.6 SQL Server 中数据库完整性的实现

在实际数据库产品中，对完整性的支持不尽相同，下面介绍 SQL Server 中提供的完整性。SQL Server 提供了对实体完整性、参照完整性和用户定义的完整性的支持。例如实体完整性通过索引、UNIQOE 约束、PRIMARY KEY 约束和 IDENTITY 属性等实现；参照完整性通过 FOREIGN KEY 约束、CHECK 约束和触发器等实现；用户定义完整性通过 CREATE TABLE 中的所有列级和表级约束，包括 CHECK 约束、DEFAULT 约束、NOT NULL 约束和规则等，以及存储过程和触发器实现。

SQL Server 用于维护数据完整性的对象包括约束、规则、默认值和触发器。默认值和规则是可以绑定到一个或多个列或用户定义数据类型的对象，可以一次定义，多次使用。但它们不是 ANSI 兼容的，可以用 DEFAULT 约束和 CHECK 约束代替默认值和规则。下面我们主要介绍一下约束。

设计表时需要识别列的有效值并决定如何强制实现列中数据的完整性。约束定义关于列中允许值的规则，是强制完整性的标准机制，可以自动强制数据库完整性的方式。使用约束优先于使用触发器、规则和默认值。SQL Server 提供多种强制列中数据完整性的机制，包括 PRIMARY KEY 约束、FOREIGN KEY 约束、UNIQUE 约束、CHECK 约束、DEFAULT 约束、NOT NULL(非空)。各种约束的概念以及相应的用途如表 7-1 所示。

表 7-1 完整性约束条件的类型

完整性类型	约束类型	描 述
域	DEFAULT	如果在 INSERT 语句中未显式提供值，则指定为列提供的值
	NOT NULL	列值不允许取空值
	CHECK	指定列中可接受的数据值
实体完整性	PRIMARY KEY	唯一标识一列，确保用户没有输入重复的值。同时创建一个索引以增强性能。不允许空值
	UNIQUE	确保在非主键列中不输入重复值，并创建一个索引以增强性能。允许空值
参照完整性	FOREIGN KEY	定义一列或多列的值与同表或其他表中主键的值匹配
	CHECK	基于同表中其他列的值，指定列中可接受的数据值

1. CHECK 约束

CHECK 约束用于将列的取值限制在指定的范围内。例如，通过创建 CHECK 约束可将 salary 列的取值范围限制在 $ 15000 至 $ 100000 之间，从而防止输入的薪金值超出正常的薪金范围。CHECK 约束可以引用同表中的其他列，约束同一个表中多个列之间的取值关系。在每次执行 INSERT 或者 UPDATE 语句的时候校验数据值。

【例 7-11】 创建数据表时建立 CHECK 约束

```
CREATE TABLE jobs
(
   job_id  smallint
      IDENTITY(1,1)
      PRIMARY KEY,
   job_desc  varchar(50) NOT NULL
      DEFAULT 'New Position-title not formalized yet',
   min_lvl tinyint NOT NULL
      CHECK(min_lvl>=10),
   max_lvl tinyint NOT NULL
      CHECK(max_lvl<=250)
)
```

【例 7-12】 为 Employees 表中的 BrithDate 增加 CHECK 约束，使出生日期处于可接受的日期范围内

```
ALTER TABLE dbo.Employees
ADD
CONSTRAINT CK_birthdate
CHECK (BirthDate>'01-01-1900' AND BirthDate<getdate())
```

2. PRIMARY KEY 约束

PRIMARY KEY 约束表示列和列集，这些列或列集唯一标识表中的行。PRIMARY

KEY 约束可以作为表定义的一部分在创建表时创建、添加到还没有 PRIMARY KEY 约束的表中，如果数据表已有 PRIMARY KEY 约束，可以对其进行修改或删除。主键必须是非空并且没有重复值，SQL Server 自动创建唯一的索引来强制 PRIMARY KEY 约束所要求的唯一性。

【例 7-13】 使用 SQL 语句建立主键约束

```
CREATE TABLE publishers
(
  pub_id  char(4) NOT NULL
        PRIMARY KEY
        CHECK (pub_id IN ('1389','0736','0877','1622','1756')
            OR pub_id LIKE '99[0-9][0-9]'),
  pub_name    varchar(40) ,
  city        varchar(20),
  state       char(2) NULL,
  country     varchar(30)
)
```

【例 7-14】 在 Customers 表上创建 PRIMARY KEY 约束，指明表的主键值是 CustomerID

```
ALTER TABLE dbo.Customers
ADD
CONSTRAINT PK_Customers
  PRIMARY KEY(CustomerID)
```

3. FOREIGN KEY 约束

FOREIGN KEY 约束实现了参照完整性。添加 FOREIGN KEY 约束时需要注意的是，外键所引用的列必须是有 PRIMARY KEY 约束或 UNIQUE 约束的列。具有 FOREIGN KEY 约束的列的取值范围只能是被引用的列的列值或空值。

外键的定义形式为：

```
FOREIGN KEY[(列[,…n])]
  REFERENCES 引用表  [(引用列 [,…n])]
  [ON DELETE{CASCADE|NO ACTION }]
  [ON UPDATE{CASCADE|NO ACTION }]
```

FOREIGN KEY 短语指明该表中的哪些字段是外键，REFERENCES 短语指明该表中的外键所参照的数据表名和字段名。FOREIGN KEY 约束包含一个 CASCADE 选项，该选项允许对定义了 UNIQUE 或者 PRIMARY KEY 约束的列值修改时，将修改值自动传播到引用它的外键上，即被参照表中的行变化了，则参照表中相应的行也自动变化，这个动作称为级联操作。NO ACTION 选项表示，任何企图删除或者更新被其他表的外键所引用的键值时都将引发一个错误，对数据的改变会被撤销。NO ACTION 是默认值。

【例 7-15】 employee 表上引用 jobs 表和 publishers 表的列作为 FOREIGN KEY 约束

```
CREATE TABLE employee
(
  emp_id  char(10)     PRIMARY KEY ,
  fname  varchar(20)     NOT NULL,
  minit  char(1),
  lname  varchar(30)     NOT NULL,
  job_id  smallint          NOT NULL
      DEFAULT 1
      REFERENCES jobs(job_id),
  job_lvl tinyint
      DEFAULT 10,
  pub_id  char(4)NOT NULL
      DEFAULT ('9952')
      REFERENCES publishers(pub_id),
  hire_date       datetime          NOT NULL
      DEFAULT (getdate())
)
```

【例 7-16】 使用 FOREIGN KEY 约束，确保 Orders 表中的客户标识与 Customers 表中的有效的客户标识相关联

```
ALTER TABLE dbo.Orders
ADD CONSTRAINT FK_Orders_Customers
  FOREIGN KEY(CustomerID)
  REFERENCES dbo.Customers(CustomerID)
```

FOREIGN KEY 约束用于引用其他表。FOREIGN KEY 可以是单列键或多列键。下例显示在 pubs 数据库中，sales 表包含多列 PRIMARY KEY。对于单列 FOREIGN KEY 约束，只需要 REFERENCES 子句。

```
CONSTRAINT FK_sales_backorder
FOREIGN KEY(stor_id,ord_num,title_id)
   REFERENCES sales(stor_id,ord_num,title_id)
```

4. DEFAULT 约束

DEFAULT 约束用于提供列的默认值。使用 INSERT 和 UPDATE 语句时，如果没有提供值，那么 DEFAULT 约束会指定列中使用的值。只有在向表中插入数据时，系统才检查 DEFAULT 约束。默认值可以是任何取值为常数的表达式，例如，预先指定的常量、NULL 或者系统函数、数学表达式等。列的默认值必须符合此列上的任何 CHECK 约束。

【例 7-17】 为 Northwind 数据库中的 Customers 表的 ContactName 列创建 DEFAULT 约束，当 INSERT 语句中此列的值没有提供的时候，自动使用 UNKNOWN 作为它的值

```
ALTER TABLE dbo.Customers
ADD
CONSTRAINT DF_contactname DEFAULT 'UNKNOWN'
FOR ContactName
```

5. UNIQUE 约束

UNIQUE 约束用于限制一个列中不能有重复值，以防止在列中输入重复的值，用于在列内强制执行值的唯一性。对于 UNIQUE 约束中的列，表中不允许有两行包含相同的非空值。在向表中的现有列添加 UNIQUE 约束时，默认情况下 SQL Server 检查列中的现有数据，确保除 NULL 外的所有值均唯一。如果对有重复值的列添加 UNIQUE 约束，SQL Server 将返回错误信息并不添加约束。SQL Server 自动创建 UNIQUE 索引来强制 UNIQUE 约束的唯一性要求。

【例 7-18】 在 Suppliers 表的公司名列上创建 UNIQUE 约束

```
ALTER TABLE dbo.Suppliers
ADD
CONSTRAINT U_CompanyName
  UNIQUE(CompanyName)
```

尽管 UNIQUE 约束和 PRIMARY KEY 约束都强制唯一性，但在强制下面的唯一性时应使用 UNIQUE 约束而不是 PRIMARY KEY 约束：

(1) 非主键的一列或列组合。

(2) 一个表可以定义多个 UNIQUE 约束，而只能定义一个 PRIMARY KEY 约束。

(3) 允许空值的列。

(4) 允许空值的列上可以定义 UNIQUE 约束，而不能定义 PRIMARY KEY 约束。

6. 非空(NOT NULL)约束

指定一列不允许空值而确保行中一列永远包含数据可以保持数据的完整性。如果不允许空值，用户在向表中写数据时必须在列中输入一个值，否则该行不能被写入数据库。

NULL 意味着没有输入。NULL 的存在通常表明值未知或未定义。例如，pubs 数据库 titles 表中 price 列的空值并不表示该书没有价格，而是指其价格未知或尚未设定。

【例 7-19】 创建数据表，指定非空列，并且属性列 Grade 的取值范围为 0～100。

```
CREATE TABLE SC
 ( Sno     CHAR(9)  NOT NULL,
   Cno     CHAR(4)  NOT NULL,
   Grade     SMALLINT CHECK(Grade>=0 and Grade<=100),
   PRIMARY KEY (Sno, Cno),
   FOREIGN KEY (Sno) REFERENCES Student(Sno),
   FOREIGN KEY (Cno) REFERENCES Course(Cno)
   );
```

7.7 小　　结

本章我们主要介绍了关系数据库系统中完整性的实现机制。在关系数据库系统中，最重要的完整性约束是实体完整性和参照完整性，其他完整性约束条件都属于用户定义的完整性。数据完整性控制策略包括规则、默认值、约束、触发器和存储过程等。

数据库的完整性的具体实现一般是在服务器完成的。在服务器实现数据完整性主要有两种方法，一种是在定义表时声明数据完整性，称为声明完整性；另一种方法是在服务器编写触发器来实现，称为过程完整性。声明完整性主要是作为关系模式定义的一部分来定义数据必须达到的标准，通过使用约束、默认值和规则来实现。过程完整性是在程序中定义数据必须达到的标准，在程序中强制完整性，通过使用触发器和存储过程来实现，也可以用其他编程语言和工具来实现。不管使用何种方法，只要用户定义好数据完整性，以后在执行数据操作时，数据库管理系统都会自动检查用户定义的完整性约束条件，只有符合约束条件的操作才会被执行。

声明完整性和过程完整性各有各的优势。对于简单的约束可以使用声明完整性方法实现。实体完整性通过 PRIMARY KEY 约束实现，参照完整性通过 FOREIGN KEY 约束实现，用户定义的完整性一般通过约束、规则和默认值等实现。

对于复杂的业务规则和约束可以使用过程完整性实现，例如触发器。触发器是由对数据的操作自动引发执行的代码。当约束所支持的功能无法满足应用程序的约束要求时，触发器就极为有用。例如 CHECK 约束只能对同一表中的一个列或者多个列的取值进行约束，如果是涉及多张表之间的列的相互取值约束，则必须使用触发器实现。触发器的主要好处在于它可以包含使用 SQL 代码的复杂处理逻辑。因此，触发器可以支持完整性约束的所有功能，但它在性能上不如一般的数据完整性好。如果触发器所定义的表上存在声明完整性约束，那么在数据更改操作之前先检查声明完整性约束。如果不符合约束，则不执行操作，从而不执行触发器。

应综合考虑功能和性能开销，来决定使用何种强制数据完整性的方法。对于基本的完整性逻辑，例如有效值和维护表间的关系，最好使用声明式完整性约束。如果要维护复杂的、大量的、非主键或外键关系一部分的数据，必须使用触发器或存储过程。约束比较简单，开销低，适用于完整性逻辑比较简单的场合。触发器比较复杂，开销高，适用于完整性逻辑比较复杂的场合。触发器执行速度快，所引用的表和所影响的行的数目决定了触发器的执行时间，触发器的系统开销很大，在使用触发器之前应该首先考虑使用约束。也就是说，对能用声明完整性实现的约束条件，尽量用声明完整性约束实现，这样的执行效率比较高。

习　题

1. 什么是数据库的完整性？
2. 关系数据库管理系统的完整性控制机制应具有哪些功能？
3. 数据库的完整性有哪几类？
4. 参照完整性约束可以用哪几种方法实现？
5. 什么是主键约束？什么是唯一性约束？两者有什么区别？
6. 系统何时检查 DEFAULT 约束？
7. 系统何时检查 CHECK 约束？
8. 在关系数据库系统中，当操作违反实体完整性、参照完整性约束条件时，系统一般是如何进行处理的？
9. 考虑如下关系数据库：

```
employee (employee-name,street,city)
work (employee-name,company-name,salary)
company (company-name,city)
manages (employee-name,manager-name)
```

指出该数据库应具有的实体完整性和参照完整性约束，给出具体的实现实体完整性和参照完整性的 SQL 语句。

10. 考虑如下关系数据库：

```
salaried-worker (name,office,phone,salary)
hourly-worker (name,hourly-wage)
address (name,street,city)
```

假设要求 address 中出现的名字要么在 salaried-worker 中出现，要么在 hourly-worker 中出现，但是不必在两个中都出现。设计实现该约束条件的方法，讨论系统为保证这种约束必须采取的动作是什么？

11. 触发器主要用于实施什么类型的数据完整性？
12. 在如下关系数据库中完成以下操作：

```
books (编号,书名,出版社,定价)
readers (编号,姓名,读者类型,已借数量)
borrowinf (图书编号,读者编号,借期,还期)
readertype (类型编号,类型名称)
```

有以下约束条件：

(1) Borrowinf 中“还期”不能小于“借期”，并且“还期”的默认值为当前“借期”后 1 个月。

(2) readers 的列“读者类型”上的默认值为 3。

(3) 表 readers 的“已借数量”的限定条件为值不小于零。

根据实际情况设计实体完整性和参照完整性约束条件，并写出 SQL 语句实现这些约束条件。

13. 在上面借书关系数据库中完成以下操作：
    (1) 在books表中建立UPDATE触发器tr1，若更新了books表中的图书编号，则相应更新borrowinf表的图书编号。
    (2) 在readers表中建立DELETE触发器tr2，当删除readers表中的记录时，若borrowinf表中有相应的借阅记录，则不允许删除该记录。
    (3) 在borrowinf表中建立INSERT触发器tr3，若某位读者当天借的书已超过5本，则不允许再借了。
    (4) 在borrowinf表中建立INSERT触发器tr4，若新增借书记录则自动在表readers的"已借数量"上增加1。

第8章

数据库恢复技术

数据库恢复技术是数据库管理系统的重要组成部分，是一种事务处理技术。所谓事务，是指一系列数据库操作，要么完成，要么全不做。数据库恢复技术用于事务终止后的处理和系统故障恢复处理，确保系统发生故障后能够恢复数据库。

8.1 事务的基本概念和特征

8.1.1 事务的基本概念

数据库中通常存储的是描述企事业单位当前状态的信息，如一家银行每个储蓄客户的账户余额。当账户余额发生改变时，存储在数据库中的信息必须做相应的更新。在数据库管理系统中，这些更新由一种被称为事务的程序完成。在数据库系统中，常常将一些操作集合成一个逻辑工作单元。例如，转账事务包含了支出账户的金额支出和转入客户的金额转入两个方面的处理。显然，在完成支出操作后，还要完成转入操作，否则转账事务的处理会发生错误。因此支出和转账处理构成了一个完整的逻辑工作单元。在数据库操作中要么成功地完成这个逻辑单元的所有操作，要么不做其中的任何一个操作。因此，我们给出下面的事务的定义。

事务(Transaction)是用户定义的数据库操作系列，这些操作系列构成了一个基本的执行单元，不可再分割。事务往往由事务开始、事务主体和事务提交组成。在SQL语句中，常使用如下语句定义事务：

```
BEGIN TRANSACTION
COMMIT
ROLLBACK
```

BEGIN TRANSACTION表示事务开始。COMMIT表示将事务提交，此时，事务中所有操作结果被保存。ROLLBACK表示回滚，即当事务提交不成功时，系统将撤销已完成的部分操作，回到事务开始状态。

8.1.2 事务特征

一个事务具有四个特征，包括原子性(Atomicity)、一致性(Consistency)、隔离性(IsoLation)

和持久性(Durability)。

1. 原子性

事务的原子性是指事务是数据库操作的逻辑工作单位,不可再分割。事务中的所有操作要么都执行,要么都不执行。

2. 一致性

事务的一致性是指事务执行的结果必须从一个状态转换到另一个状态时保持一致。所谓状态保持一致是指当事务提交成功时,保存一致性的结果。而当事务提交不成功时,如数据库系统运行过程中发生故障,某些事务操作尚未完成就被中断,数据库将处在不一致的状态,这种状态应该撤销。例如,一个转账事务可能包括对两个公司账目的更新,应当保证从一个账户中支出的金额等于转入到另一账户的存入金额。当这种更新操作由于某些故障不能成功地完成时,就可能出现账目不符的情况,所提交的转账事务必须撤销以保持账目一致。

3. 隔离性

事务的隔离性是指一个事务的执行不能影响到另一个事务,即一个事务的内部操作相对于外部事务是隔离的。因此,并发执行事务时事务间不能相互干扰。

4. 持久性

事务的持久性是指一旦事务提交成功,数据修改是永久的。

事务是数据库并发控制和恢复的基本单位,保证事务的这些特性是事务处理的重要任务。

上述这些特性被称为 ACID 准则,ACID 来自于四个特性的第一个英文字母。我们现在来讨论这些事务的特征。假定事务 T_i 是从账户 A 转账 1000 元到账户 B 的事务,可以定义为:

```
Ti: read(A);
    A:=A-1000;
    Write(A);
    Read(A);
    B:=B+1000;
    Write(B);
```

一致性要求不改变 A、B 之和。如果数据库在事务执行之前其和是不变的,那么事务执行之后仍将保持一致。否则,金额统计会出现错误。

原子性保持了事务的一致性。假设事务 T_i 执行之前,账户 A 和 B 分别为 1 万元和 2 万元。如果在执行事务 T_i 时系统出现故障,导致事务执行没有成功地完成。进一步假设故障发生在 write(A)之后,write(B)之前。数据库中反映出来的账户 A 有 0.9 万元,账户 B 的金额依然是 2 万元。$A+B$ 的结果不再保持一致。数据库中必须消除这种不一致状态。消除的方法是对于不能成功完成的事务,取消其中的所有操作,使数据库恢复到事务执行前的状态。例如上例中，将取消 1000 元的支出操作，恢复账户 A 的账面金额为 1 万元。保证事务原子性的思路是：对于事务执行中的写操作，数据库系统保存写操作前的旧值，如果事务没有成功地执行，数据库系统将恢复旧值。

持久性保证一旦事务执行成功，将永久保存数据更新的结果。因此，在出现故障时，数据更新的结果已经从内存转存到外部存储器上，这样可以保证数据库中的数据不被破坏。

隔离性主要是确保多个事务间不相互干扰。因为，即使每个事务能确保数据的一致性和原子性，当几个事务并发执行时，也可能导致出现不一致的状态。例如，在上面的转账事务 T_i 执行过程中，当账户 A 的总金额已被减去转账金额并写回了账户 A，而账户 B 的总金额被加上转账额后还未写回到账户 B 时，数据库中的数据库是不一致的。此时，如果另一事务 T_j 访问账户 A 和 B 的金额并计算两个账户的金额总和时，将产生不一致的值。事务的隔离性可以确保事务 T_j 执行过程中，要么 T_i 已经执行完毕，要么还没有运行，使事务 T_j 不会在 T_i 事务执行过程中访问到 T_i 处理的中间结果。

8.1.3 事务状态

我们希望事务的执行能够成功完成，但有时由于系统故障等原因事务可能无法成功执行而处在中止状态，称为事务中止(aborted)。为了保证事务的原子性，中止事务不能破坏数据库的一致性状态。这样，一个被中止的事务所做过任何改变操作要取消。数据库恢复到事务执行前的状态，我们称之为事务回滚(rolled back)。

为了准确定义一个事务成功完成，事务应该处在下列状态之一。

(1) 活动状态(active)。初始状态，事务执行时事务处于活动状态。

(2) 部分提交状态(partially committed)。事务的最后一条语句被执行完毕，事务进入部分提交状态。此时，事务中对数据的操作已经全部完成，但结果数据还驻留在内存中。因此，如果在此状态时，系统出现故障仍可能使事务不得不终止。

(3) 失败状态(failed)。如果事务不能正常执行，事务就进入失败状态。这意味着事务没有成功地完成，必须回滚。回滚(Rollback)就是撤销事务已经做出任何数据更改。一旦事务造成的所有更改被撤销，我们就说事务已回滚。

(4) 终止状态(aborted)。事务回滚并且数据库已经恢复到事务执行前的状态。

(5) 提交状态(committed)。当数据库系统将事务中对数据的更改完全写入磁盘时，写入一条事务日志信息，标志着事务成功完成，这时事务就进入了提交状态。事务成功执行之后，更新结果转存到永久存储器上，因此，事务一旦提交，即使出现了故障，事务所做的数据更新也能在系统重新启动后恢复。

事务状态如图 8-1 所示。事务从活动状态开始，当事务完成它的最后一条语句后，进入部分提交状态。此刻，事务虽然已经完成，但事务处理的结果数据仍然临时驻留在内存中，某些故障可能导致其中止。最后，数据库系统要把

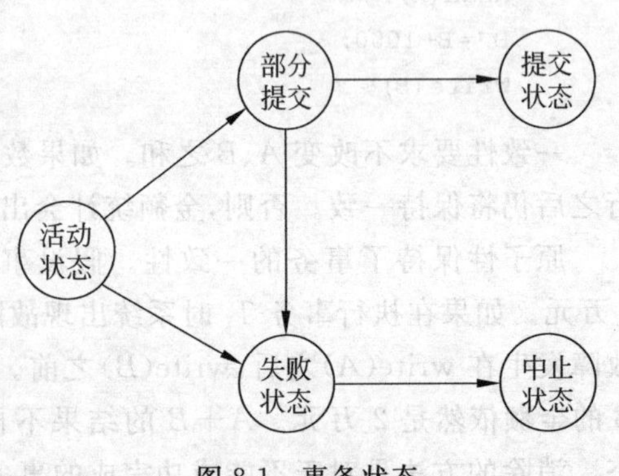

图 8-1 事务状态

结果数据写入外部存储器中，以保证即使系统出现故障时，事务所做的更新仍然有效。当完成所有写入数据后，事务进入提交状态。当事务不能正常执行时，进入失败状态。这种事务必须撤销，事务进入中止状态。此时，系统有两种方法处理中止状态：重启事务，在由于硬件错误引起事务中止时是有效的；杀死事务，通常由于事务内部逻辑错误引起事务中止时是有效的。

8.1.4　事务原子性和持久性的实现

数据库管理系统实现事务原子性和持久性的方案很多。这里介绍一种所谓"影子拷贝"方案。该方案假设某一时刻只有一个事务，要处理的数据库是一个磁盘文件，并且有一个副本，称为数据库的影子拷贝。在磁盘上维护一个指向数据库当前副本的指针 db_pointer。

在影子方案中，更新数据库的事务首先创建数据库的一个完整副本。所有更新在新建的数据库副本上进行，而保持原始数据库不动。如果在任一时刻事务不得不中止，系统仅需要删除新副本，原数据库副本没有受到任何影响。

如果事务完成，操作系统必须确保数据库新副本上的所有数据页已写入磁盘。当写操作完成后，指针 db_pointer 修改为指向数据库的新副本，即数据库的当前副本，而旧副本可以删除了。这时，我们称事务已提交。

现在来考虑影子拷贝方案是如何来处理事务和系统故障的。如果事务故障在 db_pointer 指针修改之前发生，数据库的原有内容并未受影响。这时，可以简单地删除数据库的新副本来中止事务。一旦事务已提交，更新就在 db_pointer 指针所指向的数据库中。这样，不管有没有事务故障，事务更新或者使数据库更新成功或者根本就没有改变。如果系统故障发生在指针 db_pointer 写入磁盘之前，当系统重启后，读取的指针值并没有改变，数据库仍然保持原来的内容不变，事务对数据库没有影响。如果系统故障发生在指针写磁盘之后，在指针修改前，数据库的副本所有更新内容已经写入磁盘。这样，系统重启后，读取指针，得到的将是事务完成后数据库的更新内容。

影子拷贝方案实际上基于 db_pointer 指针写操作的原子性，即要么写入 db_pointer 的所有字节，要么没有写入任何字节。

8.1.5　事务的并发运行

事务处理系统通常允许多个事务并发运行。其优点如下。

(1) 提高系统处理数据的吞吐量。一个事务可能涉及许多操作，如 I/O 操作和 CPU 操作。利用这些操作的并行性，多个事务可以并行地执行。当一个事务在磁盘上读写时，另一个事务可以在 CPU 上执行，从而提高系统的任务吞吐量。

(2) 减少等待时间。系统中可能运行着各种事务，事务执行的耗时长短不同。如果事务串行，势必短事务要等待它前面的长事务完成后再运行，则导致事务的过长延迟。各个事务可以共享 CPU 的周期和磁盘存取，减少延迟。

但多个事务执行时，并发更新数据将破坏数据一致性。第 9 章中讲述的并发控制机制可以保证并发事务运行时数据的一致性。

8.2 数据库恢复的必要性

计算机系统发生故障时,有可能丢失信息,数据库系统必须具备数据库恢复机制。恢复机制是数据库系统必不可少的组成部分,负责将数据库恢复到故障发生前的某个数据一致性状态,以保证事务的原子性不被破坏。

事务原子性遭到破坏的原因很多,可能是由于多个事务交叉运行时互相干扰或事务运行过程被迫中断造成的。数据库系统运行过程中也可能发生系统故障造成事务的原子性遭到破坏。这些故障大致可分为如下几类。

1. 系统故障

系统故障是指造成系统停止运行的任何事件,如硬件故障、操作系统或DBMS故障、突然停电等。这些情况发生时,正在执行着的所有事务将突然中断,导致内存中保留的事务数据都被丢失,数据库可能处在不一致的状态。

2. 事务内部的故障

事务故障有两种,一种可由应用程序本身发现,如在转账事务中需要将一笔金额由一个账户转入另一个账户,但在操作过程中发现余额不够,不能转出。这种情况可由应用程序安排一个Rollback中止事务的执行。但另一些事务故障如发生死锁、运算溢出等,这类故障是非预期的,是不能由应用程序处理的,而应由系统予以处理。事务故障仅指这后一类故障,即事务处理出现错误,而程序又不能为之提供明显的意外处理代码,从而未到达预期的终点(Commit或Rollback),导致事务的非正常结束。

3. 存储设备故障

存储设备故障主要指辅助存储的介质受到破坏,如磁盘的磁头碰撞使部分磁介质损坏等。这类故障不但影响活动着的所有事务,而且使被损坏介质的数据丢失,数据库遭到严重破坏。

4. 其他原因

某些恶意的人为破坏,造成事务异常结束。如病毒、恶意流氓软件等。

在发生故障时,要了解引起事务异常结束的故障原因,以便于采取相应的措施恢复事务。

8.3 数据库恢复策略

当故障发生时,应首先分析发生故障的原因,判断属于哪种故障。然后,根据所发生的故障种类,采取相应的恢复策略。

1. 事务故障的恢复

事务内部的故障使事务未到达预期的终点而中止。因此，系统应该强行回滚，撤销该事务对数据库已做的所有更新，使得这个事务好像根本没有发生一样。

考虑在上面讨论的转账事务 T_i 的例子。如果在事务 T_i 执行过程中发生事务故障，如在账户 A 已经支出 1000 元，而账户 B 还来不及存入 1000 元时发生故障，此时事务中止，数据库系统处在不一致状态。解决的方法是利用日志文件撤销事务对数据的更改，系统回滚到事务执行前的状态。

日志(log)用来记录数据库的修改，记录数据库中所有更新操作。当事务故障发生时，系统反向扫描日志文件，并执行逆向操作，将更新前的数据写入数据库。

2. 系统故障的恢复

系统故障将导致事务状态丢失。典型的系统故障包括掉电和软件错误。事务和其他任何程序一样，为了提高工作效率，每个执行部分都是在数据库缓冲区中进行的。与磁盘不同，内存的数据一旦断电将丢失，会引起数据库状态不一致问题。因此，系统故障不会破坏数据库，但会丢失缓冲区中的数据。

造成数据库状态不一致的原因有两个：一是未完成事务对数据库的更新可能已写入数据库；二是已提交事务的更新数据还可能留在缓冲区中，来不及写入数据库。因此，这些数据都应在恢复之列。恢复系统故障的操作就是撤销故障发生时未完成的事务，对所有已完成的事务做重做操作。

系统故障的恢复是由系统在重新启动时自动完成的，当故障修复系统重新启动后，可利用日志文件进行数据恢复。具体恢复步骤如下。

(1) 扫描日志文件，找出故障发生前已提交的事务和故障发生时未完成的事务。已提交的事务既有记录 Start T，也有记录 Commit，其标识记入重做(Redo)对列。未完成的事务只有记录 Start T 而没有记录 Commit，其标识被记入撤销(Undo)队列。

(2) 重新提交所有已完成的事务：正向扫描日志，按日志文件记录的操作重新执行提交的事务，即将日志记录中更新结果写入数据库。

(3) 撤销未完成的事务：反向扫描日志，对每个未完成的事务执行逆操作，以恢复事务执行前数据库的状态，即将日志文件中记录的更新前的值写回数据库。

3. 介质故障的恢复

事务的持久性要求已提交事务写入的所有信息都不能丢失。因此，需要考虑介质故障。介质故障发生后，介质上存储的数据受到破坏，单用日志文件已不能恢复这些数据。因此，需用后援副本和日志文件一起完成恢复。恢复过程为：首先根据后备副本重建数据库，然后利用运行日志重做该副本备份后已完成的所有事务。

实现持久性的另一种简单方法是在两台不同的数据设备上维护数据库的两份不同的拷贝，这样两台设备不太可能同时发生故障。镜像磁盘就是实现方法之一。镜像磁盘需要大容量磁盘，每当提出写入一条记录的请求时，镜像系统就会在两个不同的磁盘中写入同一条记录，因此，每一个磁盘都是另一个的精确拷贝或称为镜像。

如果出现的只是单一介质故障，那么存储在镜像磁盘中的数据是持久的。当一个磁盘发生了故障，该系统仍然保持可用，因为，可以利用另一个磁盘继续工作。但置换磁盘后，需要对两个磁盘实施同步。因此，该种恢复操作往往很费时。

8.4 数据转储与恢复

前面介绍介质故障的恢复时用到了后备副本，后备副本是通过数据转储得到的。数据转储是指定期地将整个数据库复制到存储设备上。当数据库被破坏时，通过装入后备数据库得以恢复。当然，这种方法只能恢复转储前的数据。转储后的数据需要重新运行转储后的更新事务来恢复。图 8-2 表示了转储与恢复的过程。系统在 T_0 时刻停止运行事务进行数据库转储，在 T_1 时刻转储完毕，得到与 T_1 时刻数据库的一致性数据库副本。系统运行在 T_2 时刻发生故障。为了恢复数据库，首先重装数据库副本，将数据库恢复到 T_1 时刻的状态，然后重新运行 T_1 时刻后的所有更新事务，把数据库恢复到故障发生前的一致性状态。

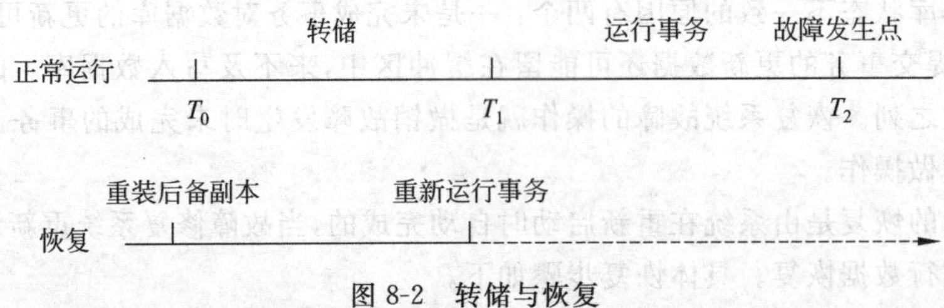

图 8-2　转储与恢复

转储分为静态转储和动态转储。静态转储是在无事务运行时进行的，即转储过程中，没有任何数据库的更新操作，因此，静态转储保持了数据库的一致性。动态转储则是在转储过程中允许数据库的更新操作，因此与静态转储相比，转储过程不影响新事务的运行。但是，由于数据库一边转储、一边操作，转储的数据可能不等转储结束就失效了，因此，在动态转储的同时要把对数据库的更新记录在日志中。在介质故障发生时，用后备副本和日志文件可以恢复数据库到某一正确状态。

使用转储进行数据库恢复取决于转储方式。对于静态转储，系统不允许在转储过程中开始新的事务，并且在现有的事务活动都已终止的情况下，进行转储。为了在介质故障后恢复数据库，当系统重新启动后，首先将转储文件装入数据库，然后利用两次扫描转储之后的日志记录进行恢复处理：首先反向扫描日志文件，产生转储后所有已提交的事务列表；然后正向扫描日志文件，把列表中所有事务的重做记录复制到数据库中。

静态转储要求在转储过程中不允许有新的事务执行。但是，在许多应用程序中，系统是不能关闭的，这就需要在系统的运行过程中进行动态转储。动态转储允许事务一边执行转储，一边更新记录。该转储程序在这些记录写入前后都可以读取。因此，对动态转储后的恢复，需要先将转储文件装入数据库，然后利用转储时的日志进行恢复，即对已经完成的事务进行重做，对未完成的事务进行撤销。

【例 8-1】　让我们考虑一个采用动态转储恢复数据库的情况，如图 8-3(a)所示。在转储过程中，事务 T 执行 x 和 y 的写操作。假定在结束转储后由于介质故障而异常中止。恢复时，在第二遍扫描(正向扫描)中恢复启动转储后提交的事务 T 所写的每一个数据库项值。转储记录的 x 值反映了 T 的影响，可直接由转储记录恢复。而 y 值仍是旧值，我们可以借助于日志记录恢 T 的更新值。

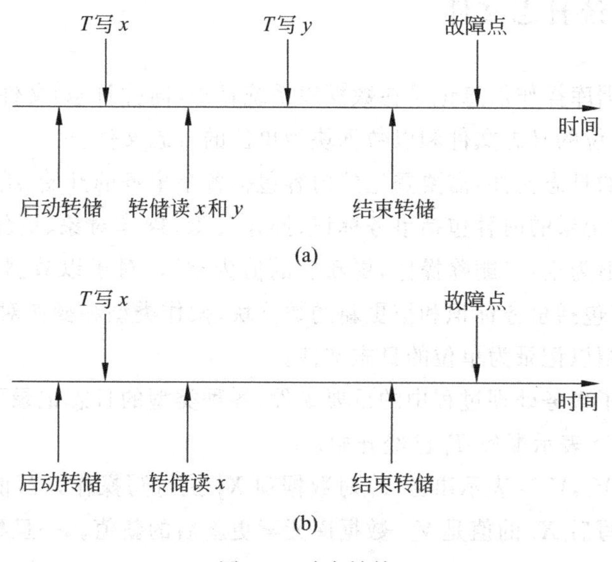

图 8-3　动态转储

一般情况下，当介质故障发生后，可以利用后备副本和日志进行数据库恢复，但上面讲到的恢复过程并不能正确处理以下两种情况。

(1) 在转储开始前提交的事务 T 所写的数据库页面在转储开始前可能未被写入数据库。在这种情况下，转储不包含 T 写的新值，因为在第 1 遍扫描的事务列表中没有事务 T。而事务列表中的更新记录在第 2 遍扫描中用来前滚数据库值。这种情况发生的原因是，T 的提交记录位于转储记录之前，而正向扫描是从转储记录开始。

(2) 转储有可能读取在转储过程中活动但又被异常中止的事务写入的值。这种情况下，转储记录值不会被回退。如图 8-3(b)所示。

为了解决这些问题，可以采取下面的方法。

(1) 在开始转储前，将监测点记录追加到日志里，其后紧跟一条转储开始记录。

(2) 补偿日志记录用来记录异常中止处理时对更新的逆操作。

为了恢复数据库，系统首先重载转储文件，然后对日志做三次扫描：首先从尾部开始反向扫描到最近的监测点记录。在这次扫描中，系统产生一个包含所有故障发生时还处于活动状态的事务列表。其次，从转储开始时第二个最近监测点记录开始，正向扫描到日志尾部。在这次扫描中系统使用所有的事务重做记录，从转储记录的状态开始前滚数据库。最后，扫描从日志尾部开始，反向扫描到列表中最早的某一事务的开始记录，撤销列表中所有的事务。

8.5 基于日志的数据库恢复

8.5.1 数据库系统日志文件

有关事务的数据库操作信息记录在数据库系统日志(简称日志)文件中。日志文件主要有两种,以记录为单位的日志文件和以数据块为单位的日志文件。

以记录为单位的日志文件,需要登记的内容包括各个事务的开始、结束标记和所有更新操作。具体地,日志记录的内容包括事务标识、操作类型、操作对象、更新前后的数据值(对插入操作更新前的值为空,对删除操作,更新后的值为空)。对于以数据块为单位的日志文件,日志记录的内容包括事务标识和被更新的数据块,操作类型和操作对象不用存入日志文件中。下面主要介绍以记录为单位的日志文件。

事务日志记录了事务处理过程中的重要事件,各种类型的日志记录可表示为:

(1) <Start T_i>表示事务 T_i 已经开始。

(2) <T_i, X_j,V_1,V_2>表示事务 T_i 对数据项 X_j 执行写操作。写前 X_j 的值是 V_1,数据库元素的旧值。写后 X_j 的值是 V_2,数据库元素更新后的新值。一旦事务提交成功,新值将写入磁盘。否则,数据库管理系统将取消新值,恢复旧值。

(3) < Commit T_i>表示事务 T_i 已提交。事务已提交表示事务执行成功并且对数据库元素不会再有修改。事务对数据库所做的任何更新都写入到数据缓冲区中。但是,由于不知道何时决定将数据从缓冲区拷贝到磁盘。所以,当我们看到日志记录时,通常不能确定磁盘已经进行更新。

(4) <Abort T_i>表示事务 T_i 已中止,表明事务不能成功完成。如果事务中止,系统将确保这一事务的更新不会对数据库造成影响。

每次执行事务的写操作时,必须在数据库修改前建立写操作日志记录。这样在出现事务故障时,可以利用日志记录中记录的值来恢复数据库。

8.5.2 使用日志恢复数据库

日志文件在数据库恢复中起着非常重要的作用,可以用来进行事务故障恢复和系统故障恢复。介质故障则需要后备副本与日志文件相结合来恢复。下面讨论几种基于日志的恢复技术。

1. Redo 技术

在日志中记录所有数据库修改操作,将一个事务的写操作延迟到事务提交时进行。当事务提交时,日志保存了该事务对数据库更新的信息。如果在系统执行过程中发生故障,可以用 Redo 操作重做事务,恢复已完成的事务。

事务操作时写日志的过程是：事务 T_i 开始执行前，向日志中写入记录＜start T_i＞；T_i 的一次 write(X)操作导致向日志中写入一条新记录；最后，当 T_i 部分提交时，向日志中写入记录＜commit T_i＞。

【例 8-2】 以银行转账为例。假定三个银行账户 A、B 和 C 的金额为 1000、2000 和 3000 元。执行 T_0 事务，将 100 元从账户 A 转到账户 B：

```
T0: read(A);
  A:=A-100;
  write(A);
  read(B);
  B:=B+100;
  write(B).
```

执行另一事务 T_1，从账户 C 中取出 200 元：

```
T1: read(C);
  C:=C-200;
  write(C).
```

假设先执行 T_0，然后执行 T_1。日志中包含与这两个事务相关信息的部分如图 8-4 所示。

图 8-5 对应的是一种数据库状态。只有当记录＜T_0，A，900＞存入日志中，才能修改账户 A 的数据。注意，在上面两个图中的 Redo 日志记录中，只给出了新值，由于在 Redo 日志中旧值并没有用途而没有给出。

(a)	(b)
[start, T_0]	[start, T_0]
[T_0, A, 900]	[T_0, A, 900]
[T_0, B, 2100]	[T_0, B, 2100]
[commit, T_0]	[commit, T_0]
[start, T_1]	[start, T_1]
[T_1, C, 2800]	[T_1, C, 2800]
	[commit, T_1]

图 8-4　与 T_0 和 T_1 对应的日志的两种状态

日志	数据库
[start, T_0]	
[T_0, A, 900]	
[T_0, B, 2100]	
[commit, T_0]	
	A=900
	B=2100
[start, T_0]	
[T_1, C, 2800]	
[commit, T_1]	
	C=2800

图 8-5　与 T_0 和 T_1 对应的日志和数据库的状态

利用 Redo 操作，系统可以处理事务提交后导致信息丢失的故障。恢复机制将使用如下过程。

redo(T_i)将事务 T_i 更新的所有数据项的值设为新值。T_i 所更新的数据项集合及新值可以在日志中找到。

故障发生后，恢复子系统检查日志，看哪个事务需要重新执行。事务 T_i 需要重新执行的条件是日志中包含记录＜start T_i＞和＜commit T_i＞。因此，如果系统在事务执行完成后崩溃，日志中的相关记录将用于恢复到事务完成后的一致状态。

【例 8-3】 以图 8-6 为例，假定有两个事务 T_0 和 T_1 在运行，系统在事务完成前崩溃，看看我们利用 redo 恢复技术是如何将数据库恢复到一致状态的。

(a)	(b)
[start, T_0]	[start, T_0]
[T_0, A, 900]	[T_0, A, 900]
[T_0, B, 2100]	[T_0, B, 2100]
[commit, T_0]	[commit, T_0]
[start, T_1]	[start, T_1]
[T_1, C, 2800]	[T_1, C, 2800]
	[commit, T_1]

图 8-6 与 T_0 和 T_1 对应的日志的两种状态

一种情况是，假定对应事务 T_1 中 write(C)操作刚刚完成后就发生了系统崩溃。此时的日志内容如图 8-6(a)所示。当系统重新启动后，要执行 redo(T_0)操作，因为日志中有记录＜commit T_0＞。事务 T_0 提交后，账户 A 和 B 的值分别为 900 元和 2100 元，由于事务 T_1 没有提交，账户 C 的值仍为 3000 元。不完整的事务 T_1 的日志记录可以从日志中删除。

另一种情况是，假定日志记录＜commit T_1＞刚写入日志后就发生了系统崩溃，崩溃时的日志如图 8-6(b)所示。当系统重新启动后，日志中有两条提交记录：一个是 T_0 的，一个是 T_1 的。系统按日志中记录的事务提交顺序执行 redo(T_0)和 redo(T_1)。这些操作执行后，账户 A、B 和 C 的值分别为 900 元、2100 元和 2800 元。

2. Undo 恢复技术

在事务执行过程中修改了数据库而事务还没有提交，此时如果系统崩溃，可以利用 Undo(撤销事务)恢复技术，将被修改的数据项恢复到事务开始前的状态。

Undo 操作的过程是：首先，检查日志文件，寻找事务 T_i 执行 write(X)操作前写入日志的记录；然后，把数据库中的 X 项的值重新修改为更新前的旧值。如果事务 T_i 有多个 write 操作，Undo write 操作的顺序必须与 write 操作时写入日志的顺序相反。

以上介绍了 Redo/Undo 恢复技术。恢复子系统将使用这两种恢复技术完成数据库的恢复。在发生信息丢失故障时，可使用下面两个恢复过程：

undo(T_i)将事务 T_i 已更新的所有数据恢复成旧值。

redo(T_i)将事务 T_i 要更新的所有数据设为新值。

恢复子系统通过检查日志文件，决定哪些事务需要执行 redo 操作，哪些事务需要执行 undo 操作。当日志中包含记录＜start T_i＞而不包含＜commit T_i＞时，事务 T_i 需要执行 undo 操作；当日志中包含记录＜start T_i＞而又包含记录＜commit T_i＞时，事务 T_i 需要执行 redo 操作。

【例 8-4】 下面讨论转账事务 T_0 和 T_1 的例子。首先，假设事务 T_0 的操作 write(B)刚刚执行完后系统发生崩溃，日志状态如图 8-7(a)所示。当系统重新启动后，检查日志中有记录＜start T_0＞，但没有记录＜commit T_0＞。因此，T_0 的操作必须撤销。系统通过执行 undo(T_0)，将账户 A 和账户 B 的值分别恢复成 1000 元和 2000 元。

其次，假设事务 T_1 的操作 write(C)刚刚执行完后就发生系统崩溃，日志状态如图 8-7(b)所示。当系统重新启动后，需要执行两个恢复动作，一个是 undo(T_1)，因为日志中只有记录＜start T_1＞。一个是 redo(T_0)，因为日志中包含了记录＜commit T_0＞。恢复过程完成后，账户 A、B 和 C 的数据分别为 900、2100 和 3000 元。注意，undo(T_1)是在 redo(T_0)之前执行的。

(a)	(b)	(c)
[start, T_0]	[start, T_0]	[start, T_0]
[T_0, A, 1000, 900]	[T_0, A, 1000, 900]	[T_0, A, 1000, 900]
[T_0, B, 2000, 2100]	[T_0, B, 2000, 2100]	[T_0, B, 2000, 2100]
	[commit, T_0]	[commit, T_0]
	[T_1, start]	[T_1, start]
	[T_1, C, 3000, 2800]	[T_1, C, 3000, 2800]
		[commit, T_1]

图 8-7　与 T_0 和 T_1 对应的日志三种状态

最后，假设事务 T_1 提交后发生了系统崩溃，日志状态如图 8-7(c)所示。当系统重新启动后，事务 T_0 和 T_1 都需要重做，因为日志中含有记录＜start T_0＞和＜commit T_0＞以及＜start T_1＞和＜commit T_1＞。在系统执行恢复过程 redo(T_0)和 redo(T_1)后，账户 A、B 和 C 的值分别为 900 元、2100 元和 2800 元。

本节介绍了基于日志的恢复技术。利用日志文件可以恢复系统故障和事务内部的故障，而介质故障需要后备副本和日志文件联合使用才可以有效地恢复数据库。例如，在动态转储中必须建立日志文件，在日志文件中把转储期间各事务对数据库的更改活动登记下来，这样联合使用后备副本和日志文件就能有效地把数据库恢复到某一时刻的正确状态。而在静态转储后，利用日志文件可以将故障发生时完成的事务重新运行，还没完成的事务可以撤销。

8.6　检查点恢复技术

在故障发生时，需要利用日志文件中记录的内容进行恢复。对事务内部的故障，仅需要恢复发生故障的个别事务。而系统故障发生时，由于影响到多个事务，需要扫描日志文件的所有记录。但实际上，系统故障发生时受影响的仅仅是少量事务，大部分事务的更新已经真正写入数据库中了，并不需要恢复。为了提高恢复效率，提出了具有检查点的恢复技术。

所谓检查点(CheckPoint，CKPT)是记录在日志中表示数据库是否正常运行的一个标志。数据库恢复时，利用检查点能使恢复管理程序判定哪些事务是正常结束的，从而确定恢复哪些数据以及如何进行恢复。系统需要周期性地(如每隔 10 分钟)向日志写入一条检查点记录以记录所有当前活动的事务。检查点记录的内容包括建立检查点时刻所有正在执行的事务及这些事务最近一个日志记录在日志中的地址。

写一个检查点系统需做以下几件事。

(1) 把日志缓冲区中的内容写入日志文件；

(2) 在日志文件中写入一个检查点记录；

(3) 把数据库缓冲区的内容写入数据库；

(4) 把检查点记录在日志文件中的地址写入重启动文件。

写检查点过程中，不允许事务执行任何更新操作，如写缓冲块和写日志记录。

以上写检查点步骤遵循了"日志记录优先写入"的原则。如果在写数据记录到数据库中时发生了故障,系统也能根据已写入运行日志中的修改值恢复数据库。

具有检查点的恢复步骤为:

(1) 从重启动文件中找到最后一个检查点记录;

(2) 得到检查点时刻的事务清单;

(3) 正向扫描日志文件,对已经完成的事务执行 Redo 操作,对未完成的事务执 Undo 操作。

假定某一事务在检查点之前提交,则由检查点记录知,之前的数据修改都已经写入数据库,不必在恢复时重新运行这些操作,而只运行检查点记录之后的操作即可。利用检查点方法有效地改善了数据库恢复技术。

如图 8-8 所示为系统故障发生时处于不同状态的几类事务,图中 t_f 是系统故障发生时刻,t_c 是 t_f 之前的最近一个检查点。对不同类型的事务,恢复的策略不同。T_1 类事务为 t_c 时刻前完成的事务,这类事务的有关数据已写入了数据库,在系统故障发生时不会受影响,不在恢复之列。T_2 类事务是在 t_c 时刻正在执行,在 t_f 时刻前已完成的事务。由于是在检查点之后提交的,因此不能保证它们的更新已写入数据库。对这类事务应该重做(Redo)。实际上只要重做 t_c 之后的更新就可以了,因 t_c 之前更新的值已写入了数据库。T_3 类事务是在 t_c 时刻前开始的在 t_f 时刻还未结束。对这类事务应该撤销(Undo),恢复数据到执行前的状态。T_4 类事务是在 t_c 后开始的但在 t_f 时刻已经结束,日志中有该事务所有更新值的完整记录。因此,同 T_2 类事务一样,这类事务要重做。T_5 类事务是在 t_c 后开始的,而在 t_f 时刻还未结束,这类事务应该撤销。

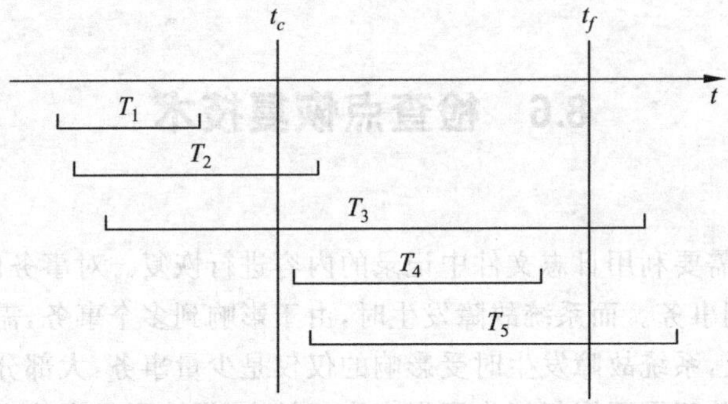

图 8-8 系统故障发生时的不同事务

可以看出,在系统故障发生后的恢复,对恢复子系统,应该识别 T_2～T_5 类的所有事务。对不同的事务进行重做或撤销处理,在这一工作完成之前,系统将不能接受任何新的事务处理。

8.7 数据库镜像恢复技术

数据库镜像是指在不同的设备上同时存在两份数据库,一个是主设备,另一个是镜像设备。所谓镜像的含义是指每当主设备的数据库发生更新时,系统自动更新镜像设备的数据,使得两个设备的数据始终保持一致。数据库镜像技术可用于存储设备故障的恢复，一旦主设备出现故障，可以由镜像设备继续提供数据。图 8-9 是一种使用镜像技术的数据复制与恢复过程。每当主数据库更新时，DBMS 自动把更新后的数据复制过去，如图 8-9(a)所示。这样，一旦出现介质故障，可由镜像磁盘继续提供使用，同时 DBMS 自动利用镜像磁盘数据进行数据库的恢复，不需要关闭系统和重装数据副本，如图 8-9(b)所示。

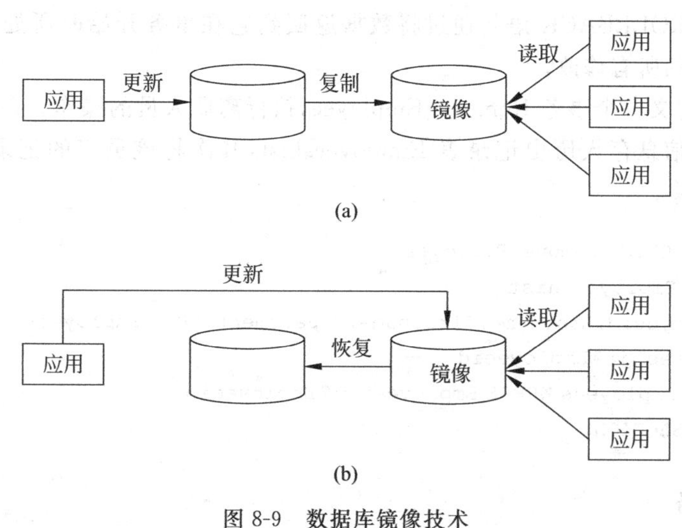

图 8-9　数据库镜像技术

8.8　SQL Server 的数据恢复机制

8.8.1　SQL Server 中的事务

在 SQL Server 中，一条语句可能是一个事务，一组语句或者是一个程序也可能是一个事务。基于 SQL 的 DBMS 对一个事务中的语句规定：事务中的语句将被作为数据库的原子工作单元被运行，所有的语句要么成功地执行，要么一个也不被执行。

DBMS 负责保证这个对事务的规定有效，即使事务处理过程中应用程序中止或出现硬件故障，DBMS 必须确定在故障排除前，数据库不会执行事务操作。

SQL Server 中的事务以如下三种模式运行。

(1) 自动提交事务：每条单独的 T-SQL 语句都是一个事务。

(2) 显式事务：事务在语句 BEGIN TRANSACTION 和 COMMIT 子句之间。显式事务也称为用户定义或指定的事务。

(3) 隐式事务：不用 BEGIN TRANSACTION 标记事务开始，每个 T-SQL 语句，如 INSERT、UPDATE 和 DELETE 语句都作为一个事务执行。

1. 定义事务

SQL Server 定义事务的基本语句有：

(1) BEGIN TRANSACTION <transaction_name>，启动一个事务，执行其后的所有T－SQL语句，并用COMMIT标记对数据库做永久改动。

(2) COMMIT <transaction_name>，如果事务成功，则提交。COMMIT语句保证事务的所有修改在数据库中都永久有效。COMMIT还释放事务使用的资源，例如锁。

(3) ROLLBACK<transaction_name>，如果事务中出现错误或者用户决定取消事务，可回滚该事务。ROLLBACK语句通过将数据返回到它在事务开始时所处的状态，来撤销在该事务对数据的所有修改。

【例 8-5】 定义一个事务Remove_Employee，执行离职人员的操作。在该事务中，首先将被离职的员工信息存入历史记录表Employeeshist，其次将该员工的记录从当前员工表Employees中删除。

```
BEGIN TRANSACTION Remove_Employee
INSERT INTO Employeeshist
SELECT Employeeid,Lastname,Firstname,Department,FROM Employees
WHERE Employeeid=@Employeeid
DELETE FROM Employees WHERE Employeeid=@Employeeid
COMMIT TRANSACTION
```

2. 隐式事务

在隐式事务中，每个T-SQL语句，如INSERT、UPDATE、DELETE语句都作为一个事务执行。默认情况下，SQL Server不使用隐式事务。

使用T-SQL语句SET IMPLICIT_TRANSACTIONS ON可以将隐性事务模式设为打开。当SQL Server首次执行下列任何语句时，都会自动启动一个事务。

```
ALTER TABLE    FETCH    REVOKE
CREATE         GRANT    SELECT
DELETE         INSERT   TRUNCATE TABLE
DROP           OPEN     UPDATE
```

在隐式事务模式进行操作时，无需描述事务的开始，只需要提交或回滚每个事务。在发出COMMIT或ROLLBACK语句之前，该事务将一直保持有效。

8.8.2 备份和恢复

SQL Server设计了从系统和介质故障中恢复事务的机制，提供了一组备份和恢复操作。我们这里重点介绍备份与恢复。备份与恢复可以从介质故障中恢复数据，包括磁盘介质数据的丢失、用户错误和服务器的永久损失。SQL Server有三种恢复模型供用户选择，即简单恢复、完整恢复和大容量日志记录恢复。相对应也有三种备份策略。

1. 备份数据库

(1) 数据库备份类型

数据备份的范围可以是完整的数据库、部分数据库或者一组文件或文件组。对于这些范围，SQL Server 均支持完整和差异备份。

① 完整备份。"完整备份"包括特定数据库(或者一组特定的文件组或文件)中的所有数据，以及可以恢复这些数据的足够多的日志。

② 差异备份。"差异备份"基于数据的最新完整备份，完整备份称为差异的"基准"或者差异基准。差异备份仅包括自建立差异基准后发生更改的数据。通常，建立基准备份之后很短时间内执行的差异备份比完整备份更小，创建速度也更快。因此，使用差异备份可以加快进行频繁备份的速度，从而降低数据丢失的风险。通常，一个差异基准会由若干个相继的差异备份使用。还原时，首先还原完整备份，然后再还原最新的差异备份。

经过一段时间后，随着数据库的更新，包含在差异备份中的数据量会增加。这使得创建和还原备份的速度变慢。因此，必须重新创建一个完整备份，为另一个系列的差异备份提供新的差异基准。

③ 日志备份。第一次数据备份之后，在完整恢复模式或大容量日志恢复模式下，需要定期进行"事务日志备份"(简称"日志备份")。每个日志备份都包括创建备份时处于活动状态的部分事务日志，以及先前日志备份中未备份的所有日志记录。

(2) 数据库恢复模式

SQL Server 有简单恢复模式与完整恢复模式。这两种不同的恢复模式下备份与恢复的方法都不相同，在进行备份前首先要确定是使用哪一种恢复模式。简单恢复模式备份与恢复都比较简单，但有可能会丢失最近对数据库所做的修改，而完整恢复模式相对复杂，丢失数据的风险更小，且可以恢复到某一时间点。

① 简单恢复模式。简单恢复模式提供简单的备份与还原形式。由于不会备份事务日志，所以备份易于管理。不过，也正是由于这个原因，只能将数据还原到数据最近一次备份的结尾。如果发生故障，则数据库最近一次备份之后所做的修改将全部丢失。

图 8-10 显示简单恢复模式下最简单的备份和还原策略。其中有 5 个数据库备份，但只有在时间 t_5 进行的备份才需要还原(根据需要也可以还原 t_5 以前的备份，但只能还原一个备份)。还原这个备份会将数据库恢复到 t_5 这个时间点的状态，所有后面的修改(以 t_6 方块表示)都会丢失。

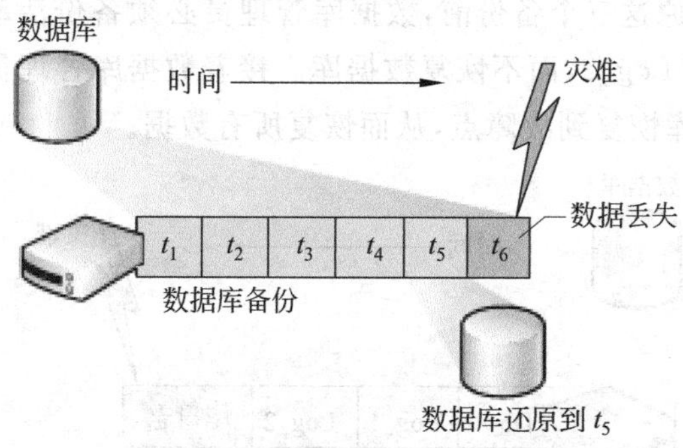

图 8-10　简单恢复模式下的备份策略

在简单恢复模式下，工作损失风险会随时间增加，直到进行下一个完整备份或差异备份为止。可以通过提高备份的频率以减少丢失数据的风险，但过高的备份频率会影响应用的性能，同时也会使备份变得难以管理。

图 8-11 中使用数据库完整备份与差异备份，在时间 t_1 完成一个数据库完整备份，之后在 t_2、t_3 和 t_4 分别完成 3 个差异备份。在 t_1 的差异备份比较小，但在 t_4 的差异备份已经与完整备份相差无几，因此在 t_5 时又开始一个新的完整备份。在这个备份策略下，如果在 t_1 到 t_5 之间发生故障，比如 t_4，则先恢复 t_1 的完整备份，然后恢复 t_3 的完整备份。

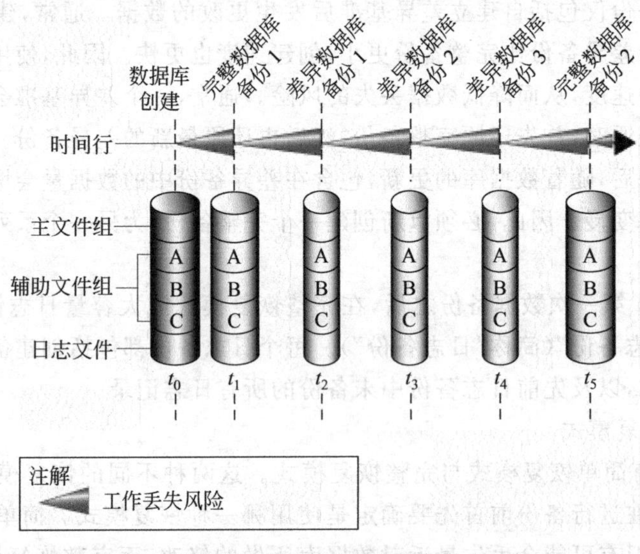

图 8-11　使用完整备份与差异备份的备份策略

② 完整恢复模式。完整恢复模式使用日志备份在最大范围内防止出现故障时丢失数据，这种模式需要备份和还原事务日志（日志备份）。使用日志备份的优点是允许将数据库还原到日志备份内包含的任何时点（时间点恢复）。假定可以在发生严重故障后备份活动日志，则可将数据库一直还原到没有发生数据丢失的故障点处。使用日志备份的缺点是它们会增加还原时间和复杂性。但在大多数的应用环境中还是使用日志备份。

图 8-12 显示了在完整恢复模式下的最简单的备份策略。在此图中，已完成了数据库备份 Db_1 以及两个例行日志备份 Log_1 和 Log_2。在 Log_2 日志备份后的某个时间，数据库出现数据丢失。在还原这三个备份前，数据库管理员必须备份活动日志（日志尾部）。然后还原 Db_1、Log_1 和 Log_2，而不恢复数据库。接着数据库管理员还原并恢复尾日志备份（Tail）。这将把数据库恢复到故障点，从而恢复所有数据。

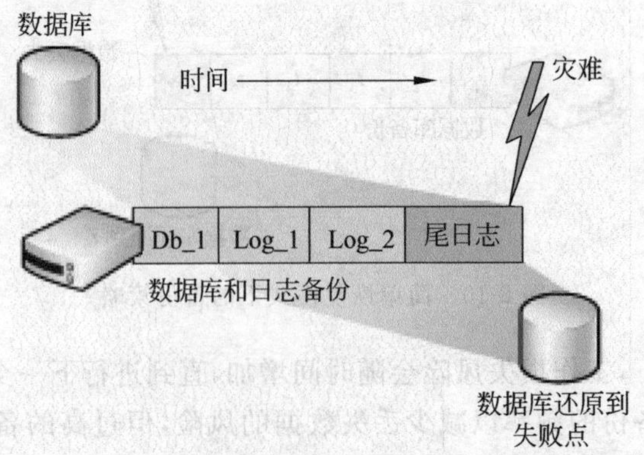

图 8-12　完整恢复模式下数据库和日志备份

在第一个完整数据库备份完成并且常规日志备份开始之后，潜在的工作丢失风险的存在时间仅为数据库损坏时以及执行最新的常规日志备份时。因此，建议经常执行日志备份，以将工作丢失的风险限定在业务要求所允许的范围内。

出现故障后，可以尝试备份“日志尾部”（尚未备份的日志）。如果尾日志备份成功，则可以通过将数据库还原到故障点来避免任何工作丢失。

可以使用一系列日志备份将数据库回滚到其中一个日志备份中的任意时间点。若要最大程度地降低风险，建议安排例行日志备份。请注意，为了最大程度地缩短还原时间，可以对相同数据进行一系列差异备份以补充每个完整备份。

图 8-13 显示的备份策略使用差异数据库备份及一系列例行日志备份来补充完整数据库备份。使用事务日志备份可缩短潜在的工作丢失风险的存在时间，使该风险仅在最新日志备份之后存在。在第一个数据库备份完成后，会接着进行三个差异数据库备份。第三个差异备份很大，因此下一次数据库备份时（t_{13}）开始一个新的数据库完整备份。该数据库备份将成为新的差异基准。

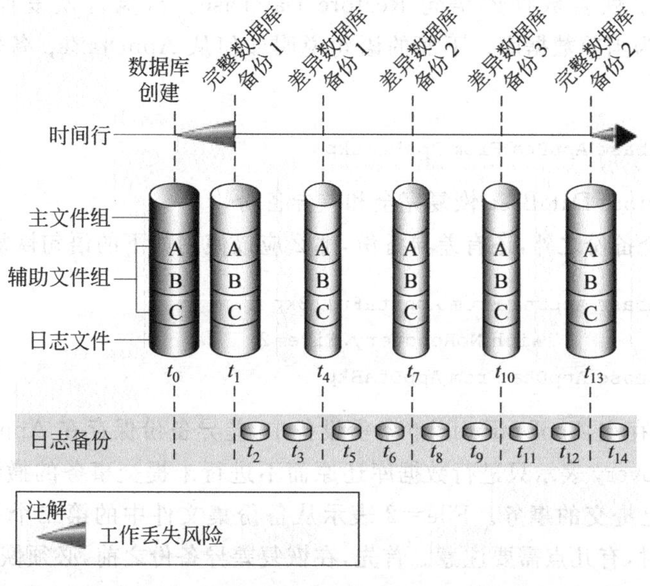

图 8-13 使用完整备份、差异备份和日志备份

图中的第一个数据库备份创建之前，数据库存在潜在的工作丢失风险（ $t_0 \sim t_1$）。该备份建立之后，例行日志备份将工作丢失的风险降为丢失自最近日志备份之后所做的更改（在图 8-13 中，最近备份的时间为 t_{14}）。如果发生故障，则数据库管理员应该立即尝试备份活动日志（日志尾部）。如果此“尾日志备份”成功，则数据库可以还原到故障点。

（3）日志备份

在完整恢复模式和大容量日志恢复模式下，执行例行事务日志备份对于恢复数据十分必要。使用日志备份，可以将数据库恢复到故障点或特定的时间点。在创建第一个日志备份之前，必须先创建完整备份（如数据库备份）。此后，必须定期备份事务日志。这不仅能最小化工作丢失风险，还有助于事务日志的截断。通常，事务日志在每次常规日志备份之后截断。但是，日志截断也可能会延迟。

① 日志链。连续的日志备份序列称为“日志链”。日志链从数据库的完整备份开始。通常，仅当第一次备份数据库时，或者将恢复模式从简单恢复模式切换到完整恢复模式之后，才会开始一个新的日志链。若要将数据库还原到故障点，必须保证日志链是完整的。也就是说，事务日志备份的连续序列必须能够延续到故障点。对于数据库备份，日志备份序列必须从数据库备份的结尾处开始延续。

② 使用日志备份恢复数据库。还原日志备份将回滚事务日志中记录的更改，使数据库恢复到开始执行日志备份操作时的状态。还原数据库时，必须还原在所还原完整数据库备份之后创建的日志备份。通常情况下，在还原最新数据或差异备份后，必须还原一系列日志备份直到到达恢复点。然后恢复数据库。这将回滚所有在恢复开始时未完成的事务。

2. 数据库恢复

下面介绍 SQL Server 中几种恢复数据库的具体方法。

(1) 使用 Restore DataBase 恢复完全备份

T-SQL 提供了恢复数据库语句 Restore Database。当执行恢复操作时，一般应将 Master 数据库作为当前数据库。下面的语句说明如何从 AppDtaBkp 备份中恢复 AppDta 数据库：

```
Restore Database AppDta From AppDtaBkp
```

(2) 使用 Restore DataBase 恢复完全和差异备份

如果除了完全备份之外，还有差异备份，那么应该使用如下的语句恢复该数据库：

```
Restore Database AppDta From AppDtaFullBkp
                          with NoRecovery,File=2
Restore Database AppDta From AppDtaBkp
```

其中，完全备份保存在 AppDtaFullBkp 备份设备中，差异备份保存在 AppDtaBkp 备份设备中。With NoRecovery 表示只进行数据库还原而不进行未提交事务的撤销，也不会重做记录的日志文件中已提交的事务。File＝2 表示从备份集文件中的第二个备份集进行还原。在恢复差异备份时，有几点需要注意。首先，在恢复差异备份之前，必须恢复一个完全备份。其次，当恢复完全备份时，应指明 With NoRecovery 选项，以使恢复进程不能取消未提交的事务，这些事务是保存在完全备份的日志中的一部分。当恢复差异备份时，不能指定 NoRecovery 项，除非还要恢复事务日志。

(3) 恢复完全、差异备份和事务日志备份

如果除了完全备份、差异备份之外，还有一个或多个事务日志备份，可用下面的语句恢复数据库：

```
Restore Database AppDta From AppDtaFullBkp
                with NoRecovery
Restore Database AppDta From AppDtaDifBkp
                 with NoRecovery
Restore Log AppDta From AppDtaLogBkp
                  with NoRecovery,File=1
```

```
Restore Log AppDta From AppDtaLogBkp
                  with File=2
```

完全备份存在 AppDtaFullBkp 备份设备中，差异备份存在 AppDtaDifBkp 备份设备中。事务日志备份作为一系列的备份集保存在 AppDtaLogBkp 备份设备中。

为了恢复事务日志的备份，必须从恢复一个完全备份开始，然后，必须从完全备份之后的第一个事务日志备份开始，恢复未间断的事务日志备份链。在每一条 Restore Database 语句中，除了最后一条，都必须指定 With NoRecovery 选项。

(4) 恢复事务日志到一个事务

SQL Server 提供了命名事务的功能，从而可以从一个事务日志开始直到这个命名事务来进行恢复。要命名一个事务必须以 Begin Transaction 语句来开始一个事务，并指一个事务名字和 With Mark 子句，如下面的语句：

```
Begin Transaction AddCustomer
    with Mark 'Start of adding new customer'
```

With Mark 子句接受一个可选描述。当这个命名事务被提交时，一个标记被写入到事务日志中。随后，就可以通过 Restore 语句中的事务名来引用这个标记。要恢复到这个命名事务之前，但不包括它，可使用下面语句：

```
Restore Log AppDta From AppDtaLogBkp
                  with File=2,
StopBeforeMark='AddCustomer'
```

要从这个命名事务开始恢复，使用下面语句：

```
Restore Log AppDta From AppDtaLogBkp
                  with File=2,
StopAtMark='AddCustomer'
```

可以使用相同名字创建多个事务日志标记，Restore 语句提供了 After 选项来制定一段时间，让 SQL Server 搜索这段时间后的命名标记。如：

```
Restore Log AppDta From AppDtaLogBkp
        with File=2,
StopAtMark='AddCustomer'
After 'May 11,2008 16:30'
```

8.9 小　结

数据库恢复技术是数据库管理系统的一个重要组成部分。当发生系统故障时，数据库恢复管理器保证在发生故障前后数据库状态保持一致。为此，引入事务管理机制，利用事务的原子性、持久性和隔离性等事务处理技术保证事务的正确操作。这一章里，我们首先介绍了事务的概念和特征。事务的本质特征是它的原子性，即最小的不可再分的逻辑操作单元。

我们还重点讨论了事务的原子性和持久性的实现。

在数据库操作过程中，不可避免地会碰到各种故障，包括系统故障、事务执行不成功以及用户的误操作等问题。针对不同的故障原因，采用相应的恢复策略。我们分别讨论了系统故障、介质故障和事务故障下数据库恢复技术，包括事务回滚机制、镜像磁盘技术、数据转储和基于日志的恢复技术。事务回滚机制确保当发生故障而使得事务异常中止时，数据库前后状态一致。也就是说，当事务不能成功完成时，通过回滚恢复事务操作前的数据库状态并能通过启动重新执行这些未提交的事务。日志记录保存了事务对数据库的操作信息。系统故障发生时，通过反向扫描日志记录，可以了解哪些事务成功完成，哪些事务异常中止。我们重点讨论了带有检查点的日志恢复技术。这一技术避免了反向扫描整个日志记录文件的麻烦。数据库备份与恢复是防止数据库遭到破坏而需要恢复的另一个重要手段。我们在最后一部分，特别详细介绍了 SQL Server 系统的数据备份与恢复机制。

SQL Server 的数据库系统提供了简便易行的备份与恢复技术。备份与恢复主要有三种类型：简单恢复模式、完整恢复模式和大容量日志记录恢复。我们针对前两种给出了较详细的示例，使大家能够理解和掌握常用的数据库恢复技术。

习　题

1. 试述事务的概念与 4 个特征。
2. 什么是事务状态？Commit 和 Rollback 的作用是什么？
3. 数据库系统的故障大致分为哪几类？
4. 数据库恢复技术主要有哪几种？
5. 什么是日志文件？为什么登记日志文件时先写日志后写数据库？
6. 下面是两个事务 T 和 U 的一系列日志记录：

   <START *T*>；<*T*,A,10>；<START *U*>；<*T*,C,30>；<*U*,D,40>；<COMMIT *U*>；<*T*,E,50>；<COMMIT *T*>。

   描述恢复管理器的行为包括磁盘和日志所做的改变。假设发生故障且出现在磁盘上的最后一条日志记录为：

   <START *U*>；<COMMIT *U*>；<*T*,E,50>；<COMMIT T>。
7. 什么是检查点记录，检查点记录应该包括那些内容？
8. 试述使用检查点方法恢复数据库的步骤。
9. 什么是数据库镜像技术？有什么用途？
10. 总结各种数据库恢复技术的优缺点。
11. 什么是 SQL Server 的三种事务模式？
12. 简述 SQL Server 的数据恢复机制。

第9章

并发控制

在第 8 章里，我们提到一个数据库系统允许多个事务以并发的方式运行。这样可以充分利用系统资源，发挥数据库系统共享资源的特点。但是，当多个事务同时存取同一数据时，有可能存取不正确的数据，破坏了数据库的一致性。所以，数据库系统必须提供一种控制机制，以解决并发运行事务带来的异常问题。保证并发执行的事务使数据库状态保持一致性的过程称为并发控制。并发控制技术包括封锁、时间戳、并发事务的可串行化调度和有效性确认等。

9.1 并发事务运行存在的异常问题

事务是并发控制的基本单位，但并发操作不当，可能会出现事务间的相互干扰，使事务的 ACID 特性遭到破坏。可能产生的主要问题有如下三个：丢失更新、不可重复读和读“脏”数据。

1. 丢失更新

以飞机订票系统为例，系统中的事务活动顺序为：

(1) 甲售票点事务 T_1 和乙售票点事务 T_2 同时读取某航班的机票余额 R＝100。

(2) 甲售票点售出 1 张机票，T_1 事务修改机票余额为 R＝R－1，T_1 事务提交，将修改结果 R＝99 写入数据库。

(3) 事务在 T_1 处理数据的同时，乙售票点也售出 1 张机票，T_2 事务将机票余额修改为 R＝R－1，T_2 事务提交，将修改结果 R＝99 写入数据库中。

显然，数据库中的结果是不正确的。主要是由于两个事务访问了相同的机票余额，在更新数据库时，T_2 事务做的修改，丢失了把 T_1 事务对数据的更新覆盖掉了。结果是卖出 2 张机票，但机票余额只减少了 1 张。事务操作步骤如图 9-1 所示。

时间	更新事务 T_1	机票余额 R	更新事务 T_2
t0		100	
t1	Read (R)		
t2			Read(R)
t3	R:=R−1=99		
t4			R:=R−1=99
t5	Update(R)		
t6		99	Update(R)
t7		99	

图 9-1　机票订购事务中的丢失更新问题

因此，当两个事务 T_1 和 T_2 同时更新某条记录时，事务 T_2 提交的结果破坏了 T_1 修改的结果，出现了丢失更新(Lost Update)问题。

2. 不可重复读取

不可重复读取(Non-Repeatable Read)是指事务 T_1 读取数据后，T_2 对同一数据执行更新操作，使 T_1 再次读取该数据时，得到与前一次不同的值。

例如，在资金转账过程中，系统中事务的活动顺序如下：

(1) 事务 T_1 打印账户 A 转账前的余额为 $A=10$ 万元。

(2) 事务 T_2 从账户 A 中转出 1 万元，$A=9$ 万元。

(3) 事务 T_1 打印账户 A 转账后的余额，$A=9$ 万元，T_1 提交。

因为 T_2 在 T_1 的操作过程中，更新了账户 A 的余额，使得 T_1 在第二次读取账户 A 的余额时得到的结果少了 1 万元。事务操作步骤如图 9-2 所示。

3. 读“脏”数据

读“脏”(Dirty Read)数据是指事务 T_1 修改某一条记录，将其写入数据库，事务 T_2 读取同一条记录后，T_1 由于某种原因被撤销，此时 T_1 已修改过的数据恢复原值，T_2 读到的数据就与数据库中的数据不一致，该数据为“脏”数据。

例如，商品订购系统中的事务活动顺序如下：

(1) 事务 T_1 向订单表中录入订单数 A。

(2) 事务 T_2 打印订单数，T_2 提交，结果包含了事务 T_1 录入的订单数 $A=300$。

(3) 事务 T_1 由于某种原因回滚，其修改作废，新输入的订单数 A 被取消。

此时，在事务 T_2 执行结果中包含了订单数 A，但是该记录在数据库中并不存在。事务操作步骤如图 9-3 所示。

时间	事务 T_1	账户 A 余额（万）	事务 T_2
t0		10	
t1	Read (A=10)		
t2			Read (A =10)
t3			A: =A−1
t4			Update(A)
t5	Read (A)	9	

图 9-2　转账事务不能重复读数据问题

时间	事务 T_1	订单数 A	事务 T_2
t0		200	
t1	Read (A)		
t2	A=300		
t3	Update (R)		
t4			Read (A)
t5			A=300
t6	ROLLBACK		
t7		200	

图 9-3　商品订购事务中读脏数据问题

产生上述三种数据不一致的主要原因是多个事务的并发操作破坏了事务间的隔离性。因此，并发控制要采用正确的方式调度事务的并发执行，使一个事务的运行不受其他事务的干扰，从而避免数据的不一致性。

9.2　并发调度的可串行性

9.2.1　可串行化调度

事务的并发执行可以有多种顺序,因而并发操作是随机的。我们把并发事务的操作顺序称之为调度(schedule)。显然,事务执行的顺序和读写数据的顺序不同,对数据库造成的影响就可能不同,即不同的事务调度可能会产生不同的结果。

【例 9-1】 图 9-4 给出了事务 T_1 先执行,事务 T_2 后执行的调度序列,初态 $A=200$,$B=100$。而图 9-5 给出了相反的事务序列。从中可以看到不同的调度产生的 A 和 B 的结果是不相同的。然而,只要数据库状态保持一致,这两种结果都应该是对的。这两种调度的共同点是:事务的运行是串行的。因此,如果一个事务运行时,没有其他事务同时运行,或者说没有受到其他事务的干扰,这种情况下事务运行的结果是正确的。但是,在多用户环境下,尽管事务的串行执行不会影响数据正确性,但将会降低并行度,影响系统的工作效率。如果多个事务能交叉执行,又能保证数据的正确有效,那是我们所希望的。但多个事务的并行执行有多种调度次序,如何能判定事务的交叉执行是正确的呢?下面介绍的可串行化调度能够判断并发事务的执行是否正确。

T_1	T_2	A	B
Read(A)		200	100
Y=A			
Y:=Y+100			
A=Y			
Write(A)		300	
Read(B)			
Y:=Y+100			
B=Y			
Write(B)			200
	Read(A)		
	X=A		
	X:=X*2		
	A=X		
	Write(A)	600	
	Read(B)		
	X=B		
	X=X*2		
	B=X		
	Write(B)		400

图 9-4　T_1 在 T_2 前的串行调度

T_1	T_2	A	B
	Read(A)	200	100
	X=A		
	X:=X*2		
	A=X		
	Write(A)	400	
	Read(B)		
	X=B		
	X=X*2		
	B=X		
	Write(B)		200
Read(A)			
Y=A			
Y:=Y+100			
A=Y			
Write(A)		500	
Read(B)			
Y:=Y+100			
B=Y			
Write(B)			300

图 9-5　T_2 在 T_1 前的串行调度

定义 9.1　多个事务的并发执行是正确的,当且仅当并发执行的结果与这些事务按某一串行顺序执行的结果相同,这种调度策略被称为可串行化调度。可串行化是并发事务正确调度的准则。

事务正确调度准则表明,如果多个事务的一个并行调度执行是正确的,那么它是可串行化的。

【例 9-2】 考虑图 9-6 中两个事务的调度情况。T_1 和 T_2 是交叉进行的，执行的结果与图 9-4 的结果是一致的，因此是可串行化调度。而图 9-7 的结果与图 9-4 和图 9-5 的哪个结果都不相同，因此是不可串行化调度。

T_1	T_2	A	B
Read(A) Y=A Y:=Y+100 A=Y Write(A)		200 300	100
	Read(A) X=A X:=X*2 A=X Write(A)	600	
Read(B) Y=B Y:=Y+100 B=Y Write(B)			200
	Read(B) X=B X=X*2 B=X Write(B)		400

图 9-6 非串行的可串行调度

T_1	T_2	A	B
Read(A) Y=A Y:=Y+100 A=Y Write(A)		200 300	100
	Read(A) X=A X:=X*2 A=X Write(A) Read(B) X=B X=X*2 B=X Write(B)	600	200
Read(B) Y=B Y:=Y+100 B=Y Write(B)			400

图 9-7 非可串行化的调度

为了保证并发操作的正确性，数据库系统要提供必要的措施保证调度是可串行化的。后面将介绍两种保证调度可串行化的技术，包括封锁技术和时间戳技术。

9.2.2 调度的冲突等价性

假设 S 是包含两个事务 T_1 和 T_2 的一个调度，T_1 中包含操作 X，T_2 中包含操作 Y。如果操作 X 和 Y 读写的数据项不同，则调度中的事务操作顺序不会影响任何操作结果。但是，当两者涉及同一数据项 A 时，则调度的顺序不同将产生不同的结果，甚至影响到数据库状态的一致性。事务操作分如下几种情况考虑：

(1) X=Read(A)，Y=Read(A)。无论 X 和 Y 的执行顺序如何，T_1 和 T_2 读取的 A 值不变，所以当 X 和 Y 都是读操作时，操作执行顺序无关紧要。

(2) X=Read(A)，Y=Write(A)。如果 X 操作在前，将读不到 Y 写的 A 值，如果 X 操作在后，则读取的是 Y 所写的 A 值。所以，X 和 Y 分别是读写操作时，操作顺序不同，事务执行结果也不相同。

(3) X=Write(A)，Y=Read(A)。类似(2)。

(4) X=Write(A)，Y=Write(A)。写操作要更新数据项 A 的值，由于两个操作都是写操作，所以 X 和 Y 操作的顺序不同将会影响到了数据项 A 的结果。

从上面几种情况可以看出，当 X 和 Y 操作都为读操作时，它们的顺序无关紧要。但当两者中至少有一个是对同一个数据项进行写操作时，次序不同对数据库的操作结果也不同，我们称发生了调度冲突。

【例 9-3】 为了说明冲突的概念，考虑图 9-8 给出的调度 S。调度 S 中，T_1 的 Write(A)与 T_2 的 Read(A)有冲突。但是，T_2 的 Write(A)与 T_1 的 Read(B)不冲突，因为它们读取的是不同的数据项。这样可以把它们交换产生一个新的调度，如图 9-9 所示。不管系统初始状态如何，这两个调度产生的最终结果是一致的。

我们还可以按下述方式继续交换不冲突的操作顺序：

(1) T_1 的 Read(B)和 T_2 的 Read(A)；

(2) T_1 的 Write(B)和 T_2 的 Write(A)；

(3) T_1 的 Write(B)和 T_2 的 Read(A)；

图 9-10 给出了经过上述交换后的调度。它是一个串行调度。

T_1	T_2
Read(A)	
Write(A)	
	Read(A)
	Write(A)
Read(B)	
Write(B)	
	Read(B)
	Write(B)

图 9-8　T_1 和 T_2 的一种调度

T_1	T_2
Read(A)	
Write(A)	
	Read(A)
Read(B)	
	Write(A)
Write(B)	
	Read(B)
	Write(B)

图 9-9　交换一对操作的调度

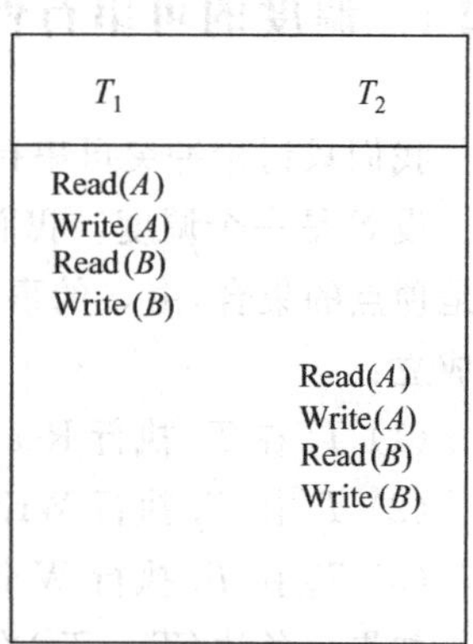

T_1	T_2
Read(A)	
Write(A)	
Read(B)	
Write(B)	
	Read(A)
	Write(A)
	Read(B)
	Write(B)

图 9-10　交换一对操作的调度

定义 9.2　如果一个调度 S 能通过一系列非冲突操作执行顺序的交换变成调度 S_1，则称调度 S 和 S_1 冲突等价。

显然，根据冲突等价的概念，图 9-10 和图 9-8 所示的两个调度是冲突等价的。

9.2.3　调度的状态等价性

调度的冲突等价性定义过于严格，排斥了许多正确的并行调度。调度的目的是保持数据库状态的一致性。如果初始数据库状态相同，等价的调度能产生同样的数据库状态，这种等价性我们称之为数据库状态等价性，简称为状态等价性。我们给出下面的定义。

定义 9.3　设 S_1 和 S_2 是同一个事务集合的两个不同调度，我们称 S_1 和 S_2 等价，应满足下面三个条件：

(1) 对每个数据项 A，如果 S_1 中事务 T_1 读 A 初值，则 S_2 中的 T_1 也必须读 A 初值。

(2) 如果 S_1 中事务 T_1 执行 Read(A)，则 S_2 中 T_1 也必须执行 Read(A)，并且，如果 S_1 中 T_1 读到的 A 值是由事务 T_2 产生的，则 S_2 中 T_1 读到的 A 值也是由 T_2 产生的。

(3) 如果 S_1 中有一个事务执行最后的 Write(A)操作，则该事务在 S_2 中也必须执行最后的 Write(A)操作。

条件(1)和条件(2)保证了两个调度中的每一个事务所读取的 A 值都是相同的，于是执行操作的结果是相同的。条件(3)保证了最终的数据库状态一致。

定义 9.4 我们称一个调度是状态可串行的，如果它的状态等价于一个串行调度。

例如，在图 9-11 中。这个调度是状态可串行化的。因为，调度中唯一的读操作 Read(*A*)读 *A* 的初值，而且事务 T_3 执行最后的写操作。它的状态等价于调度(T_1，T_2，T_3)。

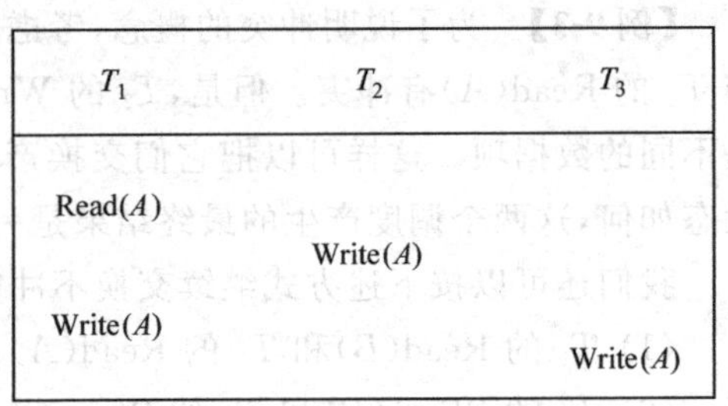

T_1	T_2	T_3
Read(*A*)		
	Write(*A*)	
Write(*A*)		
		Write(*A*)

图 9-11 状态可串行的调度

冲突可串行的调度一定是状态可串行的，反之不然。事实上，图 9-11 中的调度不是冲突可串行的，因为每对操作都是冲突的，不能交换。

9.2.4 调度的可串行性测试

我们只讨论冲突可串行性测试方法。

设 *S* 是一个调度。我们可以由 *S* 构造一个有向图 $G=(V,E)$，成为 *S* 的前趋图。其中 *V* 是顶点的集合，由 *S* 的事务组成；*E* 是边的集合。$(T_i, T_j)\in E$ 当且仅当下面三个条件之一成立：

(1) T_i 在 T_j 执行 Read(*A*)之前执行 Write(*A*)；

(2) T_i 在 T_j 执行 Write(*A*)之前执行 Read(*A*)；

(3) T_i 在 T_j 执行 Write(*A*)之前执行 Write(*A*)。

如果一条边($T_i \rightarrow T_j$)在前趋图中出现，则在任何一个与 *S* 冲突等价的串行调度 S_1 中，T_i 必须先于 T_j。图 9-12(a)和图 9-12(b)分别给出了图 9-4 和图 9-5 所示的两个调度的前趋图。图中只包含一条边，因为一个事务的所有操作都在另一事务之前。图 9-13 给出了图 9-7 中调度的前趋图，它包含了边 $T_1 \rightarrow T_2$ 和 $T_2 \rightarrow T_1$。

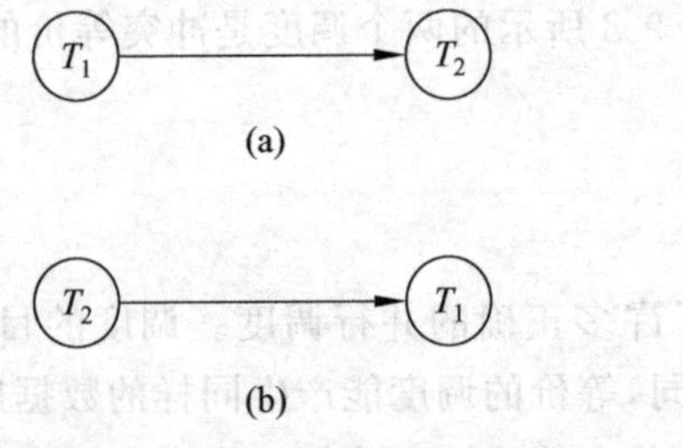

图 9-12 图 9-4 的前趋图和图 9-5 的前趋图

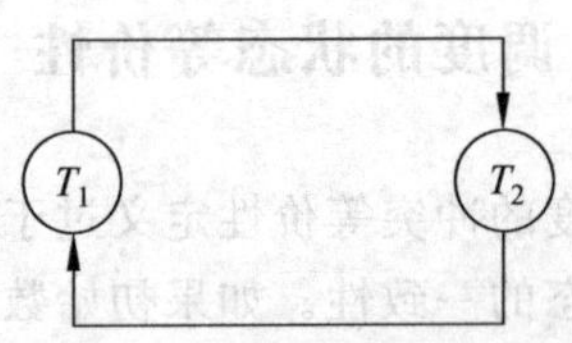

图 9-13 图 9-7 的前趋图

如果调度 *S* 的前趋图有回路，则 *S* 不是冲突可串行的。如果不包含回路，则 *S* 是冲突可串行的。使用前趋图可以给出如下简单的冲突可串行性测试算法：

(1) 构造 *S* 的前趋图；

(2) 调用回路测试算法测试 *S* 的前趋图是否包含回路；

(3) 如果包含回路，则 *S* 不是冲突可串行的，否则，*S* 是冲突可串行的。

前面的图 9-12 中的两个前趋图中不包含回路，所以对应的两个调度是冲突可串行的；图 9-13 的前趋图中包含一个回路，因此对应的调度不是冲突可串行的。

9.3 基于封锁的并发控制技术

9.2 节讨论的并发事务的可串行化技术，实质上遵循了一种约束：当一个事务存取某一个数据项时，不允许其他事务修改这一数据项。这就是下面要讲的封锁技术(Locking)，也是并发控制的主要技术之一。其基本思想是：当事务 T_1 要修改记录 A，如果修改 A 之前先给 A 加锁，使得 T_2 和其他事务不能读取和修改 A，直到 T_1 修改并写回 A 后解除对 A 的封锁为止。这样，既不会丢失事务 T_1 的更新，也不会出现读“脏”数据的问题。

9.3.1 锁

所谓封锁就是事务先对数据加锁后再对其执行操作。事务 T 加锁后就对该数据有了控制，而其他事务在事务 T 对该数据对象解除封锁之前，不能修改此数据对象。因此，锁是数据项上的并发控制标志。给数据加锁的方式有多种，基本的锁类型有两种：

(1) 共享锁(Share Locks，简称 S 锁)又称读锁。如果事务 T 对数据 A 加上了共享锁，则事务 T 可以读数据 A，但不能写数据 A。

(2) 排他锁(Exclusive Locks，简称 X 锁)又称写锁。如果事务 T 对数据 A 加上了排他锁，则事务 T 既可以读又可以写数据 A。

注意，在基于封锁的并发控制中要求每个事务都要根据对数据 A 的操作需求申请相应类型的锁。该请求发送给事务管理器，只有获得所需锁后，事务才能继续其操作。是否能够获得锁是由锁的相容性决定的。当事务 T 对数据 A 加上共享锁后，其他事务只能再对 A 加共享锁，而不能加排他锁，直到 T 释放 A 上的共享锁。这可以保证在 T 释放 A 上的共享锁之前，事务 T 所读到的 A 的值是正确的。当事务 T 对数据 A 加上了排他锁后，其他任何事务都不能再对 A 加上任何类型的锁，直到 T 释放 A 上的锁。这样，可以保证在 T 释放 A 上的锁之前，其他事务不能再读取和修改正在被事务 T 操作的数据 A 的值。

排他锁和共享锁的相容性如图 9-14 所示。

T_1 \ T_2	X	S	–
X	N	N	Y
S	N	Y	Y
–	Y	Y	Y

图 9-14　锁的相容性

图中最左边一列表示事务 T_1 对数据对象上已经获得的锁的类型，其中横线表示没有加锁。最上面一行表示事务 T_2 对该数据对象发出的锁的请求。请求能否被满足，可用表中的 Y 和 N 表示，其中 Y 表示事务 T_2 的封锁请求与 T_1 已有的锁相容，封锁请求可以满足。N 表明请求被拒绝。图中可以看出，共享锁与共享锁相容，而与排他锁不相容。任何时候，一个数据项可以同时有多个共享锁。此后的排他锁请求必须等到该数据项上的所有共享锁被释放后才有效。

锁的正确使用要保证：

(1) 事务的一致性。事务只有已经申请了锁并且还没有释放锁时，才能读写该数据项；如果事务封锁某个数据项，它必须为该数据项解锁。

(2) 调度的合法性。任何两个事务都不能使用不相容的锁封锁同一个数据项，除非一个事务已经为该数据项解锁。

9.3.2 封锁协议

在给数据对象加锁时，要考虑何时请求锁、持有锁的时间和何时释放等，要遵从一定规则。这些规则被称为封锁协议(Locking Protocol)。遵从封锁协议，可以解决由于不正确的事务调度而引起的丢失更新、不可重复读取和读“脏”数据等不一致性问题。下面介绍的三级封锁协议在不同程度上解决了这一问题，为并发操作的正确调度提供了一定的保证。

1. 一级封锁协议

一级封锁协议规定：事务 T 在修改数据 A 前必须先对其加 X 锁，直到事务结束才释放。一级封锁协议可防止丢失更新，并保证事务 T 是可恢复的。

图 9-15 表明了事务 T_1 和 T_2 的一种封锁情况。T_1 在读 A 进行修改之前，对 A 加 X 锁，当 T_2 再请求 X 锁时被拒绝，T_2 只能等待 T_1 释放 A 上的锁后获得对 A 的 X 锁，这时它读到的 A 已经是 T_1 更新过的值 15，再按此新值计算，并将结果值 $A=14$ 写回到磁盘。这样就避免了丢失 T_1 的更新。

2. 二级封锁协议

一级封锁协议解决了数据更新丢失的问题，但无法解决读“脏”数据问题。

二级封锁协议规定：在一级封锁协议基础上，事务 T 在读数据 A 之前必须先对其加 S 锁，读完后即可释放 S 锁。增加二级封锁协议的目的是防止读“脏”数据。

在图 9-16 中，事务 T_1 在对 C 进行修改之前，先对 C 加 X 锁，修改后写回磁盘。这时

T_2	T_1
Xlock A 获得 X 锁 读 A=16	
	Xlock A
A=A−1 写回 A=15 Commit Unlock A	Wait Wait Wait Wait
	获得 X 锁 读 A=15 A=A−1 写回 A=14 Commit Unlock A

图 9-15　一级封锁协议

T_1	T_2
Xlock C 读 C=100 C=C*2 写回 C=200	
	Slock C
ROLLBACK 恢复 C=100 Unlock C	Wait Wait Wait Wait
	获得 S 锁 读 C=100 Commit Unlock C

图 9-16　二级封锁协议

T_2 请求在 C 上加 S 锁，因为 T_1 已在 C 上加了 X 锁，T_2 只能等待。T_1 因某种原因被撤销，C 恢复为原值 100，T_1 释放 C 上的 X 锁后，T_2 获得 C 上的 S 锁，读 $C=100$，从而避免了 T_2 读到“脏”数据。

3. 三级封锁协议

二级封锁协议并不能保证避免不可重复读的问题。因为事务 T 在读数据 A 之前加上的 S 锁，读完后即释放了，以后再读时有可能数据发生了变化。解决的方法是，加在数据 A 上的 S 锁直到事务结束才释放。因此形成了三级封锁协议：在二级封锁协议基础上，某一事务施加的 S 锁要保持到该事务结束时才释放。

在图 9-17 中，事务 T_1 在读 A、B 之前，先对 A、B 加 S 锁，这样其他事务只能对 A、B 加 S 锁，而不能加 X 锁。因此，其他事务在 T_1 事务执行期间不能对数据 A 进行写操作。所以，当 T_2 为修改 B 而申请对 B 加 X 锁时，申请被拒绝，只能等待 T_1 释放 B 上的锁。如果 T_1 再读 A、B，读出的 B 仍是 100，即可重复读取。

从上面的三级封锁协议可以看出，它们之间的主要区别是申请何种类型的锁以及何时释放加上的锁。

T_1	T_2
Slock A	
Slock B	
读 A=50	
读 B=100	
求和 =150	Xlock A
	Wait
	Wait
	Wait
读 A=50	Wait
读 B=100	Wait
求和 =150	Wait
Commit	Wait
Unlock A	Wait
Unlock B	获得 X 锁
	读 B=100
	B=B*2
	写回 B=200
	Commit
	Unlock B

图 9-17 三级封锁协议

T_1	T_2	T_3	T_4
Lock A			
	Lock A		
	wait		
	wait		
	Wait	Lock A	
Unlock	Wait	Wait	
Wait	Wait	Lock A	
Wait	Wait		Lock A
Wait	Wait		Wait
Wait	Wait	Unlock	Wait
			Lock A

图 9-18 活锁

9.3.3 活锁

当一个事务申请对数据项加某一类型的锁时，如果没有其他事务对该数据项施加与此类型相冲突的锁，则该锁可以被授予。但是，有一种被称为活锁的情况可能出现，如图 9-18 所示。假设事务 T_1 对数据 A 持有 S 锁，事务 T_2 又请求对数据 A 加排他锁。显然 T_2 只能等待 T_1 释放 S 锁，同时事务 T_3 又申请对该数据项 A 加 S 锁。加锁请求与授予 T_1 的锁是相容的，于是 T_3 可被授予加 S 锁。此时，T_1 释放锁，但 T_2 还必须等待 T_3 完成。可是，又

有一个新事务 T_4 申请对该数据 A 加共享锁，并在 T_3 完成之前被授予锁。这样，有可能存在一个事务序列，其中每个事务都申请对该数据加 S 锁。这样，事务 T_2 总是不能对该数据项 A 施加 X 锁。T_2 称为饿死事务。

避免饿死事务情况出现的一个简单方法是将事务加锁请求排队，先来先服务。这样数据项上的锁一旦释放，就按请求排队的顺序授予队列中第一个事务锁。

9.3.4 死锁

如果在一个事务集合中，一个事务 T_i 对数据 A 加锁的请求要无限期地等待另一个事务 T_j 释放封锁数据 A 的锁，而事务 T_j 对数据 B 加锁的请求又要等待事务 T_i 释放封锁数据 B 的锁。这样两个事务相互死锁，永远等待下去，那么我们就说系统处于死锁状态。具体地讲，如果事务 T_1 封锁了数据 A，T_2 封锁了数据 B。T_1 申请封锁数据 B，于是等待 T_2 释放 B 上的锁。接着 T_2 申请封锁 A，于是等待 T_1 释放 A 上的锁。这样，出现了 T_1 和 T_2 互相等待的状态，形成死锁。如图 9-19 所示。

T_1	T_2
Lock *A*	
	Lock *B*
Lock *B* Wait Wait Wait Wait	Lock *A* Wait Wait

图 9-19 死锁

处理死锁的方法主要有两种：一种方法是死锁预防，采用某种协议保证系统不进入死锁状态；另一种方法是，在系统处于死锁状态时，采用死锁检测与解除的办法，恢复正常的事务处理。

1. 死锁预防

预防死锁的方法有多种，如通过对加锁请求进行排序或要求同时获得所有的锁，以避免发生封锁循环。还可以采用事务回滚，即每当有可能导致死锁时，进行事务回滚而不是等待加锁。

(1) 一次封锁法

要求每个事务在开始执行之前，获得所有数据项上的锁。该方法不会出现持锁等待，也就不会发生死锁。但是，这样做的缺点是：①因为许多数据项被封锁，长时间不用，数据使用率很低。②很难预知那些数据项要封锁。因为，数据是不断变化的，原来不被封锁的对象，可能变成了被封锁对象。

(2) 顺序封锁法

对所有的数据项加一个次序。同时要求事务只能按次序规定的顺序封锁数据，这样就不会出现循环等待的情况。但这样做也同样存在问题。数据库系统中封锁的数据对象较多，且随着插入、删除等操作而不断变化，很难事先确定每一个事务要封锁哪些数据，封锁顺序很难管理。

(3) 事务重试法

使用抢占机制和事务回滚。在抢占机制中，当事务 T_2 申请的锁已被事务 T_1 占有时，根据事务开始的先后，授予 T_1 的锁可能通过回滚事务 T_1 被抢占，将 T_1 释放的锁授予 T_2，而事务 T_1 回滚后自动重试。

2. 死锁的检测与恢复

死锁预防的方法可以避免死锁，但较难实现，效率也比较低。因此，在实际数据库系统中，大都采用允许死锁和死锁检测的方法。如果发生死锁，系统必须能够检测出死锁并能从死锁中恢复。一般采用超时法和事务等待图法。

(1) 超时法

申请锁的事务至多等待给定的时间，如果在此期间内锁没有授予该事务，则称该事务超时。此时，该事务回滚重启。超时机制简单有效，不需要检测死锁，但是，很难确定一个事务超时之前应等待多长时间。如果已经发生死锁，等待时间太长会导致不必要的延迟，如果等待时间太短，即使没有死锁，也可能引起事务回滚。

(2) 事务等待图法

死锁检测可以用事务等待图法处理。死锁用称为等待图(wait-for graph)的有向图描述。该有向图由 $G=(V、E)$组成。其中 V 是顶点集，表示事务集合，E 是边集，表示每个元素是一个有序对 T_i-T_j。如果 T_i-T_j 属于边集 E，则存在从事务 T_i 到 T_j 的有向边，表示事务 T_i 在等待 T_j 释放所需的数据。当事务 T_i 申请的数据被 T_j 持有时，边 T_i-T_j 插入事务等待图中。当 T_j 不再持有事务 T_i 所需的数据时，这条边才被删除。

当等待图包含环时，表示系统中存在死锁。该环中的每个事务都处在死锁状态。

图 9-20(a)是一个包含 4 个事务的等待图，该图表明：事务 T_1 在等待 T_2 和 T_3，T_3 等待 T_2，T_2 等待 T_4，由于该等待图无环，系统没有处于死锁状态。现在假设事务 T_4 申请被事务 T_3 持有的数据项，边 T_4-T_3 加入等待图中，如图 9-20(b)所示。此时出现了环 T_2-T_4-T_3-T_2，该环表明事务 T_2、T_3 和 T_4 处于死锁状态。并发子系统周期性地检测事务等待图，发现有环，则表明系统中出现了死锁。

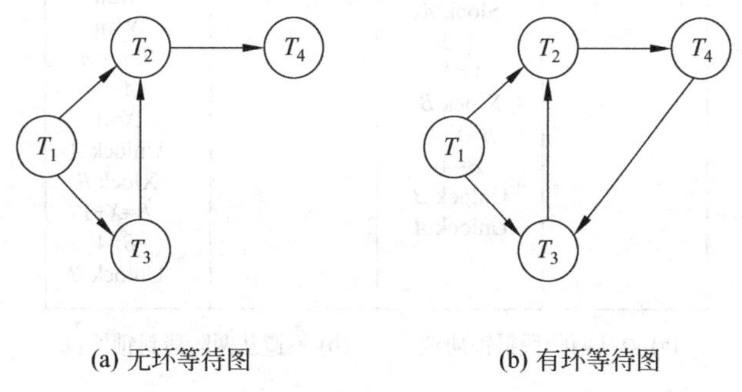

(a) 无环等待图　　(b) 有环等待图

图 9-20　事务等待图

(3) 死锁的恢复

当检测到死锁时，系统必须从死锁状态中恢复。解除死锁的方法是回滚一个或多个相关事务。首先要确定哪个或那些事务要回滚，确定的原则是使回滚的代价最小。回滚代价包括事务计算时间长短、使用数据项多少和回滚时牵涉多少事务。

其次，要对选择的事务回滚。回滚包括全部回滚和部分回滚。全部回滚即中止事务，然后重启。但有时回滚到可以解除死锁处更有效。

9.3.5 两阶段封锁协议

保证可串行化的一个协议是两阶段封锁协议。该协议是指所有事务都分成两个阶段对数据加锁和解锁。在第一个阶段，事务可以申请获得任何数据上的任何类型的锁，但不能释放锁，称为获得锁阶段，也叫增长阶段。在第二个阶段，事务可以释放任何数据的任何锁，但不能再申请锁，称为释放锁阶段，也叫收缩阶段。

可以证明，两阶段封锁协议可以保证并发事务执行的可串行化，即如果并发事务遵守两阶段封锁协议，则对这些事务的任何并发调度策略都是可串行化的。两阶段封锁协议是事务可串行化的充分条件，不是必需的。一个事务的调度是可串行化的，不一定必须遵守两阶段封锁协议。

如图 9-21(a)是遵守两阶段封锁协议的调度，是可串行化的，而图 9-21(b)虽然不遵守两阶段封锁协议，但是，它是一个可串行化的调度。

T_1	T_2	T_3	T_4
Slock *B*		Slock *B*	
B=2		*B*=2	
Y=*B*		*Y*=*B*	
Xlock *A*		Unlock *B*	
	Slock *A*	Xlock *A*	
	Wait		
A=*Y*+1	Wait		Slock *A*
Write (*A*)	Wait	*A*=*Y*+1	Wait
Unlock *B*	Wait	Write (*A*)	Wait
Unlock *A*	Wait	Unlock *A*	Wait
	Slock *A*		Wait
	A=3		Slock *A*
	Y=A		*A*=3
	Xlock *B*		*X*=*A*
	B=*Y*+1		Unlock *A*
	B=4		Xlock *B*
	Unlock *B*		*B*=*X*+1
	Unlock *A*		*B*=4
			Unlock *B*

(a) 遵从两阶段封锁协议　　(b) 不遵从两阶段封锁协议

图 9-21　封锁协议

另外要注意，两阶段封锁协议并不能保证防止死锁。因为它不要求事务在第一阶段对所有数据封锁，所以有可能出现并发事务互相封锁永久等待的死锁情况。

9.3.6 锁表

对于锁的请求、授予和解除是由数据库系统的锁管理器(Lock Manager)来完成的。针对锁请求消息返回授予锁消息或者发生死锁时要求事务回滚的消息；解除锁消息只需要一个确认应答。锁管理器为目前已加锁的数据项维护一个记录链表，每个锁请求为一个记录，按请求的到达顺序排序这个表称为锁表(Lock Table)。一个数据项的链表中每一个记录表示由哪个事务提出的请求，请求什么类型的锁，以及该请求当前是否已被授予锁。

锁表是将数据库元素和封锁信息联系在一起的一个关系。这个表使用数据库元素地址作为散列码，任何被封锁的元素不在表中出现，因此表的大小只与被封锁元素的数目成正比。图 9-22 是一个锁表的例子，图中一个表项由以下成分组成：

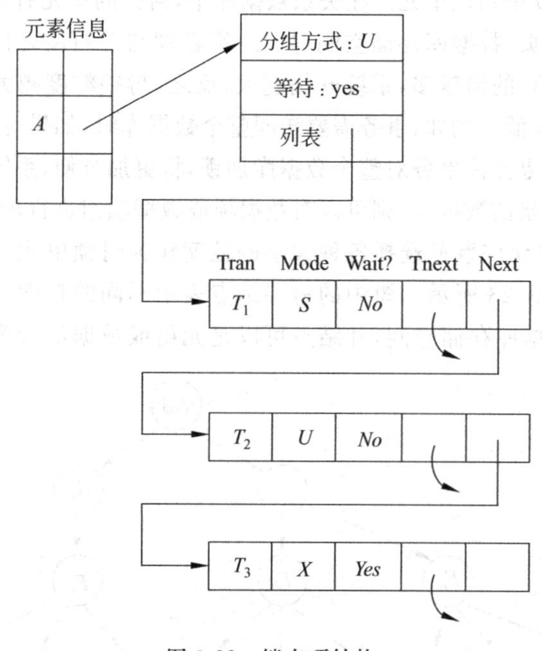

图 9-22　锁表项结构

- 组模式：通过只比较请求与组模式决定授予还是拒绝，避免一个个比较的烦琐；
- 等待位：有效表明至少有一个等待 A 上的锁；
- 列表描述：事务名、持有锁或等待锁及其的模式。

(1) 封锁请求处理

假设事务 T 请求 A 上的锁。如果没有 A 的锁表项，则表明 A 无锁，因此相应的表项被创建。如果存在 A 的锁表项，则依据它决定封锁请求。图中为 U，即更新锁，其他锁就不被授予，因此 T 的请求被拒绝。而在列表中加进表示 T 申请锁的项，并且 Wait? ='Yes'。如果组模式是 S 锁，则另一个共享锁或更新锁可以被授予。这时，Wait? ='No'，并且如果新锁是更新锁，则组模式改为 U；否则保持 S。

(2) 解锁处理

假设事务 T 解锁 A。列表中有关 A 的项被删除。如果 T 持有的锁与组模式不同，则不需要改变组模式。有时不得不检查列表以找出新的组模式。如果组模式是 X，则不会有其他锁；如果是 S 锁，则要判定是否有其他共享锁。

9.4 多粒度封锁

在前面的封锁协议中，都是以所操作的数据项作为封锁单元。但实际上，根据需要可以封锁较大或较小的数据单元。封锁对象的大小称为封锁粒度(Granularity)。封锁粒度可以是数据库的逻辑单元，也可以是物理单元。在关系数据库中，封锁的单元有属性列、元组、表和数据库，或者是数据页、索引页、数据库存储空间等。封锁粒度与并行度之间的关系是：封锁粒度越小，并行度越大，但需要的锁越多，系统开销越大；反之，封锁粒度越大，需要的锁越少，系统开销也越小，但并行度越低。例如，事务需要访问整个数据库时，如果对其中每个数据项加锁，则操作是很费时的。如果允许事务对整个数据库加锁，将更加方便，系统开销也小。而如果事务只需访问数据库中少量的数据项，则可以对数据项或数据项组进行加锁。

多粒度封锁机制中允许事务选择各种大小的粒度作为封锁单元。不同的封锁粒度可以用多粒度树表示，如图 9-23 所示。树中的每层结点表示不同的粒度，如顶点是数据库，中间结点是关系、文件或数据库存储空间，叶结点可以是元组或数据记录等。

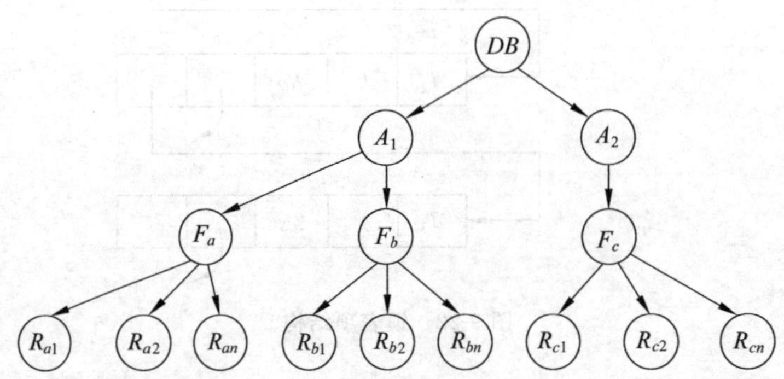

图 9-23　多粒度树形层次图

多粒度封锁需要执行多粒度封锁协议，多粒度封锁协议允许多粒度树中的每个结点单独加锁。一旦树的某个中间结点加锁，则其所包含的子结点也被加上了同类型的锁。后一种锁称为隐式锁，即数据对象上的锁不是单独上的锁，是由上层结点加上的锁。因此，在多粒度封锁中一个数据对象既可以被显式地单独封锁，也可以被隐式地封锁。显示锁和隐式锁的作用是相同的。系统检查封锁冲突时，不仅要检查显式封锁，还要检查隐式封锁。例如，如果事务 T_1 显式地给 F_b 加锁，意味着 R_{b1}，$R_{b2}\cdots R_{bn}$ 也被隐式地加锁。现在，有事务 T_2 希望封锁 F_b 中的 R_{b1}，必须检查是否与 R_{b1} 上已有的隐式锁有冲突。实际上，系统需要从树根到 R_{b1} 搜索，检查此路径上的所有显式锁和隐式锁，只有与这些已有的锁不冲突时，T_2 才能获得锁。

一般地，对某个数据对象加锁，系统不仅要检查该数据对象有无显式封锁与之冲突，还要检查其所有上级结点的封锁产生的该结点的隐式封锁与之是否冲突。这样的搜索烦琐耗时。为此，我们引进一种新型的锁，称为意向锁(Intention Lock)。

如果对一个结点加了意向锁，则说明该结点的下层结点正在被加锁。对任一结点加锁时，必须先对其上层结点加意向锁。换句话说，如果一个结点加了意向锁，则表明要在其较低层的结点加显式锁。因此，判定事务能否获得一个结点上的锁时，不必搜索整个树，只要对该结点的上层结点加意向锁，如果不发生冲突，再检查是否与该结点上的锁有无冲突即可。

有如下三种常用的意向锁：

(1) 意向共享锁(Intent Share Lock，简称 *IS* 锁)。如果对一个数据加 *IS* 锁，表示它的下层结点要加 *S* 锁。

(2) 意向排他锁(Intent Exclusive Lock，简称 *IX* 锁)。如果对一个数据加 *IX* 锁，表示它的下层结点要加 *X* 锁。

(3) 共享意向排他锁(Share Intent Exclusive Lock，简称 *SIX* 锁)。如果对一个数据加 *SIX* 锁，表示对它加 *S* 锁，再加 *IX* 锁，即对它的下层结点要加 *X* 锁或 *S* 锁。例如，某事务 *T* 要对一个表中的数据进行读操作，还要对个别数据进行更新操作，则可以请求加 *SIX* 锁，表示对表加 *S* 锁，进行读表操作，再加 *IX* 锁，对表中的某些记录进行更新。

图 9-24 表示了包括意向锁的相容性矩阵。从图中看出，*IS* 锁与 *IX* 锁是相容的，因在某结点上加 *IS* 锁或 *IX* 锁意味着要对该结点的某些下层结点加 *S* 锁或 *X* 锁，如果 *S* 锁或 *X* 锁加在下层不同的结点上则不会发生冲突，如果加在同一个结点上则可以由该结点上的显式锁冲突检测到；*IS* 锁与 *SIX* 锁是相容的情况同 *IS* 锁与 *IX* 锁是相容的类似；*IX* 与 *IX* 是相容的，因在某结点上加 *IX* 锁意味着要对该结点的某些下层结点加 *X* 锁，若 *X* 锁加在不同的下层结点上则不会引起冲突，若加在同一个结点上则可以由显式锁发现冲突；*S* 锁与 *IX* 锁是不相容的，因在某结点上加 *IX* 锁意味着要对该结点的下层结点加 *X* 锁，而 *X* 锁与 *S* 锁是冲突的；*S* 锁与 *SIX* 锁也是不相容的，因 *SIX* 锁是 *S* 锁与 *IX* 锁的结合；*IX* 与 *SIX* 是不相容的，因 *S* 与 *IX* 不相容；*SIX* 与 *SIX* 是不相容的，与 *S* 锁与 *IX* 锁不相容的情况类似。

可以看出，*IS* 锁比 *S* 锁有更大的相容性，而 *IX* 锁比 *X* 锁有更大的相容性，因而意向锁的引入可以简化锁冲突的检测而不会影响并行性。

根据锁相容性矩阵将锁类型按封锁的强弱程度可表示成如图 9-25 所示的关系。图中排在较上层的锁类型比较下层的封锁更强些。所谓一种锁比另一种封锁更强些是指对同一种锁前者的排斥性要强一些。如 *X* 锁排斥所有的锁，因而 *X* 锁比其他的封锁都强；而 *IS* 锁仅与 *X* 锁不相容，因而 *IS* 锁比其他的封锁都弱；从图中还看出，*S* 与 *IX* 的封锁强度是不好比的，二者与其他锁的相容性是一样的，但它们之间是不相容的。锁的强弱程度说明，在封锁中若申请较弱的锁失败，则申请较强的锁也一定会失败，反之，若申请较强的锁成功，则申请较弱的锁也一定会成功。因此，用较强的锁代替较弱的锁是安全的。

T_1 \ T_2	*S*	*X*	*IS*	*IX*	*SIX*	-
S	*Y*	*N*	*Y*	*N*	*N*	*Y*
X	*N*	*N*	*N*	*N*	*N*	*Y*
IS	*Y*	*N*	*Y*	*Y*	*Y*	*Y*
IX	*N*	*N*	*Y*	*Y*	*N*	*Y*
SIX	*N*	*N*	*Y*	*N*	*N*	*Y*
-	*Y*	*Y*	*Y*	*Y*	*Y*	*Y*

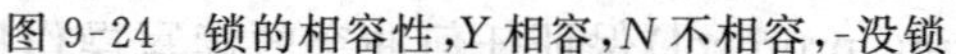

图 9-24 锁的相容性，*Y* 相容，*N* 不相容，-没锁

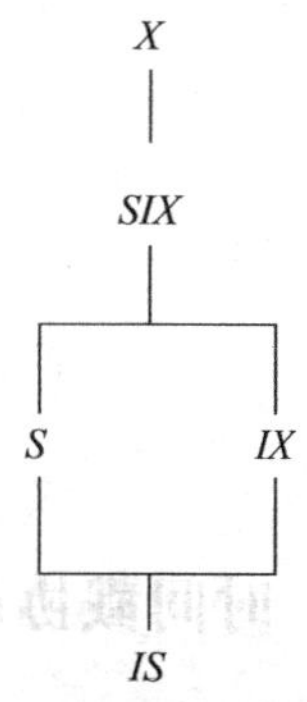

图 9-25 锁的强弱关系

*9.5 基于时间戳协议的并发控制

基于时间戳的并发控制是以时间戳的顺序处理冲突的，它使一组事务的交叉执行等价于一个特定的由时间戳的时序确定的串行序列。

9.5.1 时间戳

对于系统中的每个事务 T_i，把一个唯一固定的时间戳和它联系起来，该时间戳记为 TS(T_i)。系统赋予事务的时间戳可以采用下面的方法实现：

(1) 使用系统时钟分配时间戳，即事务的时间戳等于该事务进入系统时的时钟值。

(2) 使用逻辑计数器分配时间戳，即事务的时间戳等于该事务进入系统时逻辑计数器的值。每赋予一个时间戳，计数器增加一次。虽然这种方法的时间戳与"时间"无关，但是产生的作用和时间戳相同。

事务的时间戳决定了事务的串行化顺序。如果 TS(T_i)<TS(T_j)，表示事务 T_i 在事务 T_j 之前开始，则系统必须保证所产生的调度等价于事务 T_i 出现在事务 T_j 前的某个串行调度。

在基于时间戳的并发控制中，每个数据项 R 都有两个时间戳，记录对数据项 R 成功地执行读操作和写操作的最大时间戳，分别用 W-timestamp(R)和 R-timestamp(R) 表示。

基于时间戳的并发控制对事务是否能够读写数据项要遵循一定的约定（协议），否则会出现读写错误，如读"脏"数据等。在图 9-26 中，事务 T 读 A，而 A 最近被事务 U 写入过。U 的时间戳小于 T 的时间戳，这样 T 的读发生在 U 对 A 写之后。但是，可能在 T 读到 U 写入的 A 值后，事务 U 由于某种原因而中止。这样事务 T 读的 A 值就成了"脏"数据。

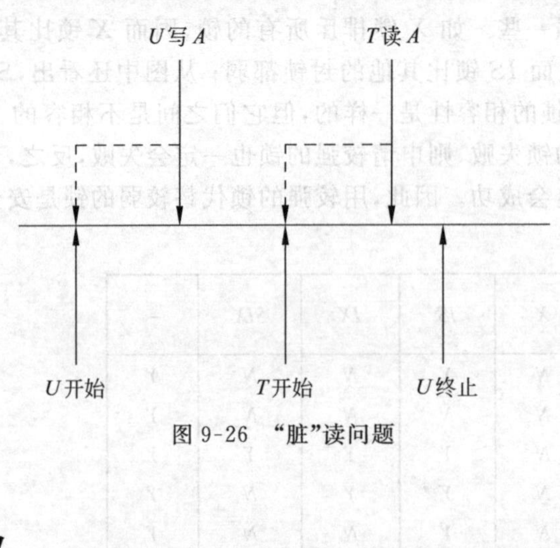

图 9-26 "脏"读问题

9.5.2 时间戳协议

时间戳排序协议（timestamp-ordering protocol）保证任何冲突的读写操作按时间戳顺

序执行。协议运行方式如下：

(1) 假设事务 T_i 发出 read(A)。如果 TS(T_i)＜W-timestamp(A)，则 T_i 需要读入的 A 值已被覆盖。因此，读操作被拒绝，T_i 回滚；如果 TS(T_i)≥W-timestamp(A)，则执行读操作，R-timestamp(A)设为它和 $TS(T_i)$ 中两者最大值。

(2) 假设事务 T_i 发出 write(A)。如果 TS(T_i)＜R-timestamp(A)，则说明在 T_i 之后开始的事务已经读了 A 的值，写操作被拒绝，T_i 回滚；如果 TS(T_i)＜W-timestamp(A)，则 T_i 试图写入的 A 值已经过时，写操作被拒绝，T_i 回滚。否则，系统执行写操作，将 W-timestamp(A)设为 TS(T_i)。

注意，事务回滚时，系统将赋予它新的时间戳。

【例 9-4】 图 9-27 给出了三个事务 T_1、T_2 和 T_3 的一个基于时间戳的调度，这三个事务访问三个数据项 A、B 和 C。R_i、W_i 分别表示读写操作，RT、WT 分别表示读写时间戳。假设开始时，每个数据项具有的读时间和写时间均为 0。事务的时间戳是通知调度器开始执行时获得的，表中事务 T_1、T_2 和 T_3 的时间戳分别为 300、100、200。虽然 T_1 执行第一个数据访问，但它不具有最小时间戳。从获得的时间戳可以看出事务开始执行的顺序依次是 T_2、T_3 和 T_1。

T_1	T_2	T_3	A	B	C
300	100	200	RT=0 WT=0	RT=0 WT=0	RT=0 WT=0
$R_1(B)$				RT=300	
	$R_2(A)$		RT=100		
		$R_3(C)$			RT=200
$W_1(B)$				WT=300	
$W_1(A)$			WT=300		
	$W_2(C)$				
	终止				
		$W_3(A)$			

图 9-27　三个事务的时间戳调度

首先开始的第一个动作是 T_1 读 B。由于 B 的写时间小于 T_1 的时间戳，因而允许读操作，并且 B 的读时间戳被置为 T_1 的时间戳 300。接着 T_2、T_3 的读动作同样是合法的，并置为相应的时间戳。在第四步 T_1 写 B。由于 B 的读写时间都不大于 T_1 的时间戳，允许写操作。此时 B 的写时间改为 300，即执行写操作的事务 T_1 的时间戳。

接下来，T_2 要执行写 C 操作。但是，C 已经被事务 T_3 所读，C 的读时间戳为 200，TS(T_2)＜RT(C)，因此，写操作被拒绝，T_2 事务必须回滚。

最后一步，T_3 要执行写 A 的操作。T_3 满足 TS(T_3)＞RT(A)，但不满足 TS(T_3)＞WT(A)。因此，写操作被拒绝，T_3 回滚。

可以进一步改善时间戳协议。协议第(2)条的规则中规定，如果事务 T 要执行一个过时的写操作，则放弃 T。放弃一个事务势必要耗费时间。我们可以不放弃一个这样写操作事务，因为它们对数据库的一致性和调度的可串行性不影响，只要忽略过时写操作就可以。

从而把其中的相关部分修改为：如果 TS(T)＜W-timestamp(A)，则 T 要写一个已过时的 A 值，跳过这个操作。这条规则称为 Thoms 写规则。

以上方法的主要不足是事务需要不断地重新启动，为避免事务重新启动提出了保守时戳法。保守时戳法的基本思想是不拒绝任何操作，因而不必重新启动事务，如果操作不能执行则缓冲较先开始事务的操作直到所有其他操作执行为止。这样，系统需要知道什么时候不再有较先开始事务的操作存在，而且缓冲事务的操作可能会造成较先开始事务等待较后开始事务的情况，处理起来较复杂。有关时间戳协议的进一步讨论请参阅相关书籍。

时间戳协议保证了并发事务的可串行化，因为冲突操作发生时，如果不满足时间戳的条件，则重新启动事务，并赋予事务一个较大的时间戳。因此，事务的执行是按照时间戳的顺序处理的。因为不存在等待的事务，该协议保证无死锁发生。

* 9.6 基于有效性确认的并发控制

前面介绍了两种基本的并发控制技术，封锁法和时间戳法，他们的共同点是，事务在对数据操作之前要进行一定的检查。本节介绍一种乐观的并发控制方法，即基于有效性确认的并发控制方法。该方法主要思想是：事务间的冲突操作很少，大多数事务都可以无冲突地正确执行，因此事务的执行可以不考虑冲突。但为解决冲突，写操作需要暂时保存起来，当事务结束后由专门的机构确认是否可以将数据写到数据库中，若不能则重新启动该事务。在这种技术中，允许事务不必经过封锁访问数据。它与时间戳技术的区别在于调度器维护一个活跃的事务记录，而不是保存数据项的读写时间。事务在写数据项前，经过有效性确认，与其他活跃事务的写比较，如果冲突则该事务回滚。

1. 有效性确认阶段

基于有效性确认的并发控制中，对每个事务 T，调度器必须被告知 T 所读写的数据项集合，记为 RS(T)和 WS(T)。确认分以下三个阶段。

(1) 读阶段。事务可以读到已提交的数据项的值。

(2) 确认阶段。按有效性确认规则，与其他事务读写集合进行比较确定该事务的更新操作的有效性，即是否违反可串行化。

(3) 写阶段。确认有效后，写入数据项值。

基于有效性确认的并发控制中采用事务时标。事务调度器维护三个集合：START，已经开始但尚未完成有效性确认的事务集合，其中带有事务的开始时间 STRAT(T)；VAL，已经确认有效性但尚未完成写的事务集，带有确认时间 VAL(T)；FIN，已经完成第三阶段写操作的事务集，带有完成时间 FIN(T)。

2. 有效性确认规则

我们假定事务的串行顺序即事务的有效性确认顺序。为了理解有效性确认规则，先来考虑要确认一个事务有效性时可能发生的情况。

(1) 假设存在事务 U 满足：

① U 在 VAL 和 FIN 中，即 U 已经过有效性确认。

② FIN(U)>STRAT(T)，即 U 在 T 开始前没有完成。

③ RS(T)∩WS(U)非空，如事务 T 的读集合和事务 U 的写集合都包含数据项 A。

那么 U 有可能在 T 读 A 后才写 A，出现了晚写的情况，使得 T 读的不是 U 新写入的值。由于我们无法确定这一点，只好采取可靠的办法：回滚事务 T 以避免读错的风险。此种情况如图 9-28 所示。

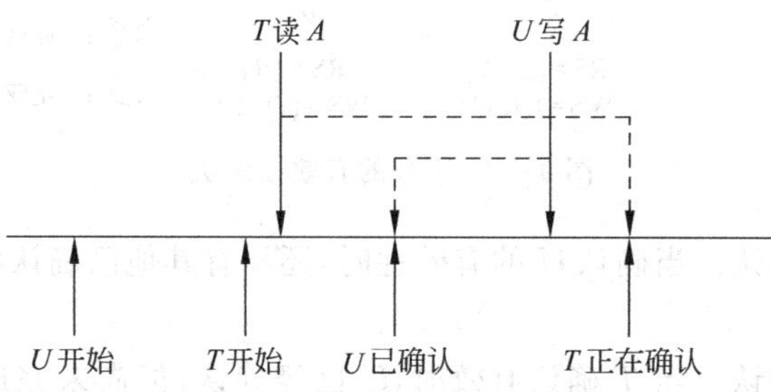

图 9-28 一个较早的事务正在写入 T 要读的值，则 T 的有效性不能确定

(2) 假设存在事务 U 满足：

① U 在 VAL 中，即 U 的有效性已经成功确认。

② FIN(U)>VAL(T)，即事务 T 在进入有效性确认阶段前，事务 U 没有完成。

③ WS(T)∩WS(U)≠∅，即要写的数据项 A 在两个集合中。

这时一个潜在的问题是 T 和 U 都要写 A 值。如果我们确定 T 有效，则有可能在 U 前写 A，这违反了 T 在 U 后的串行顺序。此种情况如图 9-29 所示。

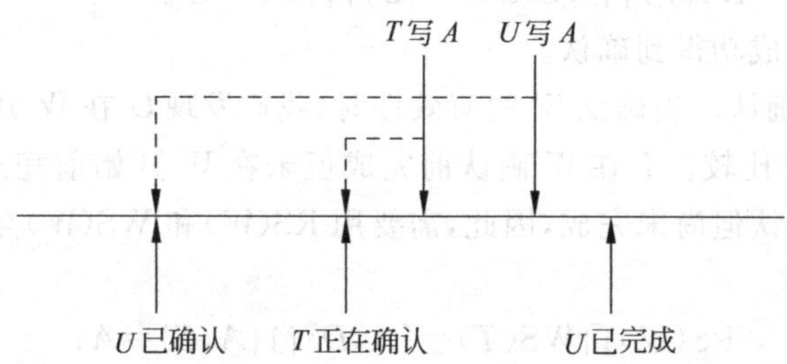

图 9-29 在一个较早的事务之前写入 A 值，则 T 有效性不能确认

为了避免上述情况的发生，必须进行有效性确认。有效性确认规则为：

(1) 对于所有经过有效性确认且在事务 T 开始前没有完成的事务 U，即满足 FIN(U)>START(T) 的 U，比较 RS(T)和 WS(U)以检查是否满足 RS(T)∩WS(U)=∅。

(2) 对于在事务 T 经过有效性确认前所有经过有效性确认但没有完成的事务 U，即满足 FIN(U)>VAL(T)的 U，比较 WS(T)和 WS(U)以检查是否满足 WS(T)∩WS(U)=∅。

有效性确认规则是事务 T 在确认阶段必须检查的条件，如果不满足这些确认条件，则确认失败，事务 T 必须撤销并稍后后重启。

【例 9-5】 在图 9-30 中，给出了四个事务 T、U、V 和 W 对应的读写集合。我们来讨论各个事务的有效性确认问题。

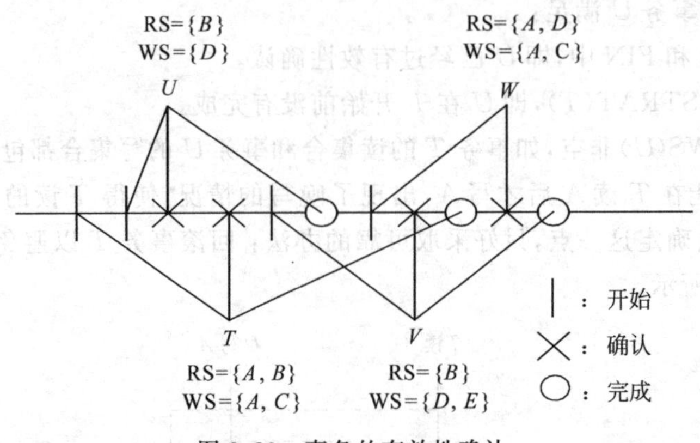

图 9-30 事务的有效性确认

(1) U 的有效性确认。当确认 U 的有效性时，还没有其他已确认的事务，因而不需要检查。U 写入 D 值。

(2) T 的有效性确认。当 T 确认有效时，U 已经确认，但尚未完成。因此，必须检查 T 的读写集合是否满足与 $\mathrm{WS}(U)=D$ 没有公共元素。由于 $\mathrm{RS}(T)=\{A,B\}$，而 $\mathrm{WS}(T)=\{A,C\}$，两个检查成功，因而确认 T 有效。

(3) V 的有效性确认。当确认 V 的有效性时，U 已经确认和完成。T 已确认但尚未完成。并且 V 在 U 完成前开始。因此，与 T 的比较必须用 RS(V)和 WS(V)与 WS(T)比较。但与 U 的比较只需比较 RS(V)和 WS(U)。发现：

$$\mathrm{RS}(V)\cap\mathrm{WS}(T)=\{B\}\cap\{A,C\}=\varnothing;$$
$$\mathrm{WS}(V)\cap\mathrm{WS}(T)=\{D,E\}\cap\{A,C\}=\varnothing;$$
$$\mathrm{RS}(V)\cap\mathrm{WS}(U)=\{B\}\cap\{D\}=\varnothing。$$

因此，V 的有效性成功得到确认。

(4) W 的有效性确认。当确认 W 的有效性时，我们发现 U 在 W 开始前已经完成，因此在 W 和 U 之间不存在比较。T 在 W 确认前完成但未在 W 开始前完成，因此比较 RS(W)和 WS(T)。V 已经确认但尚未完成，因此，需要用 RS(W)和 WS(W)与 WS(V)比较。比较结果如下：

$$\mathrm{RS}(W)\cap\mathrm{WS}(T)=\{A,D\}\cap\{A,C\}=A;$$
$$\mathrm{RS}(W)\cap\mathrm{WS}(V)=\{B\}\cap\{D,E\}=\varnothing;$$
$$\mathrm{WS}(W)\cap\mathrm{WS}(V)=\{D\}\cap\{D,E\}=\{D\}$$

由于交集不为空，因此 W 的有效性无法确认。W 事务被回滚。

9.7 插入与删除操作对并发控制的影响

在前面的并发控制中，我们主要考虑了读写操作。实际上插入和删除数据项的操作同样对并发控制产生影响。在讨论这些影响前，我们先引入这些操作定义：

DELETE(A)：从数据库中删除数据项 A；

INSERT(A)：插入新的数据项 A，并分配初值。

一个事务 T 在 A 被删除后执行 Read(A)将导致 T 产生逻辑错误。类似地，在 A 还没插入时执行 Read(A)操作也将发生逻辑错误。试图删除一个并不存在的数据项 A 也会发生逻辑错误。

1. 删除操作的影响

要理解 DELETE 对并发控制产生怎样的影响，就要确定何时 DELETE 操作与其他操作冲突。设 C_1 和 C_2 分别是事务 T_1 和 T_2 的操作，而且它们在调度中相继被执行。令 C_1 = DELETE(A)，讨论情况如下：

(1) C_2 = READ(A)，C_1 和 C_2 冲突。如果 C_1 在前，事务 T_2 将产生逻辑错误，C_2 在前，T_2 执行 READ 操作成功。

(2) C_2 = WRITE(A)，C_1 和 C_2 冲突。如果 C_1 在前，事务 T_2 将产生逻辑错误，C_2 在前，T_2 执行 WRITE 操作成功。

(3) C_2 = DELETE(A)，C_1 和 C_2 冲突。如果 C_1 在前，事务 T_2 将产生逻辑错误，C_2 在前，事务 T_1 将产生逻辑错误。

(4) C_2 = INSERT(A)，C_1 和 C_2 冲突。假设数据项 A 在执行 C_1 和 C_2 之前已不存在。那么，如果 C_1 在前，事务 T_1 将出现错误，如果 C_2 在前，则没有逻辑错误。如果数据项 A 在执行两个操作之前已经存在，如果 C_2 在前会出错，反之不会。

从以上讨论可以得出下面的结论：

- 在两阶段封锁协议下，一个数据项要删除之前，必须申请对该数据项的排他锁。
- 如果使用时用时间戳协议，必须执行类似于为 WRITE(A)操作进行的测试。

【例 9-6】 假设两个事务 T_1 和 T_2，T_1 发出 DELETE(A)操作请求。要执行如下的测试：

(1) 如果 TS(T_1)＜R_timestamp(A)，则 T_1 将要删除的 A 值已经被满足 TS(T_2)＞TS(T_1)的事务 T_2 读取，因此，DELETE(A)操作被拒绝，T_1 回滚。

(2) 如果 TS(T_1)＜W_timestamp(A)，则满足 TS(T_2)＞TS(T_1)的事务 T_2 已经写过 A。因此，DELETE 被拒绝，T_1 回滚。

(3) 如果条件(1)和条件(2)都不成立，则执行 T_1 的 DELETE 操作。

2. 插入操作的影响

我们已经看到，INSERT 和 DELETE 冲突。类似地，INSERT 与 READ 和 WRITE 操作也有冲突。在数据项 A 建立前，READ(A)和 WRITE(A)操作是不能被执行的。从并发角度讲，INSERT 类似于 WRITE 操作。在两段封锁协议下，当事务 T 执行 INSERT(A)操作时，给 A 加上排他锁。在时间协议下，当事务 T 执行 INSERT 操作时，R-_timestamp(A)和 W-_timestamp(A)被分配 TS(T)。

我们现在考虑插入操作带来的一个问题：幻影现象(phantom phenomenon)。假设两个事务 T_1 和 T_2 分别在一个银行数据库上执行如下的 SQL 语句：

```
T1: SELECT SUM(balance)
    From account A
```

```
    Where A. name='Mary'
T2: INSERT INTO account
    VALUES('10021','MARY',100)
```

令调度S包含事务 T_1 和 T_2。基于下面的原因，T_1 和 T_2 有可能产生冲突：

(1) 如果 T_1 在计算SUM时使用了 T_2 建立的新元组，则 T_1 读取了 T_2 写的数据。因此，在一个等价于 S 的串行调度中，T_2 必须先于 T_1。

(2) 如果 T_1 在计算SUM时没有使用 T_2 建立的新元组，则在等价的串行调度中，T_1 必须先于 T_2。

T_1 和 T_2 没有存取任何公共元组，但它们之间却发生了冲突。这种冲突是由于插入一个新的元组引起的。我们把这种现象称为幻影现象，把插入的新元组称为幻影数据。如果并发控制协议是在元组粒度级，幻影现象是无法检测出来的。幻影可能导致并发事务非可串行化调度。有两种方法可以防止幻影现象。

(1) 将封锁粒度提高到表。T_1 在表account上加上一个共享锁，T_2 在其上加一个排他锁。于是 T_1 和 T_2 将在表上发生冲突，而不是在一个插入的元素上发生冲突，但这样封锁降低了系统的并发性。

(2) 使用索引锁(index-locking)技术。要求每个关系上至少具有一个索引。要插入一个元组到一个关系，必须插入有关信息到所有这个关系的索引上。如果多索引应用锁协议，可避免幻影现象。索引锁协议规则如下：

① 每个关系必须至少有一个索引。

② 仅当事务 T 持有包含指向元组 t 的索引块上的共享锁时，T 才可对 t 加共享锁。

③ 仅当事务 T 持有包含指向元组 t 的索引块上的排他锁时，T 才可对 t 加排他锁。

④ 没有更新关系上的所有索引时，事务 T 不能向关系插入元组。T 要更新一个索引块，必须获得该块上的排他锁。

⑤ 必须遵守两段封锁协议。

显然，索引锁协议把由插入元组引起的冲突变换成了由索引块引起的冲突。这种冲突可以由并发控制机制发现，从而解决幻影问题。

9.8 SQL Server中的并发控制

在SQL Server中对事务的存取模式和隔离级别做了具体规定，提供给用户选择。SQL Server的并发控制基于封锁技术，系统支持三级封锁协议，采用了多粒度封锁策略。除了提供S锁和X锁这些基本锁外，也提供了意向锁，另外，还提供了一些专用锁。

9.8.1 事务的隔离级别

事务的隔离级别保证一个事务的执行不受其他事务的干扰。尽管会带来某些完整性问题，但可换取更高的并发访问能力。事务的隔离级别会对事务中的数据项指定默认的锁类型。SQL Server 支持 SQL-92 中定义的事务隔离级别，具体介绍如下：

(1) SERIALIZABLE，可串行化。指定：

- 语句不能读取已由其他事务修改但尚未提交的数据。
- 任何其他事务都不能在当前事务完成之前修改由当前事务读取的数据。
- 在当前事务完成之前，其他事务不能使用当前事务中任何语句读取的键值插入新行。

这是限制最多的隔离级别，因为它锁定了键的整个范围，并在事务完成之前一直保持有效。因为并发级别较低，所以应只在必要时才使用该选项。该选项的作用与在事务内所有 SELECT 语句中的所有表上设置 HOLDLOCK 相同。

(2) REPEATABLE READ，可重复读。指定语句不能读取已由其他事务修改但尚未提交的行，并且指定，其他任何事务都不能在当前事务完成之前修改由当前事务读取的数据。对事务中的每个语句所读取的全部数据都设置了共享锁，并且该共享锁一直保持到事务完成为止。这样可以防止其他事务修改当前事务读取的任何行。其他事务可以插入与当前事务所发出语句的搜索条件相匹配的新行。如果当前事务随后重试执行该语句，它会检索新行，从而产生幻读。由于共享锁一直保持到事务结束，而不是在每个语句结束时释放，所以并发级别低于默认的 READ COMMITTED 隔离级别。此选项只在必要时使用。

(3) READ COMMITTED 读提交数据。指定语句不能读取已由其他事务修改但尚未提交的数据。这样可以避免脏读。其他事务可以在当前事务的各个语句之间更改数据，从而产生不可重复读取和幻像数据。该选项是 SQL Server 的默认设置。

(4) READ UNCOMMITTED 可以读未提交的数据。设置此选项之后，允许事务读已提交或未提交的数据。在 READ UNCOMMITTED 级别运行的事务，不会发出共享锁来防止其他事务修改当前事务读取的数据。READ UNCOMMITTED 事务也不会被排他锁阻塞，排他锁会禁止当前事务读取其他事务已修改但尚未提交的行。这是隔离级别中限制最少的级别。

上述 4 种级别可以用下列 SQL 语句定义：

```
SET TRANSACTION ISOLATION LEVEL SERIALIZABLE;
SET TRANSACTION ISOLATION LEVEL REPEATABLE READ;
SET TRANSACTION ISOLATION LEVEL READ COMMITTED;
SET TRANSACTION ISOLATION LEVEL READ UNCOMMITTED 。
```

大多数 DBMS 系统对整个表加锁或使用粒度更细的锁来保障并发事务的可串行性，但缺点是释放锁会耗费时间。某些应用希望更快地释放锁，使用隔离级别有可能达到这一目的。

9.8.2 专用锁

1. 更新锁

一般更新模式由一个事务组成。事务完成读取记录，获取数据对象上的共享 S 锁，然后修改行，这时要求锁转化为 X 锁。如果两个事务获得了该数据上的 S 锁，然后试图同时更新数据，则一个事务尝试将锁转化为 X 锁。转化需要等待一段时间。第二个事务试图获取 X 锁以进行更新。此时，发生了死锁。

T_2 / T_1	X	S	U
X	N	N	N
S	N	Y	Y
U	N	N	N

图 9-31 更新锁的相容性

更新锁（Update Lock，简称 U 锁）可以避免死锁问题。一次只有一个事务可以获得数据的 U 锁。如果事务修改数据，则更新锁转化为排他锁。否则，转换为共享锁。图 9-31 是包含更新锁的相容性矩阵。从中可以看出，S 和 U 锁具有相同的列，而 U 锁和 X 锁具有相同的行。

2. 架构锁

架构锁（Scheme Lock）提供了对执行表的数据定义操作的控制，包括架构修改锁（*Sch-M*）和架构稳定锁（*Sch-S*）。在执行表的数据定义语言（DDL）操作时使用 *Sch-M* 锁实现删除和添加表。当编译查询时，使用 *Sch-S* 锁，以确保数据对象不被删除。

3. 大容量更新锁

当将大容量数据复制到表时，可以使用该锁允许将大容量的数据并发地复制到同一表中，同时防止其他不被允许加锁的事务将大容量数据复制到该表。

9.8.3 锁的使用与管理

在 SQL Server 中，使用 SELECT、INSERT、UPDATE 和 DELETE 语句可以指定表级的锁定类型。

1. 设置共享锁

共享锁用于读操作，一直存在到满足查询条件的所有记录已经返回为止。如果对一个数据使用了共享锁，即使事务还没有结束，其他事务也只可以获得该数据的共享锁。使用 HOLDLOCK 锁提示设置共享锁。例如事务 T_1 检索订单报表 Orders 时设置了共享锁，则不会出现另一事务 T_2 向报表中插入记录的情况。SQL 语句如下：

```
USE Northwind
GO
BEGIN TRANSACTION T1
SELECT OrderID,CustomerID,OrderDate FROM Orders WITH (HOLDLOCK)
--在检索订单报表 Orders 时用 WITH(HOLDLOCK)设置共享锁
COMMIT
```

2. 设置排他锁

对于数据修改语句使用排他锁。在并发事务中，只有一个事务能够获得数据的排他锁，其余事务则不能在加了排他锁的数据上获得共享锁或排他锁。使用 TABLOCKX 锁提示设置排他锁。例如，如果事务 T_1 在录入订单记录的时候对订单表使用排他锁，那么另一要

查询订单的事务 T_2 就要一直等到 T_1 结束，才能查询订单表，避免了读“脏”数据。

```
USE Northwind
GO
BEGIN TRANSATION T1
INSERT INTO Orders WITH (TABLOCKX)(CustomerId,OrderDate)
VALUES('ALFKI','2002-01-01')
--在更新订单报表 Orders 时用 WITH(TABLOCKX)设置排他锁
INSERT INTO Order Details WITH(TABLOCKX)(OrderID,ProductionID)
   VALUES('ALFKI','8')
COMMIT
```

3. 锁的管理

SQL Server 提供一个系统存储过程 sp_lock，用来获得有关锁的信息。结果集中包括服务器进程 spid、数据库 dbid、对象 ObjId、索引 IndId、类型 Type、锁定的资源、锁的模式 Mode 和状态 Status。类型字段表示当前锁定的资源类型，如数据库、表、数据页、行标识和关键字。模式字段表示用到的锁的类型，如共享锁、排他锁、意向锁。状态字段表示锁释放(GRANT)和被另一进程封锁(WAIT)。

4. 解除死锁

SQL Server 定期执行死锁检测，能够自动发现并解除死锁。当发现死锁后，通常选择开始较晚或已做的更新最少的事务作为“死锁牺牲品”来结束死锁并回滚，以便让其他事务继续进行。

SQL Serve 还提供了超时功能，使用 SET LOCK_TIMEOUT 语句可设置锁定超时期限(以毫秒为单位)。SQL Server 并不自动释放被长时间锁定的资源。如果一个事务锁定资源的时间较长，其他事务都将等待锁的释放。设置锁定超时期限，使得应用程序能自动检测阻塞锁，当锁定时间超时后回滚事务，有效地避免事务阻塞。例如设置锁定超时周期为 1800 ms。

```
SET LOCK_TIMEOUT 1800
```

当语句对资源请求封锁的等待时间大于 1800 ms 时，系统将自动取消阻塞的语句，并返回“锁请求已超时”的错误信息。

9.9 小　结

事务并行运行可以充分利用系统的有效资源，但是并行操作有可能造成访问和产生不正确的数据，破坏了数据库的一致性。并发控制技术的目的就是解决事务并发运行带来的异常问题。这一章我们介绍了并发事务调度的可串行化概念以及实现可串行化调度的技术，包括封锁技术、时间戳技术和有效性确认技术。基于封锁的技术是我们讨论的重点。

并发事务可能造成丢失更新、不可重复读和读“脏”数据问题。造成这些问题的原因是事务并发运行时，互相干扰破坏了数据一致性。当然一个最简便的方法把事务串行化，但这又失去了并行的优点。可串行化调度准则为我们如何正确安排并行调度事务提供了依据。调度中经常会遇到事务间操作冲突，通过一些非冲突操作的交换可以避免。为了避免事务间的干扰，为数据项加锁是并发控制的主要技术。我们介绍了锁的基本概念和类型。重点要掌握锁的运用和不同锁的兼容性。封锁技术采用了三级封锁协议避免上述提到的事务并发运行带来三个问题。我们重点讨论了两阶段封锁协议，它把封锁分为加锁和解锁两个阶段。在申请锁时，不能释放锁，在释放锁时，不能再申请锁。此外，我们还讨论了活锁和死锁等问题以及解决的方法。时间戳技术是另一种常用的并发事务可串行化调度的方法。通过时间戳排序协议保证任何冲突的读写等操作按时间戳顺序执行。最后我们简单介绍了基于有效性确认并发控制。

三种并发控制机制各有特点。时间戳和有效性可能使用更多的空间，以保存最近提交事务的一些访问操作信息，而锁表中并不记录这些。另外，这三种方法还与事务间的影响有关。当这种影响较高时，封锁推迟事务但不回滚，而时间戳和有效性确认不推迟事务但会导致事务回滚。回滚也许是更严重的推迟，并且浪费资源。当事务间影响较低时，那么时间戳和有效性确认都不会导致太多的事务回滚，通常比封锁调度的开销要小。

习　　题

1. 为什么要使用并发控制？
2. 并发操作中会产生哪几种数据不一致的问题？用什么方法解决不一致的问题？
3. 基本锁有几种？它们的作用是什么？
4. 什么是封锁协议？不同级别的封锁协议的作用和区别是什么？
5. 什么是死锁？预防死锁的方法是什么？什么是活锁？怎样避免活锁的情况出现？
6. 试述并发事务的可串行化？举例说明。
7. 怎样测试调度的可串行性？
8. 对于下面的两个事务 T_1 和 T_2，有多少种合理的调度？哪些是可串行化的？

```
T1: READ(X);               T2: READ(X);
    X:=X-N;                    X:=X+M;
    WRITE(X);                  WRITE(X)。
    READ(Y);
    Y:=Y+N;
    WRITE(Y)。
```

9. 试述两阶段封锁协议。
10. 什么是意向锁？为什么要引进意向锁？正确理解引入意向锁后锁相容矩阵的含义。
11. 什么是基于时间戳的封锁协议？
12. 说明按下列并发协议执行第 8 题中的事务 T_1 和 T_2 的过程。
    (1) 两段封锁协议；
    (2) 时间戳协议。

13. 考虑下面两个事务：

```
T1: read(A);
    Read(B);
    If A=0 then B:=B+1;
    Write(B).
T2: read(B);
    Read(A);
    If B=0 then A:=A+1;
    Write (A).
```

给事务 T_1 和 T_2 增加加锁、解锁指令，使它们遵从两阶段封锁协议。这两个事务的执行会引起死锁吗？

14. 什么是并发控制粒度？什么是多粒度并发控制协议？
15. 在多粒度封锁中，隐式封锁与显式封锁有何区别？
16. 什么是有效性检查？

第10章

关系数据库设计理论

前面几章介绍了关系模型的基本概念和关系数据库语言。与其他数据模型相比，关系模型的一个突出优点是具有坚实的理论基础。多年来，在关系数据库理论的研究方面取得了许多成果。其中，关系数据库设计理论是关系数据库的理论基础和重要组成部分。关系数据库设计理论包括数据依赖理论、关系模式的规范化理论等。

数据依赖表示数据间存在的一种限制或制约关系。有多种数据依赖，常见的数据依赖有函数依赖、多值依赖、连接依赖等。关系模式规范化是使得关系属性间的数据依赖逐渐趋向合理的过程。根据规范化程度的不同，关系模式可分为一范式到五范式。本章将介绍数据依赖的基本概念、数据依赖公理、范式的概念及关系模式的规范化。

10.1 关系模型的存储异常

在关系模型中，唯一的数据结构是关系。一个关系既可以描述一个实体，又可以描述实体间的联系。在关系数据库中包含了一组关系，一个关系对应一个关系模式。这组关系所对应关系模式的集合称为数据库模式。

数据库模式的设计是数据库应用系统开发的一个核心问题，数据库模式设计的好坏是数据库应用系统成败的关键所在。由于认识或看问题的方法不同，一个数据库可以设计出不同的数据库模式。什么是一个好的数据库模式，如何设计出一个好的数据库模式，将是我们需要讨论的问题。一个关系数据库模式是由一组关系模式组成的，因此，关系数据库模式的设计，即数据库的逻辑设计就是要从各种可能的关系模式组合中选取一组关系模式来构成一个数据库模式。

为了说明关系模式设计的性能好坏，让我们先来看一个例子。

某学校图书馆要建一个图书数据库，其中借阅管理包括借书证号(CARDNO)、借书人姓名(NAME)、借书人所在单位(DEPT)、单位负责人(MN)、图书编号(BNO)、借阅日期(DATE)等信息。借阅图书登记可以用如下关系模式来描述：

```
BORROW(CARDNO,NAME,DEPT,MN,BNO,DATE)。
```

模式 BORROW 对应的一个关系如表 10-1 所示。表中，一个元组表示一个借阅信息。通过 BORROW 关系，可以查询借书人的信息和借书人借阅图书的信息，还可以查询每本书的借阅情况。但这个关系模式是不是一个好的设计呢？它在使用中会不会出现什么问题呢？我们说，BORROW 模式的设计在数据更新时会出现异常情况，主要表现为以下几点。

表 10-1　BORROW 表

CARDNO	NAME	DEPT	MN	BNO	DATE
R001	李晓鹏	计算机系	张宏军	TP31-125	2007.01.23
R001	李晓鹏	计算机系	张宏军	TP32-007	2006.11.12
R001	李晓鹏	计算机系	张宏军	TP12-233	2007.04.05
R002	王一鸣	计算机系	张宏军	TP51-211	2008.02.09
R002	王一鸣	计算机系	张宏军	TP31-254	2008.02.09
R003	刘明川	无线电系	范和平	TP23-126	2007.10.11
R003	刘明川	无线电系	范和平	TP23-023	2008.03.21
R003	刘明川	无线电系	范和平	TP25-045	2008.03.21

1. 数据冗余

从表 10-1 中的信息看出，表中存在着大量的冗余。借书人每借一本书，有关借书证号，借书人姓名及所在单位和单位负责人都要重复存储。大量的数据冗余不仅造成存储空间的浪费，而且存在着潜在的数据不一致。

2. 插入异常

在 BORROW 关系模式中，如果要插入一个借书人的信息是不能进行的。因为，BORROW 模式的关键字是由 CARDNO 和 BNO 组成的联合键，根据关系模型的实体完整性规则，关键字不能为空。于是，如果一个人没有借书，就不能办理借阅手续，因为 BNO 为空。也就是说，如果一个人没有借书，有关借书人的信息就不能存入数据库，这显然是不合理的。这种情况称为插入异常。

3. 删除异常

当借书人归还所借的书后，需要从借阅关系中删除相关信息。但借阅人如果在某段时间把所借的书全部还清了，则在删除借书信息的同时，连同借阅人及所在单位的所有信息都一起从数据库中删去了，这是我们所不希望的。这种情况称为删除异常。

4. 更新异常

如果借书人所在单位变了或单位负责人变了，需要修改该借书人在 DEPT 或 MN 属性上的值。但由于数据冗余，有关借书人所有元组中的单位或单位负责人的信息都要修改。这不仅增加了更新代价，而且存在着潜在的不一致性。如果在更新过程中出现问题，有可能出现一部分数据被修改，而另一部分没有被修改的情况，造成了存储数据的不一致。

以上这些问题的出现显然是人们所不希望的，这样设计的数据库就是一个不好的数据库。E. F. Codd 把这些问题统称为存储异常。

为什么会出现存储异常呢？这是因为在数据间存在着一定的依赖关系。如在借书关系 BORROW 中，借阅人、借阅人所在单位及单位负责人与借书证号之间以及借书证号、书号与借阅日期之间都存在着依存关系，但 BORROW 模式没有很好地反映这些关系。

在现实世界中，实体和实体间存在着相互依赖又相互制约的关系，而在实体内部的属性值之间也存在着相互依赖、相互制约的关系。对实体内部属性值之间的这种依存关系，称为数据依赖。

要设计出一个好的关系模式，首先应了解数据间存在着哪些数据依赖。最重要的数据依赖有三种：函数依赖、多值依赖和连接依赖。下面首先讨论函数依赖及相关概念。

10.2 函数依赖

10.2.1 函数依赖的定义

函数依赖(Functional Dependency，FD)是现实世界中最广泛存在的一种数据依赖，它表示了关系中属性间的一种制约关系。下面，我们给出函数依赖的定义。

定义 10.1 设关系模式 $R(U)$，$X,Y\subseteq U$，r 是 $R(U)$上的任一关系。对任意元组 t_1、$t_2\in r$，如果 t_1、t_2 在 X 上的属性值相等，t_1、t_2 在 Y 上的属性值亦相等，则称 X 函数决定 Y，或 Y 函数依赖于 X，记为 FD $X\rightarrow Y$。

我们称 X 为决定因素，或称 X 为函数依赖的左部，Y 称为函数依赖的右部。

函数依赖类似于变量间的单值函数关系，可以给出函数依赖的另一种定义：

给定一个关系 R，我们说 R 中的属性 Y 是函数依赖于 R 中的属性 X 的，当且仅当 R 中只要有两个元组的 X 值相同，则他们在 Y 上的值也相同。

可以用关系代数运算 Π、σ 描述函数依赖，即如果对于 X 中的任一值 x，$\Pi_Y(\sigma_{X=x}(r))$的值仅有一个元组，则有 Y 函数依赖与 X。

在前面举的例子中就存在着这样的函数依赖关系。从表 10-1 中可以看出，在关系模式 BORROW 中存在如下函数依赖：

CARDNO→NAME；

CARDNO→DEPT；

CARDNO→MN；

DEPT→MN；

(CARDNO，BNO)→DATE。

NAME、DEPT 和 MN 函数依赖于 CARDNO，或者说 CARDNO 决定了 NAME、DEPT 和 MN。MN 函数依赖与 DEPT。而 DATE 函数依赖于 CARDNO 和 BNO。这些函数依赖的语义为：每一个借书证只能为一个读者所拥有，因而每一个借书证号可以唯一地确定一个读者及读者所在单位和单位负责人。而借阅日期同读者有关，也同所借的图书有关，要由借书证号和图书编号共同决定借阅日期。

函数依赖是语义范畴的概念，只能根据现实世界中数据间的语义确定函数依赖，这种依赖关系是不能够证明的。如函数依赖：姓名→年龄，只有规定不允许有同名同姓的人的情况下才成立。为要满足这种语义约束，当装入元组到数据库中时，就要检查这种约束条件，使相应元组上的属性值满足规定的函数依赖。如果发现有同名同姓的人就拒绝装入该元组。因此，在模式设计中，设计者对需要处理的数据间的约束关系要非常清楚，才能根据实际情况确定属性间的函数依赖，从而设计出满足要求的数据库模式。

定义 10.2　设 FD $X \to Y$，如果 $Y \not\subset X$，则称 FD $X \to Y$ 为非平凡的函数依赖；否则，若 $Y \subseteq X$，称 FD $X \to Y$ 为平凡的函数依赖。

对于关系模式 R 来说，所谓平凡的函数依赖，是指对模式 R 上的所有关系都成立的函数依赖。若 X、Y 是模式 R 上的属性集且 $Y \subseteq X$，则 FD $X \to Y$ 在模式 R 的所有关系上都是成立的。

定义 10.3　设 FD $X \to Y$，如果对任意的 $X' \subset X$，$X' \to Y$ 都不成立，则称 FD $X \to Y$ 是完全函数依赖；若对 X 的真子集 X' 有 $X' \subset X$，而 $X' \to Y$ 成立，则称 FD $X \to Y$ 是部分函数依赖，即 Y 函数依赖于 X 的一部分。

完全函数依赖和部分函数依赖分别记为：$X \xrightarrow{f} Y$，$X \xrightarrow{p} Y$。

根据以上定义，当 X 是单属性时，FD $X \to Y$ 是完全函数依赖总是成立的。但若 X 是属性集时，$X \to Y$ 可能是完全函数依赖，也可能是部分函数依赖。

在借阅关系 BORROW 中，存在着完全函数依赖：

(CARDNO,BNO)→DATE，

CARDNO→NAME，

CARDNO→DEPT，

CARDNO→MN，

DEPT→MN。

而以下函数依赖是部分函数依赖：

(CARDNO,BNO)→NAME，

(CARDNO,BNO)→DEPT，

(CARDNO,BNO)→MN。

定义 10.4　设关系模式 R，X、Y、Z 是 R 的属性子集，若 FD $X \to Y$，$Y \not\to X$，$Y \to Z$，则必有 FD $X \to Z$，称 FD $X \to Z$ 为传递函数依赖。

传递函数依赖表示为：$X \xrightarrow{t} Z$。

例如，在借阅关系 BORROW 中，存在函数依赖 CARDNO→DEPT，DEPT→MN，而 MN↛DEPT，则有传递依赖 CARDNO→MN。

在传递函数依赖定义中特别指出 $Y \not\to X$ 是因为：如果 $X \to Y$，$Y \to X$，可以记为 $X \leftrightarrow Y$。这样的话，若由此得出的 $X \to Z$，称为 Z 直接依赖于 X，而不是传递依赖于 X。

例如，在模式 BORROW 中，假定没有相同姓名的借书人。因借书证号决定借书人姓名，而借书人姓名也可以决定借书证号，又借书人姓名可决定借书人所在单位。因此，有 FD CARDNO→NAME、NAME→CARDNO、NAME→DEPT，则函数依赖 CARDNO→DEPT 为直接函数依赖而不是传递函数依赖。

认识关系中各个属性间的函数依赖，对于了解数据本身的意义很重要。如在借阅关系 BORROW 中，存在着函数依赖 CARDNO→DEPT 就意味着一个读者只能够在一个单位工作，而 DEPT→MN 则表示一个单位仅有一个负责人。这是对数据库所反映的现实世界的一种约束，即进入数据库的数据应该遵守这种约束。因此，了解现实世界中数据间的依存和制约关系，正确确定属性间的函数依赖关系，对设计一个好的数据库模式是很重要的。

10.2.2 函数依赖的蕴涵性

一个关系模式 R 上的任一关系 $r(R)$，在任意给定的时刻都有它所满足的一组函数依赖集 F。若关系模式 R 上的任一关系都能满足一个确定的函数依赖集 F，则称 F 为 R 满足的函数依赖集。

有时，对于给定的一组函数依赖，要判断另外一些函数依赖是否成立。例如，已知关系模式 R 上的函数依赖集为 F，F 中有函数依赖 $X \to Y$，$X \to Z$，问 $X \to YZ$ 是否成立。这是函数依赖的逻辑蕴涵所要研究的问题。

定义 10.5 设函数依赖集 F 和关系模式 $R(U)$，属性集 $X,Y \subseteq U$。如果关系模式 R 满足 F，R 必定满足 FD $X \to Y$，则称 F 逻辑蕴涵 FD $X \to Y$，或称 $X \to Y$ 逻辑蕴涵于 F。记为 $F \models X \to Y$。

定义 10.6 设函数依赖集 F。所有被 F 逻辑蕴涵的函数依赖称为 F 的闭包，记为 F^+。

F^+ 可表示为：$F^+ = \{X \to Y \mid$ 所有 F 蕴涵的 FD $X \to Y\}$。

由函数依赖集闭包的定义知，$F \subseteq F^+$。

用函数依赖及函数依赖集闭包的概念，可以给关系模式的关键字下一个较为严密的形式化定义。

定义 10.7 设关系模式 $R(U,F)$，U 是 R 的属性全集，F 是 R 的函数依赖集，X 是 U 的子集。如果满足条件：

(1) $X \to U \in F^+$；

(2) 不存在 $X' \subset X$ 且 $X' \to U \in F^+$ 成立。

则称 X 为模式 R 的一个候选键。

关键字是数据库的一个重要概念，它在模式设计和数据库中起着重要作用。由关键字的定义知，要确定关系模式的关键字，需要确定模式中属性间的依赖关系。

给出函数依赖集 F，如何知道 F 蕴涵 FD $X \to Y$ 呢？下面我们介绍一组推理规则，用这组推理规则可以确定 F 是否蕴含 $X \to Y$。这组规则称为 Armstrong 公理。

10.3 函数依赖公理

10.3.1 Armstrong 公理

1974 年，Armstrong 提出了一组推理规则，用于推导函数依赖的逻辑蕴涵，并从理论上证明了这些规则的有效性和完备性。下面介绍这组推理规则。

设关系模式 $R(U,F)$，并且 X、Y、Z 和 W 是 U 的子集。

A1 自反律(Reflexivity)：若 $Y\subseteq X\subseteq U$，则 $F|=X\rightarrow Y$；

A2 增广律(Augmentation)：若 $X\rightarrow Y$ 且 $Z\subseteq U$，则 $F|=XZ\rightarrow YZ$；

A3 传递律(Transitivity)：若 $X\rightarrow Y$，$Y\rightarrow Z$，则 $F|=X\rightarrow Z$。

以上三条规则称为 Armstrong 公理。我们从函数依赖的定义出发证明公理的正确性。

证明：设 r 是 $R(U)$ 上的任一关系，t_1，t_2 是 r 中的任意元组，X、Y、$Z\subseteq U$。

(1) 若 $t_1[X]=t_2[X]$，则 X 的任意子集在 t_1、t_2 上的属性值相同，因 $Y\subseteq X$，即有 $t_1[Y]=t_2[Y]$。根据函数依赖的定义，$X\rightarrow Y$ 成立。

(2) 设 $t_1[XZ]=t_2[XZ]$，则有 $t_1[X]t_1[Z]=t_2[X]t_2[Z]$，则 $t_1[X]=t_2[X]$，$t_1[Z]=t_2[Z]$。由已知条件 $X\rightarrow Y$ 可知，$t_1[Y]=t_2[Y]$。因此，有 $t_1[YZ]=t_1[Y]t_1[Z]=t_2[Y]t_2[Z]=t_2[YZ]$。根据函数依赖的定义，若 $t_1[XZ]=t_2[XZ]$，有 $t_1[YZ]=t_2[YZ]$时，$XZ\rightarrow YZ$ 成立。

(3) 已知 $X\rightarrow Y$，则 $t_1[X]=t_2[X]$时，有 $t_1[Y]=t_2[Y]$。又已知 $Y\rightarrow Z$，则 $t_1[Y]=t_2[Y]$时，有 $t_1[Z]=t_2[Z]$。显然，$X\rightarrow Y$ 成立。

自反律很容易理解。在一个关系中，二个元组不可能在属性集 X 上的值相同，而在 X 的子集 Y 上的值不同。公理 A1 是平凡的。

增广律表明，在一个函数依赖的左部增加 R 的属性，所得函数依赖亦成立。公理 A2 还可以写为：若 $X\rightarrow Y$ 且 $W\subseteq Z\subseteq U$，则 $F|=XZ\rightarrow YW$。

传递律就是前面定义的传递函数依赖，只是没有那么严格。传递函数依赖要求 $Y\not\rightarrow X$，但对于公理来说，只要确定 FD $X\rightarrow Z$ 是否成立就够了。

由 Armstrong 公理可得到下面三个推论。

推论 1 若 $X\rightarrow Y$，$X\rightarrow Z$，则 $X\rightarrow YZ$。

推论 2 若 $X\rightarrow Y$ 且 $Z\subseteq Y$，则 $X\rightarrow Z$。

推论 3 若 $X\rightarrow Y$，$YZ\rightarrow W$，则 $XZ\rightarrow W$。

这三个推论可用公理证明。

证明：(1) 若 $X\rightarrow Y$，由公理 A2，有 $XX\rightarrow XY$。若 $X\rightarrow Z$，同理有 $XY\rightarrow YZ$，由公理 A3，有 $XX\rightarrow YZ$，即 $X\rightarrow Y$。

(2) 若 $Z\subseteq Y$，由公理 A1 有 $Y\rightarrow Z$，又已知 $X\rightarrow Y$，根据公理 A3，$X\rightarrow Z$ 成立。

(3) 若 $X\rightarrow Y$，由公理 A2 有 $XZ\rightarrow YZ$，又有 $YZ\rightarrow W$，根据公理 A3，$XZ\rightarrow W$ 成立。

推论 1 又称为合成规则(union rule)。这个规则说明：左部相同的两个函数依赖其右部可以合并成一个函数依赖。推论 2 称为分解规则(decomposition rule)，该规则说明，一个函数依赖的右部的子集也函数依赖于其左部。推论 3 是公理 A3 的扩展，称为伪传递规则(pseudo transitivity rule)。

由合成规则和分解规则可得出一个重要结论：如果 $A_i(i=1,2,\cdots,n)$是关系模式 R 的属性，则 $X\rightarrow A_1A_2\cdots A_n$ 成立的充要条件是 $X\rightarrow A_i(i=1,2,\cdots,n)$都成立。

以上介绍的三个公理称为 Armstrong 公理系统。

我们已经证明了公理的正确性。因此，利用该公理系统，如果能从函数依赖集 F 推出 FD $X\rightarrow Y$ 成立，则 F 蕴涵 $X\rightarrow Y$。但是，能否用公理从已知的一组函数依赖 F 推出它所蕴涵的所有函数依赖呢？这是函数依赖的完备性问题。如果回答是否定的，则说明公理还不完备，还需要增加新的公理。

要说明公理的完备性，可以对已知函数依赖集 F 求 F^+。如果可以用公理推导出 F^+ 中所有的函数依赖，则可以证明公理是完备的。但遗憾的是，由 F 求 F^+ 是行不通的。因为，即使 F 不大，F^+ 也是很大的。如下的一个例子可以说明这个问题。

例如，设 $F=\{AB\to C, C\to B\}$ 是关系 $R(A,B,C)$ 上的一组函数依赖。则 F^+ 如下：

$F^+=\{A\to A, AB\to A, AC\to A, ABC\to A, B\to B, AB\to B, BC\to B, ABC\to B, C\to C, AC\to C, BC\to C, ABC\to C, AB\to AB, ABC\to AB, AC\to AC, ABC\to AC, BC\to BC, ABC\to BC, ABC\to ABC, AB\to C, AB\to AC, AB\to BC, AB\to ABC, C\to B, C\to BC, AC\to B, AC\to AB, AC\to ABC\}$

以上例子中的 F^+ 没有包括形如 $X\to\varnothing$ 那样一些函数依赖。

为说明公理的完备性，引入属性闭包的概念。

定义 10.8 设关系模式 $R(U,F)$，$U=A_1,A_2,\cdots,A_n$，$X\subseteq U$。所有用公理推出的函数依赖 $X\to A_i$ 中 A_i 的属性集合称属性集 X 对于 F 的闭包，记为 X^+。

$$X^+=\{A_i \mid \text{所有用公理由 } F \text{ 推出的 } X\to A_i\}$$

显然，由自反律知道 $X\subseteq X^+$。

例如，设 $R(A,B,D,E,H)$，R 上的函数依赖集 $F=\{A\to D, AB\to DE, E\to H\}$。

若 $X=A$，$(A)^+=AD$。

若 $X=AB$，$(AB)^+=ABDEH$。

有了属性闭包的概念，就可以从 X^+ 中看出某个函数依赖 $X\to Y$ 是否能够用公理从 F 中推出。

定理 10.1 设关系模式 $R(U,F)$，$X,Y\subseteq U$。能够由 Armstrong 公理从 F 导出 $X\to Y$ 成立的充要条件是 $Y\subseteq X^+$。

证明：设 $Y=A_1,A_2,\cdots,A_K$，$A_i\in U(i=1,2,\cdots,k)$。

先证充分性。设 $Y\subseteq X^+$，由 X^+ 的定义知，$X\to A_i(i=1,2,\cdots,k)$ 是由 Armstrong 公理从 F 中导出的，根据合成规则，$X\to Y$ 成立。

证必要性。设 $X\to Y$ 是用 Armstrong 公理从 F 推导出的。根据分解规则，有 $X\to A_i(i=1,2,\cdots,k)$ 成立，由 X^+ 的定义知，$A_i\in X^+(i=1,2,\cdots,k)$，即 $Y\subseteq X^+$。

证毕。

定理 10.2 Armstrong 公理是正确的，完备的。

证明：Armstrong 公理的正确性已在前面证明，下面证明公理的完备性。

设模式 R 上的函数依赖集 F，U 是 R 的属性全集。X、Y 是 U 的子集。如果能够证明，函数依赖 $X\to Y$ 不能从 F 用公理推出，F 就不蕴涵 $X\to Y$，则完备性得证。

我们将给出一个关系 $r(R)$，如果能够证明以下两点，则定理得证。

(1) $r(R)$ 满足 F 中的所有函数依赖；

(2) $X\to Y$ 在 $r(R)$ 上不成立。

下面先证明 1，$r(R)$ 满足 F 中的所有函数依赖。为此，构造 R 上的一个关系 r，r 中仅有两个元组 t 和 t'，如图 10-1 所示。

	X^+	$U-X^+$
t	1 1 … 1	1 1 … 1
t'	1 1 … 1	0 0 … 0

图 10-1 R 上构造的关系 r

设 FD $W\to Z\in F$，W 在 r 中有两种情况：

(1) $W\subseteq X^+$。根据属性闭包的定义，有 $X\to W$，又因 $W\to Z$，由函数依赖的传递性得 FD $X\to Z$ 成立。根据属性闭包的定义，有 $Z \subseteq X^+$。由 r 的构造知 $W \to Z$ 在 r 上成立。

(2) $W \not\subset X^+$。则在 r 中有 $t[W] \neq t'[W]$，因此，$W \to Z$ 在 r 上总是成立的。

由(1)和(2)知，对 F 中的任意函数依赖在 r 上都是成立的，即 r 满足 F。

下面证明 2，r 不满足 $X \to Y$。

设 $X \to Y$ 不能由 F 从公理推出。由定理 10.1 知，$Y \notin X^+$。从图 10.1 看出，$t[X] = t'[X]$，而 $Y \notin X^+$，则 $t[Y] \neq t'[Y]$，即 r 不满足 $X \to Y$。

证毕。

由以上证明得出，公理是完备的。凡是 F 所蕴涵的函数依赖都能够用公理推出，若某个函数依赖 $X \to Y$ 不能由 F 用公理推出，F 就不蕴涵 $X \to Y$。因此，"通过 F 推导出的函数依赖"与"F 所蕴涵的函数依赖"这两种说法是等价的。由此，可以给出等价的属性闭包 X^+ 和函数依赖集的闭包 F^+ 的定义。

$$X^+ = \{A_i \mid \text{所有 } F \models X \to A_i\}$$

$$F^+ = \{X \to Y \mid \text{用公理从 } F \text{ 导出的所有 FD } X \to Y\}$$

对 X^+ 和 F^+ 这两种定义同样有效。

对于一个给定的关系模式 R 以及 R 的函数依赖集 F，经常需要判断某一个函数依赖 $X \to Y$ 是否被 F 所逻辑蕴涵，这可以通过判断 $X \to Y$ 是否是 F^+ 中的成员确定。但求 F^+ 是很麻烦的，即使 F 不大，F^+ 也是很大的。现在，根据定理 10.2 和定理 10.1，只要求 X^+ 然后判断 $Y \subseteq X^+$ 是否成立就够了。因 X^+ 是属性的集合，其结果最多为 R 的所有属性，计算 X^+ 是不困难的，可以用公理从 F 导出。

下面给出一种计算属性闭包 X^+ 的有效算法。

算法 10.1　计算属性集 X 关于 F 的闭包 X^+

输入：模式 R 的属性全集 U，U 上的函数依赖集 F 及属性集 X

输出：属性集 X 的闭包 X^+

方法：计算 $X^{(i)}(i=0,1,\cdots)$

(1) 初值 $X^{(0)} = X, i=0$；

(2) $X^{(i+1)} = X^{(i)} \cup Z$。

其中，属性集 $Z = \{A \mid \text{存在 } V \to W \in F, V \subseteq X^{(i)} \text{ 且 } A \in W \text{ 而 } A \notin X^{(i)}\}$。

(3) 判断 $X^{(i+1)} = X^{(i)}$ 或 $X^{(i+1)} = U$ 是否成立，若成立转(5)；

(4) $i = i+1$，转(2)；

(5) 输出 X^+ 的结果 $X^{(i+1)}$。

算法 10.1 给出了不用公理推导计算属性集闭包的一种方法，即只要 F 中的函数依赖的左部属性包含在 X 的中间结果 $X^{(i)}$ 中，就可以将其没有出现在 $X^{(i)}$ 中的右部属性 A 并入 $X^{(i)}$ 中。显然，$X \to A$ 是成立的。这样的计算是有限的，每次加入的属性数至少为 1。因此，最多计算 $|U|-|X|+1$ 次，其中，$|U|$ 和 $|X|$ 分别表示 U 和 X 的属性数。根据算法，需要扫描 F 中的所有函数依赖，不会漏掉某些属于 X^+ 的属性。算法 10.1 是正确的。

【例 10-1】　设关系模式 $R(U,F)$，$U=\{A,B,C,D,E,G\}$，$F=\{AB \to C, BC \to D, ACD \to B, D \to EG, BE \to C, CE \to AG\}$。

求：$(BD)^+$

解：令 $X = BD$

(1) 初值 $(X)^{(0)}=BD$。

(2) 在 F 中寻找左部是 BD 子集的函数依赖，$D\to EG$ 满足条件。结果为 $(X)^{(1)}=BDEG$。

$X^{(0)}\neq X^{(1)}$。在 F 中继续寻找左部是 $BDEG$ 子集的函数依赖，得 $BE\to C$，C 不包含在 $BDEG$ 中，结果为 $(X)^{(2)}=BCDEG$。

在 F 中继续寻找左部是 $BCDEG$ 子集的函数依赖，得 $BC\to D$，$CE\to AG$。这里仅有右部属性 A 是未出现在 $(X)^{(2)}$ 中的属性，结果为 $(X)^{(3)}=ABCDEG$。

$X^{(3)}\neq X^{(2)}$，虽然 F 中还有未考察过的函数依赖，但 $X^{(3)}$ 已包含了 R 中的所有属性，继续进行也不会增加新的属性，计算结束。

输出结果：$(BD)^{+}=ABCDEG$。

根据计算结果，属性 BD 的闭包为 R 的所有属性，有 $BD\to ABCDEG$。可以看出，BD 是模式 R 上的一个键。

10.3.2 函数依赖集的等价和覆盖

对一个函数依赖集，常常需要将其变换成某种较为简单的形式，然后施加到关系模式上。有时，需要将一个大的关系分解为几个较小的关系，原来的函数依赖集也需要施加到这些小关系上。在类似这样一些问题中有一个函数依赖集的等价问题。本小节将讨论相关概念。

定义 10.9 设 F 和 G 是模式 R 上的两个函数依赖集，如果 $F^{+}=G^{+}$，则称 F 和 G 等价。若 F 与 G 等价，则称 F 是 G 的覆盖(cover)。同样，G 也是 F 的覆盖。

定义 10.9 表明，二个函数依赖集 F 和 G 是否等价，需要知道 $F^{+}=G^{+}$ 是否成立。但通过求函数依赖集的闭包判定 $F^{+}=G^{+}$ 是否成立是行不通的。下面的引理给出了判定两个函数依赖集是否等价的方法。

引理 10.1 $F^{+}=G^{+}$ 的充要条件是 $F\subseteq G^{+}$，同时 $G\subseteq F^{+}$。

证明：如果 $F^{+}=G^{+}$，则 $F\subseteq G^{+}$ 和 $G\subseteq F^{+}$ 是必然的。下面证明充分性。

设 $F\subseteq G^{+}$。对任一函数依赖 $X\to Y\in F^{+}$，根据函数依赖集闭包的定义，$F|=X\to Y$。因 $F\subseteq G^{+}$，有 $G^{+}|=X\to Y$。但 $(G^{+})^{+}=G^{+}$，有 $X\to Y\in G^{+}$。则 $F^{+}\subseteq G^{+}$。

同理，若 $G\subseteq F^{+}$，可证明 $G^{+}\subseteq F^{+}$，则 $F^{+}=G^{+}$。

证毕。

引理 10.1 给出了判定两个函数依赖集 F 和 G 等价可以判定是否满足 $F\subseteq G^{+}$ 和 $G\subseteq F^{+}$。要判定 $F\subseteq G^{+}$ 是否成立，可以对 F 中的每个 FD $X\to Y$，检查是否 $G|=X\to Y$。若 $G|=X\to Y$，则有 $X\to Y\subseteq G^{+}$。检查是否 $G|=X\to Y$ 可以通过在 G 中求属性 X 的闭包 X^{+}，看是否 $Y\subseteq X^{+}$ 成立。以同样的方法可检查 $G\subseteq F^{+}$ 是否成立。从而判定 F 和 G 是否等价。

定义 10.10 若函数依赖集 F 满足以下条件，则称 F 为最小函数依赖集。

(1) F 中的所有函数依赖其右部都是单属性；

(2) 对 F 中的任一函数依赖 $X\to A$，$F-\{X\to A\}$ 与 F 不等价；

(3) 对 F 中的任一函数依赖 $X\to A$，$F-\{X\to A\}\cup\{Z\to A\}$ 与 F 不等价。其中，Z 是 X 的真子集。

由定义 10.10 的三个条件知，最小函数依赖集是由这样一些函数依赖组成的：每个函数依赖的右部是单属性，每个函数依赖的左部没有多余的属性，且依赖集中没有多余的函数依赖。可见，最小依赖集是具有最简形式的函数依赖集。是否任一函数依赖集都有最小依赖集呢？答案是肯定的。

定理 10.3　每个函数依赖集 F 都等价于一个最小函数依赖集 F_m。

证明：定理证明是一个求最小函数依赖集的过程，若这样的依赖集存在，定理得证。

(1) 根据函数依赖的分解规则，若 $X \to Y \subseteq F$ 且单属性 $A \subseteq Y$，则有 $X \to A$。因此，可以将 F 中的所有函数依赖转换为右部为单属性的形式，结果为 G。G 与 F 是等价的。

(2) 检查 G 中的每个函数依赖，若有 $X \to A \in G$ 且 $G-\{X \to A\}$ 与 G 等价，则从 G 中去掉 $X \to A$。确定 $G-\{X \to A\}$ 是否与 G 等价，可以在 $G-\{X \to A\}$ 中求 X^+，若 $A \in X^+$，则可以将 $X \to A$ 从 G 中删除。这样得到的函数依赖集与 G 是等价的。设处理后的函数依赖集仍为 G。

(3) 检查 G 中每个函数依赖的左部属性，若有 $X \to A \in G$，$Z \subset X$ 且 $G-\{X \to A\} \cup \{Z \to A\}$ 与 G 等价，则用 $Z \to A$ 代替 $X \to A$。确定 $G-\{X \to A\} \cup \{Z \to A\}$ 与 G 是否等价，可在 G 中求 Z^+，若 $A \in Z^+$，说明 $G \models Z \to A$。根据公理 A2，可以在 $Z \to A$ 的左部增加属性使其变换为 $X \to A$。因此，用 $Z \to A$ 代替 $X \to A$ 后与原函数依赖集等价。

由以上过程可知，最后得到的函数依赖集满足最小函数依赖集的三个条件，且过程的每一步都保证了变换后的函数依赖集与原依赖集等价。

证毕。

【例 10-2】　函数依赖集 $F=\{AB \to C, C \to A, BC \to D, ACD \to B, D \to EG, BE \to C, CG \to BD, CE \to AG\}$。

求 F 的最小函数依赖集。

解：(1) 将 F 中的所有函数依赖转换为右部为单属性。

$$F=\{AB \to C, C \to A, BC \to D, ACD \to B, D \to E, D \to G, BE \to C, CG \to B, CG \to D, CE \to A, CE \to G\}$$

(2) 考察 F 中的函数依赖。其中 $ACD \to B$ 是多余的，因从 F 中去掉 $ACD \to B$ 后，求 F 关于 ACD 的闭包，结果为 $(ACD)^+=ABCDEG$。去掉 $ACD \to B$ 后，

$$F=\{AB \to C, C \to A, BC \to D, D \to E, D \to G, BE \to C, CG \to B, CG \to D, CE \to A, CE \to G\}$$

再继续考察，$CG \to D$ 和 $CE \to A$ 也是多余的。去掉这两个函数依赖后，

$$F=\{AB \to C, C \to A, BC \to D, D \to E, D \to G, BE \to C, CG \to B, CE \to G\}$$

(3) 去掉函数依赖左部多余的属性。经考察 F 中函数依赖的左部没有多余的属性。则 F 的最小函数依赖集为：

$$F=\{AB \to C, C \to A, BC \to D, D \to E, D \to G, BE \to C, CG \to B, CE \to G\}$$

需要指出的是，一个函数依赖集的最小集不是唯一的，最后结果与函数依赖的考察顺序有关。例如，例 10.2 中的函数依赖集 F，也可以去掉多余函数依赖 $CE \to A$ 和 $CG \to B$，得 $F=\{AB \to C, C \to A, BC \to D, ACD \to B, D \to E, D \to G, BE \to C, CG \to D, CE \to G\}$。在 F 中，$ACD \to B$ 中的左部属性 A 是多余的，去掉 A 后，得最小依赖集为：

$$F=\{AB \to C, C \to A, BC \to D, CD \to B, D \to E, D \to G, BE \to C, CG \to D, CE \to G\}$$

10.4 模式分解

一个大的模式在属性间可能会存在复杂的数据依赖关系，给数据库的操作带来许多不便，如前面提到的存储异常。因此，常常需要将一个大的关系模式用几个较小的模式代替，称为模式分解。

定义 10.11 设关系模式 $R(U)$，$\rho=\{R_1(U_1),R_2(U_2),\cdots,R_K(U_K)\}$是一个关系模式的集合，若$\bigcup_{i=1}^{k}U_i=U$，则称 ρ 是关系模式 $R(U)$的一个分解。

根据模式分解的定义，一个关系模式可以有多种不同的分解。例如关系模式 E(EMPNO，TITLE，SALARY)表示职工号 EMPNO、职称 TITLE 和职工的工资额 SALARY 间的关系。以下是模式 E 的几个分解，还可以有其他的分解结果。

$\rho_1=\{E_1(\text{EMPNO},\text{TITLE}),E_2(\text{TITLE},\text{SALARY})\}$；

$\rho_2=\{E_1(\text{EMPNO},\text{TITLE}),E_2(\text{EMPNO},\text{SALARY})\}$；

$\rho_3=\{E_1(\text{EMPNO},\text{SALARY}),E_2(\text{TITLE},\text{SALARY})\}$。

“模式分解是不是任意的，不同模式分解间有何区别呢?”我们说，模式分解不是任意的，分解后的模式应该与原模式等价。所谓等价有两个含义：一个是指分解后的模式不损失任何信息，即对同样的数据，在分解前后模式上的查询结果应该是一样的；一个是指分解后的模式应该保持原来的函数依赖关系，即分解后的模式不应该丢失数据间的约束关系。

表 10-2 是模式 E 上的一个关系，分解 E 为 ρ_1、ρ_2、ρ_3 后的关系如图 10-2 所示。分解 ρ_1 对应的关系如图 10-2(a)和(b)所示。与原关系比较，ρ_1 减少了数据冗余，而且概念清晰。在原关系与分解后的关系中查询职工的工资其结果都是相同的，而且后者在查询和更新职称与工资间的关系时更方便。而原关系 E 中，有相同职称的职工其职称与工资的对应关系存在着大量的冗余，易造成数据的不一致。因此，分解 ρ_1 与原模式 E 等价且在数据更新时优于原模式。分解 ρ_2 对应的关系如图 10-2(a)和(c)所示。与原关系比较，ρ_2 所表示的信息与原关系相同，但存在着职工号的冗余，而且损失了职称与工资间的直接对应关系，即没有保持函数依赖。因此，分解 ρ_2 是一个不好的分解。分解 ρ_3 对应的关系如图 10-2(b)和(c)所示。ρ_3 与原关系所表示的信息是不等价的。若要查询职工 E001 的职称，连接属性为职工的工资，其结果为两个值：教授和研究员，显然查询结果是不对的。分解 ρ_3 丢失了原有的信息，也是一个不好的分解。

表 10-2 模式 E 上的一个关系

EMPNO	TITLE	SALARY	EMPNO	TITLE	SALARY
E001	教授	2500	E004	讲师	2000
E002	副教授	2200	E005	副教授	2200
E003	研究员	2500	E006	副教授	2200

EMPNO	TITLE
E001	教授
E002	副教授
E003	研究员
E004	讲师
E005	副教授
E006	副教授

(a)

TITLE	SALARY
教授	2500
副教授	2200
研究员	2500
讲师	2000

(b)

EMPNO	SALARY
E001	2500
E002	2200
E003	2500
E004	2000
E005	2200
E006	1200

(c)

图 10-2　关系 E 分解后的关系

以上例子说明，将一个模式分解为多个模式时必须遵循一定的准则，使分解后的模式不能损失原有的信息，同时要保持数据间原有的函数依赖关系。下面进一步讨论无损分解和依赖保持的概念及其判别方法。

10.4.1　无损连接分解

一个模式分解为多个模式，相应地存储在一个关系中的数据要分别存储到多个关系中。分解后的关系通过自然连接要能够恢复为原来的关系，即保证连接后的关系与原关系完全一致，称为无损连接分解。

定义 10.12　设关系模式 $R(U)$，F 是 R 上的函数依赖集，$\rho=\{R_1,R_2,\cdots,R_K\}$ 是 R 的一个分解，如果对 R 的任一满足 F 的关系 r 有：

$$r=\Pi_{R_1}(r)\bowtie\Pi_{R_2}(r)\bowtie\cdots\bowtie\Pi_{R_k}(r)$$

则称分解 ρ 是满足 F 的无损连接(Lossless join)分解。

把 r 在 ρ 上的投影连接记为 $m_\rho(r)$，即 $m_\rho(r)=\bowtie_{i=1}^{k}\Pi_{R_i}(r)$。则满足无损连接的条件可表示为 $r=m_\rho(r)$。

【例 10-3】　设关系模式 $R=ABC$，R 上的函数依赖集 $F=\{A\rightarrow C,B\rightarrow C\}$。$R$ 上的分解 $\rho_1=\{R_1,R_2\}$，$R_1=AB$，$R_2=AC$，$\rho_2=\{R'_1,R'_2\}$，$R'_1=AC$，$R'_2=BC$。若 R 上一关系 $r(R)$ 如图 10-3(a)所示，可以验证 ρ_1 是无损分解而 ρ_2 是有损分解。因 $\Pi_{R_1}(r)\bowtie\Pi_{R_2}(r)=r$，而 $\Pi'_{R_1}(r)\bowtie\Pi'_{R_2}(r)=r'\neq r$。分解连接后的关系分别如图 10-3(a)和图 10-3(b)所示。

r:

A	B	C
a	b	c
a'	b'	c

(a)

r':

A	B	C
a	b	c
a	b'	c
a'	b	c
a'	b	c

(b)

图 10-3　关系 r 和 r'

无损连接分解的特性说明关系模式分解后所表示的信息应与原模式等价，即分解后关系再连接得到的新关系不能“丢失”信息。实际上，连接后的关系不会少了任何元组，而是可能多出一些元组，因与原来的信息不等价，因而是有损的。下面的引理表明了 r 和 $m_\rho(r)$间的关系。

引理 10.2　设关系模式 $R(U,F)$ 及 R 上的关系 r，$\rho=\{R_1,R_2,\cdots,R_K\}$ 是 R 的一个分解。则有：

(1) $r\subseteq m_\rho(r)$

(2) $\Pi_{R_i}(m_\rho(r))=\Pi_{R_i}(r)$

(3) $m_\rho(m_\rho(r))=m_\rho(r)$

证明：(1) 设 $t\in r, t_i=\Pi_{R_i}(t), \bowtie_{i=1}^{k} t_i=\bowtie_{i=1}^{k}\Pi_{R_i}(t)=t$，而$\bowtie_{i=1}^{k}\Pi_{R_i}(t)\in m_\rho(r)$，因此有 $t\in m_\rho(r)$，则 $r\subseteq m_\rho(r)$。

(2) 由(1)知 $r\subseteq m_\rho(r)$，则 $\Pi_{R_i}(r)\subseteq\Pi_{R_i}(m_\rho(r))$。若 $\Pi_{R_i}(m_\rho(r))\subseteq\Pi_{R_i}(r)$，则(2)式成立。设 $t_i\in\Pi_{R_i}(m_\rho(r))$，则有 $t\in m_\rho(r)$，使 $t(R_i)=t_i$，而由 $m_\rho(r)$的定义知，$t_i\in m_\rho(r)$，因此有 $\Pi_{R_i}(m_\rho(r))\subseteq\Pi_{R_i}(r)$。所以有 $\Pi_{R_i}(m_\rho(r))=\Pi_{R_i}(r)$。

(3) 因 $\Pi_{R_i}(m_\rho(r))=\Pi_{R_i}(r)$，因此，$m_\rho(m_\rho(r))=\Pi_{R_1}(m_\rho(r))\bowtie\Pi_{R_2}(m_\rho(r))\bowtie\cdots\bowtie\Pi_{R_k}(m_\rho(r))=\Pi_{R_1}(r)\bowtie\Pi_{R_2}(r)\bowtie\cdots\bowtie\Pi_{R_k}(r)=m_\rho(r)$，即 $m_\rho(m_\rho(r))=m_\rho(r)$。

如何判断一个关系模式的分解是否是无损的呢，算法 10.2 给出了判断的方法。

算法 10.2 判断一个分解是否是无损连接分解。

输入：关系模式 $R(A_1,A_2,\cdots,A_n)$及 R 上的一个分解 $\rho=\{R_1,R_2,\cdots,R_K\}$，函数依赖集 F。

输出：分解 ρ 是否具有无损连接性。

方法：(1) 构造一个 k 行 n 列的表 T，一行对应分解后的一个模式，每行中列的值为 T_{ij}：

$$T_{ij}=\begin{cases}a_j, & A_j\in R_i\\ b_{ij}, & A_j\notin R_i\end{cases}$$

(2) 逐个考察 F 中的每个函数依赖 $X\to Y$，在表中寻找在 X 的属性上相等的行，若在这些行上属性 Y 的值不相等，则将 Y 的值改为相等。具体为：若其中某一列上有 a_j，则改相应行的列值为 a_j，否则将其都改为这些行中具有最小下标的 b_{ij} 的值。

反复考察 F 中的每个函数依赖，直到不能使表 T 中的值改变为止。

(3) 检查结果表，如果表中有 $a_1,a_2,\cdots,a_n$ 的行，分解 ρ 具有无损连接性。否则，分解 ρ 不是无损的。

【例 10-4】 关系模式 $R(U,F)$，$U=\{A,B,C,D,E\}$，

$F=\{A\to C, B\to C, C\to D, DE\to C, CE\to A\}$。$\rho$ 是 R 的一个分解，$\rho=\{R_1,R_2,R_3,R_4,R_5\}$，其中，$R_1=AD, R_2=AB, R_3=BE, R_4=CDE, R_5=AE$。

验证：分解 ρ 是否具有无损连接性。

解：(1) 按照算法 10.2 构造分解 ρ 对应的表 T，如表 10-3 所示。

(2) 逐个考察 F 中的每个函数依赖。首先考察函数依赖 $A\to C$，在 1、2、5 行上对应属性 A 的值都是 a_1。将这些行上属性 C 的值都改为相等，为 b_{13}。

表 10-3 分解ρ对应的构造表

A	B	C	D	E
a_1	b_{12}	b_{13}	a_4	b_{15}
a_1	a_2	b_{23}	b_{24}	b_{25}
b_{13}	a_2	b_{33}	b_{34}	a_5
b_{14}	b_{42}	a_3	a_4	a_5
a_1	b_{52}	b_{53}	b_{54}	a_5

考察函数依赖 $B \to C$，第 2、3 行 B 的值相同，将第 2、3 行 C 的值改为 b_{13}。继续考察 $C \to D$，使表中第 1、2、3、5 行中 D 的值都为 a_4，考察 $DE \to C$，使 3、4、5 行上 C 对应的值为 a_3。最后考察函数依赖 $CE \to A$，使 3、4、5 行上 A 对应的值为 a_1。这时，表中第三行的值已全为 a，则可以判定分解 ρ 具有无损连接性。表中值的变化和最后结果如表 10-4 所示。

表 10-4　构造表的变化过程

A	B	C	D	E
a_1	b_{12}	b_{13}	a_4	b_{15}
a_1	a_2	$b_{23} \to b_{13} \to a_3$	$b_{24} \to a_4$	b_{25}
$b_{13} \to a_1$	a_2	$b_{33} \to b_{13} \to a_3$	$b_{34} \to a_4$	a_5
$b_{14} \to a_1$	b_{42}	a_3	a_4	a_5
a_1	b_{52}	$b_{53} \to b_{13} \to a_3$	$b_{54} \to a_4$	a_5

定理 10.4　算法 10.2 能正确判断一个分解 ρ 是否是无损分解。

证明：先证算法没有全为 a 的行时，分解 ρ 不具有无损连接性。我们可将算法最后得到的表看做 R 上的一个关系 r。r 是满足函数依赖集 F 的。由表的构造知道，表中 R_i 对应行的 R_i 所含列上应全为 a。由无损连接分解的定义知，r 在分解 ρ 中的每个 R_i 上投影连接后应有全 a 的行，但 r 中没有，这就是说，$m_\rho(r) \neq r$，即我们找到了连接有损的一个反例。因此，分解 ρ 是连接有损的。

相反，若最后得到的表中有全 a 的行，分解 ρ 具有无损连接性。因由算法步骤(2)知，全 a 行是通过考察 F 中的函数依赖将表中元素不断修改后得到的。如果有 FD $X \to Y \in F$，而表中有行 $t_{i1}, t_{i2}, \cdots t_{ip}$ 且 $t_{i1}[X] = t_{i2}[X] = \cdots = t_{ip}[X]$ 时，使 $t_{i1}[Y] = t_{i2}[Y] = \cdots = t_{ip}[Y]$。根据表的构造，$t_{i1}[X]$、$t_{i2}[X]$、$\cdots$、$t_{ip}[X]$ 是对应不同的 R_i 的。因此，若对表中的元素赋值，根据函数依赖修改表的结果相当于作投影连接。因而全 a 行所对应的元组是 $m_\rho(r)$ 中的一个元组。因结果表是满足函数依赖集 F 的。对 R 上满足 F 的任一关系 r，若我们给表中的行赋值，使表的每行赋 r 中一个元组对应列的值，那么，赋值后表中的行若是可连接的，连接后的元组 u_i 应属于 $m_\rho(r)$。但由算法知，元组 u_i 一定与表中 $<a_1, a_2, \cdots, a_n>$ 所对应的元组值相同，即 $<a_1, a_2, \cdots, a_n>$ 所对应的元组值属于 $m_\rho(r)$。由于对 T 的赋值可以是 r 中元组的任意组合，因此，不同的赋值可得到 $m_\rho(r)$ 中所有元组。对表 T 的赋值是 r 中的元组，即 $u_i \subseteq r$，因而有 $m_\rho(r) \subseteq r$。另外，由引理 10.2 知，$r \subseteq m_\rho(r)$，因此有 $r = m_\rho(r)$，即最后得到的表中若有全 a 行，则分解 ρ 是连接无损的。

证毕。

算法 10.2 可检验任意的分解 ρ，如果分解 ρ 仅含有两个关系模式，则是否是无损连接分解可用下面的定理检验。

定理 10.5　设关系模式 R 的一个分解 $\rho = \{R_1, R_2\}$，F 是 R 上的函数依赖集。如果 $F| = (R_1 \cap R_2) \to (R_1 - R_2)$ 或 $F| = (R_1 \cap R_2) \to (R_2 - R_1)$，则 ρ 具有无损连接性。

证明：用算法 10.2 构造一个二行三列的矩阵如下：

	$R_1 \cap R_2$	$R_1 - R_2$	$R_2 - R_1$
R_1	$aaa \cdots a$	$aaa \cdots a$	$bbb \cdots b$
R_2	$aaa \cdots a$	$bbb \cdots b$	$aaa \cdots a$

其中 a 和 b 去掉下标不影响证明的正确性。可以看出，只要 $(R_1 \cap R_2) \to (R_1 - R_2)$ 或 $(R_1 \cap R_2) \to (R_2 - R_1)$ 在 F 中，都会出现全为 a 的一行。若 $(R_1 \cap R_2) \to (R_1 - R_2)$ 或 $(R_1 \cap R_2) \to (R_2 - R_1)$ 在 F^+ 中，则说明 F 蕴涵这些函数依赖，结果表也应该满足这些函数依赖，同样，在结果表中会出现全为 a 的一行，即 ρ 具有无损连接性。

【例 10-5】 关系模式 $R=\{A,B,C\}$，R 上的函数依赖集 $F=\{A\to B, B\to C\}$。R 上的分解：

$\rho_1=\{R_1(A,B),R_2(B,C)\}$，$\rho_2=\{R_1(A,B),R_2(A,C)\}$，$\rho_3=\{R_1(A,C),R_2(B,C)\}$。

要求：判定分解 ρ_1、ρ_2、ρ_3 是否具有无损连接性。

解：利用定理 10.5，对于 ρ_1，$R_1 \cap R_2$ 为 B，$R_1 - R_2$ 为 A，$R_2 - R_1$ 为 C，$F| \neq B \to A$，但 $F| = B \to C$，所以 ρ_1 是无损分解的。对于 ρ_2，$R_1 \cap R_2$ 为 A，$R_1 - R_2$ 为 B，$R_2 - R_1$ 为 C。$F| = A \to C$ 且 $F| = A \to B$，所以 ρ_2 也是无损分解的。对于 ρ_3，$R_1 \cap R_2$ 为 C，$R_1 - R_2$ 为 A，$R_2 - R_1$ 为 B，$F| \neq C \to A$ 且 $F| \neq C \to B$，所以 ρ_3 不是无损分解。

以上结果与用算法 10.2 检验的结果应该是一致的。读者可以自行检验。在本节开始，给出了关系模式 E(EMPNO,TITLE,SALARY)以及 E 的不同分解 ρ_1、ρ_2、ρ_3。分析 E 的属性间存在的函数依赖有 EMPNO→TITLE，TITLE→SALARY。若模式 E 的属性分别用 A、B、C 表示，则例 10-5 中的三个分解分别对应模式 E 的分解 ρ_1、ρ_2、ρ_3。由例 10-5 的检验结果知，分解 $\rho_1=\{E_1$(EMPNO, TITLE)，E_2(TITLE,SALARY)$\}$ 和 $\rho_2=\{E_1$(EMPNO, TITLE)，E_2(EMPNO, SALARY)$\}$ 具有无损连接性，而分解 $\rho_3=\{E_1$(EMPNO, SALARY)，E_2(TITLE,SALARY)$\}$是有损分解。

我们讨论了模式分解的信息等价问题，即分解后的模式所表示的信息应与原模式一致，这是模式分解必须满足的。否则，在分解后模式上的查询会得出不正确的结果。此外，分解后的模式是否能表征原有的函数依赖，也是分解后的模式是否与原模式等价的一个标准。下面我们来讨论这个问题。

10.4.2 分解的保持依赖性

在模式分解中，除了数据被分解为多个关系外，施加在原关系上的函数依赖也被分别施加到分解后的关系模式上。这些函数依赖是否与原函数依赖集等价呢。这就是分解的保持依赖性问题。

定义 10.13 设关系模式 R 的一个分解 $\rho=\{R_1,R_2,\cdots,R_p\}$，$F$ 是 R 上的函数依赖集。$\Pi_{R_i}(F)=\{X\to Y \mid X\to Y\in F^+ 且 XY\subseteq R_i\}$，$(1\leqslant i\leqslant p)$，称 $\Pi_{R_i}(F)$ 为 F 在 R_i 上的投影。若 $\Pi_{R_i}(F)$ 是 F 在 R_i 上的投影，则称 $\Pi_{R_i}(F)$ 在 R_i 上是可施加的。

定义 10.14 设 $\rho=\{R_1,R_2,\cdots,R_p\}$ 是关系模式 R 的一个分解，F 是 R 上的函数依赖集。F 在 $R_i(1\leqslant i\leqslant p)$ 上投影的集合 $G=P_{i=1}\ \Pi_{R_i}(F)$ 。若 $G^+=F^+$，则称分解 ρ 保持函数依赖集 F。

根据定义 10.14，要判断一个分解是否保持函数依赖，首先要计算 F 在分解 ρ 的每个关系模式上的投影 $\Pi_{R_i}(F)$，然后判断 $F^+=(\bigcup_{i=1}^{p}\Pi_{R_i}(F))^+$ 是否成立。根据引理 10.2，判断 $F^+=(\bigcup_{i=1}^{p}\Pi_{R_i}(F))^+$ 可以通过分别判断 $F\subseteq(\bigcup_{i=1}^{p}\Pi_{R_i}(F))^+$ 和 $\bigcup_{i=1}^{p}\Pi_{R_i}(F)\subseteq F^+$ 是否成立来确定。但实际上，根据定义 10.13，$\Pi_{R_i}(F)$ 中的函数依赖都是属于 F^+ 的。因此，仅检查是否 $(\bigcup_{i=1}^{p}\Pi_{R_i}(F))| = F$ 成立就足够了。

【例 10-6】 设已知条件同例 10-5。

要求：检验分解 ρ_1、ρ_2、ρ_3 是否保持函数依赖。

解：分别计算 F 在 R_1、R_2 上的投影。对 ρ_1，F 在 R_1、R_2 上的投影为$\{A\to B, B\to C\}$。对 ρ_2，F 在 R_1、R_2 上的投影为$\{A\to B, A\to C\}$。对 ρ_3，F 在 R_1、R_2 上的投影为$\{A\to C, B\to C\}$。可以看出，仅有 ρ_1 保持了函数依赖集 F，ρ_2 没有保持 FD $B\to C$，而 ρ_3 没有保持 FD $A\to B$。

将例 10-6 的分解与关系模式 E(EMPNO，TITLE，SALARY)的三个分解相对应，以及由例 10-5 的判断结果，可以得出：对于关系模式 E，分解 $\rho_1=\{E_1$(EMPNO，TITLE)$\}$既具有分解的无损连接性，又保持了函数依赖，是一个好的分解。分解 $\rho_2=\{E_1$(EMPNO，TITLE)，E_2(EMPNO，SALARY)$\}$具有无损连接性，但不具有保持依赖性。因此，分解 ρ_2 不利于处理"通过职称查询和更新工资"这类问题。分解 $\rho_3=\{E_1$(EMPNO，SALARY)，E_2(TITLE，SALARY)$\}$既不具有无损连接性，又不具有保持依赖性。因此，分解 ρ_3 是一个不好的分解，不能将模式 E 分解为 ρ_3。

算法 10.3　检验一个分解是否保持函数依赖。

输入：分解 $\rho=\{R_1, R_2, \cdots, R_p\}$及其函数依赖集 F。

输出：分解 ρ 是否保持 F。

方法：(1) 计算 $\Pi_{R_i}(F)$，$1\leqslant i\leqslant p$。

(2) 令 $G=\bigcup_{i=1}^{p}\Pi_{R_i}(F)$，对 F 中的每个 FD $X\to Y$，在 G 中计算 X^+。若 $Y\not\subset X^+$，检查结束。输出为假，即分解 ρ 不具有保持依赖性。

(3) 输出为真，分解 ρ 具有保持依赖性。

【例 10-7】 设关系模式 $R(A,B,C,D,E)$，R 的一个分解 $\rho=\{R_1, R_2, R_3\}$，其中 $R_1=ABD$，$R_2=BCE$，$R_3=DE$，$F_1=\{A\to BD, D\to A, C\to BE, E\to D, C\to A\}$，$F_2=\{A\to BD, C\to BE, A\to C, E\to D\}$。

检验：ρ 是否保持函数依赖集 F_1 和 F_2。

解：先检验函数依赖集 F_1。

(1) 计算 $\Pi_{R_1}(F_1)=\{A\to BD, D\to A\}$，$\Pi_{R_2}(F_1)=\{C\to BE\}$，$\Pi_{R_3}(F_1)=\{E\to D\}$。

(2) 令 $G=\{A\to BD, D\to A, C\to BE, E\to D\}$。对 F_1 中的每个函数依赖，在 G 中分别计算属性闭包并检验是否包含右部属性。结果为 $A^+=ABD$，$BD\subseteq ABD$；$D^+=ABD$，$A\subseteq ABD$；$C^+=ABCDE$，$BE\subseteq ABCDE$；$E^+=ABDE$，$D\subseteq ABDE$；$C^+=ABCDE$，$A\subseteq ABCDE$。

(3) 检验结果，G 可以蕴涵 F_1 中的所有函数依赖，分解 ρ 保持 F_1。

检验函数依赖集 F_2。

(1) 计算 $\Pi_{R_1}(F_2)=\{A\to BD\}$，$\Pi_{R_2}(F_2)=\{C\to BE\}$，$\Pi_{R_3}(F_2)=\{E\to D\}$。

(2) 令 $G=\{A\to BD, C\to BE, E\to D\}$。对 F_2 中的 FD $A\to BD$，$A^+=ABD$，$BD\subseteq ABD$；对 FD $C\to BE$，$C^+=BDE$，$C\subseteq BDE$；对 FD $A\to C$，$A^+=ABD$，但 $C\not\subset ABD$。检验结束，分解 ρ 不保持 F_2。

10.5　关系模式的规范化

在 10.1 节中给出了一个关系模式的例子，我们看到一个设计不好的模式会出现存储异常，影响数据库的使用性能。为了设计出一个好的模式，人们研究了规范化理论。1971 年，

E. F. Codd 首先提出了规范化的问题，并给出了范式（Normal Form，NF）的概念，根据关系模式所达到的不同约束提出了 1NF、2NF、3NF 的概念。1974 年，Codd 和 Boyce 又提出了 BCNF（Boyce-Codd Normal Form）。之后又研究了 4NF、5NF。

所谓范式就是规范化的关系模式。根据规范化程度的不同，最低一级为 1NF。从低一级的范式通过分解达到高一级范式的过程称为关系模式的规范化。本节讨论 1NF、2NF、3NF 和 BCNF。

10.5.1 第一范式

第一范式是最低级别的关系模式，关系数据库中的关系模式至少都应是第一范式的。下面给出非规范化关系模式的两个例子。

【例 10-8】 通信地址表 addr 如表 10-5 所示。

表 10-5 通信地址表

姓　名	地　址			
	省	市(县)	街道	门牌号码

通信地址表 addr 是一个非规范化的关系模式，因表中的地址是由省、市、街道和门牌号码四部分组成的，关系数据库中的模式不能表示地址这样的组合数据项，必须将该表变为表 10-6 所示的形式才是规范化的关系模式。

表 10-6 规范化后的通信地址表

姓名	省	市(县)	街道	门牌号码

【例 10-9】 表 10-7 为教师开课的课程表 course。

表 10-7 course 表

教　师	课　程
孙鲁涛	DS,DB,OS
苏　晴	C,DB

课程表 course 不是规范化的关系。因为，表中课程一列包含了多门课，不能查询“某门课由哪些教师讲授”这类问题，即课程一列的值不是原子值。在表 10-8 所示的关系 course' 中，将课程一列的值改成了仅有一门课。尽管这两个关系表示的教师开课的信息是一样的，但 course'是规范化的关系。

表 10-8 course'表

教　师	课　程	教　师	课　程
孙鲁涛	DS	苏　晴	C
孙鲁涛	DB	苏　晴	DB
孙鲁涛	OS		

定义 10.15　如果关系模式 R 的每一个属性对应的域值都是不可再分的，称模式 R 属于第一范式，简记为 $R\in 1NF$。若数据库模式 R 中的每个关系模式都是 1NF，则数据库模式 $R\in 1NF$。

处于 1NF 的关系可能会存在大量的数据冗余。如表 10-1 所表示的借书关系 BORROW(CARDNO,NAME,DEPT,MN,BNO,DATE)是 1NF 的，但表中存在借书人姓名、借书人所在单位及单位负责人信息的大量冗余，不利于数据的更新，还需要进一步规范化。

10.5.2　第二范式(2NF)

在介绍 2NF 之前，先给出主属性和非主属性的概念。

定义 10.16　设关系模式 R，A 是 R 中的属性，F 是 R 上的函数依赖集。如果 A 包含在 R 的某个候选键中，称 A 为主属性，否则称 A 为非主属性。

根据定义 10.16，要判定一个关系模式中哪些属性是主属性，哪些属性是非主属性，先要确定关系模式的候选键。一个关系模式的所有候选键的属性都是主属性，其他属性为非主属性。例如，关系模式 BORROW(CARDNO,NAME,DEPT,MN,BNO,DATE)中的候选键是由属性 CARDNO 和 BNO 组成的联合键，则属性 CARDNO 和 BNO 为主属性，其余的属性 NAME、DEPT、MN 和 DATE 为非主属性。

定义 10.17　如果一个关系模式 $R\in 1NF$，且所有非主属性都完全依赖于 R 的每个候选键，则 $R\in 2NF$。若数据库模式 R 中的每个关系模式 R 都属于 2NF，则数据库模式 $R\in 2NF$。

由 2NF 的定义知，判定一个关系模式是否属于 2NF，需要了解关系模式的属性间存在哪些依赖。根据数据依赖关系，找出关系模式的候选键，确定哪些属性是主属性，哪些属性是非主属性，从而进一步确定非主属性与候选键之间是否存在完全函数依赖关系，以判定该模式是否属于 2NF。

借书关系 BORROW 是 1NF 的，但不是 2NF。在前面我们给出了借书关系上的函数依赖：CARDNO→NAME，CARDNO→DEPT，CARDNO→MN，DEPT→MN，(CARDNO、BNO)→DATE。模式 BORROW 的候选键为 CARDNO 和 BNO 的组合。显然，属性 NAME、DEPT 和 MN 部分依赖于 BORROW 的候选键。因此，BORROW$\notin$2NF。

对不属于 2NF 的关系模式，可通过分解进行规范化，以消除部分函数依赖。如关系模式 BOROOW 可分解为如下两个模式，分解后的对应关系如表 10-9 和表 10-10 所示。

```
LOANS(CARDNO,NAME,DEPT,MN);
BORROW'(CARDNO,BNO,DATE)。
```

表 10-9　LOANS 关系

CARDNO	NAME	DEPT	MN
R001	李晓鹏	计算机系	张宏军
R002	王一鸣	计算机系	张宏军
R003	刘明川	无线电系	范和平

表 10-10 BORROW'关系

CARDNO	BNO	DATE
R001	TP31-125	2007.01.23
R001	TP32-007	2006.11.12
R001	TP12-233	2007.04.05
R002	TP51-211	2008.02.09
R002	TP31-254	2008.02.09
R003	TP23-126	2007.10.11
R003	TP23-023	2008.03.21
R003	TP25-045	2008.03.21

分解后的这两个关系模式都是 2NF。LOANS(CARDNO,NAME,DEPT,MN)中,候选键是属性 CARDNO,非主属性 NAME、DEPT 和 MN 都是完全函数依赖于 CARDNO 的。LOANS∈2NF。BORROW'(CARDNO,BNO,DATE)中的候选键还是原关系模式 BORROW 的候选键 CARDNO 和 BNO 的组合,非主属性 DATE 与借书证号 CARDNO 和书号 BNO 都有关,是完全函数依赖于属性 CARDNO 和 BNO 的,BORROW'∈2NF。

10.5.3 第三范式

与 1NF 的关系比较,处于 2NF 的关系减少了许多冗余信息。由表 10-9 看到,在分解后的关系 LOANS 中,一个借书人的信息仅出现一次,如果借书人所在单位变了,仅修改该借书人对应的一个元组即可,减少了数据的不一致。

第二范式的关系还会有什么问题呢?由关系 LOANS 中的信息看到,借书人李晓鹏和王一鸣所在单位是相同的,都是计算机系。如果该单位的负责人换了,需要修改多个该单位借书人的负责人信息。但单位负责人仅与单位有关,实际上,仅修改一个元组即可。可见,处于 2NF 的关系模式还会存在存储异常,还需要进一步规范化。

定义 10.18 设 $R\in$1NF,若在 R 中没有非主属性传递依赖于 R 的候选键,则关系模式 $R\in$3NF。如果数据库模式 R 中每一关系模式都是 3NF,则数据库模式 $R\in$3NF。

2NF 仅消除了非主属性与主属性间的部分依赖,如果存在传递依赖,还需要进一步规范化。如在借书关系 BORROW 的例子中,分解后的 BORROW'关系仅有属性 CARDNO、BNO 和 DATE,属性间的依赖关系为(CARDNO、BNO)→DATE,不存在传递依赖,已经属于 3NF。但关系 LOANS 中存在非主属性 MN 传递依赖于候选键 CARDNO,即存在 FD CARDNO→DEPT,DEPT→MN,而 MN↛DEPT,则 FD CARDNO→MN 是传递依赖。由表 10-9 看到,关系模式 LOANS 中还存在数据冗余,若将其分解为如下两个关系模式,则这两个关系模式都属于 3NF。分解后的关系如表 10-11 和表 10-12 所示。

```
LOANS'(CARDNO,NAME,DEPT);
DEPT(DEPT,MN)。
```

表 10-11 LOANS'关系

CARDNO	NAME	DEPT
R001	李晓鹏	计算机系
R002	王一鸣	计算机系
R003	刘明川	无线电系

表 10-12 关系 DEPT

DEPT	MN
计算机系	张宏军
无线电系	范和平

从借书关系 BORROW 的例子可以看出，一个 2NF 的关系模式不一定属于 3NF，但下面定理告诉我们，一个关系模式若是 3NF 的，则一定属于 2NF。

定理 10.6 若任一关系模式 $R\in$3NF，则 $R\in$2NF。

证明：用反证法。设 R 上的函数依赖集为 F，R 的键为 K。假设 $R\in$3NF 但 $R\notin$2NF。则有 R 中非主属性 A 部分依赖于关键字 K。那么，存在 K 的真子集 K'，使得 $F|=K'\rightarrow A$。由于 $K'\subset K$，有 FD $K\rightarrow K'$，但 $K\nrightarrow K$。于是有，$K\rightarrow K'$，$K'\nrightarrow K$，$K'\rightarrow A$，并且 $A\notin K$，因而 A 传递依赖于 K，即 $R\notin$3NF，与假设矛盾。

证毕。

定理 10.6 说明，部分依赖隐含传递依赖，如果一个关系模式不是 2NF 的，则一定也不属于 3NF。

10.5.4 Boyce-Codd 范式(BCNF)

处于第三范式的关系消除了非主属性和主属性间的部分函数依赖和传递函数依赖，解决了存储异常问题，一般情况下都能满足实际应用要求。但上面的讨论只是涉及非主属性和主属性间的函数依赖，而没有考虑主属性间的函数依赖问题。实际上，在主属性间也存在着部分函数依赖和传递函数依赖，同样会出现存储异常问题。

例如，有关系模式 R(C,S,Z)，其中 C 表示城市(CITY)，S 表示街道(STREET)，Z 表示邮政编码(ZIP)。在 R 上的函数依赖为：

$$\{(C,S)\rightarrow Z, Z\rightarrow C\}$$

R 的候选键为(C,S)或(S,Z)。R 中没有非主属性，因而也不存在非主属性与主属性间的部分函数依赖和传递函数依赖，因此 R 是属于第三范式的。但由于有 FD Z→C，对候选键(Z,S)，FD (Z,S) →C 为部分函数依赖，造成关系 R 中 C 值的多次重复，同样会引起更新异常。如北京对应的邮政编码是 100000，但北京地区根据不同街道有若干邮政编码，若要修改北京对应的邮政编码为 110000，必须修改北京地区的所有邮政编码。因此 Boyce 和 Codd 提出了修正的第三范式，即 BCNF。

定义 10.19 若$R\in$1NF，而且 R 中没有任何属性传递依赖于 R 中的任一关键字，则关系模式 R 属于 Boyce-Codd 范式(BCNF)。如果数据库模式 R 中的每个关系模式 R 都属于 BCNF，则数据库模式 $R\in$BCNF。

BCNF 不但排除了非主属性对主属性的传递依赖，也排除了主属性间的传递依赖。

对非 BCNF 的关系模式，可通过模式分解使它达到 BCNF。如对于关系模式 R(C,S,Z)，可分解为 R_1(Z,C)、R_2(S,Z)，R_1 和 R_2 都属于 BCNF。

下面给出一个更直观的等价的 BCNF 的定义。

定义 10.20 设关系模式 $R\in 1NF$，F 是 R 上的函数依赖集，对于 F 中的每一个函数依赖 $X\rightarrow Y$，必有 X 是 R 的一个候选键，则 $R\in$ BCNF。

定义 10.20 说明，如 $R\in$ BCNF，则 R 上的每一个函数依赖中的决定因素都是候选键。

可以证明，一个属于 3NF 的关系模式不一定是 BCNF，但一个 BCNF 必定是 3NF。因为在 BCNF 中，所有的函数依赖都是关于候选键的依赖。如果 R 中有 $X\rightarrow Y$，$Y\rightarrow Z$，则一定有 $Y\rightarrow X$，即 X、Y 都是 R 的候选键。否则，若有 $Y\nrightarrow X$，根据 BCNF 的定义，有 $Y\rightarrow Z$ 而 Y 不是 R 的键，则 $R\notin$ BCNF。因而 R 中不存在传递函数依赖 $X\rightarrow Z$。由于候选键都是决定因素，也不会出现部分函数依赖，因此一个 BCNF 一定是 3NF。

下面我们给出几个例子。

关系模式 BORROW'(CARDNO，BNO，DATE)，该模式的键是由 CARDNO 和 BNO 组成的联合键，除了键属性的依赖关系外，不存在其他的函数依赖。BORROW'∈3NF，同时 BORRO W'∈BCNF。

关系模式 SCP(S，C，P)，其中，S 为学生，C 为选课，P 为学生 S 选修了某门课 C 成绩的排名。存在函数依赖为(S，C)→P，(C，P)→S。SCP 关系的候选键为(S，C)和(C，P)，SCP∈3NF，同时 SCP∈BCNF。

关系模式 R(DEPART，BUILDING，ROOM)，DEPT 表示系名、BUILDING 表示系所在办公楼名，ROOM 为属于该系的房间。关系模式 R 上的依赖关系有{DEPART→BUILDING，(BUILDING，ROOM)→DEPART}。R 的候选键为(BUILDING，ROOM)和(DEPT，BUILDIN)，$R\in$ 3NF 但 $R\notin$ BCNF。

BCNF 比 3NF 严格，3NF 仅消除了非主属性的存储异常，而 BCNF 消除了整个关系模式的存储异常。在函数依赖的范围内，BCNF 已达到了关系模式的最大分离，是函数依赖范围内能够达到的最高范式。

10.5.5 模式分解算法

至此，我们给出了 1NF、2NF、3NF 和 BCNF 的概念。在这些范式中，3NF 和 BCNF 是最重要的。在实际应用中，3NF 和 BCNF 的关系模式一般都能满足用户对数据的处理要求。

通过模式分解，可以使非 3NF 和非 BCNF 的关系模式达到 3NF 和 BCNF。在 10.4 节，讨论了模式分解的概念及模式分解的两个特性：分解的无损连接性和保持依赖性。我们希望设计出满足这两个特性的 3NF 和 BCNF。遗憾的是，如果要求模式分解具有无损连接性和保持依赖性，可以达到 3NF，但不一定能够达到 BCNF。如果要求模式分解仅具有无损连接性，则可以达到 BCNF。这就是说，若规范化到 BCNF，不一定能够保持函数依赖。这一节讨论规范化为 3NF 和 BCNF 的算法。

算法 10.4 生成 3NF 的算法(合成法)

输入：关系模式 $R(U,F)$。

输出：达到 3NF 的具有无损连接性和保持依赖性的 R 的一个分解。

方法：(1) 寻找没有出现在 F 中的 R 的属性，将这些属性单独组成一个关系模式，并将这些属性从 R 中去掉，设其余的属性所组成的关系模式仍为 R。

(2) $F:=F\cup\{U\rightarrow Z\}$，$Z$ 是没有出现在 F 中的附加属性。

(3) 计算 F 的最小函数依赖集，结果仍记为 F。

(4) 若有 X、Y 为 F 中函数依赖的左部且 $X\leftrightarrow Y$，则将这些函数依赖分为一组，X、Y 可以相同。

(5) 将每组函数依赖组成一个关系模式，并将附加属性 Z 从含有它的模式中除去。

(6) 若有一个关系模式所含属性与 R 的属性相同，输出该模式，否则，输出这些模式。

(7) 算法终止。

定理 10.7　算法 10.4 生成的分解是 3NF 的，且具有无损连接性和保持依赖性。

证明：(1)算法所生成的分解是 3NF 的，即算法输出的每个关系模式 $R_i(U_i,F_i)$ 都属于 3NF。用反证法。假设 $R_i(U_i,F_i)\notin$ 3NF，一定有 R_i 的键 X，非主属性 A，使得 $X\rightarrow Y$，$Y\rightarrow A$，而 $Y\not\rightarrow X$。因而有传递依赖 $X\rightarrow A$。一种情况是，若 $X\rightarrow A$ 是部分依赖，即 $Y\subset X$，由算法知，这与 $X\rightarrow A$ 属于最小依赖集 F 矛盾，则 $Y\not\subset X$。另一种情况是，由于 $Y\not\rightarrow X$，根据算法第(4)步，$Y\rightarrow A\notin F_i$，也就是说，非主属性 A 在 $R_i(U_i,F_i)$ 中是由 $X\rightarrow A$ 引入的，即 $Y\rightarrow A$ 是由 $Y\rightarrow X$，$X\rightarrow A$ 导出的，否则与 F 是最小依赖集矛盾。如果这一论断成立，则与 $Y\not\rightarrow X$ 矛盾。若 A 是由 $Y\rightarrow A$ 引入的，由算法知，Y 也是 $R_i(U_i,F_i)$ 的键，有 $Y\rightarrow X$，这与 $Y\not\rightarrow X$ 矛盾。

由以上证明可知假设是不成立的，因此一定有 $R_i(U_i,F_i)\in$ 3NF。

(2) 算法所生成的分解具有无损连接性。

无损连接性是由算法的第二步加入 FD $U\rightarrow Z$ 保证的。由于属性 Z 是不在属性集 U 中的附加属性，在最小化 F 时不会被作为冗余函数依赖删除。设 $U\rightarrow Z$ 最小化后的结果为 $W\rightarrow Z$，由最小化算法，有：$F-\{U\rightarrow Z\}\cup\{W\rightarrow Z\}$ 与 F 等价。则 $U\subseteq W^+$，即 W 是原关系 R 的键。在算法结束时，若分解后的其他模式含有 R 的键 W，在去掉附加属性 Z 后的模式将与该模式合并，否则，W 单独为一个关系模式。根据判定无损分解的算法 10.2，可以证明在含有键的模式对应行一定是全为 a_i 的行，进一步的证明请读者完成。

(3) 算法所生成的分解具有保持依赖性。算法在生成 3NF 的过程中仅对函数依赖集 F 作了最小化处理，最小化后的 F 与原依赖集是等价的。分解后的模式完全由最小依赖集合成而得。因此，保持依赖是显然的。

证毕。

【例 10-10】　已知关系模式 $R(U,F)$，$U=ABCDE$，$F=\{A\rightarrow CD,B\rightarrow E,AC\rightarrow D\}$。

求：用合成算法求 R 的 3NF 的一个分解。

解：根据算法 10.4

(1) 关系模式 R 的所有属性都在 F 中。令 $F=F\cup\{ABCDE\rightarrow Z\}$；

(2) 计算 F 的最小依赖集。结果为 $G=\{A\rightarrow C,B\rightarrow E,A\rightarrow D,AB\rightarrow Z\}$；

(3) G 中依赖按照左部等价分组为：$\{A\rightarrow C,A\rightarrow D\}$；$\{B\rightarrow E\}$；$\{AB\rightarrow Z\}$；

(4) 去掉外部属性 Z 后，R 的 3NF 的分解为：

$R_1=ACD$，$R_2=BE$，$R_3=AB$。

可以验证，以上得到的每个模式都是 3NF 的，且分解具有无损连接性和保持依赖性。属性 AB 是模式 R 的键。若算法中不加入 FD $ABCDE\rightarrow Z$，结果为 $R_1=ACD$，$R_2=BE$，不是无损分解。

算法 10.4 可以得到一个满足无损连接性和保持依赖性的 3NF 的分解。但对于

BCNF,没有类似的算法。仅能通过分解得到。

算法 10.5 生成 BCNF 的算法。

输入:关系模式 $R(U,F)$。

输出:达到 BCNF 的 R 的一个无损分解。

方法:(1) 设 $\rho=\{R(U,F)\}$。

(2) 检查 ρ 中的各关系模式是否为 BCNF,若是,则算法终止。

(3) 若 ρ 中有 $R_i(U_i,F_i)$ 不属于 BCNF,即 F_i 中有 FD $X\rightarrow Y$,而 X 不是 R_i 的键,分解 R_i 为 $R_{i1}=XY, R_{i2}=R_i-Y$。

(4) 用 $\{R_{i1},R_{i2}\}$ 代替 ρ 中的 R_i,返回(2)。

定理 10.8 算法 10.5 能够生成一个满足 BCNF 的无损分解。

证明:根据定义 10.20,如果 $X\rightarrow Y$ 是模式 R 上的一个函数依赖,则 X 应为 R 的键。若 X 不是 R 的键,根据算法 10.5 的步骤(3),分解 R 为 $R_1=XY, R_2=R-Y$。则 R_1 仅有属性 XY, $R_1\in$ BCNF。分解后得到的关系模式 $\{R_1,R_2\}$ 是无损的。因根据判定无损分解的定理 10.5, $R_1\cap R_2\rightarrow(R_1-R_2)$ 为 $XY\cap(R-Y)\rightarrow(XY-(R-Y))$ 结果为 $X\rightarrow Y$ 是模式 R 上的一个函数依赖。

由以上证明可知,运用算法 10.5 每次分解后得到的模式都是无损的。可以证明,最后得到的分解也应是无损的。因为开始 $\rho=\{R\}$ 是无损的,若 $\rho=\{R_1,R_2,\cdots,R_k\}$ 是无损的,那么, $\rho=\{R_1,R_2,\cdots,R_k\}-R_i\cup\{R_{i1},R_{i2}\}$ 也是无损的。因 $R_i=R_{i1}\bowtie R_{i2}$。

需要指出,通过分解得到的模式不是唯一的,这与检查函数依赖的顺序有关。例如,有关系模式 $R(U,F)$, $U=ABC$, $F=\{A\rightarrow C, B\rightarrow C\}$。$R\notin$ BCNF,因有 FD $A\rightarrow C$, A 不是 R 的键。分解 R 为 $\{AC,AB\}$,分解后的两个模式都属于 BCNF。若先检查 FD $B\rightarrow C$,则结果为 $\{AB,BC\}$。

10.6 多值依赖和 4NF

除了函数依赖外,多值依赖(Multivalued Dependency,MVD)也是数据间普遍存在的依赖关系。数据间存在着多值依赖也会引起存储异常。本节讨论多值依赖及与此有关的 4NF 的概念。

10.6.1 多值依赖

多值依赖反映了现实世界中数据间的 1∶n 联系。如课程—教师—参考书表 T(课程,教师,参考书)如表 10-13 所示。其中,数据库这门课有多个教师讲授,有多本参考书,数据结构课也一样。将表 10-13 变为规范化的关系后如表 10-14 所示。我们看到,在表 T 中存在着数据冗余,这些冗余是由多值依赖引起的。

表 10-13　表 T

C(课程)	T(教师)	B(参考书)
数据库	李一民 王建中	数据库概论 数据库原理
数据结构	赵鹏程 刘同和 李　晓	数据结构 数据结构与算法

表 10-14　规范化后的表 T

C(课程)	T(教师)	B(参考书)
数据库	李一民	数据库概论
数据库	李一民	数据库原理
数据库	王建中	数据库概论
数据库	王建中	数据库原理
数据结构	赵鹏程	数据结构
数据结构	赵鹏程	数据结构与算法
数据结构	刘同和	数据结构
数据结构	刘同和	数据结构与算法
数据结构	李　晓	数据结构
数据结构	李　晓	数据结构与算法

定义 10.21　设 R 是一个关系模式，X 和 Y 是 R 的子集，且 $Z=R-(XY)$。如果对于关系 $r(R)$中的任意两个元组 s 和 t，若 $s[X]=t[X]$，在 r 中存在元组 u，有：

$$u[X]=s[X],\quad u[Y]=s[Y],\quad \text{且 } u[Z]=t[Z]$$

则关系 $r(R)$满足多值依赖(MVD) $X\rightarrow\rightarrow Y$，称 X 多值决定 Y 或 Y 多值依赖于 X。

上述定义中 s 和 t 的对称性实际隐含着在关系 r 中还存在着一个元组 v，v 满足：$v[X]=s[X]$，$v[Y]=t[Y]$，且 $v[Z]=s[Z]$。

如表 10-14 所示的关系中，根据多值依赖的定义，存在多值依赖：$C\rightarrow\rightarrow T$。若第一个元组为 s，第四个元组为 t，则第二个元组和第三个元组分别为 u 和 v。实际上，表 10-14 所示的关系中，还存在多值依赖：$C\rightarrow B$。

定义 10.21 给出了满足多值依赖的关系中元组属性值间的关系。下面给出等价的多值依赖的另一个定义。

定义 10.22　设关系模式 R，X 和 Y 是 R 的子集，且 $Z=R-(XY)$。r 是 R 上的一个关系。当且仅当对于给定的一个 x 值，有一组 y 的值，且这组 y 值与 r 中的其他属性 $R-(XY)$ 无关，则称 X 多值决定 Y 或 Y 多值依赖于 X，记为 $X\rightarrow\rightarrow Y$。

在表 10-14 所示的关系中，对给定的一门课如数据库，有教师李一民和王建中可以开这门课，数据库课与教师的对应关系与参考书是无关的。即不管是哪位教师开课，对应的参考书都是数据库概论和数据库原理。

作为多值依赖的特例，若 $Z=\varnothing$，即 $R=XY$，则对 $R(XY)$ 上的任一关系 r 满足 MVD $X\rightarrow\rightarrow Y$ 和 $X\rightarrow\rightarrow\varnothing$。在这种情况下，称 MVD $X\rightarrow\rightarrow Y$，$X\rightarrow\rightarrow\varnothing$ 为平凡的多值依赖。

同函数依赖类似，多值依赖也有逻辑蕴涵性。从一组已知的多值依赖也可以推导出它所蕴涵的多值依赖。下面介绍多值依赖公理。

设 r 是模式 R 上的关系，并且 W、X、Y、Z 是 R 的子集。多值依赖的推理公理 M1～M9 为：

M1：自反律 若 $Y\subseteq X$ 则 $X\rightarrow\rightarrow Y$。

M2：增广律 若 $X\rightarrow\rightarrow Y$，$W\subseteq Z$，则 $XZ\rightarrow\rightarrow YW$。

M3：相加律 若 $X\rightarrow\rightarrow Y$、$X\rightarrow\rightarrow Z$，则 $X\rightarrow\rightarrow YZ$。

M4：投影律 若 $X\rightarrow\rightarrow Y$、$X\rightarrow\rightarrow Z$，则 $X\rightarrow\rightarrow Y\cap Z$、$X\rightarrow\rightarrow Y-Z$。

M5：传递律 若 $X\rightarrow\rightarrow Y$、$Y\rightarrow\rightarrow Z$，则 $X\rightarrow\rightarrow Z-Y$。

M6：伪传递律 若 $X\rightarrow\rightarrow Y$、$YW\rightarrow\rightarrow Z$，则 $XW\rightarrow\rightarrow Z-(YW)$。

M7：互补律 若 $X\rightarrow\rightarrow Y$、$Z=R-(XY)$，则 $X\rightarrow\rightarrow Z$。

M8：重复律 若 $X\rightarrow Y$，则 $X\rightarrow\rightarrow Y$。

M9：结合律 若 $X\rightarrow\rightarrow Y$，$Z\rightarrow W$，其中 $W\subseteq Y$ 和 $Y\cap Z=\varnothing$，则 $X\rightarrow W$。

多值依赖的自反律和增广律与函数依赖的形式相同。由 M1 和 M8 看出，函数依赖是多值依赖的特例。一个函数依赖可以直接表示为多值依赖的形式。

公理 M3 与函数依赖的合成规则相同，即对于两个多值依赖，若其左部相同，就可以把其右部合起来。

公理 M4 类似于函数依赖的分解规则，但与函数依赖不同。函数依赖的右部可以直接分解为单属性的形式，而对于多值依赖，这样的规则不成立。若 $X\rightarrow\rightarrow YZ$，可将 $X\rightarrow\rightarrow YZ$ 的右部分解为 $Y\cap Z$、$Y-Z$ 和 $Z-Y$，即 $X\rightarrow\rightarrow Y\cap Z$、$X\rightarrow\rightarrow Y-Z$、$X\rightarrow\rightarrow Z-Y$，但前提是 $X\rightarrow\rightarrow Y$、$X\rightarrow\rightarrow Z$ 成立。这就是说，若 $X\rightarrow\rightarrow YZ$ 成立，不能确定 $X\rightarrow\rightarrow Y$，$X\rightarrow\rightarrow Z$ 也成立。

M5 传递律，由 $X\rightarrow\rightarrow Y$、$Y\rightarrow\rightarrow Z$ 可得出 $X\rightarrow\rightarrow Z-Y$。当 $Z\cap Y=\varnothing$ 时，可得到 $X\rightarrow\rightarrow Z$。多值依赖的伪传递律可由增广律和传递律导出。

M6 为多值依赖的互补律，该公理表明多值依赖与关系模式上的所有属性都有关，若 X 多值决定 Y，则也多值决定模式中除了 XY 以外的其他属性。这一点与函数依赖不同。对于函数依赖，若函数依赖 $X\rightarrow Y$ 成立，属性间的依赖关系仅与 XY 有关，与模式上的其余属性无关。

多值依赖的最后一个公理是结合律，利用该公理，可以从多值依赖推导出函数依赖。

【例 10-11】 已知关系模式 $R(A,B,C,D,E)$，R 上的多值依赖 $M=\{A\rightarrow\rightarrow BC, DE\rightarrow\rightarrow C\}$。

求：$AD\rightarrow\rightarrow BE$ 是否成立。

解：已知 $A\rightarrow\rightarrow BC$，利用公理 M4，有 $A\rightarrow\rightarrow DE$。已知 $DE\rightarrow\rightarrow C$，和 $A\rightarrow\rightarrow DE$，根据传递律，有 $A\rightarrow\rightarrow C$。由增广律有，$AD\rightarrow\rightarrow C$，又由互补律，得 $AD\rightarrow\rightarrow BE$。

在 10.3.1 小节介绍了 Armstrong 公理，在函数依赖的范围内证明了公理的有效性和完备性。同样可以证明，在多值依赖范围内多值依赖公理是有效的和完备的。相关证明可以参阅参考文献[17]。已知函数依赖集 F，可以通过求属性集 X 的闭包 X^+ 判断某个函数依赖 $X\rightarrow Y$ 是否被 F 所蕴涵。对于多值依赖，也有类似属性闭包的概念，称为依赖基。对

属性集 X，其依赖基表示为 DEP(X)。DEP(X)是由 X 所多值决定的具有最小不相交属性集的集合。由 DEP(X)可以得到所有由 X 所多值决定的多值依赖。

10.6.2　4NF

在表 10-14 所表示的课程、教师、参考书关系模式中不存在任何函数依赖，该模式属于 BCNF。但由于存在多值依赖 $C\rightarrow\rightarrow T$，$C\rightarrow\rightarrow B$，同样会引起存储异常。如把某一门课的某一位授课教师换为另外一位教师时，需要修改关系中多个元组的值。而某门课需要增加一名教师时，同样需要插入多个元组。另外，如某教师要增开一门新课，但还没有确定该门课的参考书时，这样的信息是不能加入的。因此，若关系模式存在多值依赖时，还需要进一步规范化。

定义 10.23　设关系模式 $R\in$ 1NF，F 是 R 上的 FD 和 MVD 集。如果对于 R 上的任何一个非平凡的多值依赖 $X\rightarrow\rightarrow Y$，$X$ 是 R 的一个超键，则 $R\in$ 4NF。如果数据库模式 R 中的每一个关系模式 R 都属于 4NF，那么，数据库模式 $R\in$ 4NF。

4NF 的定义说明，处于 4NF 的关系模式不存在非平凡的多值依赖。若关系模式 R 上存在非平凡的多值依赖，该多值依赖只能是函数依赖，而且该函数依赖的决定因素应是 R 的超键。

考察表 10-14 所示的关系模式 T 中存在着非平凡的多值依赖 $C\rightarrow\rightarrow T$，$C\rightarrow\rightarrow B$，而 C 不是 T 的超键。因此，$T\in$ 4NF。对不属于 4NF 的关系模式，可通过模式分解达到 4NF。如将表 10-14 中的模式 T 分解为$\{T_1(C,T),T_2(C,B)\}$。分解后，$C\rightarrow\rightarrow T$ 可施到 $T_1(C,T)$ 上。对模式 $T_1(C,T)$，$C\rightarrow\rightarrow T$ 是平凡的，$T_1\in$ 4NF。同理，$T_2\in$ 4NF。

可以证明，如果关系模式 $R\in$ 4NF，则一定有 $R\in$ BCNF。

在 10.5.5 节，我们给出了规范化为 BCNF 的分解算法，类似地，也可以给出规范化为 4NF 的分解算法。

算法 10.6　通过分解生成 4NF 的算法。

输入：关系模式 R，函数依赖和多值依赖集 F。

输出：达到 4NF 的 R 的一个无损分解。$\rho=\{R_1,R_2,\cdots,R_K\}$，$R_i\in$ 4NF($1\leqslant i\leqslant k$)

方法：(1) 若 $R\in$ 4NF，算法终止，$\rho=\{R\}$。

(2) 若 ρ 中有 $R_i\notin$ 4NF，即有 MVD $X\rightarrow\rightarrow Y$，$XY\neq R_i$ 且 $X\nrightarrow R_i$，则分解 R_i 为 $R_{i1}=R_i-Y$ 和 $R_{i2}=XY$，用 R_{i1} 和 R_{i2} 代替 ρ 中的 R_i。

(3) 若 ρ 中所有 $R_i\in$ 4NF，输出 ρ，否则转(2)，继续进行分解，直到使所有的关系模式都成为 4NF。

算法 10.6 的(2)，检查多值依赖 $X\rightarrow\rightarrow Y$ 包含形如 $X\rightarrow Y$ 的函数依赖。显然，算法得到的分解 ρ 中的每个 R_i 都是属于 4NF 的。因 R_i 若不属于 4NF，即存在非平凡的 MVD $X\rightarrow\rightarrow Y$ 而 X 不是 R_i 的超键，则要继续分解使 ρ 中的每个 R_i 都属于 4NF。

与算法 10.5 一样，由算法 10.6 得到的分解 ρ 也具有无损连接性。在 4NF 分解算法中我们注意到，若分解 R_i 为 R_{i1}、R_{i2} 时，F 也投影到相应模式上，以此来判断分解后的模式是否属于 4NF。为表示方便，我们用 R_i 表示 R_{i1} 或 R_{i2}，则 F 在 R_i 上的投影 $\Pi_{R_i}(F)$计算如下：

(1) 若 $F|=X\rightarrow Y, X\subseteq R_i$，则 $X\rightarrow Y\cap R_i\in\Pi_{R_i}(F)$；

(2) 若 $F|=X\rightarrow\rightarrow Y, X\subseteq R_i$，则 $X\rightarrow\rightarrow Y\cap R_i\in\Pi_{R_i}(F)$。

在前面已定义了函数依赖在分解模式上的投影，对多值依赖，若 $X\rightarrow\rightarrow Y$ 在 R 上成立，且 $X\subseteq R_i, R_i\subseteq R$，则 $X\rightarrow\rightarrow Y\cap R_i$ 在 R_i 上成立，即 $X\rightarrow\rightarrow Y\cap R_i$ 可施加到 R_i 上。

【例 10-12】 设关系模式 $R(A,B,C,D,E,I)$，R 的依赖集 $F=\{A\rightarrow\rightarrow BCD, B\rightarrow AC, C\rightarrow D\}$。

求：将 R 规范化到 4NF。

解：检查依赖集 F，MVD $A\rightarrow\rightarrow BCD$ 是非平凡的 MVD，并且 A 不是 R 的关键字，分解 R 为关系模式：

$$R_1 = ABCD, \quad \Pi_{R_1}(F) = \{B\rightarrow AC, C\rightarrow D, A\rightarrow\rightarrow BCD\}$$

$$R_2 = AEI, \quad \Pi_{R_2}(F) = \{A\rightarrow\rightarrow EI\}$$

R_2 属于 4NF，因多值依赖 $A\rightarrow\rightarrow EI$ 是平凡的，而 R_1 不是。在 R_1 中，虽然多值依赖 $A\rightarrow\rightarrow BCD$ 是平凡的，B 是 R_1 的键，但存在函数依赖 $C\rightarrow D$ 而 C 不是 R_1 的超键。R_1 还需要继续分解，分解后的关系模式为：

$$R_{11} = ABC, \quad R_{12} = CD$$

以上 R_{11}、R_{12} 都是 4NF，因 B 和 C 分别是 R_{11} 和 R_{12} 的键。

分解结果：$\rho=\{R_{11}, R_{12}, R_2\}$ 是对于 F 的 4NF。

*10.7 连接依赖和投影-连接范式(Project-Join NF)

10.7.1 连接依赖

除了函数依赖和多值依赖外，还有一种数据依赖称为连接依赖(Join Dependency, JD)，它不像函数依赖和多值依赖那么直观，连接依赖体现在关系间的连接运算中。下面，先看一个例子。

关系模式 SPJ(S,P,J)表示供应者 S 供应零件 P 给工程 J。如表 10-15 所示是模式 SPJ 的一个关系 spj，spj 中没有函数依赖和多值依赖。如果将 spj 在 S P、P J、S J 上投影分别得到关系 spj_1、spj_2、spj_3，如图 10-4 所示。若将关系 spj_1、spj_2、spj_3 两两连接，连接后的关系不等于 spj，但若将 spj_1、spj_2、spj_3 三个关系连接，则连接后的关系与 spj 相同。

表 10-15 spj 关系

S	P	J	S	P	J
S1	P1	J1	S2	P1	J2
S1	P1	J2	S3	P3	J2
S1	P2	J1	S4	P5	J3

spj_1(S	P)	spj_2(S	J)	spj_3(P	J)
S1	P1	S1	J1	P1	J1
S1	P2	S1	J2	P1	J2
S2	P1	S2	J2	P2	J1
S3	P3	S3	J2	P3	J2
S4	P5	S4	J3	P5	J3

图 10-4　spj 投影后的关系

以上例子说明，在关系 spj 和关系 spj_1、spj_2、spj_3 间存在着某种联系，这就是连接依赖。下面给出连接依赖的定义。

定义 10.24　设 $R=\{R_1,R_2,\cdots,R_p\}$是属性集 U 上的关系模式集。如果 $r(U)$无损地分解成 $\Pi_{R_1}(r),\Pi_{R_2}(r),\cdots,\Pi_{R_p}(r)$，那么，关系 $r(U)$满足连接依赖，即

$$r=\Pi_{R_1}(r)\bowtie\Pi_{R_2}(r)\bowtie\cdots\bowtie\Pi_{R_p}(r)$$

记为：$(JD)\bowtie[R_1,R_2,\cdots,R_p]$或$\bowtie[R_1,R_2,\cdots,R_p]$。

根据连接依赖的定义，表 10-15 所示的关系满足连接依赖$\bowtie$[SP,SJ,PJ]。

如果模式 R 上的 JD $\bowtie[R_1,R_2,\cdots,R_p]$被 R 的每一个关系 $r(R)$所满足，则称为平凡的连接依赖。

若连接依赖$\bowtie[R_1,R_2,\cdots,R_p]$能被 R 上的每一个关系 $r(R)$所满足，只有一种情况，即在$[R_1,R_2,\cdots,R_p]$中，对某个 $R_i(1\leqslant i\leqslant p)$，有 $R_i=R$。可以看出，平凡连接依赖是没有任何实际意义的。

多值依赖是连接依赖的特例。若 $R(X,Y,Z)$满足多值依赖 $X\rightarrow\rightarrow Y$，则能无损地分解模式 R 为 $R_1=XY$ 和 $R_2=XZ$。若 r 是模式 R 上的一个关系，则根据无损分解的定义，$r=\Pi_{R_1}(r)\bowtie\Pi_{R_2}(r)$，即模式 R 满足连接依赖$\bowtie[R_1,R_2]$。因此，函数依赖、多值依赖、连接依赖之间存在如下关系：

$$\text{FD}\subseteq\text{MVD}\subseteq\text{JD}$$

10.7.2　投影-连接范式(Project-Join NF)

与其他数据依赖一样，如果关系模式上存在连接依赖，在数据操作时同样会出现问题。如关系模式 SPJ 的键是(S+P+J)，为全键。由表 10-15 所示的关系看出，在模式 SPJ 上不存在任何函数依赖和多值依赖，SPJ 属于 4NF。但是，若在关系 spj 中插入元组<S2,P2,J2>，则在投影后的关系模式 SP 和 PJ 中需要增加元组<S2,P2>和<P2,J2>。若将投影后的三个关系连接也不能恢复原来的关系，连接后的关系中多了一个元组<S1,P2,J2>。这就是说，在插入元组<S2,P2,J2>的同时，必须插入元组<S1,P2,J2>，否则，就不满足连接依赖$\bowtie$[S P,S J,P J]。但如果插入元组<S1,P2,J2>就没有这个问题。对删除操作也有类似的情况。如在关系 spj 中删除元组<S1,P2,J2>，当投影连接后，该元组又出现在原关系中。这显然是不正常的，其原因就是在模式 SPJ 上存在着连接依赖$\bowtie$[SP,SJ,PJ]。可见，若关系模式上存在连接依赖，还需要进一步规范化。

定义 10.25　设关系模式 R，当且仅当 R 中的每个连接依赖被 R 的键所隐含时，R 属于 5NF，或称为投影-连接范式(Project-Join NF,PJNF)，即 $R\in$ PJNF。

所谓 R 中的每个连接依赖被 R 的键所隐含，就是说，在 R 上不存在非平凡的连接依赖。

若存在连接依赖,仅存在通过键连接的连接依赖。前面介绍的3NF、BCNF、4NF算法都是基于无损分解的,分解得到的模式都是连接依赖的特例。

前面给出的关系模式SPJ上存在连接依赖⋈[S P,S J,P J]。根据PJNF的定义,将模式SPJ分解为SP、SJ、PJ三个模式,每个模式都是PJNF。

10.8 小　结

这一章,我们讨论了数据依赖、关系模式的规范化和范式的概念。关系模式的规范化程度从低到高有1NF到PJNF。它们之间的关系如下:

$$1NF \supset 2NF \supset 3NF \supset BCNF \supset 4NF \supset PJNF$$

一个关系模式规范化程度愈高,冗余愈小。但我们注意到,3NF的模式可以保持依赖和具有无损连接性,而BCNF和之后的较高范式却不能保持数据依赖。

范式是对关系模式规范化程度的一种度量,一个关系模式至少应属于1NF。一般来说,一个关系模式分离程度越高,它所表示的概念就越清楚,结构就越简单,所存在的存储异常消除得就越彻底,因而使插入、删除、修改操作都比较简单、方便。但是,分离程度越高,连接运算所花费的代价也就越大,从而使效率降低。另外,从3NF之后,规范化所得到的模式可能不保持某些数据依赖,因而与原模式不完全等价。因此,在模式设计中,不是规范化程度越高,所设计出的模式就越好。一般最常用的是3NF和BCNF。在设计中,模式究竟分解为哪一级范式取决于实际应用。

不同范式从不同侧面消除了部分存储异常。目前,5NF是最高范式级别,但从范式的概念还不能断言,5NF消除了所有的异常。1981年,R. Fagin提出了域/关键字范式(DK/NF)的概念,他证明了DK/NF的关系没有更新异常。这表明,为了消除异常,不需要再定义更高的范式。域/关键字范式可定义为:如果一个关系模式的每一个约束都是关键字和域的约束,则该关系模式称为域/关键字范式。换句话说,一个关系所要满足的所有约束都强制性地由关键字和域的约束产生。DK/NF基于三个概念:域、关键字和约束。这里的约束不只是函数依赖、多值依赖和连接依赖。如规定:学号以1打头的是研究生,以其他数字打头的是本科生。这种约束是不能用数据依赖表示的。在DK/NF中可以将学生关系设计为研究生和本科生两个关系模式,用对学号的域约束表示取值的不同。目前,还没有算法能生成DK/NF。但它无疑比规范化设计要简单。可见,关系模式的规范化是衡量数据库设计的一个标准,但不是唯一标准。模式设计的目的,是要找出在一定约束条件下能够满足用户需求的合理的关系模式。

习　题

1. 给出下列术语的含义。

函数依赖、多值依赖、连接依赖;

主键、超键、主属性、非主属性;

函数依赖集的闭包、属性集的闭包；

函数依赖集的等价和覆盖，最小依赖集；

分解的无损连接性和保持依赖性；

1NF、2NF、3NF、BCNF、4NF、PJNF。

2. 已知关系模式 $R(A,B,C,D,E)$，R 的函数依赖集 $F=\{AB\to C, B\to CD, DE\to B, C\to D, D\to A\}$。

要求：(1) 计算 $(AB)^+$，$(AC)^+$，$(DE)^+$；

(2) 求出 R 的所有候选键；

(3) 求出 F 的最小依赖集。

3. 已知关系模式 $R(A,B,C,D,E,I)$，R 的函数依赖集 $F=\{A\to C, AB\to C, C\to DI, CE\to AB, CD\to I, EI\to C\}$。

试求 F 的最小依赖集。

4. 关系模式 $R(A,B,C,D,E)$，R 的函数依赖集 $F=\{AB\to C, C\to D, C\to D\}$。

试判定 $\rho=\{ABC, CD, DE\}$ 是否具有无损连接性。

5. 证明：按照判定无损分解算法，含有键的模式对应行一定是全为 a_i 的行。

6. 已知：关系模式 $R(A,B,C,D,E,I)$，R 上的函数依赖集 $F=\{A\to BD, EC\to D, C\to I, ID\to CE, AI\to D, B\to A\}$

试用合成法设计出 3NF 的数据库模式。

7. 某工厂要建立产品生产管理数据库管理如下信息。

车间编号、车间主任、车间电话、职工号、职工姓名、性别、年龄、工种、零件号、零件名称、零件的规格型号、车间生产零件的零件号、数量、生产日期、检验员。

以上数据间的关系为：一个车间有若干职工，一个职工仅属于一个车间；一个车间生产多种零件，一种零件可以有多个生产车间。

要求：按照规范化要求设计出关系数据库模式，指出每个关系模式的候选键、外键（如果有）。

8. 证明：如果关系模式 $R\in$ 4NF，则一定有 $R\in$ BCNF。

9. 证明：多值依赖公理 M3、M9 的正确性。

10. 证明：若 $X\to\to Y$ 在模式 R 上成立，且 $X\in R_j$，$R_j\in R$，则 $X\to\to Y\cap R_j$ 在 R_j 上成立。

11. 说明一个关系模式属于 PJNF，则一定属于 4NF。

第11章

数据库设计

数据库设计是指对于给定的一个应用环境，构造最优的数据库模式，使之能够有效地存储数据，满足各种用户的应用需求(信息要求和处理要求)。

数据库设计有三个要素：应用环境、数据库模式(数据模型)和满足的功能。应用环境主要是应用需求，即包括需要满足在特定条件下特定的业务需求，不能单纯理解为计算机的软件和硬件环境。

首先应当重视的是应用需求，有许多数据库设计者认为收集应用需求及进行需求分析是业务人员的事情，只是一味地等着业务人员提供一份完整的应用需求而不会主动地参与其中，这也是为什么有人在数据建模时无所适从的主要原因(当然，这并不包括那些在进行系统开发时从不进行数据建模的人)。

其次需要注意的是不能将数据库设计与应用程序设计分隔开来，数据库设计并不是为了完成一个所谓的最优数据库模式，而是为了"满足各种用户的应用需求"。如果你重视了数据库设计的前因后果，那么数据库设计的工作就会变得容易些，至少不至于无所适从。但数据库设计与其他工程设计一样，都需要掌握相应的设计方法和丰富的经验才能设计出好的模型。

与大多数的教科书一样，本章对数据库设计进行简要的介绍。但不同的是本章将内容重点放在数据建模部分而不是数据库设计的整个过程。其中，11.1节对数据库的设计方法进行了简要描述，目的是对数据库设计过程与方法有一个大致的了解，11.2节介绍了数据模型与数据建模，通过该节可以了解数据模型与数据建模的基本概念。11.3节介绍了目前在数据建模领域应用广泛的IDEF1X数据建模方法，11.4节介绍了数据建模工具软件ERwin Data Modeler，11.5节通过一个实际的应用示例介绍了在数据建模过程中应当如何考虑问题。

在阅读11.1节和11.2节时，请仔细体会数据库设计与数据建模的联系与差异。

11.1 数据库设计方法

尽管在数据库设计中方法并不起决定性的作用(主要靠设计者的经验和创造性)，但方法是设计一个优秀数据库系统的基础。因此，要想设计好数据库，必须先掌握一定的数据库设计方法。

有许多数据库设计方法，如 Barker 设计方法、新奥尔良(New Orleans)方法等。此外，在数据库设计的不同阶段还有基于 3NF 的设计方法、基于 E-R 模型的设计方法、基于抽象语义的设计方法等。数据库设计方法的核心阶段是数据建模，而数据建模又包括逻辑建模和物理建模阶段。

逻辑建模阶段完成数据库的逻辑模型设计。逻辑模型是只考虑业务需求而不考虑具体的 DBMS 环境的一种数据模型，虽然有许多逻辑模型是为构建一个数据库系统而设计的，但有些逻辑模型可能是用于其他的目的，如业务流程重组中的业务流程分析。逻辑建模阶段是数据库设计最重要的一个阶段。

物理建模阶段完成数据库的物理模型的设计。物理模型是针对特定 DBMS 而设计的数据模型，它往往是将逻辑模型映射到特定 DBMS，也就是在逻辑模型的基础上设计完成的。由于物理模型涉及特定 DBMS，因此，目前关于物理模型的设计还没有一个通用的方法以指导物理模型的设计。

一般地，根据软件工程的思想，数据库的设计可以分为需求分析、概念设计、逻辑设计、物理设计、数据库实施和运行、数据库使用和维护 6 个阶段。但最主要的是需求分析、概念设计、逻辑设计和物理设计阶段。逻辑建模就是在概念设计阶段需要完成的工作，而物理建模包括了数据库逻辑模型的建立和在特定 DBMS 上的物理实现。数据库的实现包括建立实际数据库结构、装入数据、完成编码、进行系统测试，而数据库使用和维护阶段需要不断完善系统性能和改进系统功能，以延长数据库使用时间。因此，数据库设计工作覆盖了数据库系统的整个生命周期，从项目开始直到系统消亡(不再使用)，都会有数据库设计的工作。在实际数据库的开发应用中，许多计算机厂商在自己的 DBMS 上开发出了数据库设计的辅助工具，以提高数据库设计开发的质量和开发效率。Oracle 公司的自动化设计工具 Oracle Designer 就是典型代表之一，它的设计思想是基于 Barker 方法的。

Barker 方法是以 Oracle 公司的董事 Richard Barker 先生的名字命名的。Barker 先生负责 Oracle 的自动化设计工具 Oracle Designer 最初的工作。如图 11-1 所示为 Barker 数据库设计方法的过程，Barker 方法将数据库设计划分为 7 个设计阶段：制定策略、分析、设计、构建、编写文档、转换和产品。其中，制定策略阶段完成需求分析和基本的逻辑模型设计。在分析阶段，开发小组与关键人员进行交流，收集所有的业务需求，也就是需求分析阶段。在设计阶段，物理模型的设计是在分析阶段所确定的逻辑模型的基础上进行的。设计工作完成后，就应该构建数据库。Barker 先生认为文档编写应该有一个单独的阶段来完成，它应当是在完成数据库的基本设计之后进行。在转换阶段，将准备好的数据转换到产品环境中，有许多情况下需要将数据从旧的数据库移植到新的数据库中。使用真实的数据进行测试也是这个阶段必须要完成的工作内容之一。最后一个阶段，数据库必须在产品环境下运行，它可供最终用户通过应用软件或其他的工具来访问数据库、提出修改请求、测试、再运行。

Oracle Designer 采用了在 Barker 方法的基础修改而来的改进的设计方法，这种方法将数据库设计分成 9 个阶段：制定策略、预分析、分析、预设计、设计、构建、测试、实现和维护。该方法认为分析和设计阶段是两个最重要的阶段，因此，它设置了预分析和预设计阶段，分别为这两个阶段做一些准备工作，同时，它又认为测试也是一个不可忽视的工作，将其独立

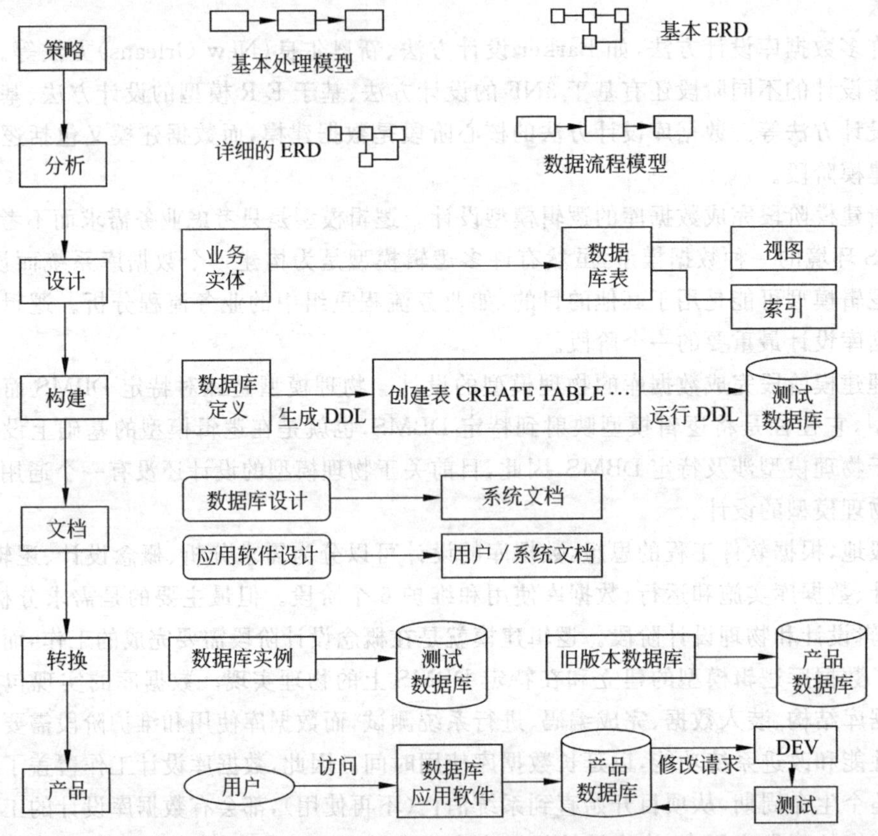

图 11-1 Barker 数据库设计方法的过程

列为一个阶段很有必要。而实现与维护阶段相当于 Barker 方法的转换和产品阶段，只不过名称不同而已。

关系数据库设计是在数据库的物理设计阶段将数据库的逻辑设计映射到特定的关系数据库而不是其他的数据库。常见的数据库设计都是关系数据库设计，这是因为目前主流的 DBMS 都是关系数据库的原因。但大多数的数据库设计方法如 Barker 方法并不局限于关系数据库设计，你完全可以将这些方法应用于非关系数据库设计。

11.2 数据模型与数据建模

模型是现实世界中某个事务或对象的模拟或抽象。

模型的特性体现在三个方面：能够比较真实地描述现实世界；简单，易于理解；便于实现。所有的模型都必须满足能够比较真实地描述现实世界这一特点，如果模型与现实世界相差太远，则模型就不能算是一个正确的模型，其他的特性就不用再考虑了。简单性决定了模型是否可以在不同的设计者之间或其他相关人员之间进行交流，一个简单、直观的模型便于交流，能够保证设计的效率与质量。模型的可实现性也很重要，设计模型的目的就是为了实现某个产品、系统等，难以实现的模型违背了模型设计的初衷。

数据模型也是一种模型，它是现实世界数据特征的抽象。

根据不同的划分标准，数据模型的类型不同。例如，根据数据模型所处的阶段有逻辑模型和物理模型，而物理模型又根据数据模型不同的性质可分为层次数据模型、网状模型、关系模型、面向对象模型和对象关系模型等。

DBMS 对数据在数据库中的含义的理解是非常有限的：它们通常可以理解某些简单的数据值，以及这些值的某些简单约束。例如，DBMS 知道存储某个学生的体重的值的具体大小及范围，它还知道存储该学生所选的某一门课程的考试成绩，但 DBMS 不能理解这两个值各自所包含的含义以及它们具有完全不同的含义，如果你操作 DBMS 去比较这两个值，它不会认为有什么不妥的地方。

显然，系统理解得越多越好，它就会越智能。例如，如果 DBMS 能够理解上面两个值的含义，从而知道这两个值比较是没有什么意义的，这样智能的 DBMS 正是我们所期望的，可惜的是，我们一时还无法看到这样的 DBMS。

从数据库设计的过程可以看出，数据库设计包括了逻辑建模与物理建模，而物理模型是最终存储在特定的 DBMS 的数据库中。那么是否可以理解为逻辑模型只是为了完成物理模型的设计而本身没有实际的意义呢？当然不是这样。这是因为无论是数据库设计的物理模型还是逻辑模型都包含了存储在特定 DBMS 数据库中的数据模型所不具备的特性，即应用语义。通过数据库设计的数据模型，你可以更好地理解应用，因此，有时我们把数据库设计的数据模型称为语义模型，把数据库设计的数据建模称为语义建模，而存储在 DBMS 数据库中的模型则可以称为数据库模型。

自从 20 世纪 70 年代末期以来，语义建模就成为一个研究的课题。这项研究的动力，即研究者试图解决的问题是，典型的数据库系统对数据在数据库中的含义的理解是非常有限的。

语义数据模型的命名是为了与 DBMS 中的数据库模型进行区别，语义建模也是为了与 DBMS 建模进行区别。但大多数人仍然愿意在数据库设计领域使用数据建模与数据模型的名称，我们在这一章也使用数据建模与数据模型。具体使用哪一种命名不会影响数据库设计的结果，只是需要注意的是这里的数据模型与 DBMS 数据库模型的不同。

本章主要讨论数据建模，而且主要讨论数据建模中的逻辑设计，而对物理设计只做一些简单的讨论。这样做是基于以下的考虑：

(1) 数据建模是数据库设计的核心阶段，数据库设计所完成的大部分工作是数据建模。

(2) 逻辑设计是物理设计的基础，它有一些常用的方法，如本章所介绍的 IDEF1X 方法，而物理设计则是依赖于某一个特定的 DBMS，没有一个通用的方法，依不同的 DBMS 有着不同的物理设计方法。

数据建模有许多方法，这些方法大都是以 Peter Pin-Shan Chen 在 1976 年提出的实体联系模型为基础修改而来的。本章介绍的方法是美国空军 IDEF 建模方法中的数据建模方法 IDEF1X。

11.3 IDEF1X 数据建模方法

IDEF 分析方法统称为 IDEF(Integration DEFinition)，它是 20 世纪 70 年代中期美国空军的 ICAM(Integration Computer Aided Manufacturing)计划下所发展出来的一套系统分析与设计的工具，功能模块分别为 IDEF0、IDEF1、IDEF1X、IDEF2 至 IDEF14 系列家族。ICAM 计划的宗旨是通过系统地应用计算机技术来提高机械制造业的生产率。ICAM 认为：对于想要提高生产率的人员来说，需要一个好的分析和通信技术(交流技术)。所以 ICAM 计划开发了一系列的 IDEF 方法。最初阶段，这一系列方法只包括三种不同的建模方法，这三种方法用图形方式来刻画整个制造业环境系统：IDEF0(Function Modeling，功能建模)、IDEF1(Information Modeling，信息建模)和 IDEF2(Simulation Modeling Design，仿真建模设计)。

1983 年美国空军 ICAM 计划着手 IISS(Integrated Information Support System)项目。此项目的目的是提供一套能在逻辑上和物理上集成异种计算机硬件和软件的技术。IISS 把集成的途径放在数据源单一语义定义的获取、管理和使用上，这个"概念模型"(conceptual model)是用 IDEF1 建模技术来定义的。

IDEF1X(Data Modeling)把实体—联系方法应用到语义数据模型中。IDEF1 的最初形式是在 P. P. S(Peter)Chen 的实体联系模型化概念与 P. P. (Ted)Codd 的关系理论的基础上发展而来的。IDEF1X 对 IDEF1 做了一些改进，增强了图形表达能力，丰富了语义(如分类联系的引入)和简化了开发过程。自 1980 年以来，IDEF1X 已在应用中得到发展和验证。IDEF1X 在数据建模方法具有如下的特点。

1. 支持概念模式的开发

IDEF1X 语法支持概念模式开发所需的语义结构，完善的 IDEF1X 模型具有以下所期望的一致性、可扩展性和可转换性。

2. 是一种一致性的语言

IDEF1X 有关简洁、一致的结构，以及独特的语义概念。IDEF1X 的语法和语义简单且功能强大、健壮。

3. IDEF1X 是可教授的

语义数据建模对于许多 IDEF1X 的用户来说是一种新的概念，所以语言的可教授性是重点考虑的一个方面。语言可以教授给数据库管理员、数据库设计者使用，同样也可以教授给业务专家、系统分析员使用。因此，它可以作为一个跨学科领域的有效沟通工具。

4. 经过良好的测试和验证

IDEF1X 是基于前人多年的经验发展而来的，它在美国空军和民营的一些项目中充分地得到了检验和证明。

5. 可以自动化

IDEF1X 图能由软件生成。许多商业软件支持 IDEF1X 模型的分析、求精和配置管理。例如,CA 公司的 ERWin Data Modeler 数据建模工具。

11.3.1 数据模型的结构

从三层模式的描述得知,数据建模的过程就是将外部模式用概念模式表示出来,形成一致的数据定义,为内部模式的生成提供便利。然而,这个过程涉及的因素很多,也很复杂。人们常常使用分层的方法来使复杂的问题得以简化,数据建模过程也不例外。IDEF1X 也提供了多层次建模思想,以便于逐步建立和细化数据模型。下面介绍 5 个层次的模型,如图 11-2 所示。在实践中,不必拘泥于这几个层次,你会发现根据各自不同的情况扩展或者缩减模型的层次有助于问题的解决。

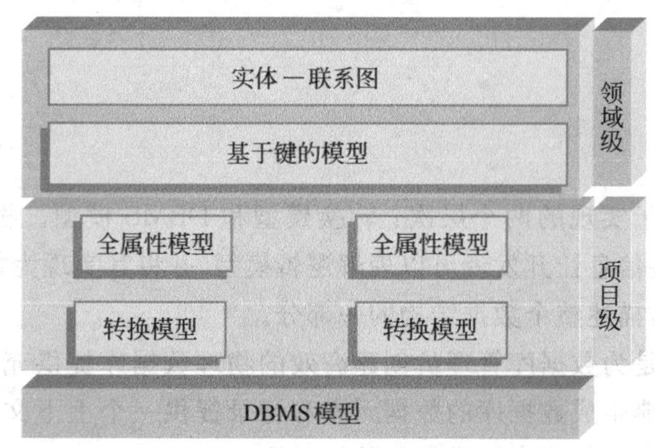

图 11-2 IDEF1X 数据模型的层次

最高层的模型分为两种:实体—联系图(Entity Relationship Diagram,ERD)和基于键的模型(Key-Based,KB)。ERD 标识了主要的业务实体和它们之间的联系。KB 模型建立了业务信息需求的范围(包含所有实体)并开始逐步揭示细节。

低层模型也分为两种形式:全属性模型(Fully Attributed,FA)和转换模型(Transformation Model,TM)。FA 模型符合第三范式,其中包含了为特定实现工作的所有逻辑细节。转换模型代表了从关系模型到所选的特定 DBMS 实现结构之间的转换信息。

在多数情况下,转换模型不满足第三范式。模型的结构已经针对特定 DBMS 的性能、数据容量、期望的数据访问模式和性能进行了优化。

11.3.2 逻辑模型

逻辑模型用于捕获业务信息需求,有三个层次:实体—联系图、基于键的模型和全属性模型。ERD 和 KB 也称为"领域数据模型",因为这种模型所覆盖的范围经常是一个较大的业务领域,比一个项目要实现的范围广。相反,FA 模型是一个“项目数据模型”,因为这种模型经常是描述整个数据结构的一部分,用于某一个单一的项目。

实体—联系模型是一种高层次数据模型,用来表示主要的实体及它们之间的联系,它不只是用于数据库系统还可以用于更广泛的业务领域。这种模型的目的主要是用于展示或者讨论。

实体—联系模型是用来提供一种业务信息需求的视图,能够满足系统开发的粗略需求即可,它不包含如属性信息等许多具体的细节。在模型中使用的联系可以是不确定的联系(多对多联系)。

基于键的模型描述主要的数据结构,也适用于广泛的业务领域。这种模型应该包含所有的实体和主键,并且包含一些主要的或示例属性。这种模型的目的是给出大致的数据结构和主键的业务视图,并为进一步细化模型提供基础。它的覆盖领域与 ERD 模型相同,但是展现了更多的细节。

全属性模型是一个符合第三范式的数据模型,它包含一个项目实现所需要的全部实体、属性和联系。这种模型还包括实体实例的容量、访问路径和比率,以对数据结构所期望的交易访问模式。

11.3.3 物理模型

物理模型包含用于实现的两个层次:转换模型和 DBMS 模型。物理模型要捕获所有系统开发的信息,这些信息让开发者可以理解逻辑模型,并将其实现为数据库。转换模型也是个“项目数据模型”,描述整个数据结构的一部分。

转换模型的目的是为数据库管理员创建高效的物理数据库提供充分的信息,并为定义和记录用于向数据字典生成数据库的数据元素和记录提供一个上下文环境,同时为应用开发团队编制用于访问数据的程序提供物理数据结构。

转换模型还为开发团队提供比较物理数据库设计和初始业务信息需求之间的异同。

转换模型被直接翻译成 DBMS 模型。DBMS 模型记录位于 DBMS 模式或系统表之中的物理数据库对象的定义。

11.4 IDEF1X 的语法和语义

1. 实体

实体(entity)是现实世界中具有一组相同属性的“事务”或“对象”的集合,集合中的每个元素称为实体的实例(entity instance)。例如,企业中的员工就是一个实体,而每一个员工是员工实体中的一个实例,它与其他所有的员工具有相同的属性,如姓名、性别、年龄等。

有些教科书中将实体与实例分别解释为实体集与实体。现实的情况是在数据建模领域中,有关的术语定义还不是十分精确,没有一个统一的标准,你不必过分细究这些术语。

实体有两种类型，分别是独立标识实体（Identifier-Independent Entities，简称独立实体）及从属标识实体（Identifier-Dependent Entities，简称从属实体）。有时，也将“独立实体”与“从属实体”分别称为“强实体”与“弱实体”。例如，图 11-3 中的部门实体与员工实体都是独立实体，图 11-4 中员工实体也是独立实体，它不需要其他实体的关系就可以标识一个员工，如通过员工实体中的员工编号能够唯一标识一个员工，而员工工资实体（假如将员工的工资单独设置为一个实体）则是从属实体，它的一个实例必须由员工实体的一个实例标识，如果相应的员工实例不存在，则该员工工资实例也不存在。

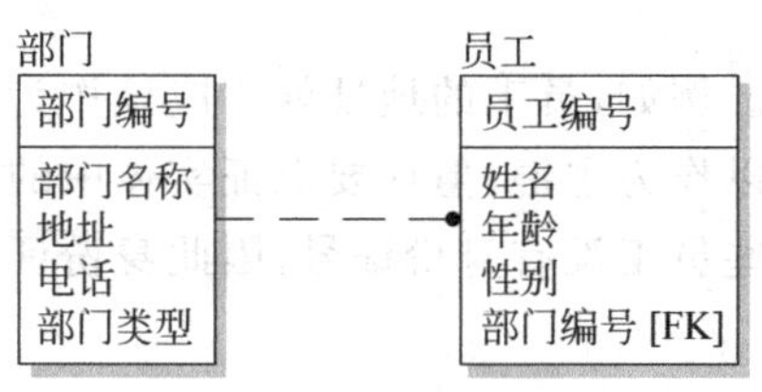

图 11-3 独立实体

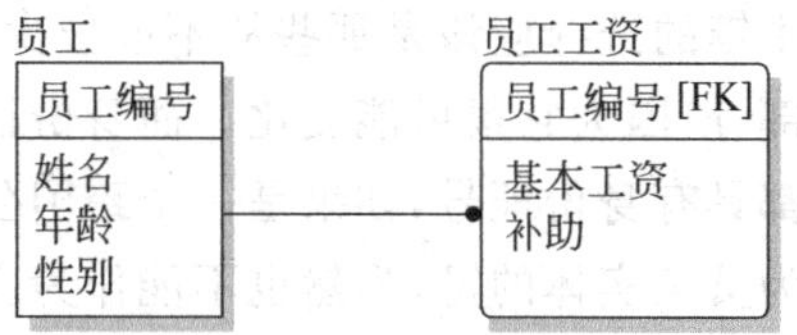

图 11-4 独立实体与从属实体

在 IDEF1X 中，独立实体用四边形表示，从属实体用带圆角的四边形表示。每个实体分配一个唯一的名字。实体名应当是一个名词或名词短语，如果使用英文，则这个名词或名词短语应该是单数而不是复数，且允许使用缩写，但实体名应当是有意义的，且在整个模型中保持一致。

IDEF1X 关于实体规则定义如下：

(1) 每一个实体必须使用唯一的实体名，相同的含义必须总是用于同一实体名。

(2) 一个实体可以有一个或多个属性，这些属性可以是实体自身所具有的，也可以是通过一个联系而继承得到的。

(3) 一个实体应有一个或多个能唯一标识实体中每一个实例的属性（主关键字和次关键字）。

(4) 任意实体都可以与模型中其他的实体有 0 个、1 个或多个联系。

(5) 如果一个外键是一个主键的全部或部分，那么该实体就是从属实体。相反地，如果根本没有外键属性用作一个实体的主键，那么这个实体就是独立实体。

2. 属性

一个属性表示一类现实或抽象的事务的一种特征或性质（如人、物、地点、事件、概念等）。在 IDEF1X 模型中，属性是与具体的实体相联系的。实体的每一个相关属性都必须具有一个单一且确定的值。例如，员工姓名、年龄和性别是与员工实体相关的属性。

IDEF1X 关于属性的语法规定：每个属性都必须有一个唯一的名称来标记，这个名称用一个名词或名词短语来表示，它描述了属性所表述的实体特征。名词或名词短语采用单数而不是复数形式。

在实体的四边形内，属性被列出且每一行只有一个属性，主键属性被放在列表的最上面，且用水平线将它与其他属性分开，如图 11-3 所示。

每个属性都有一个可取值的范围，称为该属性的域（domain）或者值集（value set）。员工姓名的域是一定长度或可变长度的字符串集合，类似地，员工生日属性的域是一个日期类型的值的集合。

3. 主键

一个实体必须具有一个属性或属性组,其值唯一地确定该实体中的每一个实例,这些属性或属性组称为候选键或候选码。例如,员工实体中的员工编号和员工的身份证号都可以唯一地确定一个员工,它们都是候选键。一个实体中可能会有一个或多个这样的候选键,在创建模型时必须选择其中的一个作为主键(primary key)。实体中的任意两个不同的实例都不允许同时在键属性上具有相同的值。

主键的选择应该是那些从不或极少变化的属性。例如,员工的地址就不应该作为主键的一部分,因为它很可能变化。而身份证号不变,可以作为主键,但你要保证实体中的每个实例都具有身份证号,如果是一个跨国公司,由于有些员工没有身份证号,因此身份证号不能作为员工实体的键,当然也不能作为主键。

4. 确定性联系

一个确定性联系(specific connection relationship)或简称联系(relationship)是指实体间的相互关联。在这种联系中,被称为父实体的每一个实例都与子实体的0个、1个或多个实例相关联,而子实体中的一个实例与父实体中的0或1个实例相关联。例如,员工实体与部门实体相互关联,我们可以定义员工"张三"属于部门"销售部",而部门"销售部"拥有员工实体中的员工"张三"等。其中,部门实体是父实体,员工实体是子实体。

联系有三个属性:名称、基数(cardinality,有时也称为度量)和联系的类型(标识或者非标识、非空)。除此以外,联系还是双向的,命名、设置基数和类型都需要在两个方向上进行。

联系的名称使用动词或动词短语而不是使用名词进行命名,如员工与部门实体的联系的名称可以命名为"属于",而部门与员工实体的联系可以命名为"拥有"。

联系的类型指的是联系是标识联系或非标识联系,以及子实体中的实例中与父实体对应的值是否可以为空。例如,上面员工实体与部门实体的联系,如果员工实体中的部门编号可以空,则表示该员工不属于任何一个部门(可能是新入职还未分配部门的员工)。

如图11-5所示,在IDEF1X中,能够表示下列不同基数的联系:

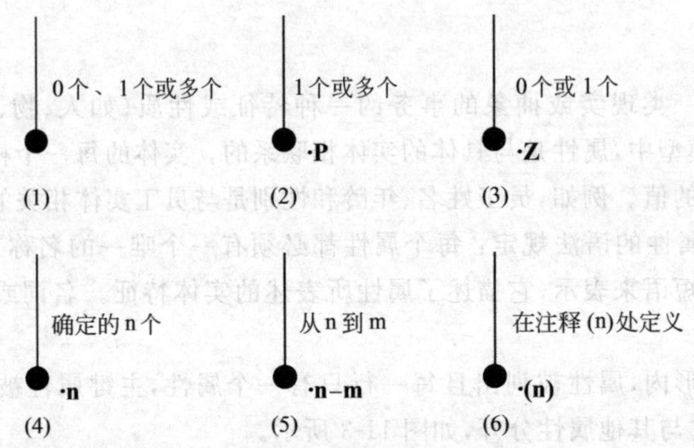

图11-5 IDEF1X中的联系类型

(1) 图(1)表示每一个父实体实例与 0 个、1 个或是多个子实体的实例相关联。

(2) 图(2)(黑色圆点旁有一个 P)表示父实体的每一个实例至少与 1 个或多个子实体的实例相关联。

(3) 图(3)(黑色圆点旁有一个 Z)表示父实体的每一个实例与 0 个、1 个子实体的实例相关联。

(4) 图(4)(黑色圆点旁有一个 n)表示父实体的每一个实例与特定数量的子实体实例相关联。

(5) 图(5)(黑色圆点旁有一个 n－m)表示父实体的每一个实例与一定范围的子实体的实例相关联。

(6) 图(6)(黑色圆点旁有一个(n),其中 n 是一个表达式)表示父实体的每一个实例与满足一定条件的子实体的实例相关联。例如条件为：大于 3、必定是 7 或是 9。

5. 标识联系与非标识联系

确定性联系又可以划分为标识联系与非标识联系。

标识联系是这样一种联系，子实体的一个实例通过父实体标识，即子实体依赖于父实体而不能单独存在。也可以解释为父实体的主码在子实体中既是外码又是主码的一部分或全部，如图 11-6 所示。

对于非标识联系，父实体中的主码在子实体中仅作为外码，如图 11-7 所示。

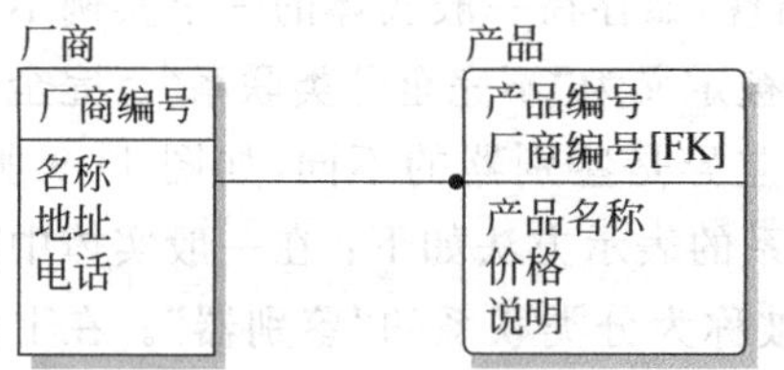

图 11-6　标识联系

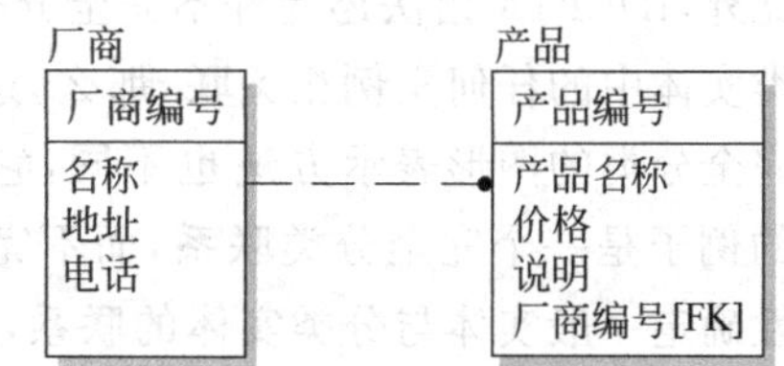

图 11-7　非标识联系

在图 11-7 中，产品编号 PRODUCT_ID 可以作为主码唯一标识一个产品，它有一个前提是所有厂商的所有产品都有唯一的编号，如果这个前提不成立，而只能够满足同一厂商的所有产品具有唯一的产品编号，那就需要使用图 11-6 中的标识联系。什么时候使用标识联系什么时候选择非标识联系完全取决于实际应用。

6. 分类联系

当多个实体有共同的属性时，而这些实体又分别有一些不同的属性时，可以创建一个一般实体并将这些实体共同的属性作为一般实体的属性，如银行应用中的储蓄账号、支票账号和贷款账号，其中都有开户人姓名、开户时间这两个属性，而这些实体又都各自有一些特殊的属性，在数据建模过程中可以使用分类联系进行处理，如图 11-8 所示。

这里，账户实体是一般实体，支票账户、存款账户和贷款账户是分类实体。

完全分类联系是两个或多个实体间的联系，且在这些实体中，存在一个一般实体，它的每一个实例都恰好与一个且仅一个分类实体的一个实例相联系。在完全分类联系中，一般实体的每一个实例和与之相关的一个分类实体实例描述的是现实世界的同一个事务，因此

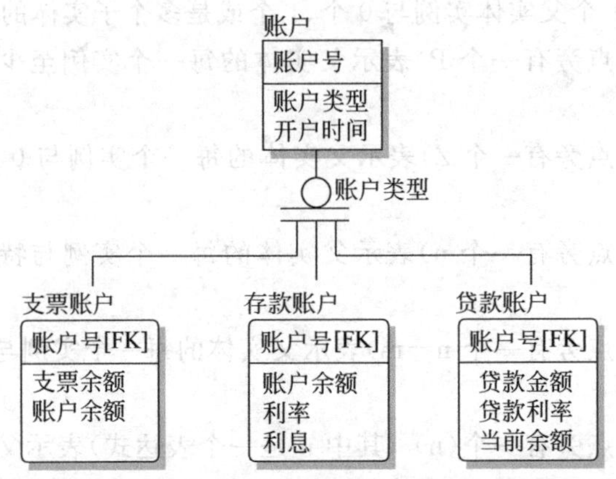

图 11-8 完全分类联系

它们具有相同的唯一标识符。例如，账户实体与支票账户、存款账户和贷款账户实体的联系是一个完全分类联系，一般实体"账户"中的一个实例账户编号为 002010997，如果与存款账户实体对应，则存款账户实体中必有一个且仅有一个账户号同为 002010997 的实例，这两个实例描述的是同一个存款账户的不同部分。

对于同一个一般实体，分类实体总是互不相容的，即一般实体的一个实例只能与一个分类实体的一个实例相对应。在上例中意味着一个账户不可能既是支票账户又是存款账户。

此外，IDEF1X 语法还允许不完全分类的情况出现，如存在一般实体的一个实例不与任何分类实体中的任何实例相关联，那么，这个联系就被定义为"不完全分类联系"。完全分类与不完全分类的图形表示方法也不同，它们的主要差异是鉴别器的不同，如图 11-9 所示。上面的例子是一个完全分类联系，而不完全分类联系的表示方法如下：在一般实体中的一个属性确定一般实体与分类实体的联系，这个属性被称为分类联系的"鉴别器"。在上面的例子中，账户类型为鉴别器。

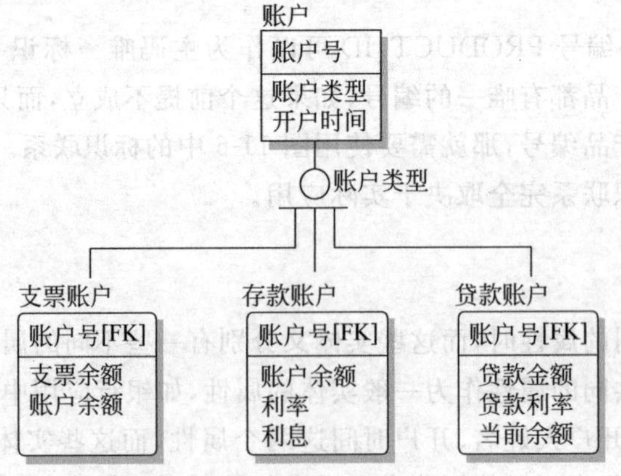

图 11-9 不完全分类联系

7. 非确定联系(多对多联系)

确定性联系与分类联系都确切地定义了一个实体的实例是如何与另一个实体的实例相

关联的。在完善的 IDEF1X 模型中，实体间的所有联系都必须用确定联系(包括分类联系)来描述。但是，在建模的初级阶段，只需要发现实体间有没有联系即可，至于到底是哪种类型的联系并不重要。只要通过分析知道两个实体间存在联系，就可以将其描述为"非确定联系"(non-specific relationship)。两个实体间的非确定联系通常称为多对多联系，它用来表示第一个实体的一个实例与另一个实体的多个实例相关联，相反，第二个实体中的一个实例又与第一个实体中的多个实例相关联，如图 11-10 所示。例如，客户实体与产品实体有联系，一个客户可以购买多个产品，即客户实体中的一个实例可以与产品实体中的多个实例相关联；反过来，一个产品(指一种产品，如某型号电视)可以销售给多个客户，即产品实体中的一个实例与客户实体中的多个实例相关联。它在 IDEF1X 中的表示方法如图 10-10 所示。

多对多联系常用在数据模型开发的早期阶段。因为多对多联系常常隐藏了某些业务规则，因此，多对多联系应当在随后的建模过程中进一步细化以明确隐藏的业务规则。通常的做法是引入一个新的实体作为原来两个实体的中间联系实体，将一个多对多的联系分解成两个一对多的联系，如图 11-11 所示。例如，上面的客户和产品的多对多联系可以通过引入一个产品销售明细或产品销售清单进而使原来的多对多联系得到分解。

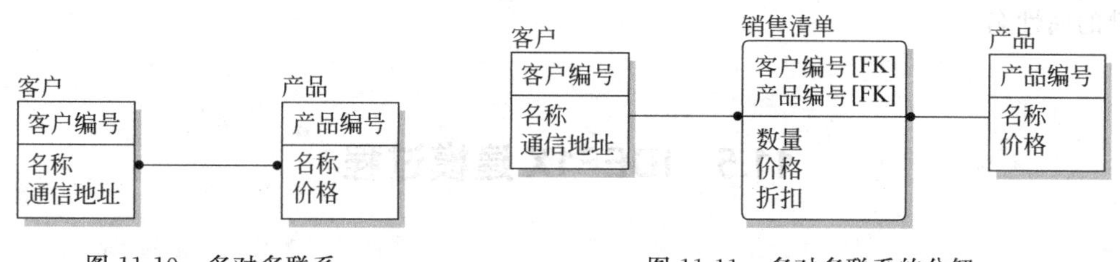

图 11-10 多对多联系

图 11-11 多对多联系的分解

8. 外键

如果在两个实体之间存在确定联系或分类联系，那么构成父实体或一般实体主键的属性被迁移到子实体或分类实体的属性，这些迁移属性被称为"外键"(foreign key)。例如，在图 11-3 的示例中，父实体"部门"的主键属性"部门编号"被迁移到子实体"员工"的属性，在"员工"实体中，属性"部门编号"是迁移属性或外键。

一个外键可以在一个实体中作为部分或全部主键属性或非键属性。在图 11-4 的示例中，"员工工资"实体中的外键"员工编号"也是实体的主键，而在图 11-6 的示例中，子实体"产品"的外键"厂商编号"只是主键的一部分。

外键是通过把迁移属性名加 FK 标注进行描述。如果迁移属性属于子实体的主键，那么该迁移属性被放在水平线上面并且这个实体使用带圆角的四边形表示它是一个从属实体。

9. 角色

实体在联系中的作用称为实体的角色(role)，它是通过迁移属性体现的。由于参与联系的实体通常是互异的，角色是隐含的并且不需要指定。例如，在图 11-3 的示例中，迁移属性"部门编号"在实体"员工"中的作用是标识员工所在的部门，迁移属性本身已经隐含了这一作用，因此并不需要明确指定。但是，当参与联系的实体并非互异的时候，也就是说，一个实体作为父实体与同一个子实体有多个联系的时候，则父实体每次参与联系都有不同的角色。例如，在图 11-12 的示例中，“员工”实体与“合同”实体有两个联系，在第一个联系中，迁移属性“员工编号”的作用是“销售”，第二个联系中，迁移属性“员工编号”的作用是“技术审核”，在 IDEF1X 的表示中，必须为迁移属性的角色命名且角色名是唯一的。

另外一种需要定义角色的情况是递归联系(实体到实体自身的联系)，如图 11-13 所示，“员工”实体中的“部门经理”是一个角色名，它是该员工的部门经理的员工编号。

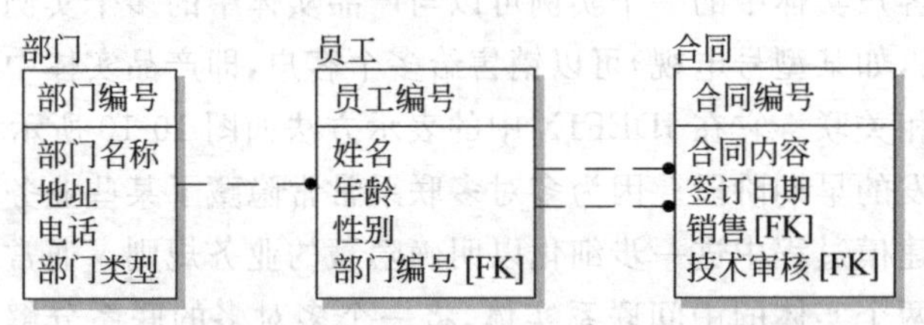

图 11-12　父实体和子实体有多个联系的角色

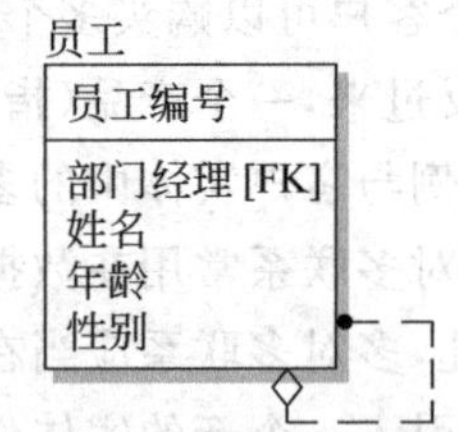

图 11-13　在递归联系中的角色

定义角色就是给外键属性重新命名，如果没有定义角色，外键属性的名称就是父实体中主键的属性名。

11.5 IDEF1X 建模过程

IDEF1X 的建立模型过程共有 5 个阶段：阶段 0——设计的开始、阶段 1——定义实体、阶段 2——定义联系、阶段 3——定义键和阶段 4——定义属性。在实际建模时，这些阶段的工作有些是交叉进行的。

11.5.1 阶段 0——设计的开始

IDEF1X 数据模型必须描述和定义系统的边界和要达到的目标，并且制定相应的建模计划、组织设计队伍、进行需求分析、制定命名规则。大多数设计者对这一阶段并不重视，特别是对应用需求分析的重视程度严重不足，而这样做导致的最后结果是设计或项目的失败。这一阶段的结果形式可以以一个数据建模的计划书来体现。

这里只对这些内容做简要的说明，详细说明可以参考专门的数据库设计、数据建模和软件工程等方面的资料。

1. 建立模型的目标

建立模型的目标包括：

(1) 目标说明

定义模型事务的说明，即上下文的限制。

(2) 范围说明

所表示的功能模型的边界说明。

要把范围说明与目标说明两者结合起来，定义模型目标。

2. 建模计划

建模计划包括对项目计划、收集数据、定义实体、定义联系、定义键属性、定义非键属性、确认模型和评审验收等各个阶段制定相应的计划。

组织队伍主要是确定参加设计的人员并对参加的人员划分角色，这些角色可能包括经理、系统设计人员、数据建模人员、数据管理员、数据库管理员等。不同的项目所设置的角色也会有所不同，且担当角色的人员也会不同，有时一个人会担当不同的角色。

3. 需求分析

需求分析是数据建模的基础，很多人在完成这一工作时存在的问题如下：

(1) 重视不够

(2) 依赖思想

不少设计人员认为需求是由业务人员提供的，所以只等业务人员将需求进行完整的描述或者最好提供一份详细的文档。绝大多数情况并非如此，业务人员无法完整地描述业务需求，完整的需求需要设计人员在了解基本需求的基础上引导业务人员去挖掘需求，经过多次的反复得到一个可用的需求，这一需求在后续的设计中还需要不断的修改和细化。能够遇上一个需求十分明确的项目，那是你的运气好。无论如何，你必须具备识别需求是可用的还是不可用的本领。如果还不具备这个本领，那就先练习好再做实际设计工作吧。

(3) 缺少分析

只管需求而不进行分析也是很多人容易做的事情。需求分析的基础是需求的获得，但必须对获得的需求进行分析，以鉴别哪些是重要的需求，实现需求的技术和设备等。如果有人需求你为他生产一个可以将香肠变成活猪的机器你肯定不会接手这个项目，但很多需求分析并不是如此简单，它需要多方面的知识与经验才能胜任。但无论如何，你必须有这个意识，分析是必需的！

4. 制定命名规则

命名规则是对数据模型中的命名的约定，在制定规则时可以参照某一种数据库管理系统，在此基础上添加和修改相应的内容。对于多人参加的设计，命名规则是必需的，即使是一个人完成的设计，命名规则也能够帮助业务人员和其他人员更容易明白你所设计的数据模型。

11.5.2 阶段 1——定义实体

阶段 1 的目标是标识和定义在建模的问题范围中的实体，这个过程的第一步是标识实体。

开始时，标识实体是一个随心所欲的过程，在你试图标识和捕获系统中潜在的实体时，没有愚蠢的问题或沉默的思想。在新的系统中，寻找新系统描述和旧系统、旧系统报告以及与用户的交流中的名词作为潜在实体的来源，这里的方法是捕获尽可能多的潜在实体，然后在建模过程中清除无用实体。对最初出现的实体应该耐心，有些实体看起来可能没有什么用处，但你还是应该保留它们直到确认它们应该被删除为止，也许这些你认为没有什么用途的实体在后续的建模过程中会显现出它们的作用。

有人建议在初始建模时将交流过程中出现的所有名词都作为实体，然后对这些实体在建模的过程中逐步求精。对于一个小型的系统，这种做法不会遇到什么困难，但采用它去处理复杂系统时就会变得不可行，因为，出现的名词可能会有数百甚至上千，有些名词很明显地不需要标识为一个实体或者与其他的名词可以一起标识为一个实体。因此，在实际的建模过程中应视具体的情况灵活运用而不是教条地按方法执行。

在一个大的企业系统中开发应用程序时(你的应用程序与其他应用程序在一个公共的数据库环境下共存)，在过程的早期，你需要为实体提出一个命名约定以避免对象的冲突并使系统保持一致性。如果没有一个统一的约定，不同的开发者在命名实体时就会按完全不同的方式进行。

命名约定不仅对实体是必须的，对于其他的对象，包括属性、联系、约束等所有的对象都是必需的。

建立数据模型的第一步是捕获在数据模型中代表所有的业务对象的无约束的实体组，然后将它添加到实体联系模型中。经过一段时间后，当你使用这些数据模型时，这些实体就会得到逐步的完善。当这个过程继续的时候，你发现你自己正在创建、删除和修改模型中的实体，以使它们符合业务需求。

标识实体时一个有用的经验是将业务信息分解成几个大的部分，然后对每一个部分分别进行标识，且在标识实体时最好是先标识基本信息的实体，然后再标识动态信息的实体。基本信息指的是在业务运行过程中信息基本保持不变的信息，而动态信息是随着业务的运行随时发生变化的信息，也可以称为静态信息(不是完全不变)和动态信息。例如，在合同管理系统的数据建模过程中，可以把业务信息划分成组织机构、客户、产品、合同几个部分，其中，组织机构可以由部门、员工信息组成，客户由客户单位和联系人信息组成，产品由产品和厂商信息等组成，这些信息都属于基本信息，在合同的管理过程中很少发生变化，你可以先将这些基本信息中的实体标识出来得到：部门、员工、客户单位、客户联系人、厂商、产品等实体。而合同信息则基本上是由动态信息组成的，在标识基本信息实体后再标识这一部分信息中所含的实体，可能只有合同实体，以后会细化成多个实体。这一示例虽然简单，但它给我们展示了在将信息划分为几个部分时如果划分得当，问题就会变得简单一些。

11.5.3 阶段 2——定义联系

两个实体之间存在联系吗？这看似是一个并不复杂的问题。例如，在你初步标识完合同管理系统中的实体后得到的实体是：部门、员工、客户单位、客户联系人、厂商、产品、合同，那么这些实体两两之间哪些有联系呢？你会发现这些实体两两之间都有联系，如果按照这样对联系的定义去构造一个数据模型，你会得到 21 个联系，如果有 50 个实体，你会得到 1225 个联系，这些联系会使表示模型的 ERD 无法辨认。因此，如何区分哪些是必要的联系，哪些是不必要的联系是很重要的，也有一定的难度。

部门和员工之间的联系是必然联系，那么员工和客户有联系吗？有！但不是必然联系，它是通过销售这一业务活动建立联系的，而销售活动是通过合同体现的，因此，它们之间的联系是通过合同建立的。部门与合同是否有联系呢？有！但这个联系是通过员工的销售活动建立的，因此，它们之间的联系是通过员工销售活动建立的。继续分析你会发现，有些实体之间有直接的联系，而有一些实体之间虽然有联系但不是直接的联系。这样，我们就可以得到如图 11-14 所示的实体—联系模型。

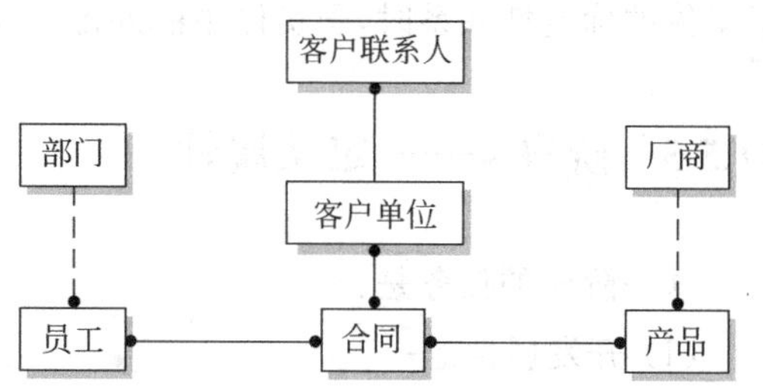

图 11-14 合同管理系统实体—联系模型

具体哪些实体之间有直接的联系，哪些实体之间没有直接的联系，要根据具体的业务需求确定，并非一成不变。例如，在上面给出的合同管理系统的示例中，如果需要记录客户信息是由哪一个销售人员维护的，则客户与员工就有直接的联系。

在模型的开发初期，不可能将全部联系表示成父子联系或分类联系。因而，在该阶段中，允许定义非确定的联系。

标识联系的下一步是定义确定联系的属性，对于不确定联系，只有等不确定联系分解为确定联系后再进行定义。定义联系的属性包括：联系名、联系的基数和联系的类型(标识或非标识、非空)，这些属性都是双向的。例如，在上面的示例中，部门和员工实体间的联系从部门到员工的方向的联系名定义为“拥有”、联系的基数是 0 个、1 个或多个、联系的类型是非标识联系且非空。

联系的定义完成后，需要对定义的联系进行验证，验证也是在两个方向上进行的。例如，上面示例中部门与员工的联系可以用下面的方法进行验证：

(1) 一个部门可以拥有 0 个、1 个或多个员工；

(2) 一个员工必须属于 1 个且只能属于 1 个部门。

产品部分有厂商和产品两个实体，厂商是父实体，产品是子实体，它们的联系是生产与被生产的联系。

组织机构信息与合同信息之间有员工负责销售(是该合同的销售负责人)、员工对合同进行技术审核、员工对合同进行商务审核、员工在合同上签字等。其中，图 11-14 给出的示例略去了员工在合同上签字这一联系。

从上面的分析可以看出，联系是基于业务活动确定的。但并不是所有的业务活动都需要建立联系，一些次要的业务活动被忽略，一些业务活动通过间接联系体现。确定联系的难点是哪些联系在数据模型中体现而哪些联系通过间接联系体现，哪些又被忽略。准确的确定联系是构造一个高质量数据模型最重要的部分之一，除此之外还有实体和属性的确定。这些只能通过充分分析应用需求并加以丰富的经验才能实现。

11.5.4 阶段 3——定义键

对于独立实体，选择能够唯一标识实体的不会变化的属性(有时是一组属性)定义为实体的主键，而从属实体的主键则继承主实体的主键(有时一个从属实体有多个主实体)，所以可以在定义所有主实体的主键后通过联系来定义从属实体的主键。

外键必须在定义父实体主键的基础上完成。如果是使用设计工具，则在建立父实体与子实体的确定性联系时，子实体中的外键自动地被定义。

11.5.5 阶段 4——定义属性

这一阶段的任务是：

(1) 开发属性池；

(2) 建立属性的所有者关系；

(3) 定义非键属性；

(4) 确认并改进数据结构。

属性池是所有属性的集合，你可以使用一个表格来存放属性池，包括序号、属性名、所属的实体。如果你是使用诸如 ERwin 的设计工具，则可以直接在实体上添加属性。

建模过程是一个逐步求精的过程，开始时，先添加主要的属性，在此基础上通过分析应用需求，确定应用需求中所需要的哪些信息通过模型表现出来，对于没有表现出来的信息还需要在哪些实体中添加哪些属性以表现这些信息。你可以通过图 11-38 中合同管理系统建模的例子仔细体会是如何给实体添加属性的。

11.6 ERwin 数据建模

ERwin 的全称是 ERwin Data Modeler，是 CA 公司数据建模套件 CA ERwin Data Modeling Suite 的一个组件之一，过去，它是 CA 公司 AllFusion 建模套件的一个组件，用于数据建模。CA 的 ERwin Data Modeling Suite 数据建模套件包括如下几项：

(1) ERwin Data Modeler，数据建模和数据库设计。

(2) ERwin Data Model Validator，数据模型的验证。

(3) ERwin Process Modeler，综合的业务流程建模。

(4) ERwin Model Manager，模型管理。

11.6.1 ERwin 的工作空间

在使用 ERwin 进行数据建模之前，你应当了解 ERwin 的工作空间，如图 11-15 所示。

绘图区是基本工作区，用于显示所建的模型。通过模型导航器可以对模型的不同部分进行管理。ERwin 操作本身比较简单，且详细介绍 ERwin 的操作已经超出的本书的范围，因此，本节只对 ERwin 在数据建模过程中几个有难点的地方进行说明。

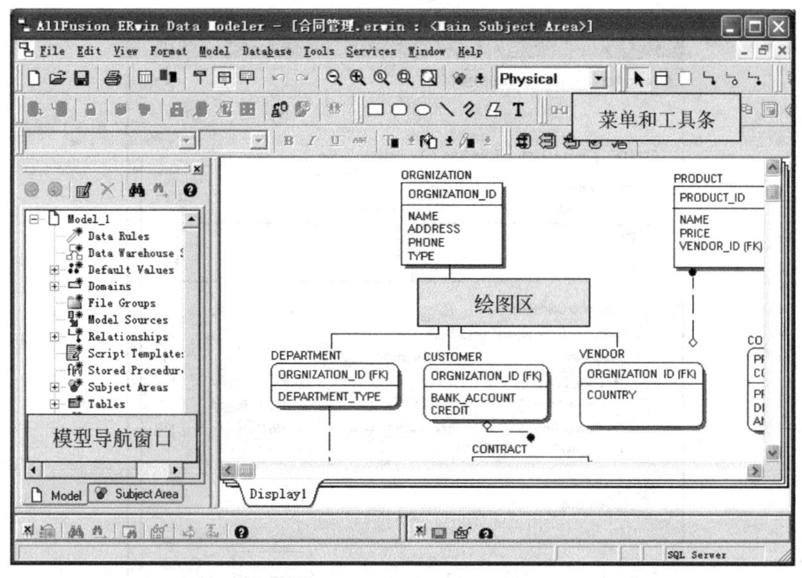

图 11-15 ERwin 工作空间

11.6.2 建立实体联系

在 ERwin 中建立实体联系的步骤如下：

(1) 选择工具栏中的非标识联系按钮，其中，是实体，是分类联系，是标识联系，是多对多联系，是非标识联系。

(2) 单击父实体。

(3) 单击子实体。使用联系连接两个实体后，父实体的主码会自动成为子实体的外码，如图 11-16 所示。

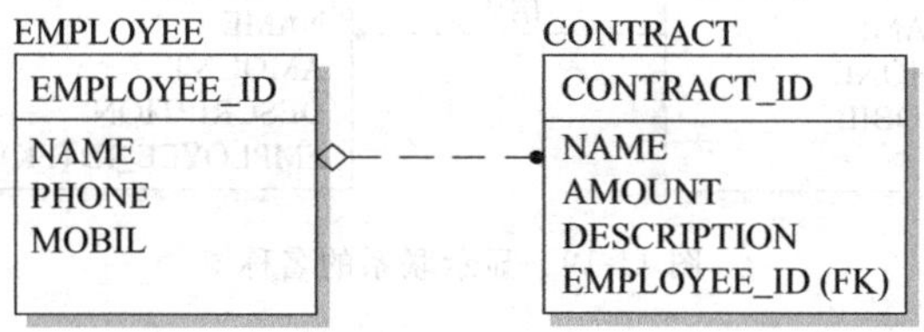

图 11-16 实体的联系

(4) 双击联系连接线进入联系属性对话框(如图 11-17 所示)，在对话框的 General 面板的 Verb Phrase 中设置联系的名称，将父实体到子实体的联系名称设置为“销售”，子实体到父实体的联系名称设置为空。右下角的联系类型 Relationship Type 的空值属性设置为 No Nulls，它表示子实体中的外码不能为空值。

单击 OK 按钮后显示如图 11-18 所示的结果。

注意连接父实体一端的菱形消失了，父实体一端变成了单线。在窗口的空白处单击右键弹出菜单选择“Relationship Display/Verb Phrase”显示联系的名称，结果如图 11-19 所示。

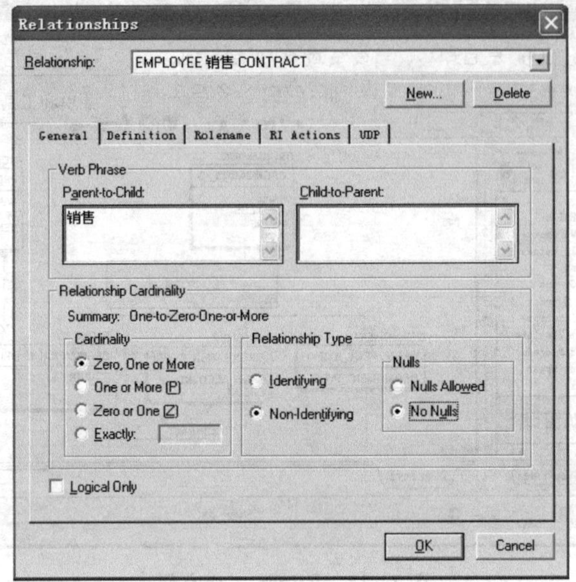

图 11-17　联系属性对话框

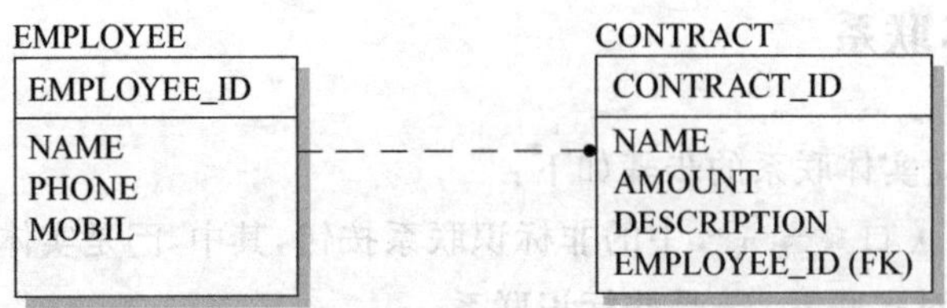

图 11-18　实体联系的非空约束

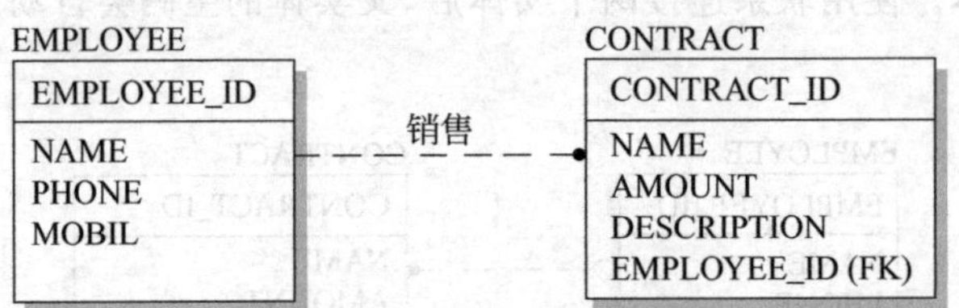

图 11-19　显示联系的名称

11.6.3　两个实体的多个联系的处理

当使用联系连接两个实体后，父实体的主码会自动成为子实体的外码。对于只有一种连接联系的两个实体可以不用再做其他的处理。但如果两个实体有多个连接联系则必须采用其他的方法。比如，合同管理系统中员工实体与合同实体，每一个合同必须有一个销售负责人（销售员工负责销售），每一个合同还必须有一个商务审核（商务员工对合同进行商务审核），每一个合同还必须有一个技术审核（技术员工对合同进行技术审核）等，这样，员工与合同实体就存在三个连接联系。创建两个实体的多种联系需要通过逻辑模型中的角色来完成。下面的步骤演示了如何创建员工实体与合同实体的负责销售联系和商务审核联系。

(1) 建立员工实体 EMPLOYEE 与合同实体 CONTRACT 的负责销售联系，如图 11-20 所示。

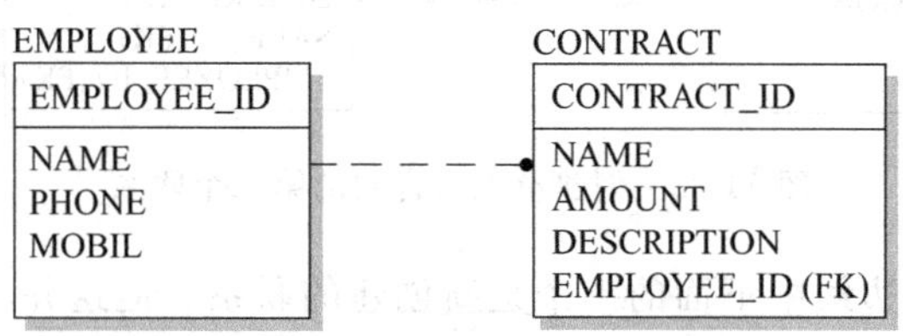

图 11-20　员工与合同的第一个联系

(2) 设置合同实体中外码 EMPLOYEE_ID 的角色名，在逻辑模型中双击两个实体间的联系进入联系的属性对话框，如图 11-21 所示。

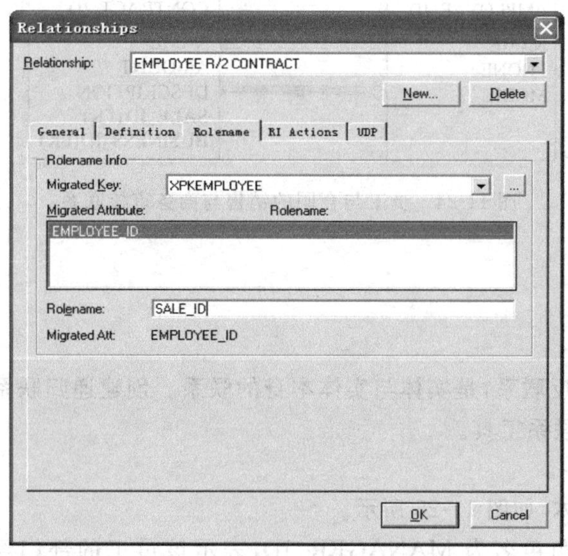

图 11-21　设置联系的角色名

(3) 在如图 11-21 所示的对话框中选择 Rolename(角色名)然后在下面的 Rolename 文本框中输入角色名 SALE_ID，单击 OK 按钮。完成后的实体联系如图 11-22 所示，注意原来的外码名称 EMPLOYEE_ID 变成了 SALE_ID。

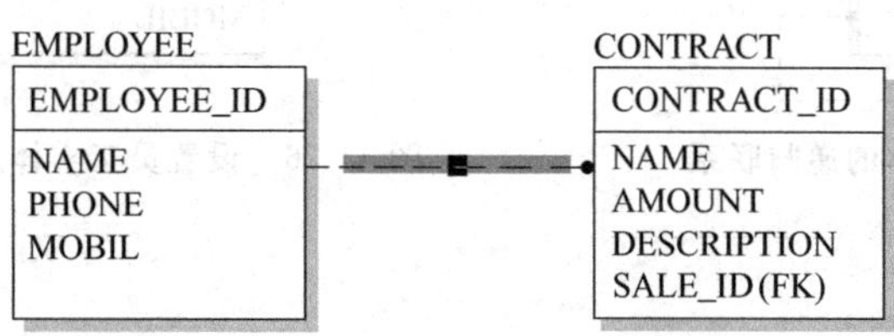

图 11-22　员工与合同的销售联系

(4) 建立第二个联系。在完成上面的操作后我们可以建立第二个联系，如图 11-23 所示。

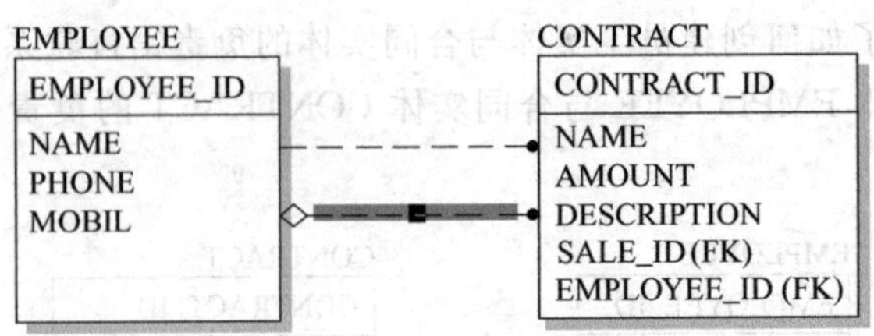

图 11-23 创建员工与合同的第二个联系

注意图中两个联系边线中下面的一个是新创建的联系。但这并不是说新创建的联系都会放置在原有联系的下面,可以通过双击联系连线打开联系属性对话框进行检查或通过给联系命名并显示联系的名称来判断联系。

(5) 可以通过角色名将新建的联系修改如图 11-24 所示。

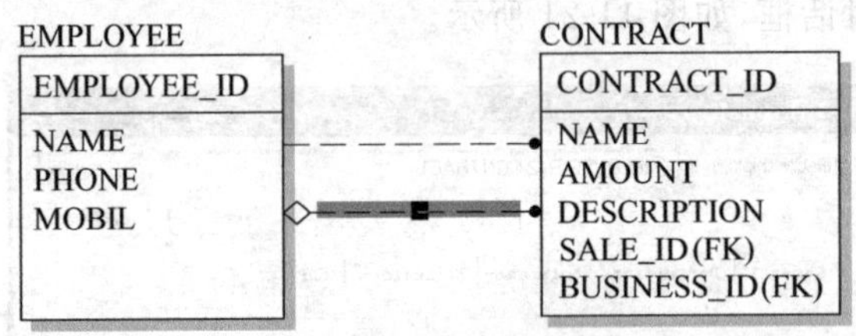

图 11-24 员工与合同的销售与商务审核联系

11.6.4 递归联系

递归联系又称自反联系,是实体与实体本身的联系。创建递归联系的步骤如下:

(1) 选择非标识联系工具。

(2) 单击实体。

(3) 再次单击实体,如图 11-25 所示。

(4) 设置联系的角色名为 MANAGER_ID,表示该员工的部门经理,结果如图 11-26 所示。

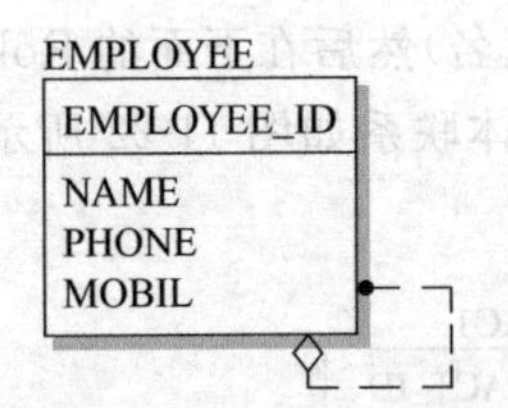

图 11-25 员工实体的递归联系

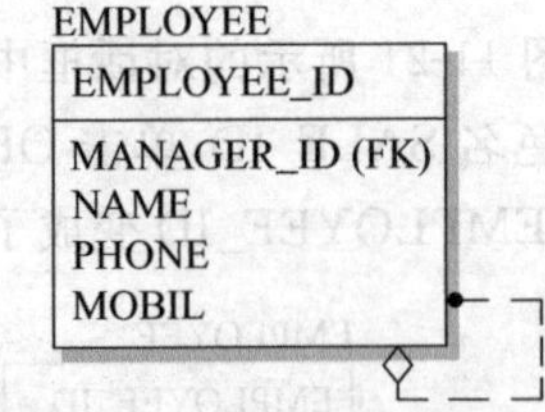

图 11-26 设置员工实体递归联系的角色名

11.6.5 分类联系

创建如图 11-27 所示的分类联系的具体步骤如下:

(1) 创建"账户"、"支票账户"、"存款账户"和"贷款账户"四个实体和相应的属性,在分类实体中不要创建其主码"账户号",它会由父类实体自动迁移到分类实体中。

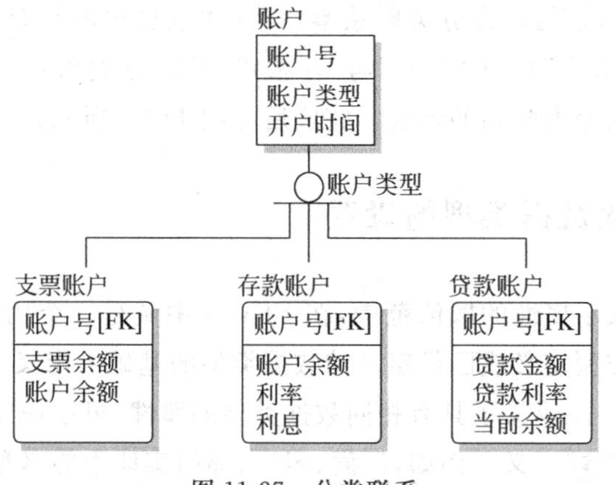

图 11-27　分类联系

(2) 选择分类联系并单击父类实体和分类实体“支票账户”，建立联系后的结果如图 11-28 所示。

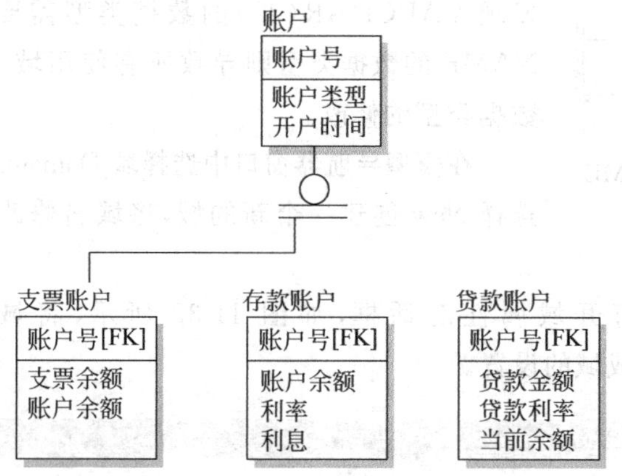

图 11-28　建立账户与支票账户的分类联系

(3) 双击上图中的分类联系图符(鉴别器)进入到分类联系属性对话框，如图 11-29 所示。在对话框中选择分类属性为“账户类型”，单击“确定”后结果如图 11-30 所示。

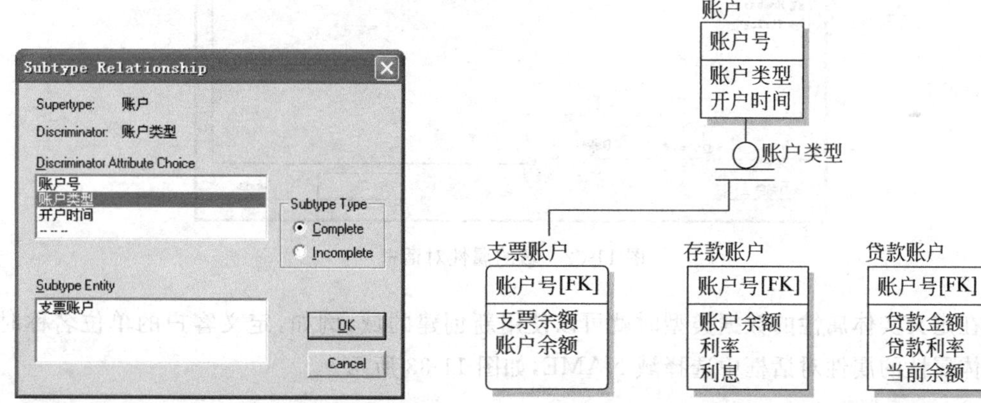

图 11-29　分类联系属性对话框　　图 11-30　选择分类属性后的分类联系

(4) 再次选择分类联系，单击分类联系鉴别器(注意这次不是单击父类实体“账户”)然后单击分类实体“存款账户”建立“账户”与“存款账户”的分类联系。使用同样的方法完成“账户”到“贷款账户”的分类联系的建立。完成后如图 11-27 所示。

11.6.6 使用域简化数据类型的设置

“域”在数据库中表示属性的取值范围，在 ERwin 中域是一个用户定义的新数据类型，该数据类型是在基本类型定义或已经定义的数据类型的基础上定义。如果在多个实体中定义了具有相同数据类型的属性，可以使用域简化数据类型的定义。例如，厂商、客户、部门实体中的名称和通信地址都具有相同的数据类型，如果定义一个域 NAME，其数据类型为可变长的字符串且长度为 32 即 VARCHAR(32)，然后可以使用域 NAME 定义厂商、客户和部门的名称属性的数据类型。如果发现 VARCHAR(32)的数据类型需要修改时，直接修改域 NAME 的数据类型则导致所有使用域 NAME 定义的属性的数据类型的修改。

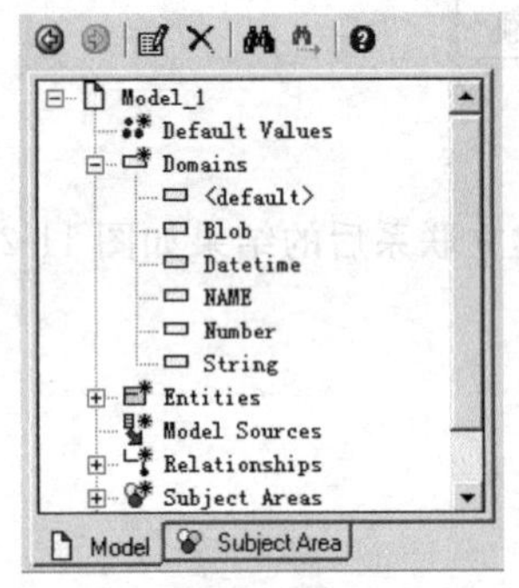

图 11-31　定义域 NAME

在模型导航器窗口中选择域 Domains，单击右键弹出菜单并选择 New 创建一个新的域，将域名修改为 NAME，如图 11-31 所示。

双击域 NAME 打开域属性对话框，如图 11-32 所示，将域的数据类型设置成 VARCHAR(32)即完成域的设置。

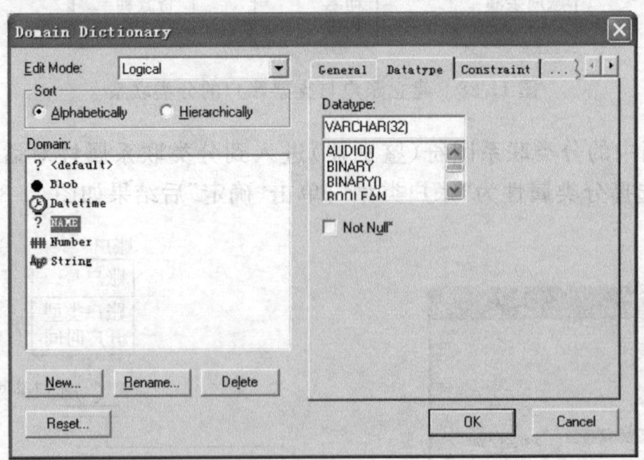

图 11-32　域的属性对话框

在定义实体属性的数据类型时就可以使用新创建的域，例如，定义客户的单位名称时，在实体属性的属性对话框中选择域 NAME，如图 11-33 所示。

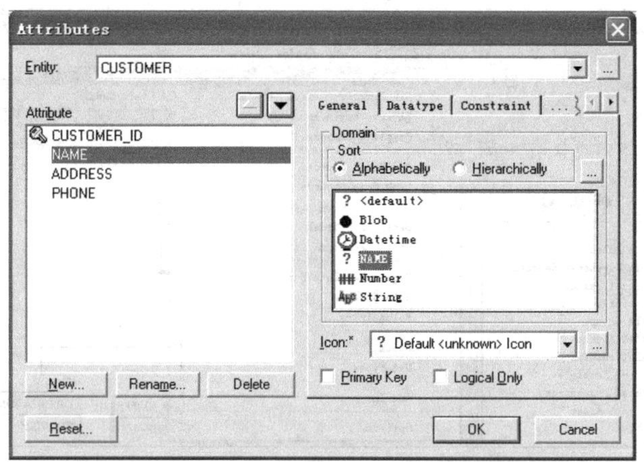

图 11-33　使用域定义实体属性的类型

11.6.7　将数据模型导入到数据库

在完成数据模型的设计后就可以将物理数据模型导入到数据库管理系统中。ERwin 支持某前大多数主流的数据库管理系统，具体的支持情况视不同的版本有些区别。ERwin 4.0 的版本不支持 SQL Server 2005，但可以将生成的 SQL 语句拷贝到 SQL Server 2005 的查询分析器直接执行或保存到一个文本文件再到查询分析器去执行。如果是 ERwin 7 则支持 SQL Server 2005，但前提是运行 ERwin 的系统上必须安装 SQL Server 2000 的客户端或安装文件 NTWDBLIB.DLL 文件到 Windows 的 System32 目录下。可以到 http://www.cnblogs.com/Files/skywind/ntwdblib.rar 下载该文件。

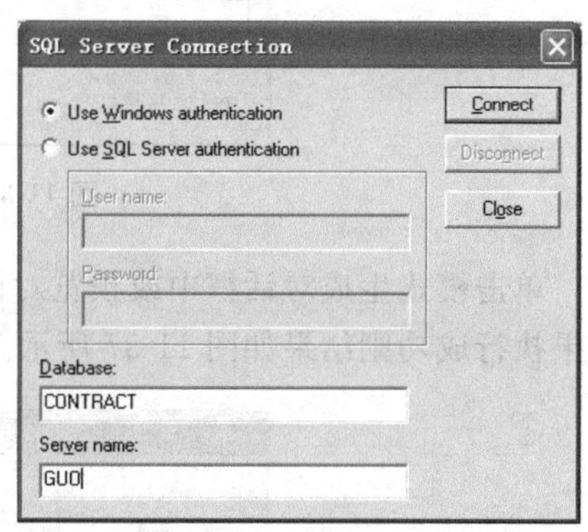

图 11-34　连接 SQL Server 数据库

下面给出的具体步骤演示了如何将合同管理数据模型导入到 SQL Server 2005 的 CONTRACT 数据库中，具体的步骤如下：

(1) 在 SQL Server 中创建数据库 CONTRACT。

(2) 在 ERwin 中将数据模型切换到物理模型，只有物理模型才可以导入到数据库中。

(3) 如图 11-34 所示，在 ERwin 中选择 Database/Database Connection 连接数据库，选择使用 Windows 身份验证模式，输入数据库名为 CONTRACT，数据库的服务器名为 GUO(如果是有名实例，如实例名为 CCBIT，则数据库服务器的名称为 GUO\CCBIT)，完成后单击 Connect 按钮。

(4) 选择 Tools/Forward Engineer/Schema Generation，如图 11-35 所示。

执行后会打开 Forward Engineer Schema Generation(正向工程模式生成)对话框，在该对话框中可以直接单击 Generate 在连接的数据库中生成数据模型，也可以单击 Preview 预览生成数据模型的 SQL 语句，如果 ERwin 不支持某个数据库版本的连接则可以将如图 11-36 所示的预览窗口中的 SQL 文本拷贝到相应的地方或保存到一个文本文件去执行。

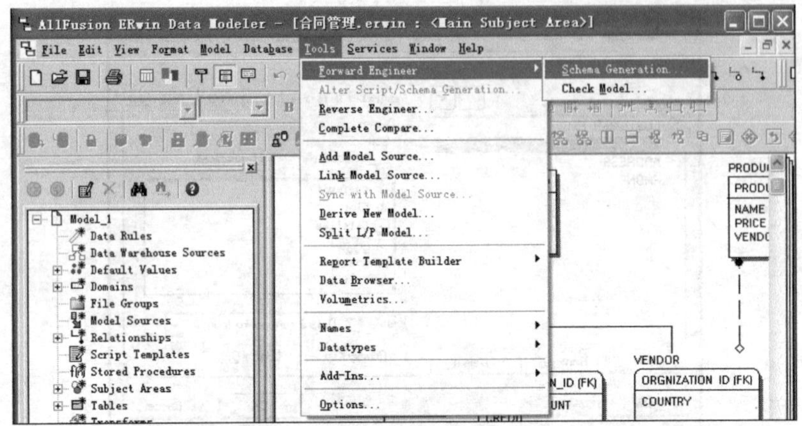

图 11-35　导入数据模型的菜单

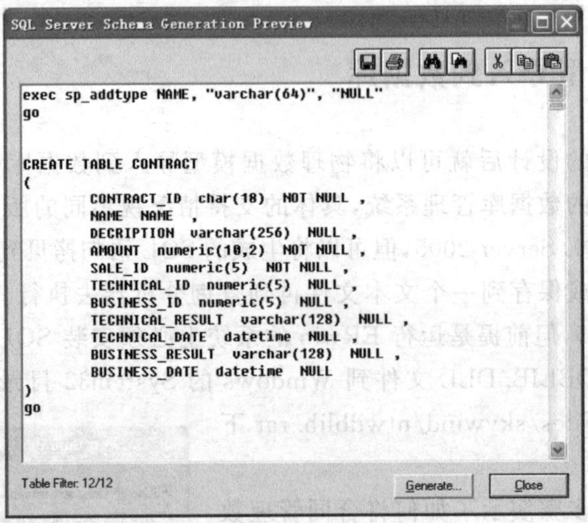

SQL Server Schema Generation Preview

```
exec sp_addtype NAME, "varchar(64)", "NULL"
go


CREATE TABLE CONTRACT
(
        CONTRACT_ID  char(18)  NOT NULL ,
        NAME  NAME  ,
        DECRIPTION  varchar(256)  NULL ,
        AMOUNT  numeric(10,2)  NOT NULL ,
        SALE_ID  numeric(5)  NOT NULL ,
        TECHNICAL_ID  numeric(5)  NULL ,
        BUSINESS_ID  numeric(5)  NULL ,
        TECHNICAL_RESULT  varchar(128)  NULL ,
        TECHNICAL_DATE  datetime  NULL ,
        BUSINESS_RESULT  varchar(128)  NULL ,
        BUSINESS_DATE  datetime  NULL
)
go
```

Table Filter: 12/12　Generate...　Close

图 11-36　预览数据模型的导入

单击模式生成对话框中或预览对话框中的 Generate 按钮将数据模型导入到数据库中，如果执行成功则结果如图 11-37 所示。

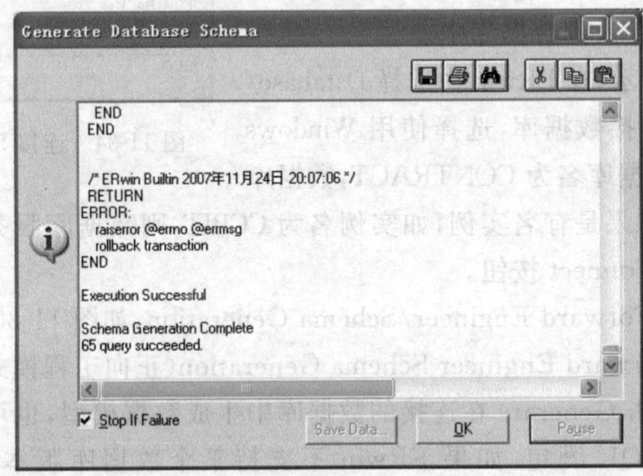

图 11-37　成功导入数据模型

11.7　合同管理系统数据建模

本节对合同管理系统的数据模型建模过程进行说明，完整的数据模型如图 11-38 所示。

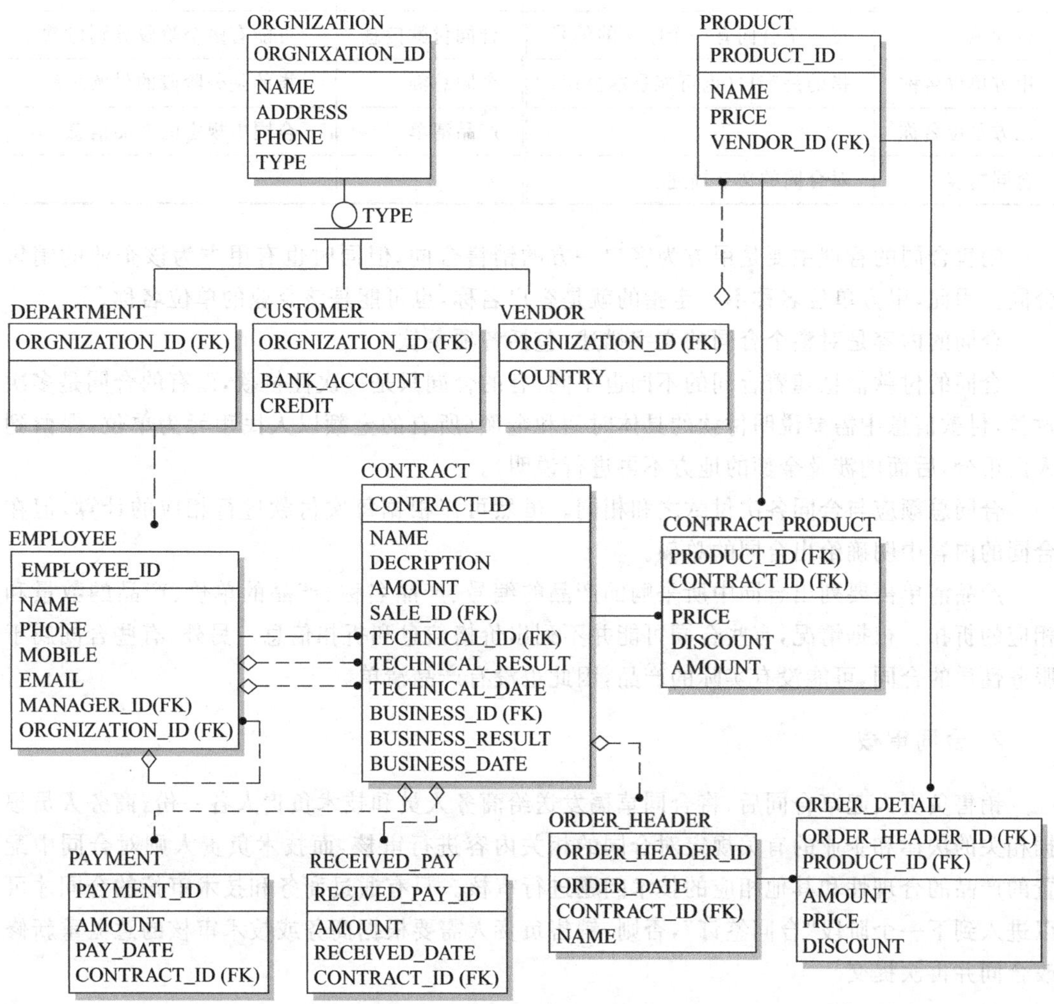

图 11-38　合同管理系统数据模型 ERD

11.7.1　合同管理应用需求

一家企业在销售活动中产生的销售合同需要开发一个销售合同管理系统以实现对销售合同的全面管理，合同的管理分成如下几个阶段：

1. 合同草案制作

在合同草案制作阶段，由销售负责人起草合同，填写必要的信息，包括如表 11-1 所示的内容。

表 11-1　合同基本信息

属性	说　明	属性	说　明
合同编号	每一个合同有一个唯一的编号	合同付款信息	可能有多个阶段分别付款
甲方单位名称	指的是客户(也可能是本公司)	合同总额	指的是分阶段的付款之和
乙方单位名称		产品清单	合同中规定的产品信息
合同内容	对合同的文字描述		

销售合同的管理主要是甲方为客户一方的销售合同，但同时也有甲方为该企业的销售合同。因此，甲方单位名称不一定指的就是客户名称，也可能是该企业的单位名称。

合同的内容是对整个合同的文字描述，包括各项条款。

合同的付款信息随着合同的不同也不同，有的合同只是一次性付款，而有的合同是多次付款，付款信息中需要说明付款的具体时间和金额(所有的金额以人民币元为单位，保留到人民币分，后面的涉及金额的地方不再进行说明)。

合同总额应与合同各次付款之和相同。虽然可以根据每次付款进行相应的计算，但在合同的内容中明确给出合同的总额。

产品清单需要列出合同中所采购的产品的编号、产品名称、产品的单价、产品的数量和相应的折扣。根据情况，有些合同可能并不列出价格信息和折扣信息。另外，有些合同属于服务性质的合同，可能没有实际的产品，因此也没有产品清单。

2. 合同审核

销售负责人起草合同后，将合同草稿发送给商务人员和技术负责人各一份，商务人员根据相关的法律和企业的有关规定对合同的相关内容进行审核，而技术负责人则对合同中配置的产品的合理性和其他相应的技术问题进行审核。只有通过商务和技术审核的合同才可以进入到下一个阶段“合同签订”，否则，销售负责人需要根据商务或技术审核的意见重新修改合同并再次提交。

3. 合同签订

合同签订阶段中，企业的法人代表(设定为公司的总经理)负责签字合同，客户方相应的负责人负责签字，签字信息要包括个人签名和签名时间。

4. 合同维护与管理

进入至合同维护阶段，合同的任何内容不允许修改，只能进行相应的查询。在该阶段有如下的业务活动：

(1) 查询合同应付款项，通知销售负责人进行应付款项的催要款。技术人员在服务的过程中(如安装实施或售后服务等)查询合同中相应的产品清单,但不允许查询合同中产品的价格信息。

(2) 定期整理相应的报表,如每个销售人员人销售业绩、部门销售业绩等以供管理者进行监督管理。

(3) 在每个财年结束进行年终总结时,给管理者提供更详细的报表,包括个人销售业绩、部门销售业绩各项产品(按产品生产厂商划分,如 IBM 的产品的销售业绩等)、与过去两年的销售业绩的比较等内容。

5. 产品定购管理

合同签订后,进入产品定购阶段。根据合同分别向不同的厂商或代理下订单,产品订单是按生产厂商分开进行。订单中要记录产品编号、产品名称、产品价格等产品信息,还要记录订单的日期等信息。

11.7.2 合同管理应用系统功能需求

销售合同管理系统需要对以上所有阶段的合同基本信息及相关信息进行全面的管理,基本实现的功能如下。

1. 创建合同草稿

销售负责人可利用系统输入一个合同草稿的相关内容。

合同的编号是系统根据系统中已经有的合同信息自动生成的,不允许修改。

产品清单中的产品必须是数据库产品信息中已经存在的产品,不允许添加新的产品,也不允许合同内容输入的过程中修改已有产品的任何信息。系统应能够让输入者从产品列表中选择相应的产品并自动将所需要的产品信息(产品编号、名称、数量、单价、折扣,其中单价和折扣是可选的)加入到合同的产品列表中。

在合同输入的过程中或输入完成后,输入者可以预览生成的合同。

最后,输入者可以将合同草稿提交给商务人员和技术负责人或者暂时将合同保存起来以便将来再进行修改或提交。

2. 合同审核功能

系统应支持商务人员将合同的审核意见提交到合同草稿的提交人,技术负责人则将合同的审核意见提交到合同草稿的提交人。

系统在这一阶段应记录合同的商务、技术审核的意见、审核的时间和审核者的信息。

审核通过后的合同应能够打印以进行合同的签订。

3. 合同签订功能

系统需要将在打印合同上签字的内容包括甲乙双方签字代表和时间的信息记录下来。

4. 合同维护与管理

(1) 查询合同

首先列表所有的合同(包括合同编号、合同名称、签订日期、销售负责人),然后可以输入合同编号或合同名称查询某一特定合同的内容。

(2) 查询应付款项

根据合同的内容查询目前已付款总和小于合同总额的且已经超过合同所规定的付款日期的合同信息,包括应付款款项和应付款的日期,参考格式如表 11-2 所示。

表 11-2 应付款款项

销售人员	合同编号	合同名称	应付款	应付日期
张××	合同 01	××××××		2005-12-1
	合同 05			2005-12-4
李××	合同 03			2005-11-1

(3) 查询产品信息

技术工程师在安装和售后服务的过程中查询合同中的产品清单,包括产品的编号、名称和数量,但不包括产品的价格信息。同时系统还应列出合同的销售负责人、客户信息的内容,以便技术工程师了解。

(4) 生成销售人员业绩报表

按每个销售人员生成销售额报表,包括销售人员姓名、签订的合同销售总额、已到款总额,如表 11-3 所示。

表 11-3 销售人员业绩报表

销售人员	合同总额	已到款项	销售人员	合同总额	已到款项
张××	2100000.00	1300000.00	李××	4500000.00	2340000.00

(5) 生成公司销售业绩报表

按部门生成销售业绩报表,包括部门名称、销售人员姓名、销售合同编号、合同总额,如表 11-4 所示。

表 11-4 2005 年部门销售业绩报表

部 门	销售人员	合 同	合同总额
部门 1	张××	合同 01	100000.00
		合同 05	3400000.00
	李××	合同 03	150000.00
		合同 11	230000.00
部门 2	赵××	合同××	
	王××	合同 22	38000000.00
		合同 24	4000000.00

5. 产品定购管理

需要实现的订单管理功能如下：

(1) 订单的制作功能

可以通过 Web 方式制作一个订单，在制作的过程中可以查询相应的信息，如与之相关的合同信息(包括合同中产品明细)、厂商信息、产品信息、产品公开报价和其他订单的信息。

(2) 自动生成订单

可以根据合同的产品配置自动产生订单，所产生的订单可能需要手工进行修改，系统应提供相应的订单修改功能。

(3) 订单查询

包括根据合同查询订单、根据项目查询订单、根据销售人员查询订单、根据日期查询订单、根据订单的状态(未发出、未到货、已到货)查询订单。

(4) 统计功能

如统计一个厂商所有订单的总金额、某一时期内的订货情况、某一产品的订货情况等。

11.7.3 实体的确定

首先确定的是基本的实体。在合同管理系统中，信息有几个基本的组成部分：公司、客户和产品。描述一个公司，可以使用"部门"和"员工"两个实体；描述客户可以使用"客户"一个实体；描述产品信息需要"厂商"和"产品"两个实体。这些都是基本实体，即在业务活动中变化较少的实体，我们也可以把它们称为静态实体。

当然，上面的基本实体的确定都是最简单的，如果要考虑得更完整，则还需要一些其他的实体。如客户信息中必须包含有客户联系人，而在实际应用中客户的联系人会有多个，因此还需要有一个"联系人"实体，只不过我们在这里将这些问题简化了。

在确定基本的实体后，就是确定合同信息的有关实体。合同信息中有很多内容，难以用一个实体来表示，但现在不急于将这些实体细化，我们先考虑主要的实体。

11.7.4 联系的确定

在确定主要的实体后，就是确定这些实体的联系。基本的原则是先局部后整体，先考虑公司、客户、产品这三部分，然后再考虑它们相互之间及它们与合同的联系。

公司信息部分的实体只有两个：部门和员工，很明显，部门是父实体，员工是子实体，它们之间是属于和拥有的联系。但在这里没有给出联系的名称，因为这并不是创建模型所必需的，但在复杂数据模型的设计中，为联系命名有助于提高数据模型的质量。

客户信息部分的实体只有一个，因此不用处理。

产品部分有厂商和产品两个实体，厂商是父实体，产品是子实体，它们的联系是生产与被生产的联系。

公司信息与合同信息之间有员工负责销售(是该合同的销售负责人)、员工对合同进行技术审核、员工对合同进行商务审核、员工在合同签字等。其中，给出的示例略去了员工在合同上签字这一联系。

客户与合同之间是联系是客户签订合同，即一个客户可以签订 0 项、1 项或多项合同，而一个合同必须且只能由一个客户签订。

产品信息与合同信息之间是合同订购产品，即一个合同可以订购多个产品，而一个产品可以被多个合同订购。

根据上面的分析，确定员工与合同实体有三个联系：销售负责、商务审核和技术审核；客户与合同有一个联系：签订合同；合同与产品有一个联系：订购产品。

从上面的分析可以看出，联系是基于业务活动确定的。但并不是所有的业务活动都需要建立联系，一些次要的业务活动被忽略，一些业务活动通过间接联系体现。确定联系的难点是哪些联系在数据模型中体现而哪些联系通过间接联系体现，哪些又被忽略。准确的确定联系是构造一个高质量数据模型最重要的部分之一，除此之外还有实体和属性的确定。这些只能通过充分分析应用需求并加上丰富的经验才能实现。

11.7.5 确定属性

确定基本实体的属性比较简单，但合同实体的属性就必须要做进一步的分析才能确定。

1. 如何处理付款信息

每一个合同可能有多个付款阶段，如何记录付款信息可以有两种方案：一是直接在合同实体中设置多个属性，比如付款 1、付款 2、付款 3 等，如果一个合同有更多的付款阶段这些属性仍无法记录付款信息；另一种方案是单独设置一个“付款”实体，在付款实体中记录合同的付款信息，设置的属性可以有应付款金额、应付款日期。显然，后一种方案比前一种方案更有效。

仔细分析发现，除了合同中的应付款信息还有合同的已付款信息。在实际应用中，应付款项和已付款项并不是一一对应的。比如，合同中应付款项有三项，但客户有可能一次或两次就将款项付清。处理这种情况可以在付款实体中再设置一个付款类型属性，用于区别是应付款项还是已付款项，也可以再设置一个“已付款”实体。在给出的示例中是用两个单独的实体 PAYMENT 和 RECEIVED_PAY 表示应付款信息和已付款信息。这样，当需要查询一个合同中的已付款信息时就可以根据应付款实体 PAYMENT 中的合同编号 CONTRACT_ID 获得，如下的命令可以查询每一项合同的应付款总额：

```
SELECT CONTRACT_ID,SUM(AMOUNT)
FROM PAYMENT
  GROUP BY CONTRACT_ID
```

如果需要查询还有哪些合同未完成付款，输出对应的销售人员姓名和合同编号，则可以使用下面的查询：

```
SELECT EMPLOYEE.NAME,C.CONTRACT_ID
 FROM EMPLOYEE,CONTRACT C
 WHERE C.SALE_ID=EMPLOYEE.EMPLOYEE_ID
      AND
     ((SELECT SUM(AMOUNT) FROM PAYMENT
```

```
WHERE PAYMENT.CONTRACT_ID=C.CONTRACT_ID)
     >(SELECT SUM(AMOUNT) FROM RECEIVED_PAY
WHERE RECEIVED_PAY.CONTRACT_ID=C.CONTRACT_ID))
```

2. 如何处理合同中的产品信息

一个合同中会订购多个产品，记录的信息有产品的编号、产品的数量和产品的价格。这里为什么要记录产品的价格呢？它不是可以从产品的基本信息实体中查询得到吗？这是因为产品基本信息中的产品价格是不断变化的，合同签订时的产品价格可以从产品信息表中查询，但随着时间的变化，产品信息中的价格就发生了变化，因此，需要合同信息中记录产品当时的销售价格。另外，为了如实反映产品的价格情况，在示例中使用产品的公开价格和折扣两个属性。

与合同的付款信息类似，在示例中使用一个单独的实体 CONTRACT_PRODUCT 存储合同的产品信息。

3. 如何处理订单信息

在示例中，我们使用了两个实体 ORDER_HEADER 和 ORDER_DETAIL 记录订单信息，分别表示订单概要信息和订单明细。在订单概要信息实体中记录订单的基本信息如订单的日期等，在订单明细中记录订单的产品信息。

可能会有人提出这样的问题，订单的产品不是可以从合同的产品中查询得到吗？假如这样处理，其前提是合同中的产品与订单中的产品是一一对应的。但实际情况并不总是这样，比如，有时合同中的产品是公司已经有的产品(可能是以前购买，也可能是自己生产的等)。因此，示例中的处理方法使得数据模型能够更好地满足实际应用的需求。

11.8 小　　结

数据库设计包含的艺术成分多于科学成分，也可以说它是一门艺术而不是一门科学。尽管在数据库设计领域中有一些理论或方法可以应用，但仅靠这些理论或方法并不能很好地完成数据库设计，它需要大量的经验和创造性。这就像计算机程序设计一样，仅靠程序设计的理论或方法是不可能完成高质量程序的设计。因此，在数据库设计这个问题上，许多人会在学习设计方法后面对具体的应用问题时仍然是无所适从，不知道从哪里下手，该如何进行，特别是该如何设计一个好的数据库系统。

本章所讲述的内容是为了让你了解有哪些数据库设计方法，其中比较详细地介绍了 IDEF1X 数据建模方法，你可以在学习完本章后进行一些简单的数据库系统的设计。

习　　题

1. 什么是数据库设计？什么是数据建模？二者有何区别？
2. 什么是语义数据模型？

3. 数据库设计包括哪些阶段？分别简述各阶段的要完成的工作？
4. 什么是逻辑数据模型？什么是物理数据模型？二者有何区别？
5. 什么是 IDEF1X 方法？简述它各阶段要完成的工作。
6. 什么是独立标识实体与从属标识实体？它们的 IDEF1X 图形表示有何不同？
7. 什么是标识联系与非标识联系？
8. 什么是分类联系？给出一个分类联系的示例图。
9. 什么是确定联系与不确定联系？如何处理不确定联系？
10. ERwin 中的域的作用是什么？
11. 数据模型中的角色的作用是什么？给出一个角色的示例图。
12. 使用 ERwin 完成学生成绩管理的数据建模，并将数据模型导入到数据库中。系统中涉及的信息有课程、学生、教师、教室、教材，具体的业务规则如下：
   (1) 课程有本科生、硕士研究生、博士研究生三种类型，有些课程有选修课。
   (2) 一门课程只能指定一本教材，但有的教材可能是多本书组成的一套教材。
   (3) 每门课程可以由多个教师教授，不同教师讲授的同一门课程的授课教室不同、时间相同。
   (4) 一个教师可以讲授多门课程，包括类型不同的课程。
   (5) 学生分为本科生、硕士研究生和博士研究生，学生可以选择多门课程，但只能选择同类型的课程，即本科生只能选本科生的课程，学生同一时间只能选同一门课程。
   (6) 学生所选的课程在考试后都有一个成绩记录。

第12章

数据库编程

第 11 章介绍了数据库设计方法，主要介绍了数据库应用系统设计中的数据建模方法。模型建好后，接下来的工作就是进行数据库编程。本章主要结合 SQL Server 数据库的 Transact-SQL 可编程部分介绍 SQL 编程中涉及的主要概念和技术，包括 Transact-SQL 基本程序设计、游标、存储过程和触发器。标准 SQL 语言的内容请参考本书第 4 章"关系数据库标准语言 SQL"。

本章的目的是通过 Transact-SQL 的学习掌握可编程 SQL 语言中的基本概念与方法，它并不是为了系统介绍 Transact-SQL 编程的内容，如果需要系统掌握 Transact-SQL 编程请参考 SQL Server 的联机文档或 Transact-SQL 编程方面的专业书籍。如果需要深入了解并掌握 SQL Server 编程的原理和方法，请参阅文献[15]。

本章的内容是建立在学习者有一定 SQL Server 操作的基础之上的，因此，许多关于 SQL Server 的操作比如查询分析器的使用、如何在查询分析器中运行 Transact-SQL 程序、有哪些系统存储过程及具体的系统存储过程的功能都没有做相应的介绍。

本章的主要目的是通过 Transact-SQL 编程介绍数据库编程中的基本概念，因此，在阅读时应当将注意力放在基本概念的理解与掌握上，如程序的基本结构、存储过程的基本概念与优点、触发器等。深入理解这些概念不仅有助于学习其他的数据库的编程语言，如 Oracle 的 PL/SQL，还有助于提高系统开发的质量和效率。

本章还介绍了数据库编程中广泛采用的 ADO. NET 编程方法，阅读时请仔细体会它与 Transact-SQL 编程的关系。

12.1 Transact-SQL

标准 SQL 语言是一种非过程的标准数据库操作语言。数据库的大多数管理操作可以通过标准 SQL 语言完成，但每一种数据库都有各自的特点，必须对标准 SQL 语言进行扩展才能够操作这些特性。另外，标准 SQL 语言的非过程性意味着它不能像其他高级语言那样编写可以控制流程（条件判断、循环等）和具有一定结构（函数、子程序等）的程序，因此，各个数据库软件都在标准 SQL 语言的基础上进行了扩展，如 Oracle 的 PL/SQL 和 SQL Server 的 Transact-SQL。这些可编程的 SQL 语言都是在标准 SQL 的基础上进行扩展的，只能用于特定的数据库管理系统。

Transact-SQL 是微软公司在 SQL Server 产品中对标准 SQL 进行扩展的一种 SQL 语言。所有类型的应用都必须将 Transact-SQL 语句发送到 SQL Server 服务器才能完成对数据库的操作。

12.1.1 Transact-SQL 元素

1. 标识符

数据库对象的名称即为其标识符。SQL Server 中的所有内容都可以有标识符。服务器、数据库和数据库对象(例如表、视图、列、索引、触发器、过程、约束及规则等)都可以有标识符。大多数对象要求有标识符,但对有些对象(例如约束),标识符是可选的。

标识符有常规标识符和分隔标识符两种,常规标识符是符合一定命名规则的标识符,而不符合相应命名规则的标识符为分隔标识符,如下例中的 My Table 和 order,因为"My Table"中包含了一个空格而"order"是保留的关键字,因此它们必须使用双引号""或方括号[]将标识符括起来(分隔)。

```
SELECT *
FROM [My Table]          --标识符包含一个空格并使用了关键字
WHERE [order]=10         --标识符是一个关键字
```

2. 数据类型

为对象分配数据类型时可以为对象定义四个属性:

(1) 对象包含的数据种类。

(2) 所存储值的长度或大小。

(3) 数值的精度(仅适用于数字数据类型)。

(4) 数值的小数位数(仅适用于数字数据类型)。

下面示例中创建表 emp,字段 id 的数据类型为固定长度字符,其长度为 5,字段 name(姓名)的数据类型为可变长字符,最大长度为 10,salary(工资)的数据类型为 MONEY,birthday 的数据类型为日期时间型 DATETIME。

```
CREATE TABLE emp (id CHAR(5), name VARCHAR(10),
salary MONEY,birthday DATETIME);
```

表 12-1 列出了 Transact-SQL 所有的数据类型,有关详细信息,请参阅 SQL Server 的联机文档。

3. 常量

常量是表示特定数据值的符号。常量的格式取决于它所表示的值的数据类型。表 12-2 介绍了一些如何使用常量的示例。

表 12-1　Transact-SQL 数据类型

bigint	binary	bit	char	cursor
datetime	decimal	float	image	int
money	nchar	ntext	numeric	nvarchar
real	smalldatetime	smallint	smallmoney	sql_variant
table	text	timestamp	tinyint	varbinary
varchar	uniqueidentifier	xml		

表 12-2　Transact-SQL 常量示例

常量类型	示　例
字符串	'O''Brien'
Unicode 字符串	N'Michl'
二进制字符串常量	0x12Ef
bit 常量	0 或 1
datetime 常量	'April 15，1998'、'04/15/98'、'04:24 PM'
integer 常量	1894
decimal 常量	1894.12042.0
float 和 real 常量	0.5E-2
money 常量	$ 542023.14
uniqueidentifier 常量	0xff19966f868b11d0b42d00c04fc964ff

如下例中的查询条件使用的名字'O''Brien'，因为字符串中含有一个单引号，所以要使用两个单引号'，如果使用双引号，则可以写成"O'Brien"。

```
SELECT * FROM emp WHERE name='O''Brien';
```

4. 函数

Transact-SQL 中提供了大量函数，如下例中使用 Transact-SQL 中的聚合函数 AVG 统计员工的平均工资。

```
SELECT AVG(salary) FROM emp;
```

也可以使用系统函数 DB_NAME()查询数据库的名称。

```
SELECT DB_NAME();
```

表 12-3 是 Transact-SQL 函数的分类及简要说明。

表 12-3 Transact-SQL 的函数类型

函数类别	说明
聚合函数(Transact-SQL)	执行的操作是将多个值合并为一个值。例如 COUNT、SUM、MIN 和 MAX
配置函数	是一种标量函数,可返回有关配置设置的信息
加密函数(Transact-SQL)	支持加密、解密、数字签名和数字签名验证
游标函数	返回有关游标状态的信息
日期和时间函数	可以更改日期和时间的值
数学函数	执行三角、几何和其他数字运算
元数据函数	返回数据库和数据库对象的属性信息
排名函数	是一种非确定性函数,可以返回分区中每一行的排名值
行集函数(Transact-SQL)	返回可在 Transact-SQL 语句中表引用所在位置使用的行集
安全函数	返回有关用户和角色的信息
字符串函数	可更改 char、varchar、nchar、nvarchar、binary 和 varbinary 的值
系统函数	对系统级的各种选项和对象进行操作或报告
系统统计函数(Transact-SQL)	返回有关 SQL Server 性能的信息
文本和图像函数	可更改 text 和 image 的值

5. 表达式

表达式是标识符、值和运算符的组合,SQL Server 可以对其求值以获取结果。访问或更改数据时,可在多个不同的位置使用数据。例如,可以将表达式用作要在查询中检索的数据的一部分,也可以用作查找满足一组条件的数据时的搜索条件。

与一个或多个简单表达式一起使用,构造一个更为复杂的表达式。例如,表达式 PriceColumn * 1.1 中的乘号(*)使价格提高百分之十。

6. 注释

插入到 Transact-SQL 语句或脚本中、用于解释语句作用的文本段。SQL Server 不执行注释。

SQL Server 2005 支持两种类型的注释字符:

(1) --(双连字符)。这些注释字符可与要执行的代码处在同一行,也可另起一行。从双连字符开始到行尾的内容均为注释。对于多行注释,必须在每个注释行的前面使用双连字符。

(2) /*…*/(正斜杠—星号字符对)。这些注释字符可与要执行的代码处在同一行,也可另起一行,甚至可以在可执行代码内部。开始注释对(/*)与结束注释对(*/)之间的所有内容均视为注释。对于多行注释,必须使用开始注释字符对(/*)来开始注释,并使用结束注释字符对(*/)来结束注释。

下面是一个使用/＊…＊/注释的例子。

```
/＊该示例创建员工表 emp,它用于演示数据类型和多行注释
   其中,字段有 ID(员工), name(姓名), salary(工资), birthday(出生日期)＊/
CREATE TABLE emp (id CHAR(5), name VARCHAR(10),
salary MONEY,birthday DATETIME);
```

7. 保留关键字

保留下来供 SQL Server 使用的词,不应用做数据库中的对象名。

12.1.2 过程的类型

若要执行使用单个 Transact-SQL 语句无法完成的进程,可以将 Transact-SQL 语句以多种方式组合在一起:

(1) 使用批处理。批处理是作为一个单元从应用程序发送到服务器的一组 Transact-SQL 语句(包括一个或多个 Transact-SQL 语句)。SQL Server 将每个批处理作为一个可执行单元来执行。

(2) 使用存储过程。存储过程是在服务器上预定义并预编译的一组 Transact-SQL 语句。存储过程可以接受参数,并可以将结果集、返回代码和输出参数返回给调用应用程序。

(3) 使用触发器。触发器是特殊类型的存储过程。它不被应用程序直接调用,而是在用户对表执行指定的修改(INSERT、UPDATE 或 DELETE)时自动执行(触发)。

(4) 使用脚本。脚本是存储在文件中的一系列 Transact-SQL 语句。可以将此文件用作 sqlcmd 实用工具或 SQL Server Management Studio 代码编辑器的输入。实用工具然后将执行存储在该文件中的 Transact-SQL 语句。

1. 批处理

批处理是同时从应用程序发送到 SQL Server 并得以执行的一组单条或多条 Transact-SQL 语句。SQL Server 将批处理的语句编译为单个可执行单元,称为执行计划。执行计划中的语句每次执行一条。

编译错误(如语法错误)可使执行计划无法编译。因此,不会执行批处理中的任何语句。

诸如算术溢出或约束冲突之类的运行时错误具有下面的影响:

(1) 大多数运行时错误将停止执行批处理中当前语句和它之后的语句。

(2) 某些运行时错误(如违反约束)仅停止执行当前语句。而继续执行批处理中其他所有语句。

在遇到运行时错误的语句之前执行的语句不受影响。唯一例外的情况是批处理位于事务中并且错误导致事务回滚。在这种情况下,所有在运行时错误之前执行的未提交数据修改都将回滚。

例如,假定批处理中有 10 条语句。如果第 5 条语句有一个语法错误,则不执行批处理中的任何语句。如果批处理经过编译,并且第 2 条语句在运行时失败,则第 1 条语句的结果不会受到影响,因为已执行了该语句。

因此,对于批处理的错误要区分是编译错误还是运行时错误,如果是编译错误则不执行批处理中的任何语句,如果是运行时错误则要视情况而定。

SQL Server 2005 提供了语句级重新编译功能。也就是说,如果一条语句触发了重新编译,则只重新编译该语句而不是整个批处理。此行为与 SQL Server 2000 不同。请考虑下面的示例,其中在同一批处理中包含一条 CREATE TABLE 语句和三条 INSERT 语句。

```
CREATE TABLE dbo.t3(a int)
INSERT INTO dbo.t3 VALUES (1)
INSERT INTO dbo.t3 VALUES (1,1)
INSERT INTO dbo.t3 VALUES (3)
GO
```

首先,对批处理进行编译。对 CREATE TABLE 语句进行编译,但由于表 dbo.t3 尚不存在,因此,未编译 INSERT 语句。

然后,批处理开始执行,表已创建。编译第一条 INSERT,然后立即执行,表现在具有一个行。然后,编译第 2 条 INSERT 语句。编译失败,批处理终止。完成后表中有一行数据。

这里,整个批处理包含有重新编译,第一次重新编译只编译第 1 条 INSERT 语句并执行,第二次重新编译只编译第 2 条 INSERT 语句,由于编译错误而终止整个批处理的执行。

在 SQL Server 2000 中,批处理开始执行,同时创建了表。逐一编译 3 条 INSERT 语句,但不执行。因为第 2 条 INSERT 语句导致一个编译错误,因此,整个批处理都将终止。SELECT 语句未返回任何行。

2. 存储过程与触发器

存储过程是一组 Transact-SQL 语句,它们只需编译一次,以后即可多次执行。因为 Transact-SQL 语句不需要重新编译,所以执行存储过程可以提高性能。

触发器是一种特殊的存储过程,不由用户直接调用。创建触发器时,将其定义为在对特定表或列进行特定类型的数据修改时激发。

CREATE PROCEDURE 或 CREATE TRIGGER 语句不能跨批处理执行,即存储过程或触发器始终只能在一个批处理中创建并编译到一个执行计划中。执行计划是在第一次执行存储过程或触发器时创建的。

3. 脚本

脚本是存储在文件中的一系列 Transact-SQL 语句。可以使用该文件作为对 SQL Server 实用工具的输入,实用工具将执行存储在该文件中的 SQL 语句。

Transact-SQL 脚本包含一个或多个批处理。GO 命令表示批处理的结束。如果 Transact-SQL 脚本中没有 GO 命令,那么它将被作为单个批处理来执行。

如果需要经常执行一段 Transact-SQL 语句或是要进行调试(可能需要反复修改),将执行的 Transact-SQL 语句保存到一个脚本文件中可以节省你的时间。

12.1.3　变量和参数

Transact-SQL 提供以下几种方式来在 Transact-SQL 语句之间传递数据。

1. Transact-SQL 局部变量

Transact-SQL 变量是 Transact-SQL 批处理和脚本中可以保存数据值的对象。声明或定义此变量后，批处理中的一个语句可以将此变量设置为一个值，后续的语句可以从变量获取这个值。例如：

【例 12-1】 Transact-SQL 局部变量

```
USE AdventureWorks;
GO
DECLARE @ EmpIDVar int;     --定义变量@EmpIDVar,数据类型为 int
SET @EmpIDVar=1234;                --设置变量的值
SELECT *
FROM HumanRresources.Employee
WHERE EmployeeID=@ EmpIDVar;                    /*使用变量作为查询条件的值*/
```

2. Transact-SQL 参数

参数是用于在存储过程和执行该存储过程的批处理或脚本之间传递数据的对象。参数可以是输入参数，也可以是输出参数。例如：

Transact-SQL 提供了称为控制流语言的特殊关键字，这些关键字用于控制 Transact-SQL 语句、语句块、用户定义函数以及存储过程的执行流。

【例 12-2】 存储过程的参数

```
USE AdventureWorks;
GO
/*存储过程 ParmSample 的参数@EmpIDParm*/
CREATE PROCEDURE ParmSample @EmpIDParm int AS
SELECT EmployeeID, Title
FROM HumanResources.Employee
WHERE EmployeeID=@EmpIDParm
GO
/*批处理中通过参数传递值给存储过程*/
EXEC ParmSample @EmpIDParm=109
GO
```

12.1.4　控制流程

控制流语句不能跨多个批处理、用户定义函数或存储过程。如表 12-4 所示为控制流程关键字。

表 12-4 Transact-SQL 控制流程关键字

BEGIN…END	BEGIN 和 END 语句用于将多个 Transact-SQL 语句组合为一个逻辑块
GOTO	GOTO 语句使 Transact-SQL 批处理的执行跳至标签
IF…ELSE	IF 语句用于条件的测试。得到的控制流取决于是否指定了可选的 ELSE 语句
RETURN	RETURN 语句无条件终止查询、存储过程或批处理
WAITFOR	WAITFOR 语句挂起批处理、存储过程或事务的执行，直到发生以下情况： ① 已超过指定的时间间隔。 ② 到达一天中指定的时间。 ③ 指定的 RECEIVE 语句至少修改一行并将其返回到 Service Broker 队列
WHILE	只要指定的条件为 True 时，WHILE 语句就会重复语句或语句块
CONTINUE	重新开始 WHILE 循环
BREAK	终止 WHILE 循环
CASE	CASE 函数用于计算多个条件并为每个条件返回单个值

像其他编程语言一样，Transact-SQL 也有语句块，它使用 BEGIN…END 将多条 Transact-SQL 语句组织成一个语句块。如下例：

【例 12-3】 Transact-SQL 的 BEGIN…END 语句块

```
USE AdventureWorks;
GO
BEGIN TRANSACTION;
GO
UPDATE Person.Contact
SET LastName=UPPER(LastName)
WHERE LastName='Wood';
GO
IF @@TRANCOUNT >0
BEGIN
PRINT N'A transaction needs to be rolled back.';
ROLLBACK TRANSACTION;
END
```

在上面的例子中，系统变量@@TRANCOUNT 表示当前连接和活动事务量，BEGIN TRANSACTION 开始一个事务并给@@TRANCOUNT 变量的值加 1，ROLLBACK TRANSACTION 撤销当前事务并将 @@TRANCOUNT 递减 1。示例中因为开始了一个新事务，所以@@TRANCOUNT 的值一定是大于 1，因此，IF 后面的语句块一定会执行。

12.1.5 错误处理

Transact-SQL 使用 RAISERROR 语句生成错误消息并启动会话的错误处理。RAISERROR 可以引用 sys. messages 目录视图中存储的用户定义消息，也可以动态建立消息。

1. 动态建立消息

例如，下列 RAISERROR 语句是一个动态建立消息的示例。

【例 12-4】 使用 RAISERROR 建立错误消息

```
RAISERROR (N'<<%*.*s>>', --信息
          10, --错误级别,
          1, --状态,
          7, --第 4 个参数用于宽度.
          3, --用于精度的参数.
          N'abcde'); --第 6 个参数用于字符串
--返回的信息为: <<   abc>>.
GO
RAISERROR (N'<<%7.3s>> ', --信息
          10, --错误级别,
          1, --状态,
          N'abcde'); --提供字符串的参数
--返回的信息为: <<   abc>>.
GO
```

以下代码示例显示如何在 TRY 块中使用 RAISERROR 使执行跳至关联的 CATCH 块中。它还显示如何使用 RAISERROR 返回有关调用 CATCH 块的错误的信息。

【例 12-5】 在 Transact-SQL 中处理错误

```
BEGIN TRY
    --错误级别为 16 的 RAISERROR 会导致执行跳转到 CATCH 块
    RAISERROR ('Error raised in TRY block.', --信息
              16, --错误级别
              1 --状态
              );
END TRY
BEGIN CATCH
    DECLARE @ErrorMessage NVARCHAR(4000);
    DECLARE @ErrorSeverity INT;
    DECLARE @ErrorState INT;

    SELECT
        @ErrorMessage=ERROR_MESSAGE(),
        @ErrorSeverity=ERROR_SEVERITY(),
        @ErrorState=ERROR_STATE();

    --在 CATCH 块内使用 RAISERROR 返回关于导致执行
   --跳转到 CATCH 块的原始错误的错误信息
    RAISERROR (@ErrorMessage, --信息
              @ErrorSeverity, --错误级别
              @ErrorState--状态
```

```
        );
END CATCH;
```

2. 在 sys.messages 中创建即席消息

以下示例显示如何引用 sys. messages 目录视图中存储的消息。该消息通过 sp_addmessage 系统存储过程,以消息号 50005 添加到 sys. messages 目录视图中。

【例 12-6】 使用目录视图创建错误消息

```
sp_addmessage @msgnum=50005,
          @severity=10,
          @msgtext=N'<<%7.3s>>';
GO
RAISERROR (50005, --住处标识 ID
         10, --错误级别
         1, --状态
         N'abcde'); --提供字符串的参数
--返回的信息为: <<   abc>>
GO
sp_dropmessage @msgnum=50005;
GO
```

3. 使用局部变量提供消息文本

以下代码示例显示如何使用局部变量为 RAISERROR 语句提供消息文本。

【例 12-7】 使用局部变量提供错误消息

```
DECLARE @StringVariable NVARCHAR(50);
SET @StringVariable=N'<<%7.3s>>';

RAISERROR (@StringVariable, --信息
         10, --错误级别
         1, --状态
         N'abcde'); --提供字符串的参数
--返回的信息为: <<   abc>>
GO
```

12.2 Transact-SQL 游标

利用前面所讲的 Transact-SQL 编程的知识可以编写基本的 Transact-SQL 程序,它能够对数据库中的数据进行某种操作,但目前还有一个重要的问题没有解决:如果需要处理的是多行数据怎么办?处理多行数据的操作必须使用游标。

虽然游标与计算机中的光标所用的都是同一个英文单词 cursor,但这是两个不同的概

念，这里的游标借用了计算尺中游标的概念。

每种数据库软件的可编程 SQL 都支持游标，基本内容都相似，如游标都有声明、打开、提取数据和关闭四个操作，标准 SQL 中也定义了游标(具体的内容请参考本书 4.7.3 节)，但不同数据库的游标还是有许多区别。比较 Transact-SQL 的游标与你学习过的其他数据库游标的不同会加深你对游标概念与操作的理解。如果你是第一次学习游标，很可能你会将 Transact-SQL 游标与其他编程语言如 C++ 中的数组进行比较，感觉 Transact-SQL 游标"太笨"，你的感觉是否正确需要你仔细体会。

12.2.1　游标的基本概念与操作

下面通过例 12-8 中的程序介绍游标的基本概念与操作。

【例 12-8】　游标的基本操作

```
USE AdventureWorks
GO

-- (1) 声明游标 contact_cursor
DECLARE contact_cursor CURSOR FOR
SELECT LastName FROM Person.Contact
WHERE LastName LIKE 'B%'
ORDER BY LastName

-- (2) 打开游标
OPEN contact_cursor

-- (3) 执行第一次提取
FETCH NEXT FROM contact_cursor

-- (4) 检查@@FETCH_STATUS 以查看是否还有更多的行可以提取
--如果有则提取下一行
WHILE @@FETCH_STATUS=0
BEGIN
   -- This is executed as long as the previous fetch succeeds.
   FETCH NEXT FROM contact_cursor
END

--(5)关闭并删除游标
CLOSE contact_cursor
DEALLOCATE contact_cursor
GO
```

该示例是一个简单的游标操作示例，在示例中声明了一个游标 contact_cusor，然后打开游标并从其中提取记录，最后关闭并删除游标。程序中并没有对从游标中提取的记录进行处理，其执行结果如下所示(只显示部分结果)。

```
LastName
--------------------------------------------------
Bacalzo
(1 行受影响)

LastName
--------------------------------------------------
Bacon
(1 行受影响)

LastName
--------------------------------------------------
Bacon
(1 行受影响)
```

游标的基本操作有四个,包括声明、打开、提取与关闭(具体的语法请参考 SQL Server 联机文档中的 Transact-SQL 语言参考)。

其中,每个游标的第一个操作总是声明,它使用 DECLARE 语句。声明游标就像其他编程语言中声明变量一样,声明的变量必须有数据类型,游标的数据类型就是游标。上例中,游标的变量名为 contact_cursor,数据类型为 CURSOR,但不同的是声明游标还需要有一个 SELECT 查询语句,查询语句中不能够使用变量。

游标的第二个操作是使用 OPEN 语句打开游标(程序中的第(2)步)。打开游标实际上是在服务器上执行游标声明中的 SELECT 语句,游标打开后游标的数据就是查询语句的结果。实际上,游标是 Transact-SQL 中的一种特殊的数据类型,这种数据类型可以存储一个行集或记录集。在执行打开操作后,游标的行集会保存在临时数据库中,就像一个临时表一样,但只能够通过游标操作该记录集。游标的行集有一个当前行,从行集中取数据只能提取当前行的数据。游标有一个指针,它所指向的行就是当前行,可以通过移动指针改变当前行,进而可以提取所有的行,也正是因为游标的这一特性,所以才被称为"游标"。

游标的打开操作就像是变量的初始化。当然,变量在初始化后还可以改变其值,但没有相应的操作能够直接修改游标的行集。但这并不是说游标的内容在打开后就不发生变化了,如果声明的游标不是静态游标,则其内容会随着 SELECT 语句中表的记录的变化而变化。

游标打开后的操作通常是使用 FETCH 语句进行提取操作(程序中的第(3)、(4)步)。提取操作每次从游标中提取一行。提取出来的一行可以放到变量中以进行相应的处理,但该程序中并没有对提取的行进行任何操作。

打开后当前行是第一行,程序中第一个 FETCH NEXT 语句即是提取当前行并把指针移到下一行,可以有其他的方式提取。

提取操作并不一定成功,如果行集中没有记录或者游标当前行是最后一行的后面,则提取操作不成功。可以使用系统变量@@FETCH_STATUS 检查前面的 FETCH 操作是否成功,如果成功则该系统变量的值为 0。程序中使用一个 WHILE 循环来提取其他所有的行，每次提取后都通过判断系统变量@@FETCH_STATUS 的值是否为 0 以确定是否进行下一个行的提取。通常，在程序中都会采用这种结构来提取游标中所有的行。

游标使用完毕需要关闭(程序中的 CLOSE contact_cursor 语句)。游标一旦关闭便不能对其进行提取操作，必须再次打开后才可以进行提取。游标的关闭就像 C 或 C++ 语言中对一个分配内存的指针进行 delete 操作一样。

游标关闭后并不是说游标不存在了，游标在程序中仍然存在，不能声明一个相同名称的游标。只有在执行游标的删除操作(程序中的 DEALLOCATE contact_cursor 语句)后才删除了游标，与该游标有关的资源也同时被释放。应注意，不能对一个打开的游标进行删除操作。

另外，许多程序中没有删除操作甚至没有关闭操作，但程序也不会出现错误。这与 C 或 C++ 程序中给指针分配的内存但没有释放是一样的道理，如果程序执行结束，服务器会自动释放相应的资源，但还是推荐在使用完后关闭游标，以释放游标所占用的资源。

12.2.2 处理游标中的行

通常，从游标中提取的行需要作进一步的处理，如使用其中的值进行判断、计算或更新数据库。因此，简单的 FETCH 操作并不能完成这一功能。下面的示例在 12.2.1 节游标示例基础上添加了对从游标中提取出的数据的处理。每次提取的行的值被存储到两个变量@LastName 和@FirstName，利用这两个变量生成一个包含姓名的字符串。

【例 12-9】 处理游标中的行

```
USE AdventureWorks
GO

-- (1) 声明变量以存储由 FETCH 提取的值
DECLARE @LastName varchar(50), @FirstName varchar(50)

-- (2) 声明游标 contact_cursor
DECLARE contact_cursor CURSOR FOR
    SELECT LastName, FirstName FROM Person.Contact
        WHERE LastName LIKE 'B%'
        ORDER BY LastName, FirstName

-- (3) 打开游标
OPEN contact_cursor

-- (4) 执行第一次提取并将值存储在变量中
-- 注: 变量的顺序必须与游标 SELECT 语句中列的个数和顺序相同
FETCH NEXT FROM contact_cursor
INTO @LastName, @FirstName
```

```
-- (5) 检查@@FETCH_STATUS以查看是否有更多的行可以提取
WHILE @@FETCH_STATUS=0
BEGIN

   -- (6) 连接并显示变量中当前值
   PRINT 'Contact Name: '+@FirstName+' '+@LastName

   -- (7) 当前一个提取成功时执行下一个提取
   FETCH NEXT FROM contact_cursor
   INTO @LastName, @FirstName
END

-- (8) 关闭并删除游标
CLOSE contact_cursor
DEALLOCATE contact_cursor
```

程序中第(1)步是声明两个变量@LastName和@FirstName。程序中声明的变量必须以@符号开头。这两个变量用于保存从游标中提取的行的列值。

第(2)、(3)步分别是声明和打开游标contact_cursor,这与12.2.1节所介绍的相同。

第(4)步是第一次提取游标,语句中的INTO @LastName,@FirstName子句表明将提取的行的列值分别存储在变量@LastName与@FirstName中。需要注意的是,INTO子句中的变量的个数与数据类型必须与游标的SELECT语句的输出结果的列数和数据类型相一致。数据类型可以不完全相同,但必须保证变量的数据类型可以存储结果中相应的列值。

第(5)步检查系统变量@@FETCH_STATUS的值以判断前面的提取是否成功,如果成功则进行第(6)步。

第(6)步使用PRINT函数输出连接的字符串。这里的处理虽然简单,但与复杂处理的基本原理是一样的。

第(7)步是进行下一个提取。

第(8)步是关闭并删除游标。

执行结果如下所示(由于结果中的行太多,只显示部分结果):

```
Contact Name: Phillip Bacalzo
Contact Name: Dan Bacon
Contact Name: Dan Bacon
Contact Name: Abigail Bailey
Contact Name: Adrian Bailey
Contact Name: Alex Bailey
Contact Name: Alexa Bailey
Contact Name: Alexandra Bailey
Contact Name: Alexandria Bailey
```

12.3　Transact-SQL 存储过程

12.3.1　什么是存储过程

首先，因为存储过程是一个程序代码，所以称为过程（区别于非过程的标准 SQL），其次，因为它存储在数据库中，所以在过程的前面加上了“存储”，称为存储过程。与存储过程不同的是可以将过程放在批处理或应用程序中，每次执行时需要将代码发送到数据库服务器去执行。存储过程的特性大都是由“存储”这一机制产生的。

1. 存储过程的作用

SQL Server 中的存储过程与其他编程语言中的过程类似，存储过程可以：

(1) 接受输入参数并以输出参数的格式向调用过程或批处理返回多个值。

(2) 包含用于在数据库中执行操作（包括调用其他过程）的编程语句。

(3) 向调用过程或批处理返回状态值，以指明成功或失败（以及失败的原因）。

(4) 可以使用 Transact-SQL EXECUTE 语句执行存储过程。存储过程与函数不同，因为存储过程不返回取代其名称的值，也不能直接在表达式中使用。

2. 存储过程的优点

在 SQL Server 中使用存储过程而不使用存储在客户端计算机本地的 Transact-SQL 程序的好处包括：

(1) 存储过程已在服务器注册。由于在执行前已经存储在数据库中，因此，使用存储过程会比非存储过程获得更好的性能。

(2) 存储过程具有安全特性（例如权限）和所有权链接，以及可以附加到它们的证书。存储过程也是一种可授权的数据库对象，可以使用数据库的安全机制限制对存储过程的访问。例如，可以授予某一用户只能执行而不能修改某一存储过程或某一数据库中的所有存储过程。

(3) 用户可以被授予权限来执行存储过程而不必直接对存储过程中引用的对象具有权限。例如，只能通过执行存储过程对一个表完成操作而对表没有直接的操作权限。同时，由于存储过程的执行逻辑是事先确定的，因此，执行哪些操作是可以预见的。

(4) 存储过程可以加强应用程序的安全性。参数化存储过程有助于保护应用程序不受 SQL Injection 攻击（SQL 注入是一种攻击方式，在这种攻击方式中，恶意代码被插入到字符串中，然后将该字符串传递到 SQL Server 的实例以进行分析和执行）。

(5) 存储过程允许模块化程序设计。存储过程一旦创建，以后即可在程序中调用任意多次。这可以改进应用程序的可维护性，并允许应用程序统一访问数据库。这一特性与其他高级程序语言中的子程序或函数相似。

(6) 存储过程允许延迟绑定。可以创建引用尚不存在的表的存储过程，在创建存储过程时,只进行语法检查。直到第一次执行该存储过程时才对其进行编译。只有在编译过程中才解析存储过程中引用的所有对象。因此,如果语法正确的存储过程引用了不存在的表,则仍可以成功创建;但如果引用的表不存在,则存储过程将在运行时失败。

(7) 存储过程可以减少网络通信流量。一个需要数百行 Transact-SQL 代码的操作可以通过一条执行过程代码的语句来执行,而不需要在网络中发送数百行代码。

建议在应用程序中尽量使用存储过程完成对数据库的操作。例外的情况是应用程序需要支持多种数据库,使用存储过程可能会给应用程序的兼容性带来更多的麻烦。

12.3.2 存储过程的类型

Transact-SQL 存储过程的类型有用户定义的存储过程、扩展存储过程和系统存储过程三种。Microsoft 建议使用 CLR 而不是扩展存储过程,因此不再介绍扩展存储过程。

1. 用户定义的存储过程

存储过程是指封装了可重用代码的模块或例程。存储过程可以接受输入参数、向客户端返回行集或标量结果和消息、调用数据定义语言(DDL)和数据操作语言(DML)语句,然后返回输出参数。在 SQL Server 中,存储过程有两种类型:Transact-SQL 和 CLR。

(1) Transact-SQL

Transact-SQL 存储过程是指保存的 Transact-SQL 语句集合,可以接受和返回用户提供的参数。例如,存储过程中可能包含根据客户端应用程序提供的信息在一个或多个表中插入新行所需的语句。

(2) CLR

CLR 存储过程是指对 Microsoft .NET Framework 公共语言运行时 CLR(Common Language Runtime)方法的引用,可以接受和返回用户提供的参数。它们在 .NET Framework 程序集中是作为类的公共静态方法实现的。CLR 存储过程是一种使用 .NET 语言如 Visual Basic .NET 和 C# 编写的存储过程,与 Transact-SQL 存储过程不同的只是所使用的语言,本质上没有区别。

2. 系统存储过程

SQL Server 中的许多管理活动都是通过一种特殊的存储过程执行的,这种存储过程被称为系统存储过程。例如,sys. sp_changedbowner 就是一个系统存储过程。从物理意义上讲,系统存储过程存储在 Resource 数据库(Resource 数据库是只读数据库,它包含了 SQL Server 2005 中的所有系统对象,SQL Server 2000 没有 Resource 数据库)中,并且带有 sp_ 前缀。从逻辑意义上讲,系统存储过程出现在每个系统定义数据库和用户定义数据库的 sys 构架中。例如,下例执行系统存储过程 sp_tables 显示 AdventureWorks 数据库中的所有表对象的列表。

【例 12-10】 系统存储过程

```
USE AdventureWorks
GO
```

```
exec sp_tables
```

在 SQL Server 中，可将 GRANT(授权)、DENY(禁止) 和 REVOKE(撤销权限)权限应用于系统存储过程以控制用户对系统存储过程的访问。

SQL Server 支持在 SQL Server 和外部程序之间提供一个接口以实现各种维护活动的系统存储过程。这些扩展存储程序使用 xp_前缀。

12.3.3 设计与实现存储过程

1. 创建存储过程

可以使用 Transact-SQL 语句 CREATE PROCEDURE 来创建存储过程，其基本语法格式如下(详细的语法格式请参考 SQL Server 的联机文档)：

```
CREATE PROCEDURE 过程名 [参数 1, 参数 2, …参数 n]            /* 存储过程首部 */
 AS
 Transact-SQL 语句块;                              /* 存储过程体，描述存储过程的操作 */
```

存储过程的过程名必须遵循标识符的有关规则(标识符规则的具体内容在 12.1.1 小节中有相应的说明)。

存储过程可以有多个参数，也可以没有参数，每一个参数使用 at 符号(@)作为第一个字符，参数名必须符合标识符的规则。除参数名外，每一个参数还必须指定参数的数据类型。可以使用 OUPUT 指定参数是输出参数，但这不是必需的。

存储过程体是一个或多个 Transact-SQL 语句。

符合创建存储过程时，应指定：

(1) 所有输入参数和向调用过程或批处理返回的输出参数。

(2) 执行数据库操作(包括调用其他过程)的编程语句。

(3) 返回至调用过程或批处理以表明成功或失败(以及失败原因)的状态值。

(4) 捕获和处理潜在的错误所需的任何错误处理语句。

以下存储过程将从视图中返回所有雇员(提供姓和名)、职务以及部门名称。此存储过程不使用任何参数。OBJECT_ID 系统函数返回指定类型的对象标识(存储过程的类型为'P')。

【例 12-11】 创建无参数的存储过程

```
USE AdventureWorks;
GO
--如果数据库中存在名称为 HumanResources.uspGetAllEmployees 的存储过程
--则删除该存储过程
IF OBJECT_ID ( 'HumanResources.uspGetAllEmployees', 'P' ) IS NOT NULL
   DROP PROCEDURE HumanResources.uspGetAllEmployees;
GO
--创建存储过程, 它只包含一个 SELECT 语句
CREATE PROCEDURE HumanResources.uspGetAllEmployees
AS
```

```
    SELECT LastName, FirstName, JobTitle, Department
    FROM HumanResources.vEmployeeDepartment;
GO
```

以下示例将创建 uspGetList 存储过程。此过程将返回价格不超过指定数值的产品的列表。此示例显示如何使用多个 SELECT 语句和多个 OUTPUT 参数。OUTPUT 参数允许外部过程、批处理或多条 Transact-SQL 语句在过程执行期间访问设置的某个值。

【例 12-12】 创建有参数的存储过程

```
USE AdventureWorks;
GO
--如果数据库中存在名称为 HumanResources.uspGetAllEmployees 的存储过程
--则删除该存储过程
IF OBJECT_ID ('Production.uspGetList', 'P') IS NOT NULL
   DROP PROCEDURE Production.uspGetList;
GO
--创建存储过程 Production.uspGetList,它有 4 个参数,其中
--参数@Product 与@MaxPrice 是输入参数,分别表示产品的名称和最高价格
--参数@ComparePrice 与@ListPrice 是输出参数
CREATE PROCEDURE Production.uspGetList @Product varchar(40)
     , @MaxPrice money
     , @ComparePrice money OUTPUT
     , @ListPrice money OUT
AS
  -- 查询产品的名称和价格
    SELECT p.[Name] AS Product, p.ListPrice AS 'List Price'
        FROM Production.Product AS p
        JOIN Production.ProductSubcategory AS s
            ON p.ProductSubcategoryID=s.ProductSubcategoryID
        WHERE s.[Name] LIKE @Product AND p.ListPrice <@MaxPrice;
-- 计算输入变量 @ListPprice
SET @ListPrice=(SELECT MAX(p.ListPrice)
        FROM Production.Product AS p
        JOIN  Production.ProductSubcategory AS s
            ON p.ProductSubcategoryID=s.ProductSubcategoryID
        WHERE s.[Name] LIKE @Product AND p.ListPrice <@MaxPrice);
-- 计算输入变量 @compareprice
SET @ComparePrice=@MaxPrice;
GO
```

2. 执行存储过程

若要执行存储过程,可以使用 Transact-SQL EXECUTE 语句。如果存储过程是批处理中的第一条语句,那么不使用 EXECUTE 关键字也可以执行存储过程。

第一次执行某个过程时,将编译该过程以确定检索数据的最优计划。如果已经生成的

计划仍保留在数据库缓存中，则存储过程随后执行的操作可能重新使用该计划。

在 SQL Server 查询分析器中执行上面示例中的存储过程 uspGetList，返回价格低于 $700 的 Adventure Works 产品（自行车）的列表。OUTPUT 参数@Cost 和@ComparePrices 用于流控制语言，以便在“消息”窗口中返回消息。CAST 函数负责数据类型的转换，这里，它将数值转换成字符串。

【例 12-13】 执行存储过程

```
DECLARE @ComparePrice money, @Cost money
--执行存储过程 Production.uspGetList，输入产品名称'%Bikes'和价格 700
EXECUTE Production.uspGetList '% Bikes% ', 700,
    @ComparePrice OUT,
    @Cost OUTPUT
IF  @Cost <=@ComparePrice
BEGIN
        PRINT N'该产品可以低于
        $'+RTRIM(CAST(@ComparePrice AS varchar(20)))+N'的价格购买.'
END
ELSE
    PRINT N'该类所有的产品价格均超过
    $'+RTRIM(CAST(@ComparePrice AS varchar(20)))+'.'
```

执行的结果如下。它表明数据库中满足条件的有 14 种产品。

```
Product                                          List Price
-------------------------------------------------------------------
Road-750 Black, 58                              539.99
Mountain-500 Silver, 40                         564.99
Mountain-500 Silver, 42                         564.99
Mountain-500 Silver, 44                         564.99
Mountain-500 Silver, 48                         564.99
Mountain-500 Silver, 52                         564.99
Mountain-500 Black, 40                          539.99
Mountain-500 Black, 42                          539.99
Mountain-500 Black, 44                          539.99
Mountain-500 Black, 48                          539.99
Mountain-500 Black, 52                          539.99
Road-750 Black, 44                              539.99
Road-750 Black, 48                              539.99
Road-750 Black, 52                              539.99

(14 行受影响)

该产品可以低于
          $700.00 的价格购买.
```

如果将上面执行代码中的价格换成 70，则执行的结果如下：

```
Product                                          List Price
---------------------------------------------------------------

(0 行受影响)

该类所有的产品价格均超过
   $70.00.
```

执行结果表明数据库中没有满足条件的产品，即产品类型为自行车且价格低于$70。

12.4 Transact-SQL 用户定义函数

与编程语言中的函数类似，SQL Server 函数是接受参数、执行操作（例如复杂计算）并将操作结果以值的形式返回的程序。

函数也是一种存储过程，只不过它能返回值，返回值可以是单个标量值或结果集，返回标量值的函数称为标量函数，返回结果集的函数称为表值函数。表值函数又分为内联(inline)表值函数和多语句表值函数。由于它能够返回值，所以可以在 SQL 的表达式中直接使用函数，例如，可以在下面的 SQL 语句使用系统函数 GETDATE()查询当前的系统时间：

```
SELECT GETDATE();
```

SQL Server 函数分为系统函数和用户定义函数 UDF(User Defined Function)，如果不加以特别说明，本节所指的函数即为用户定义函数。

SQL Server 用户定义函数可以使用 Transact-SQL 和 .NET 语言编写，使用 Transact-SQL 语言编写的函数称为 Transact-SQL 用户定义函数，使用 .NET 语言编写的函数称为 CLR 用户定义函数。

在 SQL Server 中使用函数有以下优点：

(1) 允许模块化程序设计。只需创建一次函数并将其存储在数据库中，以后便可以在程序中多次调用。函数可以独立于程序源代码进行修改。

(2) 执行速度更快。与存储过程相似，Transact-SQL 函数通过缓存计划并在重复执行时重用它来降低 Transact-SQL 代码的编译开销。这意味着每次使用函数时均无需重新解析和重新优化，从而缩短了执行时间。

(3) 减少网络流量。基于某种无法用单一标量的表达式表示的复杂约束来过滤数据的操作，可以表示为函数。然后，此函数便可以在 WHERE 子句中调用，以减少发送至客户端的数字或行数。

(4) 所有用户定义函数都具有相同的结构，由标题和函数体两部分组成。函数可接受零个或多个输入参数，返回标量值或表。

(5) 标题定义

① 具有可选架构/所有者名称的函数名称。

② 输入参数名称和数据类型。

③ 可以用于输入参数的选项。

④ 返回参数数据类型和可选名称。

⑤ 可以用于返回参数的选项。

⑥ 函数体定义了函数将要执行的操作或逻辑。它包括以下两者之一：

- 一个或多个 Transact-SQL 语句，必须使用 BEGIN…END 将函数体括起来
- .NET 程序集的引用

下面的示例显示的是简单的 Transact-SQL 用户定义函数，并标识了此函数的主要组件。此函数计算所提供的日期，并返回值，该值指明此日期在一周中的位置。

【例 12-14】 用户定义函数

```
IF OBJECT_ID(N'dbo.GetWeekDay', N'FN') IS NOT NULL
   DROP FUNCTION dbo.GetWeekDay;  --如果该函数存在则删除它
GO
CREATE FUNCTION dbo.GetWeekDay          --函数名为 dbo.GetWeekDay
(@Date datetime)                        --输入参数和数据类型
RETURNS int                             --返回值的数据类型
AS
BEGIN                                   --使用 BEGIN 标识函数体的开始
RETURN DATEPART (weekday, @Date)        --执行的操作
END;                                    --使用 END 标识函数体的结束
GO
```

注意，上面示例中的 RETURNS 子句是函数标题定义中的内容，定义函数的返回类型，而函数正文（函数体）中的 RETURN 语句返回一个值。下面的示例显示了如何使用例 12-14 中定义的函数。

```
SELECT dbo.GetWeekDay(CONVERT(DATETIME,'20020201',101))
    AS DayOfWeek;
GO
```

BEGIN…END 块中的语句不能有任何副作用。函数副作用是指对具有函数外作用域（例如数据库表的修改）的资源状态的任何永久性更改。函数中的语句唯一能做的更改是对函数上的局部对象（如局部游标或局部变量）的更改。不能在函数中执行的操作包括：对数据库表的修改、对不在函数上的局部游标进行操作、发送电子邮件、尝试修改目录以及生成返回至用户的结果集。

函数中的有效语句的类型包括：

(1) DECLARE 语句，该语句可用于定义函数局部的数据变量和游标。

(2) 为函数局部对象的赋值，如使用 SET 为标量和表局部变量赋值。

(3) 游标操作，该操作引用在函数中声明、打开、关闭和释放的局部游标。不允许使用 FETCH 语句将数据返回到客户端。仅允许使用 FETCH 语句通过 INTO 子句给局部变量赋值。

(4) TRY…CATCH 语句以外的流控制语句。

(5) SELECT 语句，该语句包含具有为函数的局部变量赋值的表达式的选择列表。

(6) INSERT、UPDATE 和 DELETE 语句，这些语句修改函数的局部表变量。

12.4.1 多语句表值函数

返回 table 数据类型的用户定义函数功能强大,可以替代视图。这些函数称为表值函数。表值函数分为内联(inline)表值函数和多语句表值函数。在 Transact-SQL 查询中允许使用表或视图表达式的情况下,可以使用表值用户定义函数。视图受限于单个 SELECT 语句,而用户定义函数可包含更多语句,这些语句的逻辑功能可以比视图中的逻辑功能更加强大。

表值用户定义函数还可以替换返回单个结果集的存储过程。可以在 Transact-SQL 语句的 FROM 子句中引用由用户定义函数返回的表,但不能引用返回结果集的存储过程。

以下示例创建了表值函数 ufn_FindEmployees(MgrID)。如果提供一个有效经理的员工 ID,该函数将返回一个表,该表对应于该经理管理的所有雇员。

【例 12-15】 多语句表值函数

```
USE AdventureWorks;
GO
IF OBJECT_ID (N'dbo.ufn_FindEmployees', N'TF') IS NOT NULL
   DROP FUNCTION dbo.ufn_FindEmployees;
GO
CREATE FUNCTION dbo.ufn_FindEmployees (@ MgrID INTEGER)
RETURNS @ retEmployees TABLE --返回表值
(  --以下是返回的表的结构的定义
    EmployeeID int primary key NOT NULL,
    Title nvarchar(50) NOT NULL,
    HireDate DateTime NOT NULL
)
--返回向指定员管理的所有员工列表
AS
BEGIN
--指定临时命名的结果集的名称为 ManagingEmployees
WITH ManagingEmployees(EmployeeID,Title,HireDate) AS
(
select e.EmployeeID,e.Title,e.HireDate
  FROM Humanresources.Employee e, HumanResources.Employee m
  WHERE e.ManagerID=m.EmployeeID and m.EmployeeID=@MgrID
)
--从函数的结果中拷贝需要的列
   INSERT @ retEmployees
   SELECT EmployeeID,Title,HireDate
   FROM ManagingEmployees
   RETURN
END;
GO
```

执行上面函数的示例

```
SELECT EmployeeID, Title,HireDate
FROM dbo.ufn_FindEmployees(6)
GO
```

执行的结果如下：

```
EmployeeID  Title                                        HireDate
----------- -------------------- ---------------------------------
2           Marketing Assistant        1997-02-26 00:00:00.000
46          Marketing Specialist       1999-01-13 00:00:00.000
106         Marketing Specialist       1999-02-13 00:00:00.000
119         Marketing Specialist       1999-02-19 00:00:00.000
203         Marketing Specialist       1999-04-03 00:00:00.000
269         Marketing Assistant        2001-02-07 00:00:00.000
271         Marketing Specialist       2001-03-10 00:00:00.000
272         Marketing Assistant        2001-03-17 00:00:00.000

(8 行受影响)
```

12.4.2 标量函数

用户定义标量函数返回在 RETURNS 子句中定义的类型的单个数据值。对于内联标量函数，没有函数体；标量值是单个语句的结果。对于多语句标量函数，定义在 BEGIN…END 块中的函数体包含一系列返回单个值的 Transact-SQL 语句。返回类型可以是除 text、ntext、image、cursor 和 timestamp 外的任何数据类型。

以下示例创建了一个多语句标量函数。此函数输入一个值 ProductID，而返回一个单个数据值(指定库存产品的聚合量)。

【例 12-16】 返回产品库存量的标量函数

```
USE AdventureWorks;
GO
IF OBJECT_ID (N'dbo.ufnGetInventoryStock', N'FN') IS NOT NULL
   DROP FUNCTION ufnGetInventoryStock;
GO
CREATE FUNCTION dbo.ufnGetInventoryStock(@ProductID int)
RETURNS int
AS
-- 返回产品的库存量
BEGIN
    DECLARE @ret int;
    SELECT @ret=SUM(p.Quantity)
    FROM Production.ProductInventory p
    WHERE p.ProductID=@ProductID
        AND p.LocationID='6';
     IF (@ret IS NULL)
```

```
        SET @ret=0
    RETURN @ret
END;
GO
```

以下代码使用 ufnGetInventoryStock 函数返回 ProductModelID 为 75 到 80 之间的产品的当前库存量。

```
USE AdventureWorks;
GO
SELECT ProductModelID, Name,
dbo.ufnGetInventoryStock(ProductID)AS CurrentSupply
FROM Production.Product
WHERE ProductModelID BETWEEN 75 and 80;
GO
```

12.4.3 内联表值函数

内联表值函数和视图的相似之处是它们返回的表都是由一个查询定义的，然而，内联表值函的查询可以有参数，而视图没有。所以，可以把内联表值函数看做是参数化的视图。实际上，SQL Server 对内联函数和视图的处理非常相似。查询处理器用内联函数的定义替换其引用，即查询处理器展开内联函数的定义并生成一个访问基表的执行计划。实际使用内联函数时，可以将它看做一个参数化的视图，它一样也可以从中删除和修改数据，最终删除和修改的同样是基表的数据。

不同于标量函数和多语句表值函数，不能在内联表值函数体内使用 BEGIN…END 语句块，只能指定一个 RETURNS 子句和一个查询，而且不能对返回的表的结构进行定义。

以下示例创建了一个内联表值函数。此函数的输入参数为客户（商店）ID，而返回 ProductID、Name 以及 YTD Total（销售到商店的每种产品的本年度节截止到现在的销售总额）列。

【例 12-17】 内联表值函数

```
USE AdventureWorks;
GO
IF OBJECT_ID (N'Sales.ufn_SalesByStore', N'IF') IS NOT NULL
    DROP FUNCTION Sales.ufn_SalesByStore;
GO
CREATE FUNCTION Sales.ufn_SalesByStore (@storeid int)
RETURNS TABLE
AS
RETURN
(
    SELECT P.ProductID, P.Name,
SUM(SD.LineTotal) AS 'YTD Total'
    FROM Production.Product AS P
```

```
        JOIN Sales.SalesOrderDetail AS SD
ON SD.ProductID=P.ProductID
        JOIN Sales.SalesOrderHeader AS SH
ON SH.SalesOrderID=SD.SalesOrderID
    WHERE SH.CustomerID=@storeid
    GROUP BY P.ProductID, P.Name
);
GO
```

以下示例调用此函数并指定客户 ID 为 602。

```
SELECT * FROM Sales.ufn_SalesByStore (602);
```

对于多语句表值函数，在 BEGIN…END 语句块中定义的函数体包含一系列 Transact-SQL 语句，这些语句可生成行并将其插入将返回的表中。

12.5 Transact-SQL 触发器

触发器的作用主要用于实现数据完整性，它比通过主键、外键、非空约束、唯一性约束、检查约束和默认值约束等更加灵活，可以实现复杂的数据完整性，比如，在非工作时间（周六、周日等）不允许修改账号的信息、不允许降低员工的工资等。触发器不仅可以实现复杂的数据完整性，还可以实现审核更改以及更多的功能。

触发器有数据库触发器和应用程序触发器。数据库触发器是通过数据库的可编程 SQL 语言实现的触发器，通过数据库服务器的执行保证数据完整性，而应用程序触发器是通过应用程序的执行逻辑保证数据完整性。应用程序触发器可以是运行在客户机上也可以运行在应用服务器或数据库服务器上。大多数情况下，触发器指的是数据库触发器。本章讲述的内容全部是数据库触发器，如果不作特别的说明，后面叙述中的触发器即指的是数据库触发器。

触发器是数据库服务器中发生事件时自动执行的特殊存储过程。它与存储过程经历的过程类似（分析、解析和优化）。但是触发器没有接口（输入参数和输出参数），不能被显示调用，只有当某一事件（触发器定义的触发事件）发生时由数据库服务自动执行。

触发器是引发它的事务的一部分。也就是说，只有触发器被正确执行，该事务才可能被认为是完整的。如果触发器中的代码执行 ROLLBACK TRANSACTION（回滚事务）或发生错误，将回滚触发器及其所在事务的所有操作。

12.5.1 Transact-SQL 触发器基本概念

SQL Server 支持 DML（数据操纵语言）触发器、DDL（数据定义语言）触发器与登录触发器。它既可以使用 Transact-SQL 开发也可以使用 .NET 开发。

如果要通过数据操纵语言（DML）事件修改数据，则执行 DML 触发器。DML 事件是针对表或视图的 INSERT、UPDATE 或 DELETE 语句。

约束和DML触发器在特殊情况下各有优点。DML触发器的主要优点在于它们可以包含使用Transact-SQL代码的复杂处理逻辑。因此,DML触发器可以支持约束的所有功能;但DML触发器对于给定的功能并不总是最好的方法。

你应当记住的一个原则是,如果能够通过约束实现数据完整性,那么就使用约束实现。如果无法通过约束实现数据完整性,尝试使用存储过程能否实现,让存储过程在确定更新之前先执行检查。只有在这些方法都无法实现数据完整性时才使用触发器。关于触发器如何实现数据完整性的详细描述请参考本书7.5节。

12.5.2 DML触发器

SQL Server中,定义DML触发器的基本格式为:

```
CREATE TRIGGER <触发器名>
    ON {<表名>|<视图名>}
    {FOR | AFTER|INSTEAD OF} <触发事件>
    AS <SQL语句>
```

其中,触发事件为DML语句:INSERT、UPDATE或DELETE。

DML有两种类型的触发器,INSTEAD OF触发器和AFTER触发器。

(1) INSTEAD OF触发器

与7.5节中介绍的触发器不同,SQL Server中提供了INSTEAD OF触发器。执行INSTEAD OF触发器将代替通常的触发动作(因此称为INSTEAD OF触发器)。还可为带有一个或多个基表的视图定义INSTEAD OF触发器,而这些触发器能够扩展视图可支持的更新类型。

(2) AFTER触发器

在执行了INSERT、UPDATE或DELETE语句操作之后(因此为AFTER触发器)执行AFTER触发器。AFTER触发器只能在表上指定。

表12-5对AFTER触发器和INSTEAD OF触发器的功能进行了比较。

表12-5 INSTEAD OF与AFTER触发器的比较

项　目	INSTEAD OF触发器	AFTER触发器
适用范围	表和视图	表
每个表或视图包含触发器的数量	每个触发操作(UPDATE、DELETE和INSERT)包含一个触发器	每个触发操作(UPDATE、DELETE和INSERT)包含多个触发器
级联引用	不允许在作为级联引用完整性约束目标的表上使用INSTEAD OF UPDATE和DELETE触发器	无任何限制条件
执行	早于: 约束处理 替代: 触发操作 晚于: 创建插入的和删除的表	晚于: 约束处理 声明性引用操作 创建插入的和删除的表 触发操作

需要注意的是 AFTER 触发器晚于约束执行，而 INSTEAD OF 触发器先于约束执行。例如当插入一个记录到某一子表中时，对于 AFTER 触发器，会先检查插入的记录是否违反了引用约束条件，即插入的外码列的值是否是父表中主码列的值，而对于 INSTEAD OF 触发器则会先执行触发器。

12.5.3　deleted 表和 inserted 表

DML 触发器语句使用两种特殊的表：删除的表 deleted 和插入的表 inserted。SQL Server 会自动创建和管理这两种表。可以使用这两种驻留内存的临时表来测试特定数据修改的影响以及设置 DML 触发器操作条件。但不能直接修改临时表中的数据或对表执行数据定义语言(DDL)操作。

在 DML 触发器中，inserted 和 deleted 表主要用于执行以下操作：

(1) 扩展表之间的参照完整性。

(2) 在以视图为基础的基表中插入或更新数据。

(3) 检查错误并采取相应的措施。

(4) 找出数据修改前后表的状态差异并基于该差异采取相应的措施。

(5) 删除的表用于存储 DELETE 和 UPDATE 语句所影响的行的副本。在执行 DELETE 或 UPDATE 语句的过程中，行从触发器表中删除，并传输到删除的表中。删除的表和触发器表通常没有相同的行。

(6) 插入的表用于存储 INSERT 和 UPDATE 语句所影响的行的副本。在执行插入或更新事务过程中，新行会同时添加到 inserted 表和触发器表中。插入表中的行是触发器表中的新行的副本。

(7) 更新事务类似于在删除操作之后执行插入操作；首先，旧行被复制到删除的表中，然后，新行被复制到触发器表和插入的表中。

在下面介绍的例 12-18 触发器示例中，插入的记录即存储在插入表 inserted 中。

12.5.4　AFTER 触发器

DML AFTER 触发器在触发语句的操作后执行。AFTER 触发器只能在持久表上创建，不能在临时表或视图上创建。可以为特定的 DML 语句或语句列表创建触发器，包括 INSERT、UPDATE 和 DELETE。

因为 AFTER 触发器是在触发语句的操作后执行，因此，如果定义在表上的约束拒绝修改操作，则该表的所有 AFTER 触发器都不会被执行。

SQL Server 中，AFTER 触发器按语句触发而不是按行触发，无论触发的语句操作影响了多少行(包括 0 行、1 行或多行)触发器都会执行一次且仅执行一次。

可以为每一种修改操作的语句定义多个触发器。如果一个表的同一个操作(如 UPDATE)上有多个触发器，它们将顺序执行，你只能使用 sp_settriggerorder 系统存储过程标记第一个和最后一个执行的触发器，而中间的触发器则是按随机的顺序执行。

创建触发器使用 CREATE TRIGGER 命令。例 12-8 中的触发器示例创建了一个名为

LowCredit 的触发器，该触发器的触发事件为表 Purchasing. PurchaseOrderHeader（该表的列 VendorID 表示厂商编号，PurchaseOrderID 表示订单编号）的 INSERT 操作，即每当插入一条记录到表中后就会自动执行触发器的代码。

查询时首先从 inserted 表中得到插入记录（插入的新订单）的厂商的编号 inserted. VendorID，然后使用插入记录中的厂商编号到厂商基本信息表 Purchasing. Vendor（该表中的 VendorID 列表示厂商编号，CreditRating 列表示该厂商的信用等级，信用等级的值越小表示等级越高）。

如果厂商的信用等级等于 5（表明信用等级太低），则程序使用系统函数 RAISEERROR 抛出一个错误信息，错误的严重级别为 16，RAISEERROR 函数中的第 3 个参数 1 表示状态，可以使用它定位程序出错的位置。如果信用等级太低，程序使用 ROLLBACK TRANSACTION 语句撤销当前事务。

【例 12-18】 触发器示例

```
USE AdventureWorks
GO
-- 如果触发器存在则删除它
IF OBJECT_ID ('Purchasing.LowCredit','TR') IS NOT NULL
   DROP TRIGGER Purchasing.LowCredit
GO

-- 在表 Purchasing.PurchaseOrderHeader 的 insert 操作
-- 上创建触发器 LowCredit
CREATE TRIGGER LowCredit ON Purchasing.PurchaseOrderHeader
AFTER INSERT
AS
DECLARE @creditrating tinyint,@vendorid int
SELECT @creditrating=v.CreditRating, @vendorid=p.VendorID
FROM Purchasing.PurchaseOrderHeader p INNER JOIN inserted i
        ON p.PurchaseOrderID=  i.PurchaseOrderID
     JOIN Purchasing.Vendor v on v.VendorID=i.VendorID
IF @creditrating=5
BEGIN
RAISERROR ('订单中厂商的信用等级太低不能接收新订单', 16, 1)
ROLLBACK TRANSACTION
END
```

测试触发器前先查询厂商基本信息表，使用如下的命令：

```
select VendorID,CreditRating from Purchasing.Vendor
  Order by CreditRating desc
```

查询结果如下（只显示一部分）：

```
VendorID    CreditRating
------------------------
22          5
```

```
63          5
84          4
36          4
37          3
10          3
75          3
71          3
8           3
30          3
31          3
33          2
28          2
77          2
86          2
38          2
93          2
```

在下面的测试中将使用厂商编号为 22(信用等级为 5)和编号为 93(信用等级为 2)的两个记录。

使用下面的命令检查订单基本信息表中的订单个数。

```
select count(*) from Purchasing.PurchaseOrderHeader
```

查询的结果如下：

```
-----------
4000

(1 行受影响)
```

使用下面的命令插入一个新订单，其中，订单的编号由系统自动生成，员工的编号为 198，厂商的编号为 22，订单的日期使用系统当前的日期(由系统函数 get_date 返回)，订单的发货类型编号为 5。由于这里只是测试触发器，所以并不关心插入数据的合理性，只要符合订单基本信息表的约束条件即可。

```
insert into Purchasing.PurchaseOrderHeader
  (EmployeeID,VendorID,OrderDate,ShipMethodID)
  values(198,22,getdate(),5);
```

在成功创建触发器后，执行上面的插入操作命令，显示如下的结果：

```
消息 50000，级别 16，状态 1，过程 LowCredit，第 15 行
订单中厂商的信用等级太低不能接收新订单
消息 3609，级别 16，状态 1，第 1 行
事务在触发器中结束。批处理已中止。
```

为了验证新订单是否插入到表中，查询表中订单的数量，验证的结果与前面所显示的数量相同，说明新订单没有插入到订单基本信息表中。

接下来使用下面的命令插入另一个新订单，该订单中厂商的编号为 93，该厂商基本信

息中可知该厂商的信用等级为 2,符合触发器规定的厂商信用等级要求。

```
insert into Purchasing.PurchaseOrderHeader
  (EmployeeID,VendorID,OrderDate,ShipMethodID)
  values(198,93,getdate(),5);
```

执行结果如下:

```
(1 行受影响)
```

说明新订单插入成功。仍然查询表中订单的数量,查询的结果如下所示:

```
-----------
4001
(1 行受影响)
```

12.5.5 INSTEAD OF 触发器

INSTEAD OF 触发器代替提交到目标对象上的原始修改(触发语句操作的结果)。在 7.5 节中介绍过 BEFORE 触发器,INSTEAD OF 触发器不是原触发语句执行前的 BEFORE 触发器(SQL Server 不支持 BEFORE 触发器),而是要替代该语句,这意味着触发语句永远也不会对表进行修改。例如,你在一个表的 UPDATE 操作上定义了 INSTEAD OF 触发器,当使用 UPDATE 语句对该表进行修改操作时,UPDATE 不会对表执行操作,而是由定义的 INSTEAD OF 触发器代替 UPDATE 语句执行更新操作,这也是为什么该类触发器被称为 INSTEAD OF 触发器的原因。

虽然原触发语句不对表进行修改,但它还是完成了一些操作,这就是 inserted 和 deleted 表中的内容是由原语句的操作结果决定的,这两个表保存的只是需要更新的数据而不是实际更新的数据。如果你在 INSTEAD OF 触发器中不执行任何操作,原始更改将消失。

与 AFTER 触发器不同,INSTEAD OF 触发器不仅可以在表上创建,还可以在视图上创建。但每个表或视图的同一种操作(如 UPDATE)上只能定义一个触发器。

INSTEAD OF 触发器在约束之前被触发,这就意味着你可以识别出因违反约束而失败的操作并用正确的操作去替换它。例如,当插入的一些记录中含有重复的主键值时,由于违反约束所有的插入操作都会被回滚。如果你想改变这一规定,可以在 INSERT 操作上定义一个 INSTEAD OF 触发器,过滤掉那些有重复键值的记录,而将没有问题的记录插入到表中。

【例 12-19】 INSTEAD OF 触发器示例

这是一个 INSTEAD OF 触发器,它的触发操作是对视图 Employee 的 INSERT 操作。视图 Employee 是基于个人信息表 Person 和员工信息表 EmployeeTable 创建的。在创建触发器前需要使用下面的命令创建表和视图。

(1) 创建个人信息表 Person

```
--创建个人信息表,其中 SSN 是社会安全号码
CREATE TABLE Person
```

```
  (
   SSN          char(11) PRIMARY KEY,
   Name         nvarchar(10),
   Address      nvarchar(32),
   Birthdate    datetime
  );
--创建员工信息表
```

(2) 创建员工信息表 EmployeeTable

```
CREATE TABLE EmployeeTable
  (
   EmployeeID       int PRIMARY KEY,
   SSN              char(11) UNIQUE,
   Department       nvarchar(10),
   Salary           money,
   CONSTRAINT FKEmpPer FOREIGN KEY (SSN)
   REFERENCES Person (SSN)
  );
```

(3) 创建视图 Employee

```
--下面的视图使用两个表中的所有相关数据建立报表
CREATE VIEW Employee AS
SELECT P.SSN as SSN, Name, Address,
      Birthdate, EmployeeID, Department, Salary
FROM Person P, EmployeeTable E
WHERE P.SSN=E.SSN;
```

(4) 创建表 PersonDuplicates

```
--可记录对插入具有重复的社会安全号的行的尝试。PersonDuplicates 表
--记录插入的值、尝试插入操作的用户的用户名和插入的时间
CREATE TABLE PersonDuplicates
  (
   SSN            char(11),
   Name           nvarchar(10),
   Address        nvarchar(32),
   Birthdate      datetime,
   InsertSNAME    nchar(12),
   WhenInserted   datetime
  );
```

(5) 创建 INSTEAD OF 触发器 IO_Trig_INS_Employee

```
CREATE TRIGGER IO_Trig_INS_Employee ON Employee
INSTEAD OF INSERT
AS
BEGIN
```

```
SET NOCOUNT ON
-- 检查重复输入的个人信息.如果没有重复的,则插入
IF (NOT EXISTS (SELECT P.SSN
      FROM Person P, inserted I
      WHERE P.SSN=I.SSN))
   INSERT INTO Person
      SELECT SSN,Name,Address,Birthdate
      FROM inserted
--如果有重复的
ELSE
-- 将重复的个人信息记录插入到 PersonDuplicates 表
   INSERT INTO PersonDuplicates
      SELECT SSN,Name,Address,Birthdate,
SUSER_SNAME(),GETDATE()
      FROM inserted
-- 检查重复的员工信息.如果没有重复的则插入
IF (NOT EXISTS (SELECT E.SSN
      FROM EmployeeTable E, inserted
      WHERE E.SSN=inserted.SSN))
   INSERT INTO EmployeeTable
      SELECT EmployeeID,SSN, Department, Salary
      FROM inserted
ELSE
--如果有重复的员工信息,修改员工信息表的已经存在的
--be a duplicate key violation error
   UPDATE EmployeeTable
      SET EmployeeID=I.EmployeeID,
          Department=I.Department,
          Salary=I.Salary
   FROM EmployeeTable E, inserted I
   WHERE E.SSN=I.SSN
END
```

(6) 插入正确记录并查询结果。下面插入的两条记录均符合要求

```
INSERT INTO Employee VALUES('1011082007','Peter',
   'Beijing,Haidian','1980-12-10',1,'技术部',120000.00)
INSERT INTO Employee VALUES('1011082008','Peter',
   'Beijing,Haidian','1979-1-10',2,'技术部',160000.00)
```

查询表 Person,结果如下:

```
SSN         Name     Address                        Birthdate
----------- -------- ------------------------------ -----------------------
1011082007  Peter    Beijing,Haidian                1980-12-10 00:00:00.000
1011082008  Peter    Beijing,Haidian                1979-01-10 00:00:00.000
```

```
(2 行受影响)
```

查询表 EmployeeTable，结果如下：

```
EmployeeID  SSN          Department Salary
----------- ----------- ---------- ---------------------
1           1011082007   技术部      120000.00
2           1011082008   技术部      160000.00

(2 行受影响)
```

查询表 PersonDuplicates，结果如下：

```
SSN         Name        InsertSNAME  WhenInserted
----------- ---------- ------------ -----------------------

(0 行受影响)
```

(7) 插入有相同 SSN 的错误记录。使用下面的命令插入一条记录

```
INSERT INTO Employee VALUES('1011082007','Peter',
    'Beijing,Haidian','1980-12-10',1,'技术部',120000.00)
```

查询表 Person 与 EmployeeTable 结果与执行插入前相同，说明记录没有插入到这两个表中，但 PersonDuplicates 表的内容如下：

```
SSN          Name        InsertSNAME     WhenInserted
----------- ---------- ------------ -----------------------
1011082007   Peter       GUO\ggs         2007-10-28 10:04:26.793

(1 行受影响)
```

该触发器还有需要验证的内容，请读者自行验证。

12.6　ADO.NET

ADO.NET(ActiveX Data Objects for the .NET Framework)是微软 .NET Framework (.NET FrameWork)中访问数据库的一组对象(类库)，它包含用于连接数据库、执行命令和检索结果的 .NET Framework 数据提供程序，其结构如图 12-1 所示。

从图 12-1 可以看出，ADO.NET 有两个基本组成部分，数据提供程序(Data Provider)和数据集(DataSet)。数据提供程序用于从数据库中读取数据，数据集用于缓存数据提供程序从数据库中读出的数据。

数据提供程序中有四个主要的对象(实际上是类，在 .NET 中将类称为对象)：Connection(连接)、DataAdapter(数据适配器)、Command(命令)和 DataReader(数据读取器)，而数据适配器对象中包含了四个主要的命令对象作为它的属性，这些命令对象分别存储用于访问数据库的查询、插入、更新和删除命令，它们可以是 Transact-SQL 命令也可以

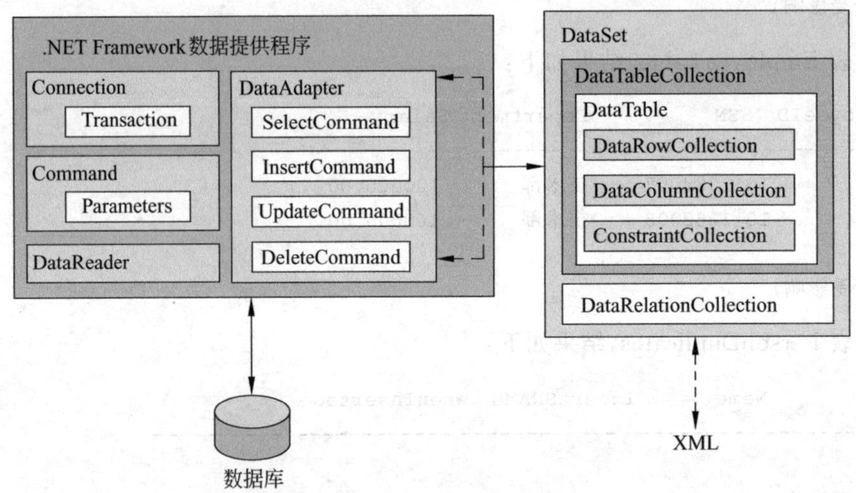

图 12-1 ADO. NET 的结构

是存储过程或表。

数据集包含了一个数据表的集合(类型为 DataTableCollection),你可以将它看做是一个小型的本地数据库,而每个数据表(类型为 DataTable)中又包含了一个记录集(类型为 DataRowCollection)、列集(类型为 DataColumnCollection)和约束集(ConstraintCollection)。通过这些集合可以访问数据集中的某个数据表(DataTable)的列(DataColumn)、约束(Constraint)和记录(DataRow)信息。数据集与数据提供程序交互,它缓存数据提供程序从数据库检索的结果数据并通过数据提供程序将更新的数据保存到数据库。

例 12-20 是一个 C# 语言的 Windows 控制台程序。它使用 ADO. NET 连接 SQL Server 2005 示例数据库 AdventureWorks,从数据库的 HumanResources. Department 表中查询数据并打印到屏幕上,然后插入一个新的记录到表中并将结果保存到数据库。

为了减少篇幅,我们提供的是一个控制台示例。如果是一个 Windows 应用程序,可以使用 Visual Studio .NET 通过拖放的方式自动产生代码,需要手工编写的代码很少。但如果你想深入理解 ADO. NET 的基本概念与方法,建议在使用自动代码生成之前完全用手工编写一些 ADO. NET 程序。

【例 12-20】 ADO. NET 简单示例-C#语言

```
using System;
using System.Collections.Generic;
using System.Text;
using System.Data;
using System.Data.SqlClient;

namespace ADONET简单示例
{
    class Program
    {
        static void Main(string[] args)
```

```
{
    // 创建一个连接对象
    SqlConnection conn=new SqlConnection();
    // 设置连接对象的连接字符串
    conn.ConnectionString="Persist Security Info=False;"+
        "Integrated Security=true;"+
        "Initial Catalog=AdventureWorks;Server=(local)";

    // 设置查询命令字符串
    String strSQL="SELECT DepartmentID,Name,"+
        "GroupName,Modifieddate "+
        "FROM HumanResources.Department";

    //创建一个数据适配器
    SqlDataAdapter da=new SqlDataAdapter(strSQL, conn);

    // 构造插入命令准备将更新保存到数据库,它有三个参数
    // 注意,Department 表的 DepartmentID 列是自动生成的
    String strInsertSQL="INSERT INTO HumanResources.Department"+

            "([Name],GroupName,ModifiedDate)"
            +" VALUES(@DeptName,@DeptGroup,@DeptModified)";
    // 创建插入命令对象
    da.InsertCommand=new SqlCommand(strInsertSQL, conn);
    // 设置插入命令的参数,@DeptName 是参数名
    da.InsertCommand.Parameters.Add("@DeptName",
       SqlDbType.NVarChar,0,"Name");
    da.InsertCommand.Parameters.Add("@DeptGroup",
       SqlDbType.NVarChar,0,"GroupName");
    da.InsertCommand.Parameters.Add("@DeptModified",
       SqlDbType.DateTime,0,"ModifiedDate");

    //创建一个空的数据集
    DataSet ds=new DataSet();

    // 执行数据适配器的查询并将查询结果
    // 创建并将查询结果填充数据集的 Department 表
    da.Fill(ds,"Department");

    // 打印数据集中所有表的列和记录
    foreach (DataTable table in ds.Tables)
    {
        // 打印列名和数据类型
        foreach (DataColumn col in table.Columns)
            Console.WriteLine("{0}--{1}",col.ColumnName,
```

```
                col.DataType);
            //打印记录
            foreach (DataRow row in table.Rows)
            {
                foreach (DataColumn col in table.Columns)
                    Console.Write("{0},", row[col]);
                Console.WriteLine();
            }
        }

        //获取数据集中的表 Department,也可以使用下标 ds.Tables[0]
        DataTable dept=ds.Tables["Department"];

        //创建一个新的记录
        DataRow newRow=dept.NewRow();
        //设置新记录各列的值
        newRow["Name"]="后勤部";
        newRow["GroupName"]="S";
        newRow["ModifiedDate"]="2008-5-2";

        //将新记录添加到数据集的 Department 表中
        dept.Rows.Add(newRow);

        //将 dept 表的更新写到数据库
        da.Update(dept);
    }
  }
}
```

12.6.1 数据提供程序

.NET Framework 数据提供程序用于连接到数据库、执行命令和检索结果。可以直接处理检索到的结果,或将其放入 ADO.NET DataSet 对象,以便与来自多个源的数据组合在一起。

表 12-6 列出了.NET Framework 中包含的.NET Framework 数据提供程序。

表 12-6 .NET Framework 数据提供程序的类型

.NET Framework 数据提供程序	说 明
SQL Server	提供对 Microsoft SQL Server 7.0 版或更高版本的数据访问。使用 System.Data.SqlClient 命名空间
OLE DB	适合于使用 OLE DB 公开的数据源。使用 System.Data.OleDb 命名空间
ODBC	适合于使用 ODBC 公开的数据源。使用 System.Data.Odbc 命名空间
Oracle	适用于 Oracle 数据源。Oracle .NET Framework 数据提供程序支持 Oracle 客户端软件 8.1.7 版和更高版本,使用 System.Data.OracleClient 命名空间

开放式数据互联 ODBC(Open DataBase Connectivity)是微软公司推出的一种访问数据库的接口(一个 C 语言 API),通过 ODBC 可以访问支持该接口的数据库,这些数据库被称为 ODBC 数据源,大部分关系数据库都支持 ODBC。

对象连接与嵌入数据库(ObjectLinking and Embeding DataBase)数据源是微软提出的用于访问更多类型的接口(一个 COM 接口),它可以访问包括关系数据库、文件系统、消息存储区、目录服务、工作流和文档存储区中的数据。

ADO. NET 针对这两种类型的数据源提供了数据提供程序,实际上它是 ADO. NET 对这两个接口的封装,简化了数据库访问的编程。也可以直接使用 ODBC 编程而不使用 ADO. NET,因为 ODBC API 是一个 C 语言编程接口,因此,你必须使用 C 语言调用这些 API 来完成特定的操作。

除此之外,数据提供程序还专门针对 SQL Server 和 Oracle 提供了数据提供程序。

如果要访问 SQL Server 数据库,则可以使用 SQL Server、OLE DB 和 ODBC 三种数据提供程序,但 SQL Server 数据提供程序提供了更好的性能和更多的特性(这些特性可能只有 SQL Server 数据库才具有),因此,大多数情况下还是应该使用 SQL Server 数据提供程序访问 SQL Server 数据库。对于 Oracle 数据库首先应当考虑选择 Oracle 数据提供程序。如果需要访问并处理不同数据库中的数据,就只能选择 OLE DB 和 ODBC 数据提供程序。

除了性能和具有的功能不同外,使用不同的数据提供程序编写程序的方法也有一些微小的区别。比如,使用 ODBC 数据提供程序需要先在 Windows 下配置 ODBC 数据源,其连接字符串的属性与使用其他的数据提供程序也有一些区别。但这些不同的数据提供程序的基本原理与方法是相同的,因此,掌握一种数据提供程序的编程基本上等于掌握了所有的数据提供程序。例 12-20 使用了 SQL Server 数据提供程序。

1. 连接到数据源

为了将数据引入应用程序(并将更改发回数据源),需要建立某种双向通信机制。这种双向通信机制通常由一个连接对象处理,连接对象通过它连接到数据源时所需的连接字符串进行配置。例如,例 12-20 中使用了创建一个用于连接 SQL Server 数据库的 SqlConnection 连接对象 conn,它配置了连接对象 conn 的连接字符串属性 ConnectString,其中的内容是一组属性名/值对,例如,

```
Initial Catalog=AdventureWorks
```

设置初始数据库为 AdventureWorks。

连接对象创建后并不与数据库建立连接,可以使用 Open 方法显式打开与数据库的连接并使用 Close 方法关闭与数据库的连接。如果没有显式打开连接,则在执行命令时会隐式打开与数据库的连接。

2. 查询数据

可以使用 Transact-SQL 命令也可以使用存储过程查询数据库的数据,无论是哪种方法,查询操作都只能在数据库服务器上完成,因此,设置连接信息与构建要执行的命令是必

须做的事情。例 12-20 中创建连接了一个连接对象并将执行查询的命令存储到一个字符串中。之后，利用连接对象和 SQL 命令创建了一个数据适配器。当然，也可以创建一个 SqlCommand 命令对象来完成查询。数据适配器 SqlDataApter 实际上是一个组合工具，将连接对象、命令对象作为它的属性组合起来，而你完全可以单独使用这些对象完成同样的查询功能。数据适配器本身无法存储查询的结果，它只能将查询结果转给数据集。例 12-20 中的

```
da.Fill(ds,"Department");
```

即是使用连接对象 conn 打开与数据库的连接并在数据库执行 strSQL 定义的查询命令，最后将查询结果填充到数据集对象 ds 的 Department 数据表中。执行数据适配器对象的 Fill 方法后，数据集中保存了数据适配器执行的查询结果。

3. 更新数据

如果要将数据集中的更新写到数据库中必须构造相应的更新命令，该命令应当是一个参数化的命令。数据适配器 SqlDataAdapter 对象共有 4 个类型为 SqlCommand 的命令对象属性：SelectCommand、InsertCommand、UpdateCommand 和 DeleteCommand，分别用于查询、插入、更新和删除，根据需要可以构建相应的命令。例 12-20 中有查询和插入记录的操作，查询命令是通过传递给 SqlDataAdpater 对象 da 的参数 strSQL 自动构建的，所以示例中只构建了插入命令。插入命令共有三个参数：@DeptName、@DeptGroup 和 @DeptModified，分别与列 Name、GroupName 和 ModifiedDate 对应，代码如下：

```
da.InsertCommand.Parameters.Add("@DeptName",
    SqlDbType.NVarChar,0,"Name");
```

创建命令对象中的参数@DeptName，它的类型为 SqlDbType. NVarChar，长度 0(使用默认值 4000)，对应的列名为 Name。当调用 SqlDataApater 对象的 Update 方法时，SqlDataApater 对象根据数据集中更新的信息选择相应的命令将数据集中的更新写到数据库。

12.6.2 数据集

数据集与数据库并没有连接关系，它只是一个用于存储数据的数据结构。完全可以编写自己的数据结构用于存储查询结果或其他数据，但使用数据集 DataSet 会极大地简化编程工作。可以使用数据适配器查询数据库并将结果存储到数据集中。

数据集 DataSet 对象允许在任何时候查看 DataSet 中任意行的内容。DataSet 中的 Tables 是一个 DataTableCollection 对象，它存储了数据集中所有的数据表，所以，可以通过 DataSet 对象的 Tables 属性获取相应的表。例 12-20 中的

```
foreach (DataTable table in ds.Tables)
```

是对数据集 ds 中的每个表进行循环。

可以使用下标访问 DataSet 中的表，例如，ds. Tables[0]是访问数据集 ds 中的第 1 个

表，也可以使用表名访问一个表，例如，ds. Tables["Department"]表示数据集中的名称为 Department 的表。

数据集中的表的类型为 DataTable，DataTable 对象的 Rows 是一个类型为 DataRowCollection 的集合对象，该集合中的元素类型为 DataRow，因此，可以通过 DataTable 的 Rows 属性访问表中的行(记录)。对于一个 DataRow 对象，可以使用下标也可以使用列名访问行中特定的列，例如，row[0] 表示行 row 中的第 1 列，row["GroupName"]表示行 row 中的 GroupName 列。

如果需要查看 DataTable 的结构，可以通过它的 Columns 属性，它是一个 DataColumnCollection 的集合，其中的元素类型为 DataColumn。与访问 DataRow 类似，可以使用下标也可以使用列名来访问一个特定的列。

有多种方法可以对 DataSet 进行修改，可以创建一个新的 DataTable 并将其添加到 DataSet 对象中，也可以对 DataSet 表中的行进行添加、修改和删除的操作。例 12-20 中的

```
DataRow newRow=dept.NewRow();
```

是利用已有的数据表 dept 的结构创建一个新行。后续的代码为该行的相应列赋值。

在完成这些更新操作后可以使用数据适配器将 DataSet 中的更新保存到数据库中。例 12-20中的

```
da.Update(dept);
```

即是将数据表 dept 的更新写到数据库中。可以选择将哪些更新写到数据库中，也可以将 DataSet 所有的更新全部写到数据库中，例如，

```
da.Update(ds);
```

即是将数据集 ds 的所有更新写到数据库中。

12.7 小　　结

访问数据库的编程方法有多种，基本的方法可以归纳为三大类：嵌入式编程、使用数据库可编程语言、通过编程平台提供的接口。

嵌入式编程是将扩展的 SQL 语句嵌入到某一种高级程序语言中，这部分内容在本书的第 4 章“嵌入式 SQL”一节有相应的介绍。这种编程方法虽然仍在一些应用开发中使用，但它已经不是主流的编程方式。

使用数据库可编程语言进行编程是最基本的数据库编程方式，几乎所有的复杂应用都应当考虑使用这种方式。也就是说如果能够通过存储过程或触发器完成的应用功能，都应当尽可能使用这种方法。不过它往往需要与其他两种编程方式结合起来使用才能够实现完整的功能。

目前有许多数据库的编程接口，如 ODBC、JDBC、ADO 和 ADO. NET 等，这些接口以不同方式提供访问数据库的编程。与嵌入式编程相比，这些编程接口的作用是简化数据库

编程,因此,大多数情况下应当选择使用这些编程接口并与数据库可编程语言结合起来实现完整的数据库编程。例如,可以使用 T-SQL 的存储过程完成一个特定的查询,然后在 ADO. NET 的程序中调用该存储过程并对查询的结果进行进一步的处理。

习 题

1. 什么是 Transact-SQL 语言?它的作用是什么?
2. Transact-SQL 有哪些过程类型?简述这些不同类型的过程的作用。
3. 什么是 Transact-SQL 存储过程?存储过程与非存储过程有哪些区别?存储过程的优缺点有哪些?
4. Transact-SQL 用户定义函数有哪些类型?各种不同类型的用户定义函数的区别是什么?
5. 简述 SQL Server 中的 inserted 表与 deleted 表的作用。
6. 什么是 Transact-SQL 触发器?AFTER 触发器与 INSTEAD OF 触发器有何区别?
7. 什么是 ADO. NET?ADO. NET 有哪几个组成部分?各组成部分的功能是什么?各组成部分相互之间的关系是什么?
8. 简述使用数据适配器和数据集查询数据、编辑数据和更新数据的方法。
9. 为什么 ADO. NET 要提供 4 种不同的数据提供程序?
10. 创建一个存储过程,执行该存储过程完成如下功能:查询示例数据库 AdventureWorks 中的订单基本信息表 Sales. SalesOrderHeader、客房基本信息表 Sales. Customer 和订单明细表 Sales. SalesOrderDetail,输出订单编号(SalesOrderID)、订单日期(OrderDate)、发货日期(ShipDate)、客户名称(CustomerID 为客户编号)和订单的总价,并将输出结果写到一个新建的表中。其中,订单的总价是由订单明细表中的各项产品的单价(UnitPrice)相加得到的,即每个订单的总价=SUM(产品数量(OderQty) * 产品单价(UnitPrice)。存储过程需要创建输出结果的表,如果输出结果表已经存在则需要在创建之前将其删除。
11. 创建一个触发器,完成如下功能:检查插入到订单明细表 Sales. SalesOrderDetail 中的信息,如果插入的记录中的订单编号在订单基本信息表中不存在,则提示"首先要在订单基本信息表 Sales. SalesOrderHeader 中插入订单××××(订单编号),该插入操作被取消"并撤销插入操作,否则,判断所插入的记录中的产品编号(ProductID)是否在订单明细表中存在,如果存在则将输入的产品数量与原有的数量相加,并使用插入记录中的产品单价更新原有的价格,否则,插入新的记录。

第13章

数据库的存储结构

数据库系统中的数据，比如关系、表、记录、属性和字段等，最终都必须以二进制位的形式存储在一个或多个物理存储设备上。物理存储设备的性能以及数据的具体存储结构，直接关系到数据库系统的性能。因为数据库管理系统的数据操作、查询优化和事务处理等任务都与数据库的存储结构密切相关。本章将首先简要介绍数据库的物理存储设备以及数据库的存储体系。然后在此基础上依次介绍记录的存储结构、数据文件的存储结构，以及索引文件的存储结构和相关的索引技术。最后，简要分析 SQL Server 数据库和 Oracle 数据库的存储结构。

13.1 数据库存储设备

13.1.1 物理存储设备概述

数据库系统的数据必须存储在物理存储设备上。存储设备的物理特性以及存储结构的好坏，直接关系到数据库系统的操作效率和整体性能。为了获取较高响应时间和操作性能，一般的数据库系统通常将各种不同的数据存放在不同的存储设备上。

目前，大多数计算机系统中都包含多种类型的存储设备。按照访问数据的速度、单位数据的存储成本以及存储介质的可靠性，可以将这些存储设备分为如下几类：

(1) 高速缓冲存储器(cache，简称高速缓存)

访问速度最快、价格最昂贵的一种存储器。这种存储器一般是集成电路或处理器芯片的一部分，存储空间比较小，存储的数据是主存储器中特定位置的数据副本。在数据库系统中，一般不需要考虑高速缓冲存储器的管理问题。因为高速缓冲存储器通常是由相关硬件设备管理的。

(2) 主存储器(main memory，简称主存，也称为内存)

计算机系统的重要组成部分，也是计算机活动的中心，主要用来存放 CPU 处理的程序指令和数据。主存储器采用随机直接访问技术，访问速度很快。主存储器的大小一般在几百 MB 到几个 GB 之间，但是相对于整个数据库系统的存储来说还是太小。在数据库系统中，除操作系统外，一般只将 DBMS、数据缓冲区、应用程序和部分正被处理的数据加载到主存储器中。主存储器在发生电源故障或系统崩溃时，所存储的内容通常会丢失。为了持久保存程序和数据，需要及时将主存储器中的内容转存到磁盘或磁带等外部存储设备中。

(3) 磁盘存储器(magnetic-disk storage,简称磁盘)

常见的外部存储设备之一,主要用来存放暂时不用但需联机存放的程序和数据。磁盘存储器的访问速度比主存储器慢很多,但是存储容量却比主存储器大很多,并且支持随机访问。在一般情况下,往往将整个数据库系统都存储在磁盘上。为了能够访问数据库中的数据,数据库系统必须将相关程序和数据从磁盘读取到主存储器中,完成相关的操作后,再将其写回到磁盘。磁盘存储的数据一般不会因为系统断电或系统崩溃而丢失,因此是一种持久性的存储设备。目前,单个磁盘的容量一般在几十 GB 到数百 GB 之间。现在数据库系统绝大部分采用磁盘作为外部辅助存储设备。而一个大型数据库可能需要上百个磁盘或者更多,以便构成海量存储。此时众多集成在一起的磁盘,往往被称为磁盘阵列(disk array)。

(4) 光学存储器(optical storage,俗称光盘)

是借助光存储技术来记录数据的一类设备,主要包括 CD(compact disk)和 DVD(digital versatile disk)。CD 和 DVD 一般统称为光盘。通常光盘是只读的,只提供预先记录的数据。但是,一些采用特殊存储介质的光盘,可以支持一次或多次数据写入。CD 的容量大约 700 MB,而 DVD 目前最大可达 17 GB。为了建立更大的光学存储空间,可以借助自动光盘机将大量的光盘集中起来构成光盘库。大型光盘库的存储容量可达几个 TB。光盘和光盘库是一种重要的辅助存储设备,但是数据库系统一般不将光盘作为联机存储设备,因为光盘的数据传输速率比磁盘慢。不过,只读光盘的使用寿命在正常情况下要比磁盘长,而且便于移动。因此,大部分情况下将光盘用于数据分发以及数据的归档存储。

(5) 磁带存储器(tape storage,简称磁带)

也是一种借助磁性介质来存储数据的辅助存储设备。磁带的特点是:数据访问必须从头顺序进行,访问速度比磁盘慢,不适合随机存取。但是磁带具有很大的容量(单个容量可高达数百 GB),并且可以从磁带设备中移出,因此适合于存储备份数据和归档数据。与光盘类似,磁带也可以通过自动磁带机来构建磁带库,建立大规模的存储空间。大型磁带库的存储容量可达 TB 级甚至 PB 级,因此在早期也将磁带存储器看做海量存储器。目前,除了磁带库外,磁盘阵列也可以实现海量存储。

13.1.2 存储器的层次结构

按照不同的数据访问速度和存储介质的成本价格,可以将上述存储器组织成如图 13-1 所示的层次结构。层次越高,数据访问速度越快;层次越低,存储介质的价格也越低。在存储器的层次结构中,高速缓冲存储器和主存储器一起称为基本存储器(primary storage)。基本存储器是整个数据库存储设备中的第一级存储器,其下为第二级辅助存储器(secondary storage)。辅助存储器也称为联机存储器(online storage),主要存储介质是磁盘。存储器层次结构的底层称为第三级存储器(tertiary storage)。第三级存储器中最常见的存储介质是光盘和磁带。

不同的存储器除了速度和成本问题外,还存在一个存储内容的易失性问题。易失性的存储器(volatile storage)在设备断电后将丢失所有内容。基本存储器一般都是易失性的;而辅助存储器和第三级存储器则是非易失性的。为了持久保存数据,必须将数据写到非易失

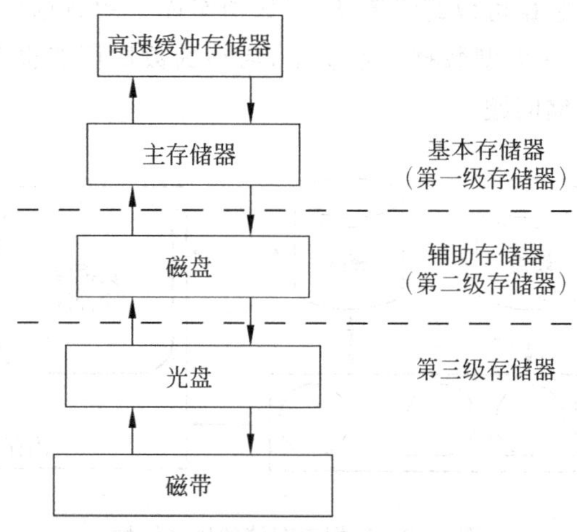

图 13-1　存储器的层次结构

性存储(nonvolatile storage)设备中。在现代数据库系统中，几乎所有正在使用的数据都存储在磁盘上，只有在极少数情况下才存储到光盘或磁带中。

13.1.3　数据库的存储体系

目前，大部分数据库系统都将数据存储在磁盘上。一个数据库被映射为一个或多个不同的磁盘文件，这些文件由底层的操作系统维护。每个文件被分成定长的存储单元，称为块(block)。块是一个逻辑单位，块的大小一般在 512 字节到几 KB 之间。块是分配磁盘空间的基本单位，也是磁盘和主存储器之间传输数据的基本单位。数据库管理系统在处理数据时，需要先以块为单位将磁盘上数据传输到主存储器中，在主存储器中处理完后，根据需要再将修改后的块写回磁盘永久保存。

一般，访问磁盘数据的速度要比访问主存储器慢几个数量级。因此，为了减少磁盘和主存储器之间传输的块数，减少磁盘 I/O 访问的次数，通常在主存储器中开辟一个数据库缓冲区，用来保留尽可能多的磁盘数据块副本。当对数据的读写操作需要访问磁盘上的数据块时，先访问数据库缓冲区。只有当被访问的数据块不在缓冲区中时，系统才读取磁盘上的数据，将相应的数据块读入数据库缓冲区。此时，往往需要把别的块移出主存储器，为新块腾出存储空间。如果被移出的块最近修改过，则需要将其写回磁盘。系统对数据库缓冲区的管理类似于操作系统的虚拟内存管理。

另外，为了防止因介质故障而破坏数据库，需要定期将整个数据库的内容转存到档案库中去。档案库一般由第三级存储设备构成，主要用来保存数据库中各类信息的副本以及各种归档的数据。

综合上述内容，可以建立一般数据库存储的体系结构，如图 13-2 所示。在该结构中内存(主存储器)是数据库系统的工作空间；磁盘是数据库的联机存储设备，主要保存活动的程序和数据；档案库作为后援备份设备，存储不经常使用的数据。在逻辑上，数据的流动一般是从内存(第一级存储器)到磁盘(第二级存储器)，再由磁盘到档案库(第三级存储器)。实际上，三级存储器之间的数据可以跨级流动，例如档案库中的数据可以直接转移到内存中。另外需要注意的是，在一些大型数据库系统中，活动的数据可能也会存储到第三级存储器中，以解决海量数据的存储问题。

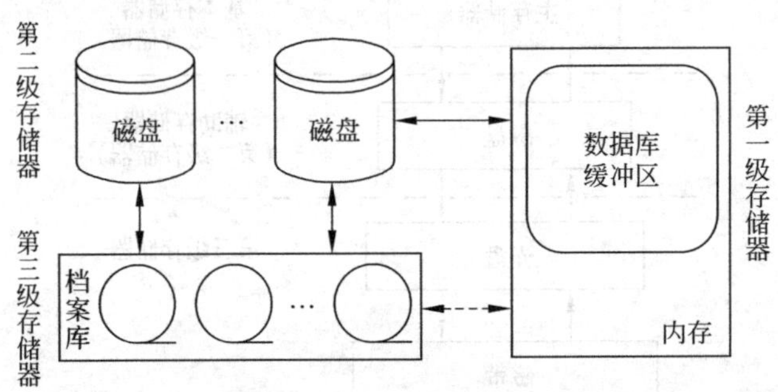

图 13-2 数据库存储的体系结构

13.1.4 磁盘容错技术

磁盘作为数据库的联机存储设备，保存着数据库的重要数据。但是，磁盘可能会由于各种原因而发生故障。在磁盘发生故障时，如果磁盘数据没有备份到其他存储设备(如档案库中的磁带)中，那么所存储的数据将永久丢失。这对于一些重要的数据库系统来说是难以接受的灾难。因此，需要采取相应的技术措施来提高磁盘的可靠性，降低因磁盘故障而丢失数据的风险。这种减少因磁盘故障而丢失数据的技术，通称为磁盘容错技术。

在磁盘容错技术中，最基本的是磁盘冗余技术。磁盘冗余技术的基本思想是：使用附加的一个或多个磁盘(称为冗余磁盘)记录与原始的数据磁盘相关的一些信息。这些信息在正常情况下是不需要的额外信息，但是在磁盘发生故障的时候可以用来恢复丢失的数据。这种基于磁盘冗余技术的策略通常被称为 RAID(Redundant Array of Independent Disk)策略。

最简单的 RAID 策略就是为每个数据磁盘附加一个冗余磁盘，复制每一个数据磁盘。这样，一个逻辑上的磁盘将由两个物理磁盘组成，并且每一个写操作都要在两个磁盘上执行。两个物理磁盘互为镜像，如果其中一个磁盘发生故障，数据可以从另一个磁盘读出。这种技术通常称为磁盘镜像(Mirroring)，在 RAID 策略中被称为 RAID1。

采用磁盘镜像技术的系统，在正常运行时，镜像磁盘中的数据与其对应的数据磁盘中的数据将保持一致。如果一个磁盘发生故障，另一个镜像磁盘将代替其工作。当故障磁盘修复后，镜像磁盘的数据被复制到数据磁盘中，系统恢复正常工作。但是，在第一个磁盘的故障被修复之前，如果第二个磁盘也发生故障，那么数据仍将丢失。为了解决多个磁盘同时发生故障，数据仍能正确恢复，可以采取基于纠错码原理的 RAID6 策略。另外磁盘镜像技术要求冗余磁盘的数量与数据磁盘一样多。为了降低存储成本，可以采用其他改进的基于奇偶校验原理的 RAID 策略，例如 RAID2、RAID3、RAID4 或 RAID5。有关 RAID 策略的更多内容，感兴趣的读者可以参阅参考文献[5]中的有关内容。

13.2　记录的存储结构

数据库的数据通常都以文件的形式存储在磁盘上。文件由记录组成，记录则由一组相关的数据项排列而成。每个数据项包含一个或多个字节，称之为“字段”。在关系数据库中，关系是元组的集合。元组与记录相似，可以将元组在磁盘上作为一条记录来存储。关系的每一个属性相当于一个字段，可以用定长或变长的字节序列来表示。每个字段具有一个名称和一个数据类型，例如整数、字符串等。数据库系统使用的每一种记录类型必须有一个模式。模式包括记录中字段的名称和数据类型，以及各字段在记录内的偏移量。这些模式信息也必须存储在数据库中。本节将具体介绍记录的存储结构。

1. 定长记录的存储

如果记录中所有字段都是定长的，则称之为定长记录。定长记录的存储比较简单，一般可直接将各字段连接成记录。图 13-3 展示了一个定长的学生记录的存储情况。

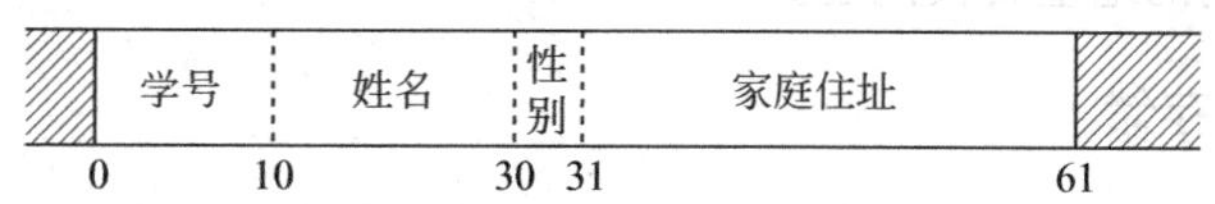

图 13-3　学生记录的结构

图 13-3 所示的学生记录包含四个字段，共占用 60 个字节。其中“学号”字段占 10 个字节，“姓名”字段占 20 个字节，“性别”字段用 1 个字节表示，“家庭住址”字段使用了 30 个字节。这些字段依次排列，根据各个字段的大小，可以推算出每个字段相对于记录首部的偏移量(如图 13-3 中数字所示)。根据偏移量，可以找到记录中的任何字段。

通常为了处理的方便，在定长记录存储格式时，往往还在记录中保存一些额外的信息，例如记录的模式、记录的长度和记录的修改时间等。这些额外的信息通常称为记录首部，可将其看做一个额外的附加字段。图 13-4 展示了增加记录首部信息后新的学生记录存储结构。在这一新的存储结构中，“记录首部”字段占用了 15 个字节。

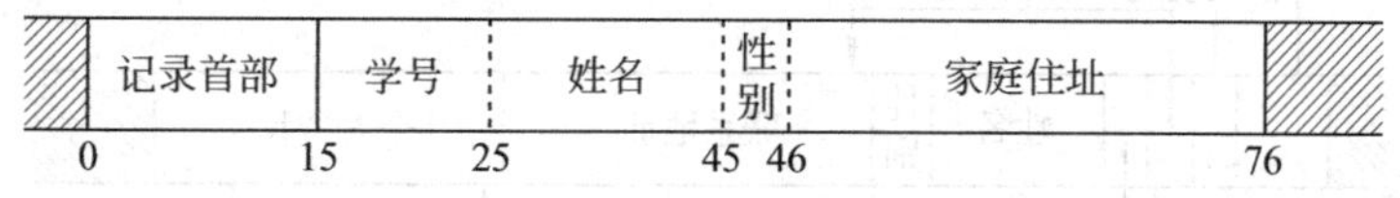

图 13-4　带首部信息的学生记录

当记录存储到磁盘上时，会占据一个或多个磁盘块。磁盘块的大小通常是固定的，这是由磁盘的物理特性和操作系统所决定的，但是记录的大小可以不同。如果磁盘块容量小于记录长度，那么一个记录的存储将需要多个磁盘块。此时可以借助指针将属于同一个记录的磁盘块链接起来。如果一个记录存储在多个磁盘块上，则称这个记录为跨块记录。跨块记录的存储将在 13.2.3 小节介绍。

如果磁盘块的容量大于记录长度，那么每个磁盘块就可以存储多个记录。图 13-5 展示了一个存储多个记录的磁盘块。在该磁盘块中，各个记录依次排列，此外还包含一个“块首部”。与记录首部类似，块首部可用来存储各种与块有关的辅助信息，例如与其他块的链接指针、块的最后修改或存取的时间、每条记录在块内的偏移量等。根据记录的长度，以及块首部占用的空间，可以确定各个记录的块内偏移量，从而可以找到块中任意一个记录。需要注意的是，块中可能剩余的部分空间而不足以存放一条完整记录，而且块的首部并非必需的。

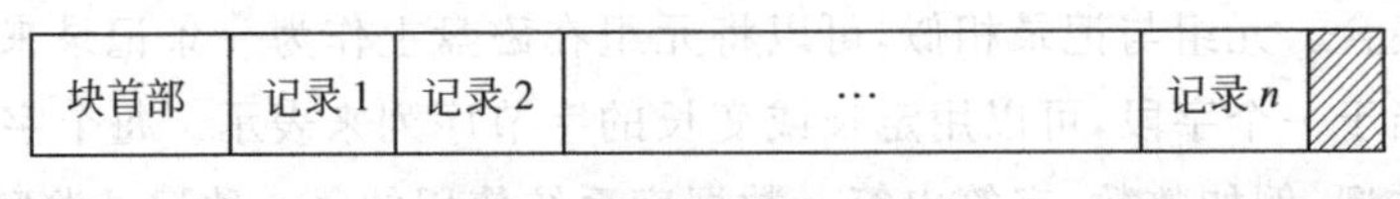

图 13-5　存储定长记录的块

记录存储在磁盘块中，而块是磁盘和内存之间传输数据的基本单位。当需要存取或修改记录时，必须将记录所在的整个块都传输到内存中。当块被加载到内存时，块内第一个字节的虚拟存储器地址可以作为块地址；块内记录的地址就是该记录第一个字节的虚拟存储器地址。在磁盘上，块地址是通过磁盘设备 ID 号、柱面号、扇区号等方式来描述的。记录可以通过它所在的块以及它所在块内的偏移量来标识。因此，在加载磁盘块的时候需要注意内存块和磁盘块之间的地址转换问题。

2. 变长记录的存储

如果记录的一个或多个字段的长度是可变的，则称这种记录为变长记录。变长记录由于包含变长字段，其存储结构要比定长记录复杂。为了查找记录的任何字段，变长记录中必须包含足够的附加信息。一个简单而有效的方法是：将所有定长字段放在变长字段之前，并在记录的首部保存如下信息：

(1) 记录的长度；

(2) 指向变长字段起始位置的指针，即每个字段在整个记录内部的相对偏移量。

图 13-6 给出了一个按照这种方式存储的记录结构，其中“姓名”和“性别”是定长字段，“联系地址”和“个人特长”是变长字段。在该记录的首部包含了记录长度，以及分别指向“联系地址”和“个人特长”的指针。

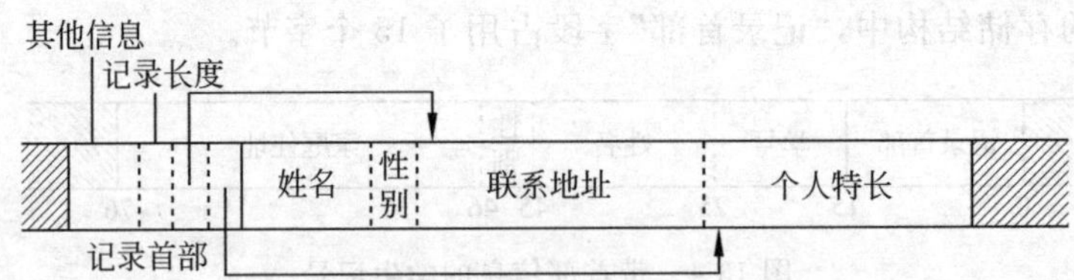

图 13-6　变长记录的存储结构

另一种存储变长记录的方法是：将变长字段存放在另外一个块中，而记录本身只存储指向变长字段的指针。这样记录就保持了定长结构，不仅有利于记录的搜索定位，而且还减少了记录首部的开销。但是，由于变长部分存储在别的磁盘块中，将增加检索记录的磁盘 I/O 操作。这种变长字段与记录分离的存储方案如图 13-7 所示。

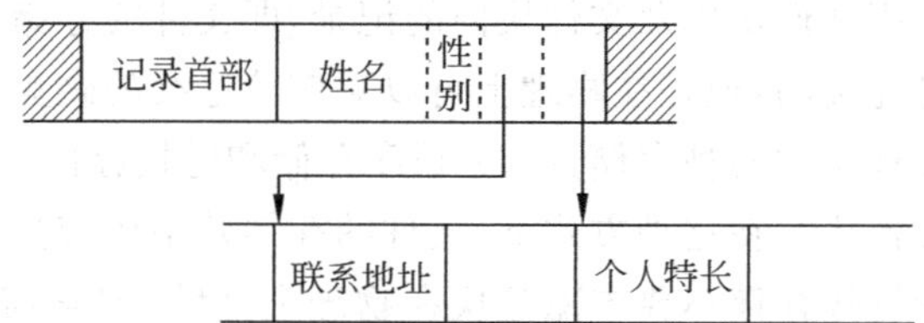

图 13-7 变长字段与记录的分离存储

3. 跨块记录与大对象的存储

大多数关系数据库为了管理的方便,限制记录的大小不超过块的大小。但是实际情况中,往往要存储一些比磁盘块大的数据。为此,记录将不得不被分割成两个或多个片段,并分别存储在不同的磁盘块中。另外,在记录小于磁盘块的情况下,为了降低块内空间的浪费,也可采用跨块方式存储部分记录。

跨块记录的存储,需要在每条记录和记录片段的首部增加一些额外的信息。首先记录的首部需要包含一个标志位,指明是否为一个片段。如果是一个片段,则需要进一步提供链接各个片段的指针。图 13-8 展示了跨块记录的存储方式。在该图中记录 2 被分割成两个片段,分别存储在两个块中。

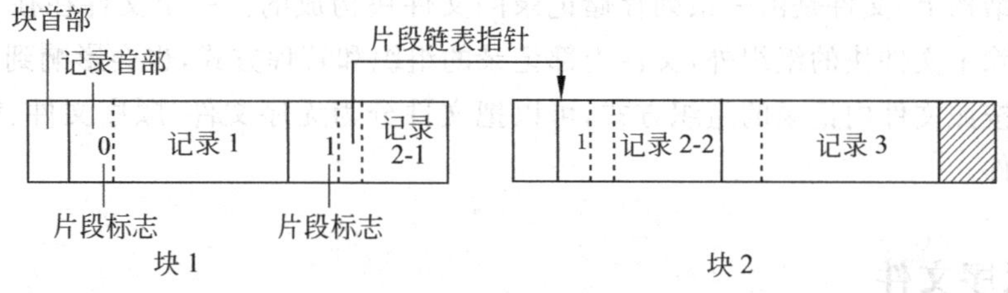

图 13-8 跨块记录的存储

除了一般的跨块记录外,数据库有时还需要存储比磁盘块大得多的数据,例如各种格式的图片、音频、视频等。这些不同种类的数据大小可能是几十 KB、几百 MB 甚至是几个 GB。这样的数据在数据库系统中通常被称为二进制大对象(BLOB)。二进制大对象在逻辑上可能构成单独的记录,也可能是记录的一部分(字段)。它们的存储必须占用一系列的磁盘块。这些块可以在一个或多个磁盘柱面上顺序分配,也可以采用磁盘链表的形式来组织。实际上,这些大对象常常存储在特殊的文件中,而不是与记录的其他属性存储在一起。为了支持大对象的检索要求,通常还需将大对象组织成比较特殊的结构,例如 $B+$ 树文件结构。

13.3 文件的存储结构

数据一般以文件的形式存储在磁盘上,占用一定的磁盘空间。磁盘空间是以块为单位分配的。因此,在物理上,文件是一个相关磁盘块的集合。文件所属的磁盘块,也称为文件块。文件所包含的数据以记录形式存储在磁盘块中。记录的存储结构,13.2 节已经介绍,本节将具体介绍如何组织文件块以及文件块内的记录，即文件的存储结构。

文件块在逻辑上是连续的，但是在物理上可以对应着连续的磁盘块，也可是非连续的磁盘块。与此对应的是文件块的两种存储方式：顺序存储和链接存储。顺序存储采用连续的磁盘块依次存储各个文件块。在这种方式下，文件的存储效率比较高，但是对于文件的扩充则比较困难。文件块的链接存储不要求磁盘块在物理上连续，但是需要在每个文件块中增加一个指针，指向存储下一个文件块的磁盘块地址。这种方式便于文件的扩充，但是整个文件的读取速度将比较慢。图 13-9 为文件在磁盘上顺序存储和链接存储的示意图。

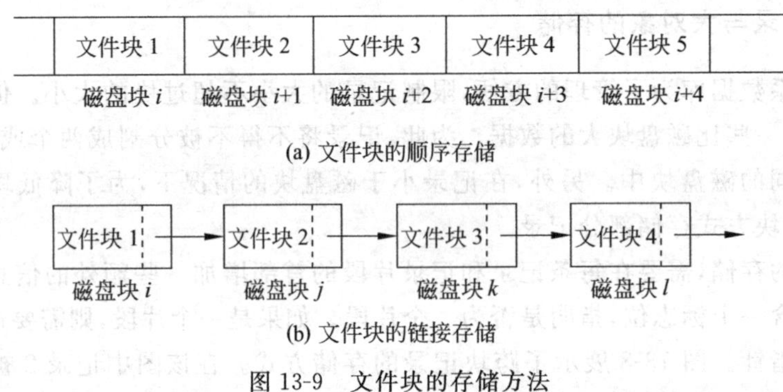

图 13-9 文件块的存储方法

在逻辑结构上，文件是由一系列存储记录的文件块构成的。一个文件往往包含成千上万的记录。除了文件块的组织外，文件内部记录的组织和管理方式，也会影响到文件记录的存取效率。按照文件内记录的组织方式，可以把文件分为无序文件、顺序文件、散列文件和多表聚集文件。

13.3.1 无序文件

无序文件，也称为堆文件，是最简单的一种文件组织方式。记录可以存放在文件的任何位置上。记录的存储顺序与记录的内容没有直接的联系，但是一般以写入的顺序为序。这种文件通常用来存储那些目前尚不清楚如何使用的记录。记录可以是定长的，也可以是变长的。记录的存储方法可以是跨块方式，也可以是非跨块方式。

在无序文件中，记录的插入非常简单，总是插入到文件的末尾处，但是记录的查找和删除比较麻烦。查找一个记录时，必须从文件的第一条记录开始顺序搜索，直到找到满足条件的记录为止。如果整个文件包含 N 个磁盘块，那么查找一个记录平均需要读取 $N/2$ 个磁盘块。如果查找的记录不唯一，则需要继续搜索整个文件，这样读取的磁盘块数将为 N。当删除一个记录时，一般的做法是先找到被删记录的位置，然后把文件末尾的记录移到被删记录的位置，但是这种方法只适用于定长记录。对于非定长记录，可能需要移动被删记录后的所有记录。为了避免移动记录，可以在记录内部增加一个删除标志。当记录被删除时将该标志置 1，查找时跳过删除标志为 1 的记录。随着插入删除操作的进行，这种方法将使文件块中出现很多浪费的存储空间。为了避免浪费，需要定期地整理文件中的记录。对于无序文件的修改，如果记录是定长，可以将修改后的记录直接写回原位置；如果记录是变长的，则采取先删除后插入的方式比较合适。

对于无序文件的查找效率，可以采用附加的辅助索引技术来加以改善。

13.3.2 顺序文件

顺序文件的特点是：记录按照某个(或某些)属性(或数据项)值的大小顺序排列。记录之间是有序的。用于排序的属性称为排序键。在关系数据库中，排序键可以是关系中的主键，但是并不限于主键。在实际应用中，一般选取需要经常查找的属性或数据项作为排序键。

由于文件中的记录按照排序键排序，当按排序键查找记录时，可以采用二分查找算法，快速找到满足条件的记录。假设文件中记录的个数为 N，那么二分查找的平均时间复杂度将是 $O(\log_2 N)$。这比无序文件的查找效率要高。但是，如果按照非排序键查找记录，记录的排序特性将不能提供任何帮助，仍然只能像无序文件那样进行顺序搜索。

在顺序文件中插入记录时，为了维持记录之间的顺序，必须先依据排序键确定该记录的插入位置，然后移动文件中的记录，为新的记录腾出存储空间，最后才能插入。记录的移动量，取决于插入位置。一般插入一个记录的平均移动量为整个文件记录数的一半。由此可见顺序文件的插入操作比较费时。为了减少插入操作的记录移动量，可以考虑在每个文件块中为新记录保留一部分空闲空间。在这种情况下，插入时先找到该插入记录的块，然后判断该块是否有足够空间来存储新记录，如果有则插入该记录，否则需要在别的地方为新记录寻找空间。

为了方便块内记录的移动，可以在文件块中按照图 13-10 所示的方式组织记录。即在块的首部创建一个“偏移量表”，偏移量表的表项为指向块中记录的指针。这样，在块内插入新的记录时，只需要调整块首部偏移量表的表项，而无需移动块中的记录。

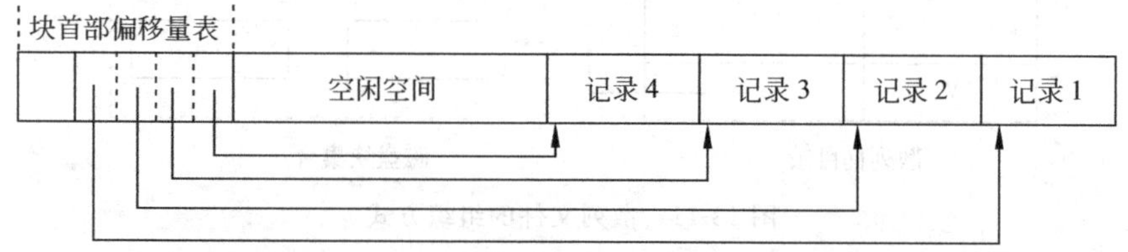

图 13-10 基于偏移量的块内记录组织方式

顺序文件中记录的删除，可以像无序文件那样，使用删除标志位，然后通过定期的整理回收被删除记录的存储空间。当然，也可以在删除记录时立即收回记录空间，但是一般效率比较低，对于空闲空间的管理和维护也比较复杂，具体情况取决于记录的物理组织方式。图 13-10 给出了一种基于块内偏移量的记录组织方式。

对于顺序文件的修改，实现起来也比较麻烦。如果记录是定长的，而且修改的内容不是排序键，那么修改后的记录将与原记录占用相同的空间，直接将其写回原来的位置即可。如果修改的内容是排序键，将导致修改后的记录与原记录处在不同的排序位置，占据的存储空间也不同。此时需要先删除原记录，然后再插入修改后的记录。对于有序变长记录文件，一般也是采用先删除后插入的策略。

最后需要注意的是，顺序文件中记录的逻辑顺序(排序键的顺序)并不一定与记录的物理顺序相同。在建立文件的初期,一般会保持物理顺序与逻辑顺序的一致。但是,在采用指针链表来维护记录逻辑顺序的情况下,随着记录的插入和删除,这种一致性将被破坏。此时,为了提高检索记录的速度,可以考虑对文件进行一次重组,使物理顺序与逻辑顺序保持一致。

13.3.3 散列文件

散列文件也称为 Hash 文件,是一种支持快速存取的文件组织方法。利用该方法组织文件记录时,需要在记录的某个(或多个)属性上定义一个散列函数(也称为 Hash 函数)。该函数将根据记录的属性值计算出一个存储记录的逻辑地址。该地址通常为散列桶的编号。散列桶是一个具有唯一编号的、能够存储一条或多条记录的存储单元。通常一个散列桶对应着一个物理磁盘块,但是实际上也可能大于或者是小于一个磁盘块。散列函数所作用的记录属性称为散列键。散列函数的作用就是把散列键值映射为散列桶的编号,进而决定存储记录的磁盘块地址。

散列文件的基本组织方式如图 13-11 所示。每个文件有多个散列桶。每个散列桶对应一个磁盘块。为了实现散列桶与磁盘块之间的对应,每个散列文件都有一个散列桶目录,存储散列桶编号及其对应的磁盘块地址。

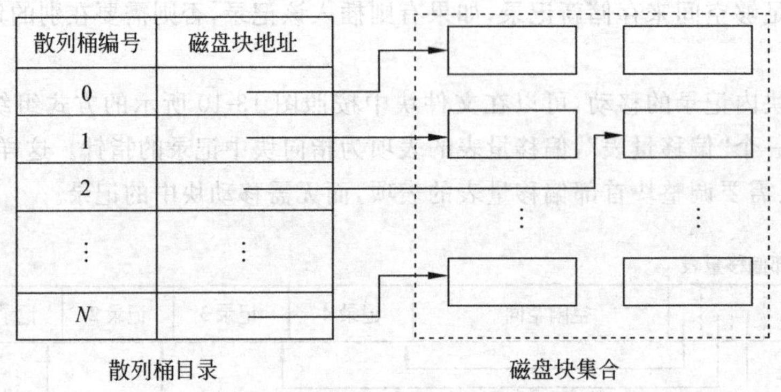

图 13-11 散列文件的组织方式

在插入记录时,散列函数将根据记录的散列键,计算出对应的散列桶编号;然后再把记录插入到该散列桶对应的磁盘块中。这样,一个文件将被划分为多个散列桶。每个散列桶存储的记录都具有相同的散列值。一般散列函数的选取将使记录大体均匀地分布在各个桶中。但是,如果记录的散列键值分布不均匀,则可能出现很多记录具有相同散列值的情况,导致一个磁盘块不足以存储所有相同散列值的记录,这就是散列桶的溢出问题。常见的处理散列桶溢出问题的方法有多重散列法和溢出块链法。

多重散列法的思想是:设计另外一个散列函数来处理溢出问题,即用新的散列函数来确定溢出记录的存储地址。这种方法除了仍会遇到溢出问题外,还可能会出现碰撞冲突的情况,实现起来比较复杂。

溢出块链法的思想是:为每个桶设计一个磁盘块链表,如图 13-12 所示。链表的第一个磁盘块存储正常记录,其他的磁盘块存储溢出记录。插入记录时,先使用散列函数计算散列桶编号，然后在散列桶对应的磁盘块链表上寻找空闲空间，将记录存入。如果没有找到合适的空间，则向系统申请一个新的磁盘块，插入新的记录，并将该块链接到磁盘块链表中。这也是最常用的散列溢出处理办法。

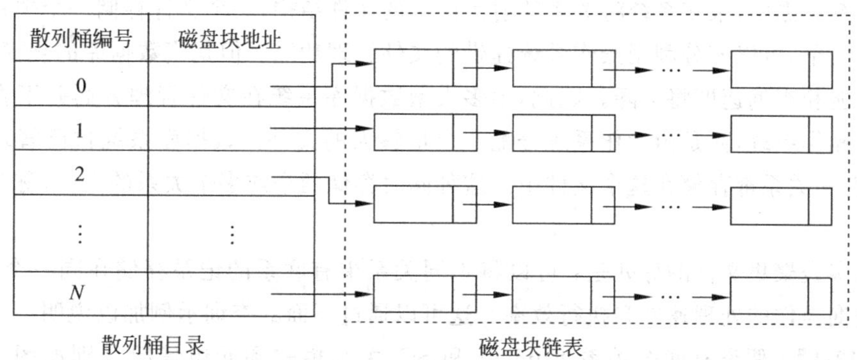

图 13-12　散列桶的溢出块链法示意

散列文件的查找操作，类似于顺序文件，需要分为两种情况。第一种情况是按照散列键值查找记录。这时可以根据散列键计算得到散列桶编号，找到该桶对应的磁盘块链表的第一个磁盘块地址，然后沿着磁盘块链表顺序搜索每个块，直到找到满足条件的记录为止。这里假定桶的溢出问题采用了溢出块链法。如果采用的是多重散列法，则在查找过程中可能需要多次计算散列桶的编号，以便查找溢出桶中的记录。查找记录的第二种情况是查找条件为非散列值。在这种情况下，无法利用散列函数来定位存储记录的磁盘块，只能像无序文件那样顺序搜索每一个磁盘块。

删除散列文件的记录时，需先采用查找算法，找到欲删除的记录，然后将其删除。如果删除记录后，磁盘块为空，可以将该磁盘块释放。

散列文件中记录的修改也需分两种情况处理。当修改内容为记录的散列键时，需要通过删除和插入操作来实现。如果修改的内容不是散列键，则调用查找算法找到记录，将其修改后写入原来的存储空间即可。

以上介绍的散列文件存储方法，存在如下问题：

(1) 文件记录的快速查找，只对散列键上的等值比较操作有效。如果查找条件不是建立在散列键值是否相等的比较基础上，那么操作的时间和复杂度将与无序文件相同。

(2) 如果散列函数选取不当，可能导致大部分记录都具有相同的散列键值，使得某些散列桶比其他散列桶拥有更多的记录，这将严重影响记录的存取效率。

(3) 如果散列桶的数目固定不变，那么在文件记录较少时，将浪费大量存储空间；而当文件记录数很大时，磁盘块链又可能变得很长，进而影响记录的存取效率。

上述第二个问题的解决办法是：精心设计比较好的散列函数。理想的散列函数应该把所有记录均匀分布到所有散列桶中，使每个桶含有的记录数几乎相同。在这种情况下，查找一个记录所花费的时间将是一个比较小的常数，与文件的记录数目无关。如果散列函数设计得不好，则可能导致查找记录的时间与记录数目成正比。

第三个问题的解决需要改进和扩展现有的散列文件存储方法，参考文献[11]对此有较为详细的阐述，在此不做过多介绍。

13.3.4 多表聚集文件

在关系数据中,很多系统将关系映射为简单的文件结构,一个文件存储一个关系。这种方式实现简单,可以充分利用操作系统提供的文件管理功能。但是当数据库的规模增大时,系统的性能和查询速度将下降。因此,很多大型数据库系统在文件管理方面并不直接依赖于底层的操作系统,而是由操作系统分配一个足够大的文件。数据库系统自己管理这个文件,把所有的关系都存储在这个文件中。这种同时存储两个或多个关系的文件,称为多表聚集文件。

使用多表聚集文件的好处是:可以将不同关系中有联系的记录存储在同一个块内,从而提高查询操作的处理速度和执行效率。这可以通过下面的查询示例加以说明。

【例 13-1】 假设有两个关系 Student 和 SC,关系模式和元组情况分别如图 13-13 和图 13-14 所示。现在需要执行如下查询:

```
SELECT Sname, Cname, Grade
  FROM Student,SC
    WHERE Student.Sno=SC.Sno
```

Sno	Sname	Ssex
001	张三	男
002	李四	男

图 13-13 关系 Student 及其元组

Sno	Cname	Grade
001	数学	80
001	英语	85
001	物理	90
002	物理	75
002	英语	85
002	数学	78

图 13-14 关系 SC 及其元组

如果将每个关系存储为单个文件,文件中每个磁盘块可以存储 4 个元组,那么这两个关系的元组将分布在 3 个磁盘块上。系统在执行上述查询时,将至少需要 3 次磁盘读取操作(假设每次读取一个磁盘块)。如果将关系 Student 和 SC 存储在同一个文件内,并组织成图 13-15 所示的结构,将相关的关系元组存放在同一个磁盘块内,那么执行同样查询系统读取磁盘的操作将只需要两次。

例 13-1 仅仅考虑了少量数据的情况。如果关系中元组很多,聚集文件的优势将更加明显。需要注意的是,当关联的元组很多且一个磁盘块放不下时,应将它们放在相邻的磁盘块内。

多表聚集文件允许在同一个块中存储不同关系的相关记录,使一次块读取操作可以将满足条件的记录都读取到主存储器中,从而提高了查询处理速度。这种加速只是针对特定的查询处理而言的。

在例 13-1 中如果执行查询:SELECT * FROM Student,则需要在聚集文件中进行两次磁盘 I/O 操作。而在非聚集的单文件情况下 1 次磁盘 I/O 操作就够了。这是因为多表聚集文件将关系 S 的元组存储在不同的磁盘块中。为此,可以对多表聚集文件附加一些其他的结构。例如，像图 13-16 所示的那样，通过指针将关系 Student 的所有记录链接起来。从而通过第一个记录可以依次找到关系 Student 的所有记录，而不需要扫描整个文件。

001	张三	男
001	数学	80
001	英语	85
001	物理	90
002	李四	男
002	物理	75
002	英语	85
002	数学	78

图 13-15 关系 Student 和 SC 的聚集文件

001	张三	男	
001	数学	80	
001	英语	85	
001	物理	90	
002	李四	男	
002	物理	75	
002	英语	85	
002	数学	78	

图 13-16 带指针链的多表聚集文件

多表聚集文件采用一个块包含相关记录的文件组织方式，减少了磁盘访问次数，但是维护文件结构的复杂性也大为增加。何时使用多表聚集文件依赖于数据库设计人员的选择。不过，现代的数据库系统一般都采用多表聚集的方式组织数据记录。

13.4 索引文件

13.4.1 索引概述

1. 索引

从 13.3.2 小节顺序文件的组织方式中可以看到：按照排序键查找记录时，采用二分法可以快速找到所需记录。如果不按照排序键查找记录，则需要像无序文件那样顺序搜索整个文件。在数据量大、访问频繁的情况下，这种顺序搜索方式使数据访问性能急剧下降。

对此，可以针对文件中的记录，建立一种称为"索引"的附加数据结构。这种结构将记录具有检索意义的项(通常是一个或多个字段的值)，按照某种有规律的方式组织起来，以便提供快速检索的途径。例如，在图 13-17(b)所示的学生关系数据文件中，可以附加一个如图 13-17(a)所示的索引表。该表包含两项内容：一是查找键，按照从小到大的顺序存放学

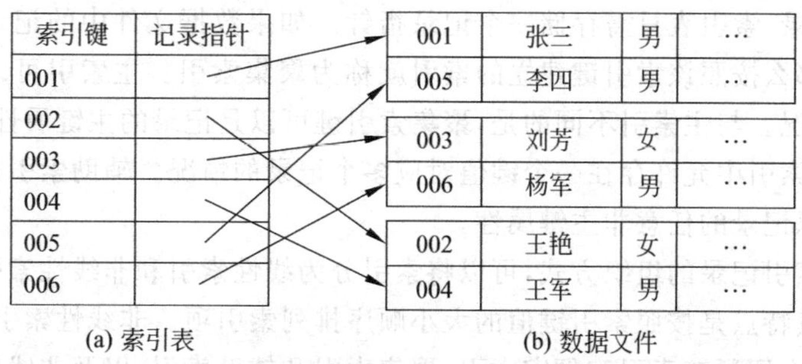

图 13-17 学生关系索引示例

生关系中的所有的学号；二是记录指针，指向与学号对应的学生记录的存放地址。这样，在查找学生记录时，可以先按照学号查找索引表，找到与学号对应的记录存放地址，然后根据该地址直接读取所要的记录。这种方式虽然增加了查找索引表的工作，但是在读取记录时只需一次磁盘 I/O 操作。另外索引表只存储记录的部分内容，通常比数据文件小很多，占用的磁盘块也比较少，直接读取索引表的代价不会很高。由于索引表是排序的，可以采取类似二分查找的快速定位算法。在实际应用中，索引表还可驻留在主存储器中，进一步提高查找和访问速度。

由此可见，索引是提高数据文件访问效率的有效方法。目前，索引技术已经在各种数据库系统中得到广泛应用。需要注意的是，索引可以提高记录查找速度，但是也会增加系统的开销。首先索引文件需要占据存储空间，另外，插入、删除和修改记录时，必须同时更新索引文件，以维护索引文件与数据文件的一致性。

2. 索引文件

在数据库系统中，通常将建立索引的字段(或字段组合)称为索引键，在使用索引的时候也可将其称为查找键。被建立索引的文件称为数据文件。索引本身的内容也构成一个文件，称为索引文件。索引文件的记录称为索引项或索引记录。每个索引记录通常都包含两个字段：一个是索引键，另一个是记录指针。在不引起混淆的情况下，可以将索引记录的内容简称为“键-指针”对。索引文件通过索引记录的键-指针对，将记录的存放地址与索引键值关联起来。为了提高查找索引表的效率，索引文件通常按照索引键值的大小顺序排列，此时索引文件本身是一个顺序文件，其排序键就是索引键。

索引文件可以和数据文件一起存放，也可以单独存放。如果索引文件很大，占用较多的磁盘块，还可以对索引文件再建立索引，构成多级索引。在理论上，对多级索引的级数没有限制。但是索引级数越多，索引的维护也越复杂，索引所起的作用也将因此而受到影响。

3. 索引文件的分类

按照索引文件的结构，可以将索引分为稀疏索引和稠密索引。稀疏索引只为数据文件中某些记录建立索引项，一般是每个数据块在索引文件中设一个索引项。稠密索引则为数据文件中的每个记录都设立一个索引项。

按照索引键值的特点，可以把索引分为主索引、聚集索引和辅助索引。主索引是指索引键为记录主键的索引。由于主键可以区分数据文件中的记录，因此主索引的每个索引项都对应着唯一的记录，索引表只需存储一个记录指针。如果数据文件中的记录按照索引键指定的顺序排序，那么按照该索引键建立的索引就称为聚集索引。主索引可以看做是聚集索引的一种特殊情况。与主索引不同的是，聚集索引键可以是记录的主键属性，也可以是非主键属性。在聚集索引中允许存在一个键值对应多个记录的情况。辅助索引也称为非聚集索引，其索引键可以记录的任意非主键属性。

另外，按照索引记录的组织方式，可以将索引分为线性索引和非线性索引。线性索引也称为顺序索引，其特点是按照索引键值的大小顺序排列索引项。非线性索引则不受此约束。

下面将依次介绍稀疏索引和稠密索引、聚集索引和辅助索引，以及非线性索引中的典型代表 $B+$树索引和散列索引。

13.4.2　稀疏索引和稠密索引

1. 稀疏索引

在稀疏索引方式中，数据文件中的记录都按照索引键值顺序存储在磁盘块中，每块的最小索引键值和该块的存储地址一起构成一个索引项。索引表中的索引项按照索引键值顺序排列，如图 13-18 所示。此时索引键也是数据文件的排序键。为了能够唯一区分数据记录，索引键和排序键通常都选为记录的主键。在稀疏索引上查找记录时，可以先找到索引表中索引键值小于或等于待查记录键值的最大索引项，然后通过该索引项的指针找到记录所在的磁盘块，在该磁盘块中查找所需记录。如果在磁盘块中找不到所要记录，则表示该记录不存在。

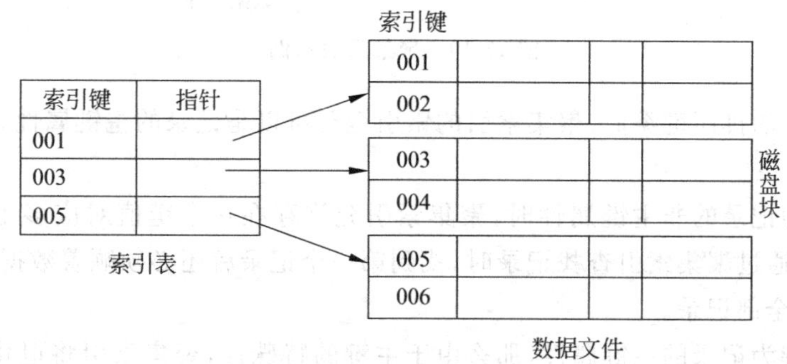

图 13-18　稀疏索引示例

稀疏索引针对数据文件的存储块建立索引项，使得索引项比较少，可以节省存储索引的空间，但是在查找给定键值的记录时需要花费更多的时间开销。另外，稀疏索引要求数据记录必须按照索引键值顺序存储。这对数据文件的插入、删除和修改操作不利。一般只能在顺序文件上建立稀疏索引，而且只能建一个。

2. 稠密索引

在稠密索引方式中，每个记录对应一个索引项，每个索引项包含一个查找键和指向该键值的记录指针。由于索引项的数量与记录数量相等，索引项比较多，所以称为稠密索引。图 13-17 给出的索引就是稠密索引的例子。

由于索引项与数据记录之间存在一一对应关系，而且索引是有序的，所以稠密索引不要求数据记录是有序的。在数据文件中记录可以任意存放。借助稠密索引记录的查找和更新都比较方便。但是由于索引项比较多，稠密索引需要占用较大的存储空间。因此这种索引只有在索引块数量比数据块少的情况下才比较有效。

13.4.3　聚集索引和辅助索引

1. 聚集索引

聚集索引的特点是数据文件中的记录按照索引键指定的顺序排序，使得具有相同索引键值的记录在物理上聚集在一起。因此聚集索引键一般是顺序文件的排序键。图 13-19 展示了一个顺序文件的聚集索引示例，其中索引键值为 1 的索引项指针指向数据文件中第一条索引键值为 1 的记录。其他索引键值为 1 的记录依次排列在该记录的后面。

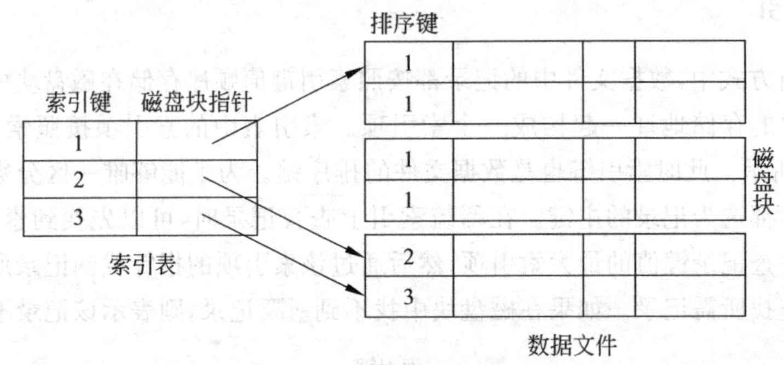

图 13-19 聚集索引示例

与数据文件的排序键类似，聚集索引的索引键既可以是记录的主键属性，也可以是非主键属性。

当索引键为记录的非主键属性时，聚集索引允许存在一个键值对应多个记录的情况。在这种情况下，通过聚集索引查找记录时，找到第一个记录后还必须顺着数据文件继续往下搜索，才能找到全部记录。

如果索引键为记录的主键属性，那么由于主键的特殊性，聚集索引将退化为主索引，每个索引键值对应一个唯一的记录。通过索引键将可以直接找到该记录。

2. 辅助索引

一个文件只能具有一个聚集索引，但是可以有多个辅助索引。辅助索引，也称为非聚集索引，是指建立在数据文件非排序键上的索引。但是辅助索引文件本身是有序的，只不过其顺序一般不同于数据记录的物理存储顺序。这是辅助索引与聚集索引的最大区别。

因此，辅助索引不能像聚集索引那样，利用数据文件本身的顺序来查找记录。为了查找给定键值的记录，必须在辅助索引中为每个键值建立一个索引项。索引项的第一个字段保存索引键值，第二个字段保存与索引键值对应的记录指针。另外，为了通过索引找到每一个记录，还要求数据文件的每个记录指针都必须出现在索引文件中。而辅助索引的索引键往往不是记录的主键，因而存在一个键值对应多个记录的情况。这些要求综合起来，将使辅助索引中存在一些重复的键值。不然，对于那些索引键值或记录指针没有出现在索引文件中的记录，将只能通过顺序搜索整个数据文件才能找到它们。图 13-20 给出了一个典型的辅助索引示例。

在图 13-20 所示的辅助索引中，索引键值 1 重复了 3 次，索引键值 2 重复了两次。这种重复将导致索引文件过大，降低索引的查找效率，同时也造成存储空间的浪费。为了避免重复键值，可以在索引文件和数据文件之间增加一个称为“记录指针桶”的中间层。如图 13-21 所示，每个记录指针桶包含具有相同索引键值的记录指针，原来索引文件索引项的记录指针修改为指向指针桶的指针。

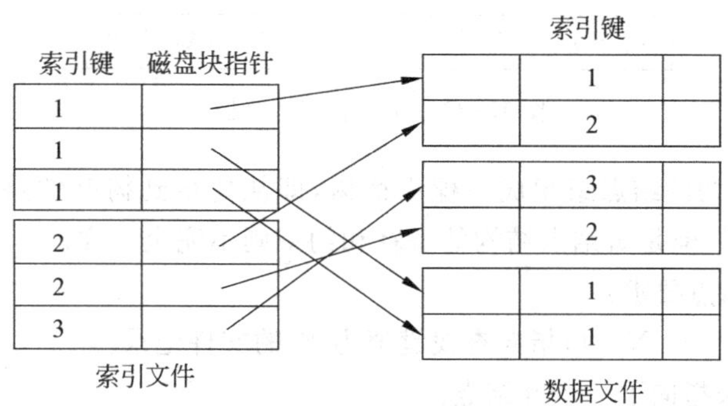

图 13-20　辅助索引示例

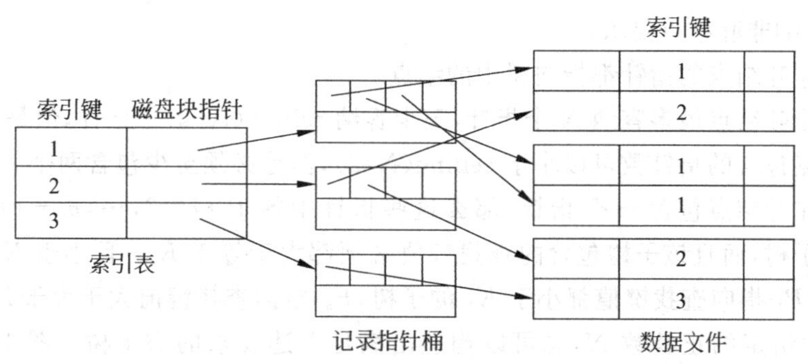

图 13-21　带指针桶的辅助索引

不管是否采用记录指针桶，辅助索引都属于稠密索引，可以用来提供快速查询，特别是针对聚集索引键以外的数据查询。需要注意的是，查找同样的数据，使用辅助索引所需要的磁盘 I/O 操作可能会比聚集索引多。因为在聚集索引中，键值相同的记录在物理上聚集在一起，而在辅助索引中很可能分散在不同的磁盘块中。另外，辅助索引的维护代价也不小。在设计数据库的时候，需要根据查询和更新的具体情况来决定是否使用辅助索引，以及如何使用。

13.4.4　B+ 树索引

前面介绍的各种索引，包括稀疏索引、稠密索引、聚集索引和辅助索引，都是按照索引键值大小顺序排序的，这类索引可以统称为线性索引或者是顺序索引。随着数据文件记录的增长，记录的插入、删除和修改操作的增加，线性索引的查找性能和顺序扫描性能都将下降。为了提高访问性能将不得不对整个索引文件进行重组。如果不希望频繁地重组文件，那就得考虑采用别的方式来组织索引文件。

在索引的组织方式中，除了顺序索引外，还有一种树型索引。顾名思义，树形索引采用树形数据结构来组织索引，因而能够比较快速地查找记录，并比较好地适应索引动态变化的需求。树形索引有很多种形式，其中最常见的是 $B+$ 树索引。

$B+$ 树索引在形式上表现为多级索引，但是其结构并不同于顺序文件的多级索引。一棵 N 阶 $B+$ 树，其结点结构如图 13-22 所示，其中 $K_i(i=1,\cdots,N-1)$ 为查找键值(索引键值)，按照从小到大的顺序依次排列，$P_i(i=1,\cdots,N)$ 为该结点所包含的指针。

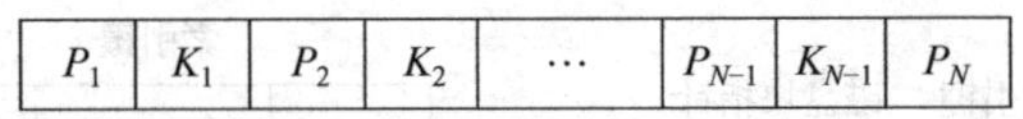

图 13-22　B+树的结点结构

B+树将这种结构的结点组织成一棵平衡树，即从树根到树叶的路径长度都一样。树中结点结构是一样的，但是对结点结构的解释和约束则不完全一样。

对于树中的叶结点要求：

- 指针 $P_i(i=1,\cdots,N-1)$ 指向查找键值为 K_i 的文件记录。
- 指针 P_N 用来指向下一个叶结点。
- 每个结点最多存储 $N-1$ 个键值，至少存储 ceiling$((N-1)/2)$个键值(ceiling(x)表示不小于 x 的最小整数)。

对于树中的非叶结点要求：

- 所有非叶结点的指针都指向树中的结点。
- 每个非叶结点最多容纳 N 个指针，至少容纳 ceiling$(N/2)$个指针，但是根结点例外。根结点包含的指针数可以小于 ceiling$(N/2)$，但是必须至少包含两个。
- 如果非叶结点包含 m 个指针，那么这些指针中的 $P_i(i=2,\cdots,m-1)$都必须指向一棵子树，而且该子树包含的查找键值必须都大于等于 K_{i-1} 且小于 K_i。另外两个指针，P_1 指向查找键值都小于 K_1 的子树，P_m 指向查找键值大于等于 K_{m-1} 子树。

对于任意给定的正整数 N，总可以构造出满足上述要求的 B+树。图 13-23 给出了一个 $N=3$ 的 B+树。

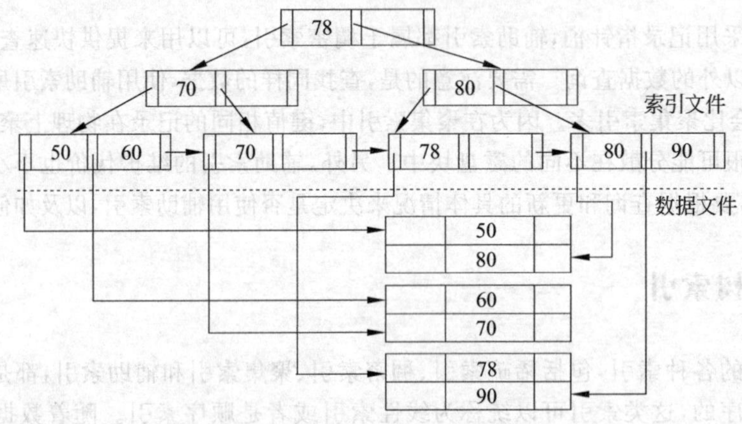

图 13-23　B+树示例

下面介绍 B+树索引针对记录操作的具体实现过程。

1. 查找记录

假设待查记录的查找键值为 V，那么查找操作可以按照如下过程进行：

(1) 检查树的根结点，查找结点中大于 V 的最小查找键值；如果存在这样的值，则不妨令其为 K_i，此时可以顺着与 K_i 对应的指针 P_i 到达另一个结点；如果不存在这样的值，那么 V 肯定大于等于 K_{m-1}，其中 m 为结点的指针数；此时，可以沿着指针 P_m 到达另外一个结点。

(2) 如果当前结点不是叶结点，则继续重复步骤(1)中的操作，否则继续下面的步骤(3)。

(3) 当到达叶结点时，判断叶结点中是否有某个查找键值 K_i 等于 V。如果有，那么该结点中的指针 P_i 指向的记录就是所要查找的记录。如果在该结点中找不到查找键值 V，则所要查找的记录不存在。

2. 插入记录

B+树的插入操作比查找操作更为复杂，因为结点可能因为插入操作而变得过大而需要分裂。当一个结点分裂的时候，必须调整相关结点以保证 B+树的平衡，否则查找操作的效率就会下降。B+树的具体插入操作过程如下：

(1) 在 B+树中找到待插入记录的查找键值应该出现的叶结点。这一过程可以按照前面的查找操作来实现。

(2) 如果插入记录的查找键值已经存在于叶结点的键值序列中，则将新记录插入数据文件中，并将新记录的地址赋给叶结点中与查找键值对应的指针，或者是在与查找键值对应的指针桶中加入指向新记录的指针；否则执行步骤(3)。

(3) 叶结点不包含待插入记录的查找键值，则将该键值以及指向新记录的指针配成一个“键值-指针”对，插入到叶结点中。插入过程需要维持 B+树对叶结点的约束(这里假设插入操作总是成功的，即使在叶结点没有剩余空间的情况下，也是如此。实际上对于填满了的叶结点，可以引入一个特殊的虚拟叶结点来完成插入操作)。

(4) 判断插入了新值后的叶结点中查找键值的个数是否等于 N。如果等于 N，则转步骤(5)；否则插入操作完成。

(5) 将插入了新值的结点分裂为两个结点，方法是将前面 $N/2$ 个“键值-指针”对放在现有的结点中，将剩下的放在一个新的叶结点中。

(6) 将新的叶结点插入到被分裂叶结点的父结点中。插入时代表新叶结点的查找键值为该结点中查找键值的最小值。此时，如果父结点中有空间容纳新插入的键值，则执行这个插入操作；否则按照与上述叶结点分裂的类似方法，将该父结点分裂。在最坏的情况下，这种分裂将从叶结点一直上溯到根结点。如果根结点被分裂，那么整个 B+树的深度就会增加 1。

上述插入过程，简而言之就是先找到应该插入的叶结点 n，执行插入操作。如果插入导致分裂，则将分裂产生的新结点插入结点 n 的父结点。如果父结点的插入操作导致进一步分裂，则沿着树向上递归处理，直到不产生分裂或者是创建了一个新的树根为止。

此外需要注意的是，B+树的所有叶结点都按照查找键值的大小，通过结点内的指针 P_N 构成一条结点顺序链表。因此在插入新的叶结点时，还需将其插入到叶结点链表中。叶结点链表的作用是为了方便顺序访问所有记录。

3. 删除记录

为了删除查找键值为 V 的记录，需要先找到键值 V 所在的叶结点，并将该键值的索引项(包括键值和指向该键值记录的指针)从叶结点中删除，同时从数据文件中删除记录本身。

此时，如果 $B+$ 树的叶结点 n 在删除一个"键值-指针"对后还有最小数目的键和指针，则不需做进一步处理。但是，如果在删除之后，叶结点中的键和指针数目不满足最小要求，即叶结点变得太小，则需要按照如下步骤，对叶结点 n 进行调整：

(1) 如果与结点 n 相邻的兄弟结点中有一个键和指针超过最小数目，则从该结点中移动一个"键值-指针"对到结点 n 中，并维持结点 n 的键值顺序。结点 n 的调整可能会影响到它的父结点，使得父结点的约束被破坏。在这种情况下，需要按照类似的方法继续对父结点进行更新。

(2) 如果上述操作条件不成立，那么结点 n 的兄弟结点中肯定有一个结点 m 的键数刚好为最小数，而结点 n 的键数不足最小数。因此，可以将结点 n 和结点 m 合并为一个结点。合并之后，多余的那个结点将被删除，同时其父结点中指向它的指针也将被删除，而且父结点中的键值也将被删除一个并得到调整。如果此时父结点键和指针满足最低要求，则删除操作完成；否则需要在父结点上递归调用上述删除过程。

父结点中的删除操作，可能一直递归调用到根结点，最终导致根结点也被删除。如果根结点被删除，根结点唯一的子结点将变为新的根结点，整个 $B+$ 树的深度也将减少 1。

4. 修改记录

如果修改的内容不是记录的查找键值，则只需要通过 $B+$ 树索引找到该记录进行修改就可以了。如果修改的内容刚好是记录的查找键，则需要采取先删除后插入的策略，以保持 $B+$ 树索引结构的更新。

从上述记录操作的实现过程可以看到：$B+$ 树索引是一种动态索引结构，在频繁插入和删除记录的情况下，仍能动态维护整个索引结构的平衡。$B+$ 树的检索效率正是源自这种动态变化的结构。在 $B+$ 树中检索记录，需要遍历一条从树根到树叶的路径。该路径的长度取决于 $B+$ 树的阶数 N，以及数据文件中查找键值的数目 K。在已知 K 和 N 的情况下，这条路径的长度不超过 $\text{ceiling}(\log_{N/2}(K))$。如果 $K=1\,000\,000$，$N=20$，那么路径的长度将为 6。这意味着在一个拥有百万记录的文件中查找记录时，只需要访问 6 个树结点。即使每个树结点都占用一个磁盘块，也只需要 7 次磁盘 I/O 操作(6 次结点磁盘块＋1 次记录本身的磁盘块)。随着 N 取值的增大，磁盘块 I/O 操作可以进一步下降。到底 N 取多大，取决于 $B+$ 树结点的大小。一般应将 $B+$ 树结点的大小控制在一个磁盘块以内，以避免树结点的跨块存储而降低查找效率。在实际应用中上，如果数据库不是特别大的话，通常令 $B+$ 树的路径长度(或者是树的深度)等于 3。这样，访问 $B+$ 树索引文件就只需要很少的磁盘 I/O 操作。

$B+$ 树是从更一般的 B 树结构演变而来的。目前，$B+$ 树已成为数据库实现中常用的一种索引结构。与 $B+$ 树类似的其他索引结构还有 $R+$ 树和 K-D 树等，感兴趣的读者可以参阅文献[5]。

13.4.5 散列索引

散列索引是将散列技术与索引相结合的产物。散列索引的基本思想是：首先为数据文件中的每条记录建立一个索引项，然后将这些索引项组织成散列文件的形式。有关散列文件的组织方式和存储结构,请参阅本章 13.3.3 小节的内容。

对于散列索引,理想的情况是存储器中有足够的散列桶,并且每个散列桶都由单个磁盘块构成。那样一般查询将只需要两次磁盘 I/O 操作(一次读取散列桶,一次读取数据记录)。这比稀疏索引、稠密索引和 $B+$树索引的效率都高。但是随着数据文件的增长,散列索引可能出现桶溢出的情况,导致查找一个索引项需要搜索多个磁盘块。对此,可采用动态可扩展的散列技术或者是其他改进的散列技术,参阅文献[11]。

13.5 典型 DBMS 的存储结构

13.5.1 SQL Server 的存储结构

SQL Server 数据库按模式级别可以分为物理数据库和逻辑数据库。物理数据库是存储数据库对象的物理文件。逻辑数据库是用户可视的表或视图。用户通过逻辑数据库中的表、视图、关系、索引或规则等数据库对象,存取和访问数据库中的数据。SQL Server 的存储结构针对的是物理数据库。

SQL Server 的物理数据库有三种物理文件:基本数据文件、辅助数据文件和日志文件。

(1) 基本数据文件,也称为主文件。每个 SQL Server 数据库必须有且只能有一个主文件。主文件的扩展名为 .mdf,主要用于容纳各种数据库对象。

(2) 辅助数据文件,又称从属文件。当数据库中的数据较多时可以建立辅助数据文件。一个 SQL Server 数据库中可以有一个或多个辅助数据文件,也可以没有辅助数据文件。辅助数据文件的扩展名为 .ndf。

(3) 日志文件,主要用来存放数据库日志信息。一个 SQL Server 数据库可以有一个或多个日志文件。日志文件的扩展名为 .ldf。

SQL Server 数据库在刚创建的时候,仅仅是一个空壳,必须创建一些数据对象后才能使用它。在创建数据库对象时,SQL Server 会使用一些特定的数据结构在数据文件中为其分配存储空间。

在 SQL Server 数据文件中最基本的存储单元是页面(page)。所有数据对象的信息都存储在页面上。页面的大小为一般为 8 KB,其中包括一个 96 字节的页首。页首主要保存一些与页面有关的管理信息,比如页的类型、空闲空间的数量、页所属对象的标识符等。页面的剩余区域是存放真正数据的地方,以行为单位。每个数据行存储一条记录。在页面的底部,存在一个行偏移量数组,用于记录页面中每个数据行的相对位置,以方便页面内数据行的检索。行偏移量数组中每项占用 2 个字节。图 13-24 展示了 SQL Server 的页面结构。

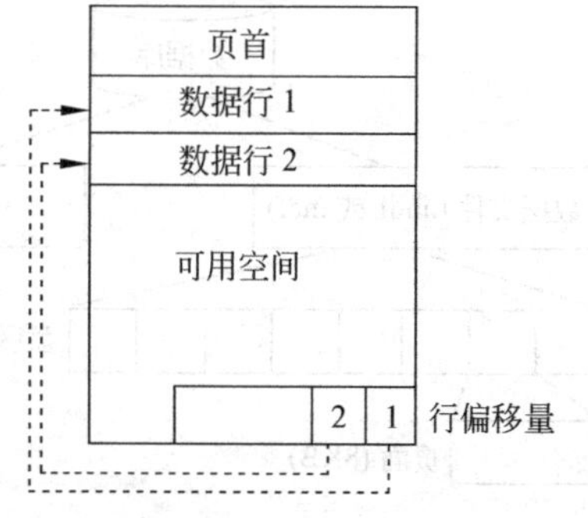

图 13-24　SQL Server 的页面结构

按照所存储数据的类别和用途，SQL Server 的页面可以分为数据页、索引页、文本/图像页、分配页（用于控制表和索引空间的分配）、分发页（用来存储有关索引的信息）等。

虽然 SQL Server 数据文件的最基本存储单元是页面，但是在为数据对象分配存储空间时，并不以页面为分配单位，而是以盘区(extent)作为分配单位。盘区是由 8 个连续的页面组成的数据结构。一个盘区的大小为 64 KB。

以盘区为分配单位，可以减少磁盘 I/O 操作，提高数据库的性能；但是对于小对象，特别是那些大小不足 8 KB 的对象，则存在存储空间的浪费。为此，SQL Server 定义了两种盘区类型：统一盘区和混合盘区。

统一盘区只能存放同一个对象，该对象拥有这个盘区的所有页面。混合盘区则可以包含多个对象，多个对象共同拥有该盘区。在分配存储空间时，为了提高利用率，应尽量将小对象放在混合盘区。如果混合盘区的某个对象增加到 8 个页面后，则为该对象重新分配一个统一的盘区。

上述存储空间的分配和管理是针对数据文件而言的，并不包括日志文件。对于日志文件，是以日志记录作为存储单元，而不是页面。

简而言之，SQL Server 数据库的存储结构是：整个数据库由一个日志文件和一个（或多个）数据文件构成。数据文件被划分为页面，相邻的页面构成盘区，将盘区作为存储空间分配单位，彼此之间的关系如图 13-25 所示。

13.5.2 Oracle 的存储结构

Oracle 数据库的存储分为物理存储和逻辑存储，两者的关系如图 13-26 所示，其中逻辑存储由块、区、段和表空间构成，物理存储则为一组存放数据和控制信息的物理文件。

在逻辑上，每个 Oracle 数据库至少由一个表空间(table space)构成。每个表空间由一个或多个数据文件构成，但一个数据文件只能属于一个表空间。数据库对象是在表空间中创建并存储的。一个数据库对象的数据可以全部保存在一个数据文件中，也可以分布在同一个表空间的多个数据文件中。在表空间中创建数据对象时，Oracle 将负责为数据库对象

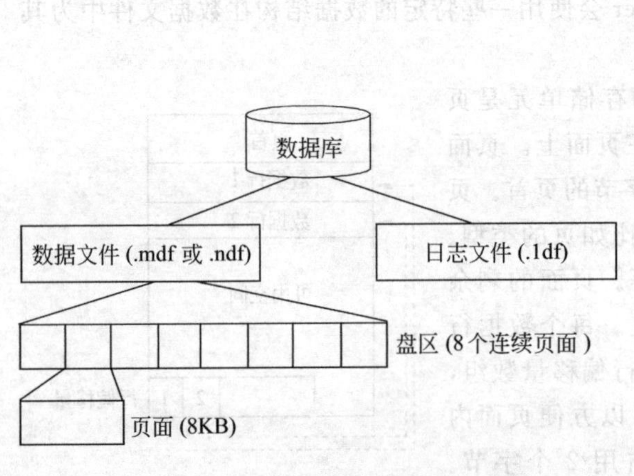

图 13-25 SQL Server 数据库的存储结构

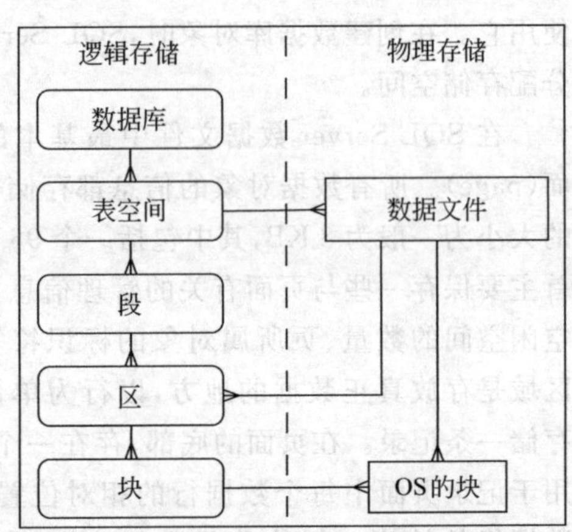

图 13-26 Oracle 数据库的存储结构

选择一个数据文件,并在其中分配物理存储空间。

Oracle 管理数据文件存储空间的最小单位是块(block)。块也是数据库 I/O 操作的最小单位。块的大小可不同于操作系统中标准的磁盘 I/O 块的大小,因此将其看做是 Oracle 管理数据的逻辑单位。一般 Oracle 块的大小是操作系统块的整数倍。Oracle 9i 默认的块大小为 8 KB。块内部的结构分为:块头部信息区、行空间和空闲空间。块头部信息区不存放实际的数据库数据。行空间是已经保存了数据库对象数据的空间,与空闲空间一起共同构成块的存储空间。

多个连续的块被称为一个区(extent)。Oracle 在为数据对象分配存储空间时,将以区作为基本单位。这也是 Oracle 存储分配的最小单位。

如果数据对象很大,需要多个区来存放,则使用段(segment)。段由一系列区组成。段将属于同一个对象的区连接起来。可以将一个段看做一个区链表。一个段只属于一个特定的数据库对象。例如将某个表存储为一个段。但是一个数据库对象可能拥有多个段。例如被分割的对象,Oracle 将为该对象的每个被分割部分单独分配一个段。

一个区只能属于一个数据文件,但是段可以跨数据文件,因为一个段可以由多个不连续的区组成。

Oracle 的物理存储主要由数据文件、记录文件、参数文件、控制文件组成。数据文件用于存放所有的数据库数据如表、索引等。为了提高存取速度,可以将数据放在多个数据文件中,再将数据文件分别放在不同的磁盘上。记录文件也称为 Redo 日志文件。Redo 日志在日志文件中以循环的方式工作,有归档日志模式和非归档日志模式之分。此外,每一个 Oracle 数据库和实例都有自己的参数文件 init. ora。init. ora 文件中的值决定着数据库及实例的特性。

每个 Oracle 数据库都至少要有一个控制文件,存放一些与 Oracle 数据库的各种文件相关的重要信息,例如数据库名、数据库的唯一标识、数据文件和日志文件标识、数据库恢复所需的同步信息等。Oracle 系统通过控制文件保持数据库的完整性,并决定恢复数据时使用哪些 Redo 日志。控制文件可以有多个,并且可以存放在不同的磁盘上,这些控制文件之间是镜像关系。Oracle 提供了一个建立控制文件的命令,可以在控制文件丢失的情况下,用来重建控制文件。

13.6　小　　结

数据库的存储结构是整个数据库系统的基础。存储结构的好坏直接关系到数据系统的性能。了解数据库的存储结构有助于数据库系统的设计,以及数据库系统的性能优化。为此,本章首先介绍了数据库的物理存储设备以及数据库的存储体系,然后在此基础上阐述了记录的存储结构、数据文件的存储结构、索引文件的存储结构,以及与索引相关的概念和技术。最后,简要分析了 SQL Server 数据库和 Oracle 数据库的存储结构。

习 题

1. 解释下列概念和术语。

   磁盘容错、磁盘镜像、定长记录、变长记录、跨块记录、文件、文件块、散列桶、散列文件、多表聚集文件、索引、聚集索引、辅助索引。

2. 简述数据库存储器的层次结构。
3. 简述数据库存储的体系结构。
4. 简述文件块的物理存储方法。
5. 文件记录的组织方式有哪些?
6. 比较无序文件和顺序文件的优缺点。
7. 简述散列文件的记录插入、删除和修改方法。
8. 为什么要对数据文件建立索引?
9. 简述稀疏索引和稠密索引的区别。
10. 简述聚集索引和辅助索引的区别。
11. 为什么一个数据文件只能有一个聚集索引?
12. 分析 $B+$ 树索引的记录查找、插入和删除过程;针对图 13-23 所示的 $B+$ 树,依次插入键值为 20、100 和 40 的记录,然后删除键值为 78 的记录。要求给出操作的中间过程以及最终结果。
13. 简述 SQL Server 的存储结构。

第14章

分布式数据库系统

从前面各章的讨论知道,数据库管理系统负责数据库中数据的集中控制和管理,所有的数据、应用程序以及数据库管理系统都安装和存储在同一个称为主机的系统当中。这样的系统称为集中式数据库系统。在 20 世纪 70 年代以后,随着数据库技术的日趋成熟与计算机网络通信技术的发展,集中式数据库系统显现出一些的弱点与不足。这主要表现在企业组织与管理方式的变革,对信息系统提出了新的需求和挑战。一些在地理上分散的公司、团体、组织和部门,除了自然地维护一些与自身工作相关的数据外,往往还可能需要访问其他部门或单位的数据。这要求整个组织的信息系统,既有各个部门的局部控制和分散管理,同时也有整个组织的全局控制和高层次的协同管理。对于这种应用需求的扩大和提高,传统的集中式数据库系统难以胜任。

在这种背景下,人们提出了分布式数据库系统(Distributed Database System,DDBS)的概念和技术,并很快成为数据库技术研究和发展的一个热点。经过几十年的发展,分布式数据库系统已经逐步成长、完善并走向实用化;一批原型系统已经研制成功,如 SDD-1、System R*、DDM、POREL、MULTIBASE 等;一些数据库产品,如 Ingres 公司的 Ingres/Star、Oracle 公司的 SQL* Star、Informix 公司的 Informix-Star 等也已经投入市场。

分布式数据库系统是数据库技术与计算机网络技术相结合的产物。虽然是建立在集中式数据库系统的基础上,但是分布式数据库系统有其自身的特色和自成体系的理论基础。本章将介绍分布式数据库系统的基本概念、工作原理和相关的技术。

14.1 分布式数据库系统概述

14.1.1 分布式数据库系统的定义

什么样的系统才是分布式数据库系统?通俗地说,分布式数据库系统是物理上分散而逻辑上集中的数据库系统。这种系统使用计算机网络将地理位置分散而管理和控制又需要不同程度集中的多个逻辑单位(通常是集中式数据库系统)连接起来,共同组成一个统一的数据库系统。其中,被计算机网络连接的逻辑单位是能够独立工作的计算机。这些计算机被称为站点(site),有的文献将其称为结点(node)。这里所说的物理上分散是指各站点分布在不同的地方，既可以是不同的国家，也可以是同一建筑物的不同位置。而逻辑上的集中则是指各个站点之间并非互不相关的，而是一个逻辑整体，并由一个统一的数据库管理系统进行管理。这个特定的数据库管理系统被称为分布式数据库管理系统(Distributed Database Management System，DDBMS)。

在分布式数据库系统中，数据分布在各个站点上，每个站点都是一个集中式数据库系统，具有自治处理能力，可以完成本地站点的局部应用；同时各个站点可以在统一的分布式数据库管理系统的管理下，共同参与完成全局应用。局部应用是指那些只访问本地站点数据的应用，也将其称为本地应用。全局应用则涉及两个或两个以上站点中的数据。与此对应，可以用户分为局部用户(或本地用户)与全局用户。

世界上第一个分布式数据库系统是由美国计算机公司(CCA)于 1976 年至 1978 年设计的 SDD-1(System of Distributed Database)。该系统于 1979 年在 DEC-10 和 DEC-20 计算机上实现。

与集中式数据库系统一样，分布式数据库系统也包含两个重要的组成部分：分布式数据库(Distributed Database，DDB)和分布式数据库管理系统。分布式数据库是分散在各个站点上的数据库的逻辑集合。这一逻辑集合是面向全体用户的，因此分布式数据库又称为全局数据库(Global Database，GDB)。各个站点的数据库则称为局部数据库(Local Database，LDB)。分布式数据库管理系统是支撑分布式数据库的建立、维护和使用以及站点间通信的管理软件。由于数据的分布性和分布管理的特性，分布式数据库管理系统比集中式数据库管理系统更加复杂。

14.1.2 分布式数据系统的基本特征

与集中式数据库系统相比，分布式数据库系统具有如下基本特征：

(1) 物理分布性。分布式数据库系统中的数据不是存储在一个站点，而是分散存储在由计算机网络连接的多个站点上。因此分布式数据库系统的数据具有物理分布性。

(2) 逻辑整体性。分布式数据库系统中分散在各个站点上的数据，在逻辑上构成一个整体，由分布式数据库管理系统统一管理，可以被所有用户(全局用户)共享。

(3) 站点自治性。在分布式数据库系统中，各站点的数据由本地 DBMS 管理，具有自治处理能力，能完成本地站点上的局部应用。局部用户所使用的数据可以不参与到全局数据库中去。局部用户可以独立于全局用户。

(4) 分布透明性。分布式数据库系统中数据虽然在物理上是分散的，但是用户访问这些数据时，不必知道数据如何分布在各个站点上，可以像使用集中式数据库那样使用分布式数据库。分布式数据库系统的数据分布对用户来说是透明的。

除以上基本特征之外，分布式数据库系统还具有集中与自治相结合的控制机制。各局部的 DBMS 可以独立地管理局部数据库，实现局部数据的共享，完成局部应用。同时，系统中设有集中控制机制，协调各局部 DBMS 的工作，执行全局控制管理功能，实现全局数据共享，完成全局应用。

另外，为了提高系统的可靠性、可用性，改善系统的性能，分布式数据库系统允许存在适当的数据冗余，即将同样的数据分布在多个站点。这样当一个站点出现故障时，系统可以通过其他站点上的相同数据副本进行操作。即使不出现故障，系统也可以通过选择离用户最近的数据副本进行操作来减少通信开销。同时，利用数据分布在多个站点的特性，可以提高一些事务执行的并发度，改善系统的响应速度。

最后，数据的分布必然造成事务执行和管理的分布性。事务的原子性、一致性、可串行性、隔离性和永久性，以及事务的并发控制与恢复、数据完整性与安全性等，都应考虑分布性。这样，集中式数据库系统中的很多概念和技术，在分布式数据库系统中都有了不同的、更加丰富的内容。因此，分布式数据库系统的实现也比集中式数据库系统更为复杂。

14.1.3　分布式数据库系统的组成

与集中式数据库系统类似，除了计算机系统本身的硬件和软件外，分布式数据库系统的主要组成成分是数据库、数据库管理系统和用户（包括数据库管理员）。但是在分布式数据库中的这些组成成分都有局部和全部之分。

首先，整个系统的数据库在逻辑上分为局部数据库（LDB）和全局数据库（GDB），相应的用户也分为局部用户和全局用户。局部数据库向局部用户提供本地站点局部应用所需要的数据。全局数据库则参与全局应用，向全局用户提供访问全局数据的服务。全局数据库中的数据分散在各个站点上，但是可以被多个站点上的应用访问。

其次，整个分布式数据库管理系统（DDBMS）也分为局部数据库管理系统（LDBMS）和全局数据库管理系统（GDBMS）。LDBMS 建立和管理局部数据库，提供站点自治能力，执行局部应用以及全局应用的子任务。GDBMS 主要是执行全局管理功能，提供分布透明性，协调全局事务的执行，协调各 LDBMS 以及全局应用的完成，保证数据库的全局一致性。

在此基础之上，分布式数据库系统的数据字典也分为局部数据字典（Local Data Dictionary，LDD）和全局数据字典（Global Data Dictionary，GDD）。局部数据字典描述各个站点上局部的数据；全局数据字典则提供全局数据描述和管理的相关信息。GDD 由各个站点上的全局数据库管理员（Global DBA，GDBA）建立和维护，LDD 则由局部数据库管理员（Local DBA，LDBA）和全局数据库管理员共同协调管理。

此外，每个站点上都有一个通信管理器（Communication Manager，CM），负责提供站点之间的信息传送，为整个分布式系统提供可靠的网络通信。

图 14-1 给出了分布式数据库系统的组成结构示意。

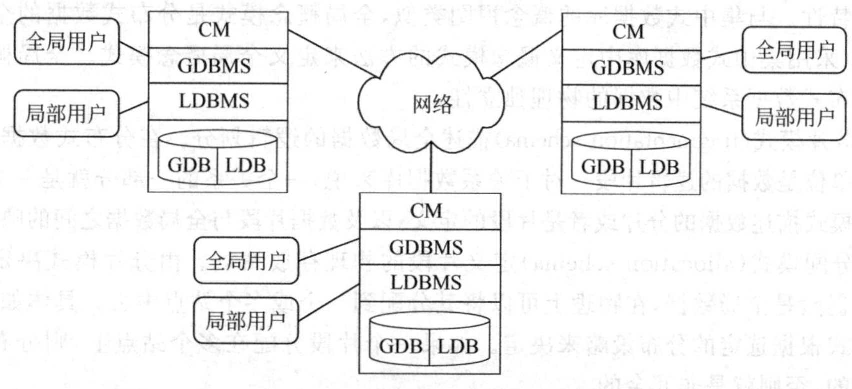

图 14-1　分布式数据库系统的组成

14.1.4 分布式数据库的模式结构

由于分布式数据库是通过网络连接起来的集中式数据库的逻辑集合，因此在模式结构上，分布式数据库既保留集中式数据库的特色，同时也有自己特有的结构。图14-2给出了分布式数据库常用的模式结构。

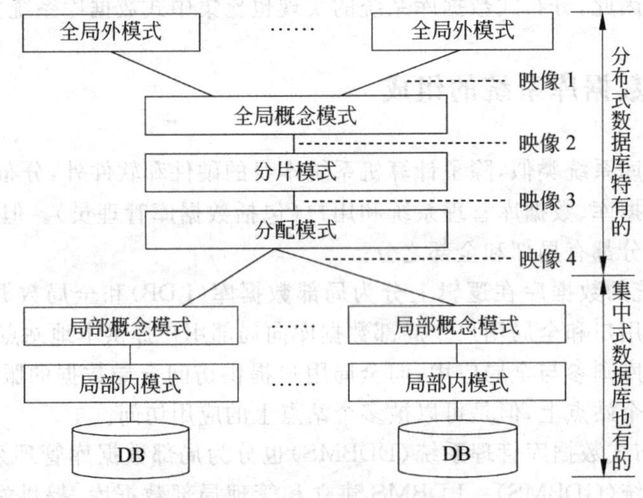

图14-2 分布式数据库的模式结构

从图14-2可以看出，分布式数据库采用了分层的模式结构。整个模式结构分为两大部分。第一部分是集中式数据库系统原有的模式结构，包括局部概念模式和局部内模式在内，代表着各个站点上局部数据库系统的基本结构。这部分结构与各个站点的局部DBMS密切相关。第二部分就是分布式数据库所特有的，包括全局外模式、全局概念模式、分片模式和分配模式在内，由全局DBMS负责维护和管理。第二部分各层次的含义和内容如下。

(1) 全局外模式(global external schema)是全局应用的用户视图，属于全局概念模式的一个子集。一个分布式数据库可以有多个全局外模式。全局外模式提供了分布式数据库系统中数据的逻辑独立性。

(2) 全局概念模式(global conceptual schema)描述分布式数据库中全部数据的逻辑结构和数据特性。与集中式数据库的概念视图类似，全局概念模式是分布式数据的全局概念视图，可以采用集中式数据库中定义概念模式的方法来定义全局概念模式。全局概念模式提供了分布式数据系统中数据的物理独立性。

(3) 分片模式(fragmentation schema)描述全局数据的逻辑划分。在分布式数据库中，数据的存储单位是数据的逻辑片段。对于关系数据库来说，一个关系的一部分就是一个逻辑片段。分片模式描述数据的分片或者是片段的定义，以及数据片段与全局数据之间的映射关系。

(4) 分配模式(allocation schema)定义片段的物理存放站点。由分片模式决定的片段在逻辑上仍然是全局数据，在物理上可以将其分配到一个或多个站点中去。具体如何分配，由分配模式根据选定的分布策略来决定。如果一个片段分配在多个站点上，则分布式数据库是冗余的，否则就是非冗余的。

一般情况下，全局概念模式经过逻辑划分成为一个或多个逻辑片段，每个逻辑片段被分配在一个或多个站点上。分配到各个站点上的逻辑片段被称为物理映像(physical image)。一个站点上的局部概念模式(local conceptual schema)就是该站点上所有全局关系的逻辑片段的物理映像集合。而局部内模式(local internal schema)则是分布式数据库中关于物理数据库的描述,不仅包括本地局部站点数据的存储描述,而且还包括全局数据在本站点的存储描述。

14.1.5 分布式数据库系统的分类

从不同的角度可对分布式数据库系统做不同的分类,其中比较常见的分类方法是:按照局部数据库管理系统的数据模型,将分布式数据库系统分为同构系统和异构系统。

(1) 同构系统

在同构的分布式数据库系统中,每个站点数据模型都是同一类型的,比如都是关系模型。由于相同的数据模型可以有不同的实现,因此同构型的分布式数据库系统还可进一步细分为同构同质型和同构异质型两种。同构同质型不仅要求各站点的数据模型相同,而且要求局部数据库管理系统也相同。同构异质型则只要求数据模型相同,不要求数据库管理系统相同。

(2) 异构系统

在异构的分布式数据库系统中,各个站点的数据模型各不相同,数据库管理系统也不相同。构建这样的系统,难度比较大。本章主要讨论同构同质的分布式数据库系统,而且将数据模型限定为主流的关系模型。

14.2 数据分布和分布透明性

分布式数据库系统中的数据在逻辑上是一个整体,但在物理上是分散于各个站点的。如何将逻辑上统一的数据分布到各个物理站点上,是分布式数据库系统所要解决的核心问题之一。对此,分布式数据库系统引入了数据分片和数据分布的概念。

14.2.1 数据分片

数据分片(data fragmentation)也称数据分割,其目的是将全局数据库中的数据分割成某种逻辑片段,以便在各个站点上存放。这种分割对于关系数据库来说,是通过对全局关系施加关系代数的基本运算来实现的。一个数据的逻辑片段实际上就是关系的一部分。

对全局关系施加不同的运算,可以实现不同的数据分片,其中最基本的是水平分片和垂直分片。在水平分片和垂直分片的基础上,可以建立混合分片。这三种分片策略的含义如下:

(1) 水平分片

对全局关系施加选择运算,将全局关系的所有元组划分成若干各互不相交的子集,每个子集为全局关系的一个逻辑片段。

(2) 垂直分片

对全局关系施加投影运算,将全局关系的属性分为若干个子集。为了重构原来的全局关系，垂直分片的各个片段必须包含全局关系的主码。

(3) 混合分片

在水平分片和垂直分片的基础上再次施加分片。例如，将水平分片应用到垂直分片中，或者是将垂直分片应用到水平分片中。但是需要注意，不同次序的水平分片和垂直分片，其最终的分片结果往往是不同的。

在分布式数据库系统中，数据分片情况是由分片模式决定的。不管采用哪种分片方式，最终分片的结果都必须满足如下条件。

(1) 完备性条件

全局关系中的所有数据都必须映射到各个片段中，不允许某些数据属于全局关系却不属于任何一个片段。

(2) 可重构条件

必须保证能够从分片的结果(各个片段)重构全局关系。水平分片的重构可以通过并操作来实现，垂直分片的重构可以通过连接操作来实现。

(3) 不相交条件

要求全局关系分割后所得的各个片段互不重叠(对于水平分片)或者是只包含主键重叠(对于垂直分片)。

下面通过一个例子来说明数据分片的情况。

【例 14-1】 假设有一个表示学生的全局关系 R(RID，name，gender，address，score)，其中 RID 是唯一标识学生的号码、name 表示姓名、gender 表示性别、address 为住址，score 为考试成绩。如果该关系需要供不同的用户使用，有的用户关注学生的基本信息，而有的用户只关注学生的考试成绩，则可以将关系 R 垂直分割为如下两个片段：

$$R_1 = \pi_{\text{RID, name, gender, address}} R$$

$$R_2 = \pi_{\text{RID, score}} R$$

为了保证能够完全重构关系 R，片段 R_1 和 R_2 都包含 R 的主键 RID，除此之外没有任何重复的属性。

对应关系片段 R_1，可以按照性别继续进行水平分片，将其分为男生片段 R_{11} 和女生片段 R_{12}，即令：

$$R_{11} = \sigma_{\text{gender}='男'} R_1$$

$$R_{12} = \sigma_{\text{gender}='女'} R_1$$

这样关系 R 的最终分片结果就属于混合分片。图 14-3 展示了关系 R 的分片情况。

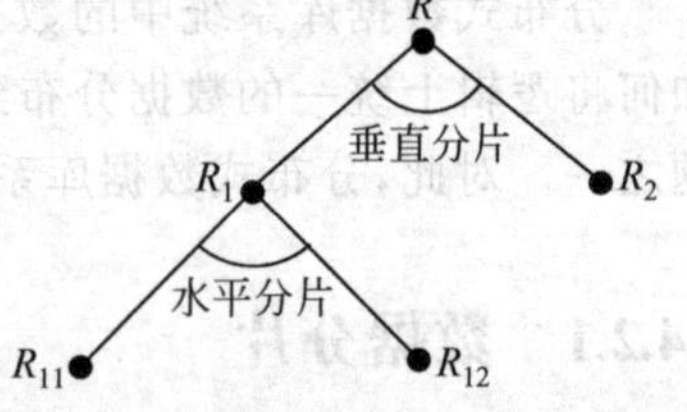

图 14-3 关系 R 的混合分片情况

14.2.2 数据分布

数据分布(data distribution)是指按照某种策略将数据分片的结果(全局关系的逻辑片段)分散存储到各个站点上。如果将全局关系分片后的逻辑片段各自存放在不同的站点上，则数据分布的问题很简单。但是在分布式数据库系统中，为了数据库的可靠性，往往将划分后的逻辑片段放在一个以上的站点上。这样，当某个站点出现故障时，整个系统还可以使用其他站点上的相同数据副本继续工作。另外，为了减少通信代价，提高数据的可用性，提高响应速度，有时也将某一站点上常用数据复制到本地就近使用。

在分布式数据库系统中，数据的具体分布情况是由分配模式按照分布策略来决定的。常见的数据分布策略如下：

(1) 集中式，所有数据片段都存放在一个站点上。这种方式对数据的管理和控制比较容易，但是容易出现瓶颈，而且与分布式数据库的分布特征不符，因此很少使用。

(2) 分割式，所有数据的逻辑片段都只有一份，并被存储在不同的站点上。由于数据存储在多个站点，各个站点可以自治处理本地的数据，因此可以发挥系统并发操作的能力，提高系统的可靠性。

(3) 复制式，每一个站点都有一个完整的全局数据副本。这实际上是一种全冗余的数据分布方式，每一个数据片段都被复制到每一个站点上。这样分布的好处在于系统的可靠性高，响应速度快，因为所有数据需求都可以从本地得到满足；缺点是增加了各个站点数据更新的代价，另外存储空间的浪费也比较大。

(4) 混合式，将数据片段分割成若干个子集，每个子集存放在不同的站点上。各个子集副本的多少根据数据的重要性来决定。允许不同的站点有相同的数据片段，但是任何一个站点都不保存全部数据。这种方式是对分割式和复制式的综合，保留了两者的优点，同时也包括了两者的复杂性。这实际上是一种部分复制的数据分布策略。

14.2.3 分布透明性

分布式数据库中的数据分布在各个站点，但是在逻辑上是一个统一的整体。用户或用户程序在使用分布式数据库的时候，可以像集中式数据库那样使用，不必关心全局数据的逻辑分片情况以及逻辑片段的分布情况，也就是说全局数据的分布情况对用户是透明的。这种性质在分布式数据库系统中称为分布透明性(distribution transparency)。

分布式数据库系统的分布透明性是通过模式结构(如图 14-2 所示)所特有的三级映像来实现的，即：

映像 2　全局概念模式与分片模式之间的映像；

映像 3　分片模式与分配模式之间的映像；

映像 4　分配模式与局部概念模式之间的映像。

与此对应，分布式数据库的分布透明性也包括了三个层次：分片透明性、位置透明性和局部数据模型的透明性。

(1) 分片透明性。是分布透明性的最高层。如果分布式数据库具有分片透明性，那么用户或应用程序在访问全局关系时可以不用考虑关系的分片情况。即使分片模式发生改变，也不需要修改应用程序，因为通过调整全局概念模式与分片模式之间的映像，可以保持全局概念模式不变，从而实现了数据的分片透明性。

(2) 位置透明性。也称为分配透明性，是指用户或应用程序不必了解数据的逻辑片段在各个站点的分配情况。分配情况包含了两个方面：一是每个逻辑片段是否被复制，复制了多少个副本；二是各片段及其副本在站点上的存放情况。当分配情况发生改变时，为了不影响用户程序，只需要修改分片模式和分配模式之间的映像。

(3) 局部数据模型的透明性。是指用户或用户程序不必了解各个站点上数据库的数据模型及其数据对象的表示性质。当某个站点的数据模型改变时，只需改变分配模式与站点局部概念模式之间的映像，就可使应用程序不受影响，从而实现局部数据模型的透明性。

在不同层次的分布透明性下，用户或用户程序访问数据的操作也将不同。透明性层次越高，访问操作将越简单，下面的例 14-2 比较清楚地说明了这一点。

【例 14-2】 假设分布式数据库系统中有全局关系 R(num, name, gender, address, score)，被按照性别 gender 划分为两个片段 R_1 和 R_2。R_1 表是男生，R_2 表示女生。R_1 分布在站点 S_1 和 S_2 上，R_2 分布在站点 S_3 上。关系 R 的分片和分布情况，如图 14-4 所示。

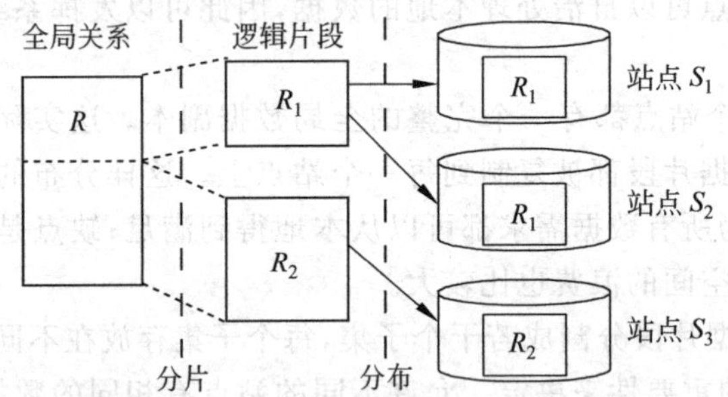

图 14-4　关系 R 的分片及片段分布示意图

现在需要根据给定的学号 X，查找该学号学生的姓名、性别和住址。在不同分布透明性下，该查询要求的具体实现过程如下。

(1) 如果系统具有分布透明性，则不需要考虑关系 R 的分片与分布情况，直接执行如下查询，即可得到需要的结果：

```
SELECT name, gender, address FROM R WHERE num=X;
```

(2) 如果系统只具有位置透明性，则需要了解全局关系的分片情况，在各个片段上逐步查找所需结果。对于本例中的关系 R 分片为 R_1 和 R_2，因此先对 R_1 执行查询：

```
SELECT name, gender, address FROM R1 WHERE num=X;
```

如果没有查到所需结果，则继续对 R_2 执行查询：

```
SELECT name, gender, address FROM R2 WHERE num=X;
```

(3) 若系统只具有局部数据模型透明性，则不仅需要知道全局关系的分片情况，还需要知道各个片段在站点上的分布情况。在这种情况下，本例所要求的查询任务将需要分解为以下查询语句来实现：

```
SELECT name, gender, address FROM R1 At S1 WHERE num=X;
SELECT name, gender, address FROM R1 At S2 WHERE num=X;
SELECT name, gender, address FROM R2 At S3 WHERE num=X;
```

以上三条查询语句明确指定了关系逻辑片段所在的站点。可以依次执行上述查询，直到获取所需结果。

分布透明性，也称为数据的分布独立性，是整个分布式数据库系统数据独立性的一部分。除了分布独立性外，分布式数据库系统还包括与集中式数据库相同的另外两种数据独立性，即数据的逻辑独立性和物理独立性。在图 14-2 所示的分布式数据库的模式结构中，映像 1(全局外模式与全局概念模式之间的映像)和映像 5(局部概念模式和局部内模式之间的映像)分别实现了这两种数据独立性。这样,分布式数据库系统的六层抽象和五级映像综合起来实现了整个系统的数据独立性。这既是分布式数据库系统的追求目标,也是区分分布式数据库系统的重要特征。

14.3 分布式查询处理和优化

14.3.1 分布式查询的分类

查询处理是用户与数据库之间的接口。在分布式数据库系统中,查询可以分为局部查询、远程查询和全局查询。

1. 局部查询

局部查询只涉及本地站点上的数据,查询处理过程与集中式数据库相同,所采用的优化技术也相同。有关集中式数据的查询优化技术,请参阅本书第 5 章的内容。

2. 远程查询

远程查询只涉及单个站点的数据,在查询处理和优化上与局部查询类似。但是远程查询的数据不在本地站点,因此增加了一个远程站点的选择问题。远程站点的选择应以减少远程通信代价为原则。如果数据是冗余分配的,则应该选择距离最近的站点上的数据作为查询对象。

3. 全局查询

全局查询是指涉及多个站点数据的查询。由于数据分布在多个站点上,全局查询必须分解为若干个子查询,每个子查询都只涉及一个站点的数据,全局查询才能够得以执行。另外,全局查询往往还需要进行站点间的数据传递,需要付出远程通信的代价。在不同的查询处理策略下,这种通信代价往往是不同的,甚至可以相差几个数量级。这可以通过下面的简单示例加以说明。

【例 14-3】 假设有两个关系 Student(Sno,Sname,Ssex)和 SC(Sno,Cname,Grade),Student 表示学生,以学号 Sno 为主键,SC 为学生的选课关系,通过属性 Sno 与 Student 关联;其中 Student 的元组个数为 10^4,存放在站点 A,SC 的元组个数为 10^5,存放在站点 B。假定两个关系的元组大小都为 100 b,而网络的传输速度为 10^4 bps。关系 Student 和 SC 的分布情况如图 14-5 所示。

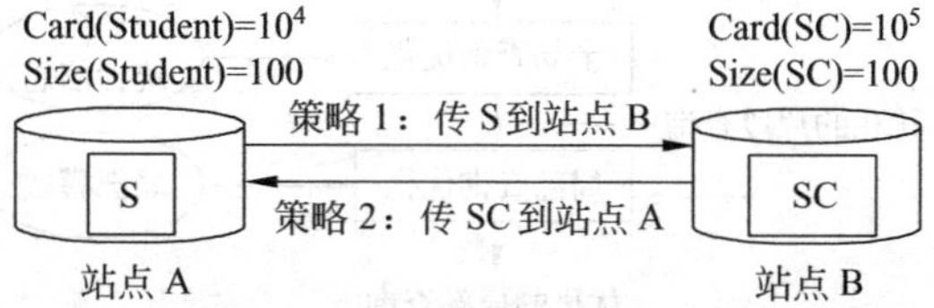

图 14-5　关系 Student 和 SC 的分布及其查询策略

现在需要查询选修了课程 math 的男生学号及其姓名。在不考虑关系分布的情况下，该查询可以直接表达为如下 SQL 语句：

```
SELECT Sno, Sname
  FROM Student, SC
    WHERE Student.Sno=SC.Sno and Ssex='男' and Cname='math'
```

显然这是一个全局查询，因为该查询所涉及的关系 S 和 SC 分布在不同站点。如何执行这一查询，取决于所采取的查询处理策略。下面分析两种最简单的策略。

策略 1：将关系 S 传送到站点 B，与关系 SC 执行连接操作，然后再执行选择操作获取所需查询结果。在这种情况下，需要传送的数据量为 $10^4 * 100$ b，所需的传输时间为 $10^4 * 100/10^4 = 100$ s。在忽略传输延时的情况，可以认为该查询策略的通信代价为 100 s。

策略 2：将关系 SC 的所有元组传送到站点 A，与关系 S 执行连接、选择操作。此时需要传输的数据量为 $10^5 * 100$ b，所需的传输时间为 $10^5 * 100/10^4 = 1000$ s，即该查询策略的通信代价为 1000 s。

策略 1 的通信代价只是策略 2 的 1/10。显然策略 1 要优于策略 2。这充分说明了分布式环境下，查询处理策略的重要性。对于本例来说，还有其他查询处理策略可供选择，留给读者思考。

在例 14-3 中只分析了查询处理的通信代价(通信时间)。实际上，在分布式环境下完整的查询代价应该是 I/O 代价＋CPU 代价＋通信代价。在一般情况下，网络传输速度比较低，导致通信代价远高于 I/O 代价和 CPU 代价。因此，在选择分布式查询策略时，主要考虑查询处理的通信代价，这也是分布式查询处理的首要优化目标。当然，如果通信代价与 CPU 代价或 I/O 代价相当，则需要综合考虑。

14.3.2 分布式查询处理过程

在分布式环境下，查询处理主要关注的是全局查询。对于局部查询和远程查询，由于只涉及单个站点的数据，可以按照集中式数据库的查询处理方法进行。

分布式全局查询的处理过程如图 14-6 所示，主要包括四个处理步骤：查询变换、查询分解、全局查询优化和局部查询优化。

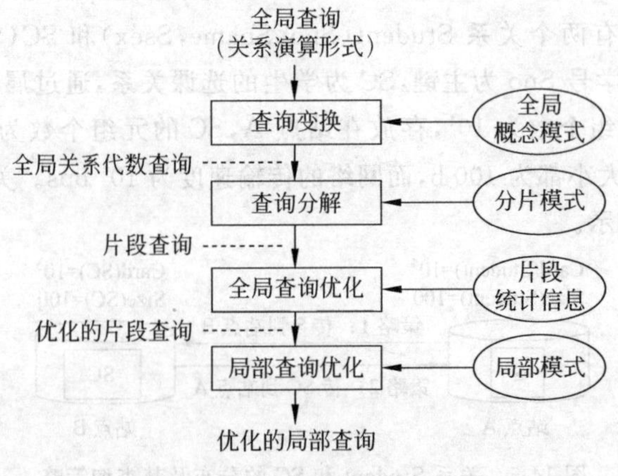

图 14-6 分布式查询的处理过程

1. 查询变换

将以关系演算形式表达的全局查询(如 SQL 语句),转换成定义在全局概念模式上的关系代数查询。其中涉及查询的规范化处理、词法和语法检查、公共子表达式的提取、冗余操作的删除等。查询变换所需要的信息包含在全局模式定义中,所采用的技术与集中式数据库系统相同。

2. 查询分解

将全局查询分解为不同站点上的片段查询,即将全局关系上的关系代数表达式转换为相应片段上的关系代数表达式。这一过程需要用到全局关系的分片模式,以及一些具体的分解规则,比如以分片模式替换全局关系,然后对片段查询进行简化与重构。

3. 全局查询优化

目标是寻求一种最优的查询执行策略。虽然查询变换和查询分解已经对查询进行了某些优化,但是并没有考虑关系片段的特性,比如关系片段的元组数目、关系片段的通信传输代价等等。全局查询优化所要做的工作是,根据关系片段的统计信息以及网络的通信情况,确定片段查询中具体操作的执行顺序,选择一个处理代价最小的执行策略。例 14-5 已经充分展示了分布式环境下查询处理策略的重要性。

4. 局部查询优化

利用局部模式的信息,对分配到各个站点的片段查询,选择具体关系操作的执行算法。这一部分内容与集中式数据库上的优化处理相同,可以采用集中式数据的优化处理算法。

经过上述查询处理,全局查询将转化为一组优化了的可以在不同站点上执行的子查询。将各局部站点的子查询结果汇总处理后,即可得到全局查询的结果。

14.3.3　分布式查询优化

从分布式查询处理的过程可以看到,查询优化涉及每一个处理步骤,一些集中式的查询优化技术和方法可以应用到分布式查询中。除此之外,分布式查询处理还有特殊的技术和方法。这种特殊性主要是由数据分片和分布所带来的,在查询过程中体现为查询分解和全局优化处理。分布式查询优化主要关注的全局查询优化。

全局优化需要做的事情是确定片段查询中的操作顺序,其中最为关键的是对连接操作和并操作的处理,因为连接操作和并操作是引起站点通信的主要原因。另外,连接操作还是最费时间和空间的操作,因此,对连接操作的优化成为分布式查询处理的首要任务。当然,其他操作(如选择和投影)也需要进行优化处理,不过它们的处理比较简单而已。

针对分布式查询的连接操作,可以采用的优化策略有基于半连接的查询优化、基于直接连接的查询优化和利用并行性的连接优化。

1. 基于半连接的查询优化

基于半连接的查询优化基本思想是：在对两个关系做连接操作之前，先去除那些与连接无关的数据，减少连接操作中需要传输的关系的数据量，从而减少传输代价。由于这种传输数据量的减少是通过半连接操作实现的，所以称之为半连接优化。

半连接(semi-join)是由投影操作和连接操作导出的一种关系代数操作。两个关系 R 和 S，在连接属性 $R \cdot A = S \cdot B$ 上的半连接操作可以表示为：

$$R \underset{A=B}{\ltimes} S = R \underset{A=B}{\bowtie} (\pi_B(S))$$

$$S \underset{A=B}{\ltimes} R = S \underset{A=B}{\bowtie} (\pi_A(R))$$

半连接操作具有不对称性，即 $R \ltimes S$ 一般不等于 $S \ltimes R$。图 14-7 给出了关系 R 和 S 的一个实例，以及这两个关系在公共属性 B 上的半连接操作结果。

R

A	B
a1	b1
a1	b2
a1	b3
a2	b1
a2	b2
a2	b3
a2	b4

S

B	C
b1	c1
b3	c2
b5	c1
b5	c2
b5	c3
b6	c1
b6	c2

$R \ltimes S$

A	B
a1	b1
a1	b3
a2	b1
a2	b3

$S \ltimes R$

B	C
b1	c1
b3	c2

图 14-7　半连接操作示例

由图 14-7 可以看出半连接操作对参与关系 R 或 S 具有缩减作用。但是由于不对称性，各自的缩减作用不一样。半连接操作的缩减性正是分布式环境下利用半连接优化连接操作的原因所在。因为两个关系 R 和 S 的全连接操作可以通过半连接操作表示为：

$$R \underset{A=B}{\bowtie} S = (R \underset{A=B}{\ltimes} (\pi_B(S))) \underset{A=B}{\bowtie} S$$

$$S \underset{A=B}{\bowtie} R = (S \underset{A=B}{\ltimes} (\pi_A(R))) \underset{A=B}{\bowtie} R$$

在分布式环境下，当 R 和 S 在不同的站点时，利用半连接操作实现全连接操作 $R \bowtie S$ 的具体过程如下(假设 R 和 S 分别存储在站点 1 和站点 2)：

(1) 在站点 2 上执行 $\pi_B(S)$，将结果存放在 T 中；

(2) 将 T 传送到站点 1，在站点 1 执行操作 $R \bowtie T$，得到结果 T'；

(3) 将 T' 传送站点 2，执行连接操作 $T' \bowtie S$，得到的最终结果。

上述操作过程中间结果 T 和 T' 的元组数目一般远远小于关系 R，所以与直接将关系 R 传送到站点 2 的全连接方案相比，半连接方案的通信代价得以降低。

如果两个关系的连接操作只需要某个关系的部分元组参加运算，那么基于半连接的优化算法将非常有效。不过由于半连接操作的不对称性，不同的半连接方案，通信代价可能明显不同。因此，在实际应用中，应比较各种半连接方案与全连接的方案，并选取代价最小的方案。

2. 基于直接连接的查询优化

基于直接连接的查询优化主要考虑实际环境下关系片段的传输代价以及局部的处理代价，选取最优的方案。如果参与连接的两个关系在同一个站点上，那么处理方法与集中式数据库相同，可以采用嵌套循环法或排序扫描法等方法。如果两个关系分布在不同的站点，则需要考虑关系元组的传输方式以及执行连接的站点。通常可以采取整体传输或者是按需传输的策略。原则是选取通信代价最小的传输方式和执行站点。

3. 利用并行性的连接优化

利用并行性的连接优化思想是通过重新分布元组来实现操作内的并行性，进而提高查询处理效率。这可以通过下面例 14-4 来加以说明。

【例 14-4】 假设关系 R_1、R_2、R_3、R_4 分别存储在站点 S_1、S_2、S_3 和 S_4，要求执行连接操作：$R_1 \bowtie R_2 \bowtie R_3 \bowtie R_4$，且最后结果必须在 S_1 上输出。

对于这一连接操作可以按照这样的策略执行：将 R_1 送到 S_2，并在 S_2 上计算 $R_1 \bowtie R_2$；同时将 R_3 送到 S_4，并在 S_4 上计算 $R_3 \bowtie R_4$。在计算 $R_1 \bowtie R_2$ 的过程中，站点 S_2 可以把已经得到的结果传送给 S_1，同样 S_4 也可以把现有的结果传送给 S_1。这样 S_1 就可以在收到 S_2 和S_4 的部分结果时，立即开始计算最终的连接结果，而不必等到 S_2 和 S_4 都处理完。

操作内的并行包括流水线并行和独立并行。例 14-4 的示例包括了这两种并行。站点 S_2 和 S_4 之间是独立并行的，因为这两个站点上并行执行的操作之间没有依赖关系。而站点 S_1 和 S_2 之间则属于流水线并行，因为站点 S_2 上操作的输出结果是站点 S_1 上操作的输入。

最后，对于连接操作的查询优化，究竟是采用直接的全连接方案还是半连接方案，取决于数据传输和局部处理的操作代价。采用半连接一般可以降低数据传输量，但是会导致通信次数的增加和本地处理时间的增加。如果通信代价是主要的，那么采用半连接方案比较有利。另外，无论是集中式数据库还是分布式数据库，查询策略的选择都是以执行查询的预期代价为依据的，并非实际查询的运行开销。

14.4 分布式事务管理

与集中式数据库系统一样，分布式数据库系统对各种数据的访问也是通过事务来完成的，必须保证事务的 ACID 属性(原子性、一致性、隔离性和持久性)。在分布式系统中，事务分为局部事务与全局事务。局部事务是指那些仅访问和更新一个局部数据库中数据的事务。局部事务的 ACID 属性可以通过局部 DBMS 拥有的技术和管理来保证。全局事务是那些访问和更新多个数据库中数据的事务。由于涉及多个站点的数据，全局事务需要被分解为一些子事务，并将这些子事务分派到适当的站点上执行。如果在执行的过程中，任何站点故障或者是网络通信故障，都可能导致错误的发生。因此，保证全局事务 ACID 属性要比局部事务复杂得多。

为了保证分布式事务的 ACID 属性，分布式数据库系统将事务管理分为两个层次，如图 14-8 所示。每个站点都有自己的局部事务管理器(LTM)，负责本站点事务的执行，保证本站点事务的 ACID 属性。同时每个站点上还有一个分布式事务管理器(DTM)，实现分布式事务的协调与管理，其主要功能是负责分布式事务的启动、分解、子事务的分派，以及分布式事务的终止(其中包括所有子事务的提交与撤销)。在这些处理中，必须保证分布式事务的 ACID 属性，特别是其中的原子性，所有子事务要么都正确执行，要么都不执行。另外，在多用户系统中，分布式事务是并发执行的，需要采取相应的并发控制技术，保证分布式事务的可串行性。

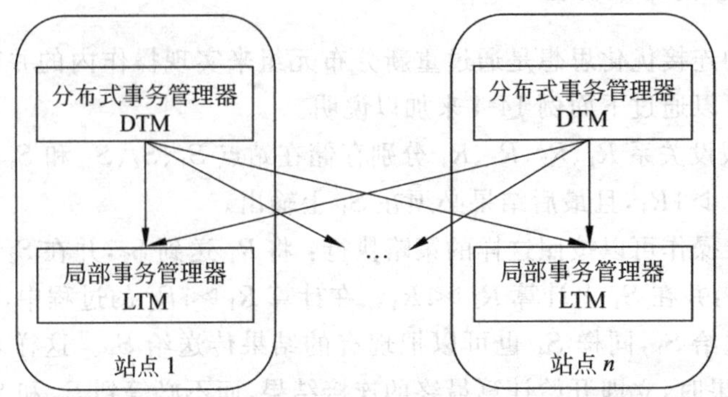

图 14-8 分布式事务管理模型

总之,分布式事务执行过程的调度与管理是由局部事务管理器和分布式事务管理器协作完成的,其中最为核心的是分布式事务恢复和并发控制。

14.4.1 分布式事务恢复

与集中式数据库类似,分布式事务在执行过程中也会遇到各种各样的故障与错误,例如介质故障、系统故障、事务故障、报文故障、网络分割故障等。不同的故障会造成数据库不同程度的损害,从而影响数据库系统的可靠性和可用性。为了保证事务的原子性和数据库的一致性,数据库管理系统必须具备故障恢复功能。不同类型的故障,所采取的恢复措施也是不同的。当发生事务故障时,保证事务原子性的措施称为事务故障恢复,简称为事务恢复。

在分布式事务恢复中,本地事务的恢复类似于集中式恢复,由本地局部事务管理器执行,而整个分布式事务的恢复则由分布式事务管理器和局部事务管理器协同完成,其目标是保证分布式事务的所有子事务要么都提交,要么都撤销。分了实现这一目标,可以将本地事务的原子性提交行为扩展到分布式事务。这种扩展的结果就是分布式事务的两阶段提交协议。在不损坏日志的情况下,两阶段提交可以保证分布式事务的原子性,并实现故障的快速恢复。

1. 两阶段提交协议

两阶段提交协议将参与事务执行的代理(事务进程)分为协调者和参与者。协调者只有一个,能够决定整个事务的提交或者是撤销。所有其他的参与者都各自负责本地子事务的执行,并向协调者提出提交或撤销本地子事务的意向。

为了保证分布式事务的原子性,两阶段提交协议将整个提交过程分为表决阶段和执行阶段。

(1) 表决阶段

协调者向所有参与者发送“准备提交”消息,并进入等待状态。参与者收到“准备提交”消息后,将判断是否能够提交本地事务。如果能够提交,则给协调者回答“建议提交”消息,进入就绪状态;否则回答“建议撤销”消息,进入撤销状态。参与者和协调者在发送消息之前，都会将相关信息记入自己的日志。如果在规定的时间之内，协调者收到了所有参与者回答的“建议提交”消息，则做出提交整个事务的“全局提交”决定，否则做出“全局撤销”决定。

(2) 执行阶段

协调者将自己的决定(全局提交或全局撤销)信息写入日志，并发送给所有参与者。参与者收到协调者的决定之后，立即记入自己的日志，并向协调者发送“应答”消息，最后执行收到的事务决定，即提交(或者是撤销)本站点上的子事务。协调者在收到所有参与者的应答后，在日志中写入整个事务结束记录并终止事务。

2. 两阶段提交协议的故障处理

在正常情况下，两阶段提交协议能保证分布式事务的原子性。如果在提交过程中出现故障，则需要采用事务恢复技术进一步处理。事务恢复是通过两阶段提交协议维护的事务日志来实现的，具体的恢复过程因故障类型和故障的发生时机而异，主要包括如下几种情况。

(1) 参与者因某种故障不能把“建议提交”消息发给协调者。在这种情况下，协调者将因等待超时而作出全局撤销的决定，所有正常的参与者都将撤销它们的子事务。发生故障的参与者在进行恢复时，只需简单地撤销原来的事务即可。

(2) 参与者在发送“建议提交”消息之后发生故障。在这种情况下，该发生故障的参与者在恢复时，将向协调者或者是其他参与者询问有关整个事务的最终结果，并按照该结果终结自己的事务。

(3) 协调者发生故障，并且故障发生在协调者将“全局提交”或“全局撤销”信息写入日志之前。此时，进入就绪状态的参与者无法正常结束，必须等待协调者的恢复。协调者在恢复时将从头开始恢复提交协议，并根据日志记录再次把“准备提交”消息发给参与者。参与者在识别该消息后将继续执行。

(4) 如果协调者故障发生在将“全局提交”或“全局撤销”信息写入日志之后，但是并没有将整个事务的结束记录写入日志，那么此时协调者在重新启动时，将必须给所有参与者重新发送整个事务的全局决定，以便使那些等待协调者决定的参与者结束自己的事务。

对于参与者和协调者面临的其他故障，可以仿照上述过程进行类似的分析处理。只要在两阶段提交协议执行过程中维护的事务日志不丢失，分布式事务执行就可以从所有故障中迅速恢复，并保证整个事务的原子性。

两阶段提交协议是最简单且应用最广泛的提交协议，但是两阶段提交协议存在一些不足之处。第一个不足是，参与者和协调者可能进入相互等待对方发送消息的状态。为了确保能够从互相等待的状态中退出，可以采用定时机制。在进入某个状态时设置一个定时器，如果所期待的消息在定时器超时之前没有到来，则调用自己的超时协议进行处理。

两阶段提交协议的第二个不足在于，如果提交阶段协调者出现故障，而某个参与者与此同时宣布其已经进入就绪提交状态，那么该参与者将必须等到协调者恢复后，才能决定是否提交。在此期间整个分布式事务将处于阻断状态。事务阻断将降低系统的可用性，因为事务占有的资源不能释放。

为了克服两阶段协议的不足，提高系统的可用性，可以采用三阶段提交协议。三阶段提交协议是非阻断的，但是处理过程更为复杂，系统开销也更大。对此感兴趣的读者可以参阅文献[19]。

14.4.2 分布式并发控制

在分布式数据库中，数据允许被复制到多个站点。当有多个事务对同样的数据进行并发操作时，如果处理得不好，数据库的一致性和完整性将遭到破坏。为了协调并发事务的执行，保证数据库的一致性和完整性，必须采取并发控制技术，确保多个分布式并发事务对数据并发执行的正确性。

与集中式数据库系统类似，分布式数据库系统的并发控制也可以采用封锁技术。集中式数据库的各种封锁协议，稍加修改后都可以用于分布式环境。但是由于数据分布和数据冗余的特点，分布式并发控制要比集中式并发控制更为复杂。这种复杂性主要表现在两个方面：一是多副本数据的更新，当对数据执行更新操作时，原则上必须同时更新它的所有副本；二是死锁的检测与处理，事务的分布执行可能会引起全局死锁。

在多副本数据更新问题上，可以采用如下封锁技术和处理方法：

(1) 简单封锁法

在更新数据时封锁同一数据的所有副本，然后对其进行更新，更新完成后解除全部封锁。这种方法需要传送大量的封锁消息，通信代价比较大，在分布式数据库系统中很少采用。

(2) 主站点封锁法

选定一个站点作为主站点，负责整个系统的封锁管理，所有站点的加锁和解锁请求，都被传送到主站点，由主站点处理封锁事宜。这种方式减少了通信代价，便于封锁管理，但是主站点容易成为系统的瓶颈，因为所有封锁操作都依靠主站点来处理。

(3) 主副本封锁法

为每个数据项指定一个副本作为主副本，不同数据项的主副本存放在不同的站点上。对某个数据项进行操作时，先封锁主副本，然后再进行操作。对主副本的封锁意味着所有副本都被封锁。这种方法将封锁处理分散到各个主副本所在的站点，各个站点的负载一般比较均衡。

(4) 多数封锁法

要求对数据项的多数(大于半数)副本进行封锁后才能进行操作。数据副本之间是平等的，封锁请求必须发给包含副本的所有站点，各站点将彼此独立决定是否同意封锁。这种方法的不足在于封锁请求的处理过程过于复杂。

采用封锁技术，可能使系统陷于死锁状态。在分布式数据库中，系统死锁包含两种情况：局部死锁和全局死锁。局部死锁是指本地站点上并发执行的事务形成的死锁。全局死锁则是包含两个或多个站点的死锁。即使所有站点都不存在局部死锁，全局死锁也可能发生。因为不同站点的事务可能分别等待对方释放所占资源，从而形成死锁。图 14-9 展示了因相互等待而引起全局死锁的情况。

分布式并发控制必须能够检测局部死锁和全局死锁，并采取相应措施解除死锁。对于局部死锁可以按照集中式的方法进行处理。对于全局死锁可以通过全局等待图进行检测。全局等待图是所有站点的局部等待图的并。通过检查全局等待图可以比较方便地找出死锁，并采取相应措施解除死锁，例如撤销部分引起死锁的事务。

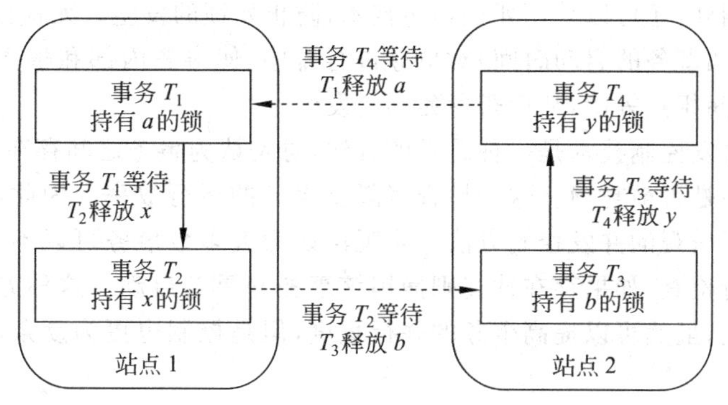

图 14-9　分布式事务的全局死锁情况

检测分布式死锁有三种基本方法，即集中式、层次式和分布式死锁检测。

(1) 集中式死锁检测

在整个系统中指定一个站点作为全局死锁检测器。每个站点定期将自己本地站点的局部等待图发送给全局死锁检测器。由全局死锁检测器构造全局等待图并判断是否存在死锁回路。如果存在死锁回路，则选择一个或多个事务，把它们撤销并释放所占有的资源，以便其他事务继续运行。选择撤销事务时应该使撤销代价最小，例如选择最年轻的事务，具体情况视系统要求而定。集中式死锁检测比较简单，实现容易，但是通信量比较大，而且容易形成瓶颈。

(2) 层次式死锁检测

层次式死锁检测在整个系统中建立一个层次化的死锁检测体系，如图 14-10 所示，每个结点都是一个死锁检测器。每个站点都有自己的局部死锁检测器，负责局部等待图的构造，并将其发送给上一层的死锁检测器。一般是几个相互靠近的站点拥有同样的上层死锁检测器。在这个分层检测体系中，上层结点只负责直接下层结点等待图的合并与死锁检测。在这种情况下，中间层的死锁检测器就能发现一些局部的非本地死锁，从而减少与中央站点的通信开销。不过，层次式死锁检测的实现比较复杂。

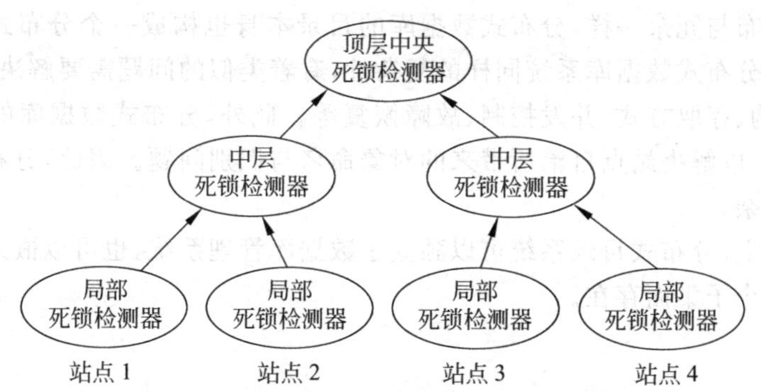

图 14-10　层次式死锁检测示意图

(3) 分布式死锁检测

所有站点都具有相同的检测职能。每个站点都根据从其他站点传来的系统动态信息，构造一个全局等待图的子等待图。如果有死锁出现则至少有一个子等待图中存在回路。这种方法在不好的情况下，可能引起很高的通信开销。

除了死锁检测外，还可以采用死锁预防技术，防止死锁的发生。死锁预防的一般方法是按照某种标准(比如事务的启动时间)对事务进行排序，使事务内部和事务之间一致性得以维持，避免事务之间相互等待，从而避免死锁的发生。

基于封锁的并发控制技术是一种悲观的方法，总是认为事务之间存在冲突，每次访问之前都要检查数据项是否被封锁。这种检查将降低事务的运行效率。为此，在分布式数据库系统中专门提出了乐观的并发控制方法。乐观法认为大多数事务可以不受干扰地执行，在执行完毕后再进行检查，如果存在冲突则撤销该事务并重新启动。这种方法建立事务冲突很少的假设基础上，虽然可以提高事务的并行程度，但是控制也更为复杂，在实际系统中很少采用。

除了封锁技术外，分布式并发控制还有时标技术、多版本技术以及相关的方法。对这些技术和方法感兴趣的读者可以参阅文献[19]。

14.5 分布式目录管理

分布式数据库中数据的分布透明性、各站点的自治性、分布式事务的运行和管理等都与目录有关。目录系统不仅是联系用户和系统管理员的重要工具，也是设计、维护、运行分布式数据库的核心部件。

分布式数据库的目录除了包括一般的数据库、域、关系、属性、用户、视图、索引、存储过程、存取权限、完整性约束等内容外，还包括数据的分片描述、片段的位置描述、局部名的映射，以及有关数据的统计信息、状态信息和控制信息等内容。

与数据库中的数据类似，分布式数据库的目录也有局部和全局之分。局部目录提供局部数据的描述和管理信息，存放在本地站点上。全局目录提供全局数据的描述以及相关的管理信息。全局目录可以集中存放在某个站点，也可以分布式存放。分布存放的策略与数据分布相同。

与数据的分布与冗余一样，分布式数据库的目录本身也构成一个分布式数据库。目录管理系统具有和分布式数据库系统同样的复杂性，有着类似的问题需要解决，例如目录的数据结构、存储结构、存取方式、并发控制、故障恢复等。此外，分布式数据库的目录系统还必须提供命名机制，以解决站点自治所带来的对象命名与识别问题。因此，分布式目录管理要比集中式更加复杂。

在实现方式上，分布式目录系统可以独立于数据库管理系统，也可以嵌入其中作为数据库管理系统的一个子集而存在。

14.6 小　结

分布式数据库系统是数据库技术与计算机网络技术相结合的产物。分布式数据库系统建立在集中式数据库系统的基础上，具备集中式数据库系统的功能和特色，同时还具有分布式数据库系统专有的概念、理论和技术。本章主要介绍了分布式数据库系统的基本概念和理论，以及分布式数据库系统的工作原理和相关技术。本章的重点内容包括：分布式数据库系统的模式结构和基本特征、数据分布的概念和分布透明性、分布式查询处理与优化、分布式并发控制与事务恢复。

习　　题

1. 解释分布式数据库和分布式数据库系统的概念，并分析为什么要发展分布式数据库系统。
2. 分布式数据库系统具有哪些集中式数据库系统所不具备的特色和功能。
3. 简述数据分片的含义以及数据分片必须满足的条件。
4. 分布透明性包含哪些层次？在不同层次下用户的数据库操作有什么不同？
5. 针对例 14-3 的示例，设计新的查询处理策略并分析其通信代价。
6. 简述分布式全局查询的处理过程。
7. 简述基于半连接的查询优化原理。
8. 分布式事务管理与集中式事务管理相比有什么异同？
9. 简述两阶段提交协议的执行过程并分析其不足之处。

第15章

对象和对象关系数据库

随着数据库系统的日益普及以及应用需求的不断提高，关系数据库暴露出了一些缺陷与不足。为了解决关系数据库所面临的问题，提出了面向对象的数据模型，以及以该模型为基础的对象数据库。对象数据库实际上是面向对象的方法与数据库管理技术相结合的产物。由于对象模型具有比关系模型更强的表达能力和建模能力，因此对象数据库在传统数据库技术难以有效发挥作用的领域获得了成功应用，被认为是一种非常有竞争力的新兴数据库技术，也是数据库发展的重要方向之一。本章将介绍面向对象的相关概念、面向对象数据模型、面向对象数据库和对象关系数据库的基本原理和方法。

15.1 概　　述

1. 面向对象与数据库技术的结合

在数据库技术的发展过程中，关系数据库由于数据模型相对简单、理论基础比较成熟而一直占据着主导地位，在各种传统的商业领域得到非常广泛的应用。但是随着数据库系统的日益普及以及应用需求的不断提高，关系数据库也暴露出了一些缺陷与不足。这些缺陷与不足主要表现在以下几个方面：

(1) 关系模型过于简单，不利于表达复杂的数据结构。在关系数据库中，现实世界中的实体和实体之间的联系都被抽象为二维的表。二维表可以有效地表示简单的、规范化的实体数据。例如，商业领域中的订单管理和库存管理，借助关系模型，可以将其中的数据转换为一系列二维表，因为其中涉及的数据主要都是常规的数值数据和文本数据。但是，在实际的应用需求中，存在很多复杂的数据表示与处理要求。例如，在办公自动化系统中，除了常规的数值数据外，还需要处理自由格式的文本、图片、图表、音频和视频等。这些自由格式的数据是不规范的，难以用二维表来表达。另外，在计算机辅助设计和制造(CAD/CAM)领域，一个产品通常由多个部件组成，而部件又由更小的部件构成。这种现实世界中常见的整体与部分关系，在关系模型中无法直接表达，其结果是：一个现实世界中的实体往往被分割成几张表来表示，在查询处理中往往需要进行很多连接操作。规范化的关系模型与现实世界中复杂实体之间的差异，使得关系数据库在很多新型的应用领域受到限制。这些新的应用领域除了前面提到的办公自动化、CAD/CAM外，还有地理信息系统(GIS)、计算机辅助软件工程(CASE)、人工智能专家系统、多媒体信息系统等。

(2) 关系数据库不支持用户自定义的数据类型和操作。关系数据库中的数据定义和操作都是面向集合和记录的。现代的新兴应用涉及的数据和操作一般都比较复杂,往往要求拥有自定义数据类型和操作的能力。

(3) 关系模型不能很好地支持业务规则。虽然关系模型中有实体、参照完整性以及域的概念。但是这些概念在很多商业系统中并未得到完全支持,需要在应用程序中完善这些规则。这容易导致重复工作,甚至还可能引起不一致的现象。除此之外,实际应用往往还有很多别的业务规则。这些规则一般无法得到关系模型的支持,只能在应用程序或者是 DBMS 中实现。

(4) 在关系数据库中对递归查询的处理比较困难。这是因为关系模型中不允许出现重复的元组。为了处理递归查询一般需要将 SQL 语句嵌入到高级程序设计语言中,由高级程序设计语言提供反复操作的功能。

(5) 关系数据库中存在阻抗不匹配的问题。首先关系数据库的 SQL 语言缺少完整的计算功能。为了处理复杂的应用,需要将 SQL 嵌入到高级语言中。高级语言是过程化的,一次只能处理一个单独的数据项(或者记录)。而 SQL 是一种声明性语言,每次操作和处理的数据都是一个记录集合。对此,必须在高级语言编写的程序中增加大量的处理逻辑来弥补这两种处理方式之间的差异。另外,SQL 和高级语言在数据的表达方式上也存在差异。例如,SQL 有内置的日期(Date)类型和货币类型,而一般的高级语言则没有这样的类型。为此,应用程序必须处理两种不同系统之间不同表示方法的转换。这些阻抗不匹配的问题,无疑都增加了数据库应用开发的工作量和复杂度。

为了解决关系数据库所面临的问题,以满足实际应用的需求,人们进行了多方面的探索。首先是针对具体应用开发专用的数据库系统,比如工程数据库、多媒体数据库、统计数据库、空间数据库等。这些数据库主要是对现有的关系数据进行适当的改造,以满足特定应用领域的要求,不具有通用性。

为了建立具有一定通用性而且能够适用于现代应用要求的数据管理系统,人们借助面向对象的思想和方法,提出了面向对象的数据模型以及相应的对象数据库。由于吸收了面向对象程序设计方法学的核心概念和基本思想,面向对象数据模型更符合人类认识世界的一般方法,更适合于描述现实世界中的复杂事物,具有比关系模型更强的表达能力和建模能力。因此,对象数据库在传统数据库技术难以有效发挥作用的领域获得了成功应用,从而被认为是一种非常有竞争力的新兴数据库技术。

2. 对象数据库系统的基本特征

对象数据库的核心思想是把面向对象技术与数据库技术结合起来。两者如何结合,结合到什么程度,目前仍没有一致的看法。但是在著名的面向对象数据库宣言中,明确提出了对象数据库系统所需具备的条件。这些条件可以分为如下三个方面。

(1) 支持面向对象数据模型,具有面向对象的特性。这要求支持对象、对象标识符、类、类型以及类的层次结构等基本概念,同时具有可扩展性和封装性、支持继承、允许重载,能够与程序设计语言结合起来实现计算的完备性。

(2) 具有合适的数据库管理系统,支持传统数据库系统所具备的数据库特性,能够实现对象数据库的管理,其中包括对象的持久性管理、存储器管理、模式演化、并发控制、故障恢复、事务处理与即席查询等功能。

(3) 除了数据模型和数据管理方面的基本要求外,还应具备一些新的特性,例如支持多重继承、支持长事务与嵌套事务、有较强的完整性约束、具有版本管理功能和分布式计算能力等。

3. 对象数据库系统的发展

对象数据库系统是一个既有传统数据库系统功能又支持面向对象数据模型的系统。如何构建这样的系统?自 20 世界 80 年代中期以来,数据库学术界和工业界进行了长期的实验和探索,并开发了很多实验原型系统以及比较成熟的工业化产品。这些原型系统和产品,按照底层实现技术和方法的不同,可以分为如下三大类。

(1) 以面向对象的程序设计语言为基础,建立面向对象的数据模型,增加传统数据库的功能,并构建相应的数据库系统。这是一种比较纯粹的面向对象的数据库系统,具有较强的面向对象功能,但是在数据库的功能方面往往显得不够完整。这类系统的典型代表有美国 Object Design 公司推出的 Object Store、Ontologic 公司推出的 Ontos。

(2) 以传统的关系数据库为基础,扩展关系数据模型和关系查询语言,增加面向对象的数据类型和基本特性,使其具有构建面向对象数据模型的能力,从而形成对象关系数据库系统。这类系统具有较强的数据管理能力,但是面向对象的表示能力往往不足。这类系统的典型代表有美国加州大学伯克利分校开发的 Postgres、Hewlett-Packard 实验室研发的 OpenODB。此外,目前国际著名的关系数据库系统如 Oracle、SQL Server、Sybase 等都已经按照这种方式进行了扩充,使其具备一定的面向对象功能。

(3) 第三类是独立型的,不依赖于某种软件或系统,而是按照面向对象数据库系统的客观需求,建立全新的面向对象数据模型,独立构建所需的数据库系统。这类系统具有标准的面向对象数据库管理系统的功能和形式,但是研制周期比较长,而且不易为用户所接受。这类产品的典型代表有法国 Altair 公司的 O2 和日本富士通公司的 Jasmin。

每类产品都有自己的特色,但是目前关注得最多的主要是前两类。下面分别针对这两类产品,介绍面向对象数据库和对象关系数据库的相关概念和基本原理。

15.2 面向对象数据库

面向对象是 20 世纪 80 年代兴起的一种程序设计方法,同时也是一种认识和描述事物的方法。与传统的程序设计方法不同,面向对象程序设计将数据结构和数据结构上的操作封装在一起形成对象(Object)。对象的数据结构描述对象的状态,对象的操作则表现对象的行为。按照这种方法,现实世界中存在的任何实体都可被抽象为对象,实体之间的联系则被抽象为对象之间的联系。

面向对象数据库正是在面向对象的思想和方法上发展起来的，其核心是面向对象数据模型(OODM)。一个由面向对象数据模型所定义的对象集合就构成一个面向对象数据库(OODB)。对面向对象数据库进行有效地存储、组织和管理的系统就是面向对象数据库管理系统(OODBMS)。以 OODBMS 为核心构成的数据库系统就是面向对象数据库系统(OODBS)。

15.2.1　面向对象数据模型

按照面向对象的思想和方法，对现实世界中实体以及实体之间的联系进行数据建模，并对数据模型的语义做出解释，就可以得到面向对象数据模型。但是与关系模型不同的是，面向对象数据模型目前还没有一个正式的、抽象的定义。面向对象数据模型主要是借鉴面向对象程序设计方法中的核心概念和基本方法，来描述现实世界中的实体对象以及对象之间联系和限制。下面对其中涉及的核心概念和基本方法做简要介绍。

1. 对象

现实世界中的任何实体都可以被模型化为对象(Object)。对象是对客观世界的一种抽象，也是描述客观世界的基本元素。在形式上，对象由一组数据结构以及在这组数据结构上的操作封装而成。在组成上，一个对象通常包含三个部分：属性、方法和消息。

(1) 属性

对象的属性(Attribute)描述对象的状态和特性。一个对象往往有多个属性，从而构成属性集合。所有的属性合起来便是对象的数据结构。对象的某一属性可以是单值的，也可以是多值的。另外，对象的属性还可以是另外一个对象，从而形成对象之间的嵌套层次结构。对象的嵌套可以构成各种复杂的对象。这种复杂的对象一般称为复合对象。包含在复合对象中的对象被称为子对象。例如汽车，可以将其看做一个复合对象，包含车体、车轮和车内设备等子对象。

(2) 方法

对象的方法(Method)也就是对象的操作，描述的是对象的行为特征。方法一般包括两部分：方法的接口和方法的实现。方法的接口(Interface)说明操作的名称、参数以及返回值的类型，也就是方法的调用说明。方法的实现(Implementation)则描述与该方法对应的操作的具体实现过程，通常是用程序设计语言编写的一段程序代码。接口是对象提供给外界的可见部分。外界只能通过接口对对象进行访问。方法的实现对外界是不可见的，从而隐藏了对象内部的具体实现细节。这种特性称为对象的封装性(Encapsulation)。

(3) 消息

对象的消息(Message)是对象与外界进行通信的机制。由于对象是封装的，对象与外部的通信一般只能通过消息来实现。消息通常由三部分组成：接收消息的对象、方法和方法参数；其中方法是向接收对象所要求的操作请求，而方法参数用于提供完成操作所需要的外部数据。消息从外部传送给对象，由对象负责接收和响应。一个对象所能接受的消息取决于对象向外提供的方法接口。对象的方法接口描述了对象作为消息接收者可以执行的全部方法。消息只传递操作请求，具体操作的执行完全由接收对象负责。接收对象在完成所请求的操作后，将以消息的形式返回操作结果。发送消息实际上就是调用方法，类似于程序设计语言中的函数调用。

2. 对象标识符

在面向对象数据模型中，每个对象都有一个在系统内唯一的标识符，这个标识符被称为对象标识符(Object Identifier，OID)。对象标识符是在对象产生时由系统赋予的，在对象的生存期内该标识符都不会改变，用户也不能对该标识符进行任何修改。对象的标识符不依赖于对象的属性值和方法。两个具有相同属性值和方法的对象，如果 OID 不同，也将被认为是两个不同的对象。OID 类似于程序设计中的指针，可以用来实现对对象的参考和引用，是系统组织和管理对象的重要依据之一。

3. 类

具有相同属性和方法的所有对象构成一个对象类，简称为类(Class)。类给出了属于该类的全部对象的属性与行为的抽象定义，而类中的对象称为该类的实例(Instance)。例如，将学生看做一个类，那么姓名为“张三”的学生就是学生类的实例。类与对象的关系类似于关系数据库中关系模式与元组的关系。

在面向对象数据模型中，类是基本的组成单元。对现实世界的抽象描述是通过类的定义，以及类与类之间的关系来实现的。类的定义包含属性和方法的定义，是对属于类的全体对象的统一描述。显然，对象所具有的特性(例如封装性)类也自然拥有。类与类之间的关系主要有继承关系和组合关系。

(1) 类的继承

继承是指一个子类能够拥有超类所具有的属性和方法。例如，学生又可以分为本科生和研究生，那么可以将学生看做是一个超类(Superclass)，而本科生和研究生看做是学生类的子类(Subclass)。子类除了继承超类的属性和方法外，还可以拥有自己的属性和方法。另外，子类也可以在自己的定义中取代超类中已有的属性和方法。这种取代在面向对象技术中称为重载(Overriding)。

类的继承机制避免了重复定义不同对象的属性和方法，同时也体现了自然对象之间的泛化与特殊的关系。超类是子类的抽象或泛化，子类是超类的特殊化。一个超类可以有多个子类，一个子类也可以有多个超类。子类与超类之间的继承关系是单向的、可传递的。这样，子类与超类之间的继承关系，便构成了类的层次结构。例如，图 15-1 中的“学生”类可以看做是“人”的子类，而将“人”看做是一个更高层的超类，“教师”类是该超类的另一个子类。

继承分为单重继承和多重继承。若一个子类只能继承一个超类的特性，这种继承称为单重继承。若一个子类能继承多个超类的特性，这种继承称为多重继承。如图 15-2 所示的动物分类示例，可以用来说明多重继承和单重继承的关系。在该图中，“动物”作为一个超类，具有两个子类“陆生动物”和“水生动物”，它们与超类之间是单重继承的关系。而“两栖动物”则同时继承了“陆生动物”和“水生动物”这两个超类的所有属性和方法，属于多重继承。

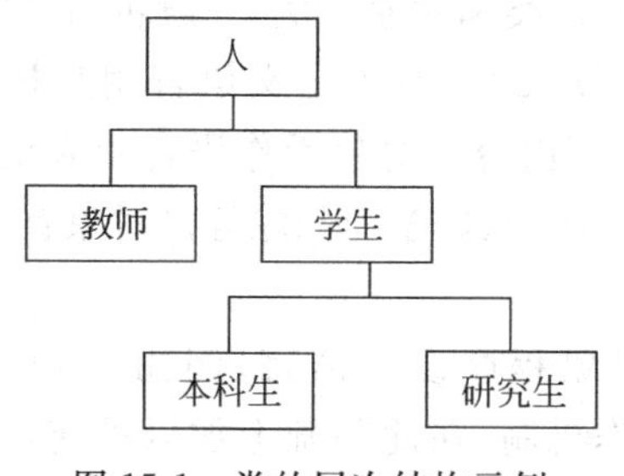

图 15-1　类的层次结构示例

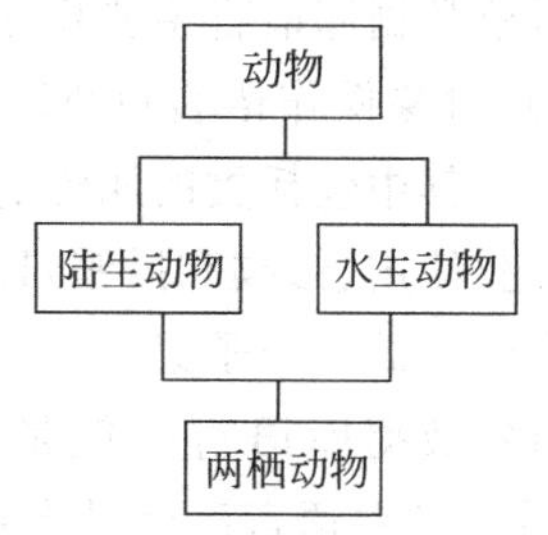

图 15-2　多重继承示例

(2) 类的组合

类的组合关系是对客观世界中“部分构成整体”关系的抽象。例如，汽车由车体、车轮和车内设备等部分组成。这种组合关系在类的定义中表现为：一个类的属性可以是另一个类，或者是类的属性值是另一个类的实例，这样就形成了类与类之间的嵌套结构，这种嵌套结构使得可以通过一些相对简单的基本事物来描述一个复杂事物。对象嵌套组合是面向对象数据库系统的一个重要概念，它允许不同的用户采用不同的粒度来观察对象。

类的继承和组合关系体现了人们认识事物的基本方式，提供了对现实世界简明而精确的描述，可以用来描述任意复杂的结构。因此，类是一种强有力的建模工具。面向对象数据模型实际上就是一个以类为基本元素，以继承和组合为手段而构成的一个类层次结构图。

(3) 类的其他特性

除了继承和组合关系外，类之间(实际上是对象之间)还可以通过消息建立连接，形成一种动态的结构。另外，在类继承和封装的基础上，还可以导出一些与类有关的其他特性，例如多态、重载与动态联编等。限于篇幅此处不多介绍，感兴趣的读者可以参阅有关面向对象分析与设计方面的文献[8]。

4. 面向对象数据模型

一个数据库的数据模型一般由三部分组成：数据结构、数据操作和完整性约束。按照面向对象的思想和方法所建立起来的面向对象数据模型，也可以从三个方面来进行描述，只不过这三方面内容的表现形式和实现方式都与传统的关系模型有很大的区别。

面向对象数据模型的数据结构是通过对象和类这两个基本要素，借助封装、继承与组合机制而建立起来的复杂结构。这种结构的语义表达能力要比关系模型强。

面向对象数据模型的数据操作是通过方法和消息来实现的。方法的继承、重载与多态等特性，使得数据操作的语义范围也比关系模型强。

面向对象数据模型的完整性约束一般也通过消息或方法来表示。

15.2.2　面向对象数据库语言

1. 面向对象数据库语言的构成

与关系数据库系统类似，面向对象数据库系统也需要借助某种语言来描述其数据模式。在面向对象数据库系统中，这种描述语言称为面向对象数据库语言(OODL)。

面向对象数据库语言主要用来定义类和对象，并操作类和对象实例，一般包括对象定义语言(ODL)、对象操作语言(OML)和对象查询语言(OQL)。对象定义语言用来描述(对象)类的定义，其中包括类的属性、方法、继承性和约束等内容。对象操作语言用来说明(对象)类的创建、使用、修改和撤销，以及对象实例的创建、访问、修改与删除等。对象查询语言是对象操作语言的一个子集。

面向对象数据库语言一般是源于现有的面向对象程序设计语言，例如 C++、Java、Smalltalk 等。这些语言已经具有对象和类的定义操作机制，在此基础上加以扩充，使其支持相应的数据库操作，就可以满足面向对象数据库语言的要求。这种扩充的面向对象数据库语言也称为持久化程序设计语言。在传统的面向对象程序设计语言中，对象只在程序执行期间存在于非持久性的存储器中，当程序结束后会立即消失。在面向对象数据库语言中，对象分为临时对象和持久对象。持久对象具有持久性，保存在面向对象数据库中，不仅在程序执行过程中存在，程序结束后仍然存在。这要求持久对象保存在永久性的存储器中。为了实现持久对象的保存，面向对象数据库语言必须提供对象的持久化机制。一般的做法是，系统在创建一个持久对象时赋予该对象一个持久性的标识符。当需要存储该对象时，将其标识符转化为一个永久的全系统唯一的 OID。当需要将存储的对象读入内存中时则执行相反的操作。

从面向对象程序设计语言扩展而来的面向对象数据库语言，从根本上解决了嵌入式数据库语言的阻抗匹配问题。但是面向对象数据库语言毕竟不同于面向对象程序设计语言。因为面向对象程序设计语言采用导航式查询，查询功能比较弱；而面向对象数据库语言要求提供高效的数据库操作功能，特别是其中的数据查询功能。因此，研制和开发面向对象数据库语言成为 OODBMS 一个重要内容。

2. ODMG 的 ODL/OML

下面结合 ODMG 标准简要介绍一种从 C++ 扩展而来的面向对象数据库语言。

对象数据管理小组(Object Data Management Group，ODMG)，是一个成立于 20 世纪 80 年代的国际组织，主要致力于 OODB 的标准化工作。1993 年该组织推出了第一个工业化的 OODB 标准——ODMG 1.0，完成了对 C++ 的数据库功能扩充。随后，又推出了 ODMG 2.0 和 ODMG 3.0。

ODMG 工业标准对 C++ 进行了扩充，使其成为一个面向对象的数据库语言。这种扩充主要体现在对象定义语言(ODL)和对象操作语言(OML)。

(1) 对象定义语言

对象定义语言 ODL 用于定义符合 ODMG 对象模型的对象类型说明，也就是类和接口。

在 ODL 中使用关键字 class 来构造对象类，使用关键字 interface 定义接口。接口与类的主要区别是：接口不可实例化，主要用于声明可以被类或者其他接口所继承的抽象操作。而类的定义通常包括属性、联系和操作。属性描述对象某个方面的特性。属性有存储在对象中的值。属性值可以是简单类型，也可以是复杂类型，还可以是其他对象的标识符。联系说明如何把两个对象关联在一起。两个对象之间的联系通过关键字 relationship 来说明，并且被表示为一对逆向的引用。除了属性和联系，在类的说明中还可以定义操作。

下面是使用 ODL 定义的学生类与课程类的示例。

【例 15-1】 学生类和课程类的 ODL 定义如下：

```
class Course:Object
    (extent courses, key course_number)
{
  attribute String course_number;
  attribute String name;
  attribute integer credit;
  relationship Set<Student>taken_by inverse Student::take;
    //以下为操作的定义,略
  …
}
class Student:Object
    ( extent sutdents,key student_number)
{
  attribute String student_number;
  attribute String name;
  attribute String sex;
  attribute Integer age;
  relationship Set<Course> take inverse Course::taken_by;
    //以下为操作的定义,略
  …
}
```

在例 15-1 中通过关键词 class 声明了两个类 Student 和 Course,Object 为这两个类的超类。关键词 extent 用来声明类的一个外延。这个外延将包括该类的所有持久对象。“类”与“外延”关系类似于关系数据库的“关系模式”和“关系实例”。一个带有外延的类可以拥有一个或多个键。键通过关键字 key 指定,可以由一个或多个属性组成。在类的外延中,每个对象的键值都是唯一的。该例中的 Course 类的外延名称为 courses,键属性为 course_number;Student 类的外延为 students,键属性为 student_number。

在 Course 类中的关键词 relationship 说明了一个遍历路径 taken_by,通过该路径可以查询选修本门课程的学生。该路径与 Student 类中的遍历路径 take 相反。遍历路径定义了对象类之间的联系,其说明与属性类似。路径定义中关键词 inverse 用来说明参照完整性约束。上面示例中的 taken_by 和 take 是一对互逆的路径,表示了 Course 类的对象和 Student 类的对象之间是多对多的联系。通过指定 inverse,数据库系统可以自动地维护联系的参照完整性。

面向对象的数据库模式就是通过以上方式描述的一系列对象类型和接口的集合。

(2) 对象操作语言

对象操作语言 OML 主要用于在数据库中检索对象并修改对象,分为对象查询语言 OQL 和对象控制语言 OCL。OQL 是专门为 ODMG 对象类型制定的查询语言,以面向对象数据模型为基础,类似于 SQL,允许使用传统的 SELECT 查询语句来书写表达式。但是 OQL 没有提供显示的对象修改和删除操作,这些基本的对象操作是由类型定义中的操作来完成的。OQL 语法和关系型标准查询语言 SQL 的语法相似，只是增加了有关 ODMG 概念的特征，比如对象标识、复杂对象、操作、继承、多态以及联系等。

下面以例 15-1 所定义的数据库模式为例，展示 OQL 查询的简要情况。

【例 15-2】 查询选修了课程 math 且年龄在 20 岁以上的学生姓名和性别。该查询可以用 OQL 的 SELECT 语句表达如下：

```
SELECT S.name, S.sex
  FROM students S, S.take C
    WHERE S.age> 20 and C.name='math'
```

【例 15-3】 查询男生选修了的且学分数为 3 的课程名称，可以表达如下：

```
SELECT DISTINCT C.name
  FROM courses C, C.taken_by S
    WHERE C.credit=3 and S.sex='male'
```

【例 15-4】 按照年龄大小，检索所有学生的信息，并将其赋给变量 ordStd。

```
ordStd=SELECT S FROM students S ORDER BY S.age
```

ODMG 的类和对象定义都是抽象意义上的，需要与具体编程语言联编才能得到现实意义上的类。ODMG 的 ODL/OML 与 C++ 联编，可以得到一个类库，提供实现 ODMG 抽象数据模型的类和函数。ODL/OML 与 C++ 联编后的语法和语义，就是标准的 C++ 类库的语义和语法，对 C++ 只进行小范围的扩充，主要是增加了关键字 relationship 及其相关文法。有关 ODMG 面向对象数据模型、ODL/OML 的详细内容以及 ODL/OML 与 C++ 联编扩充后的具体语法和语义，请参阅面向对象数据库方面的专著[22, 24]。

15.2.3 面向对象数据库系统

面向对象数据库系统首先应该是一个面向对象系统，要求支持持久对象的存储管理，支持完整的面向对象概念和机制，并与面向对象程序设计语言取得一致。其次面向对象数据库系统应该是一个数据库系统，支持传统数据库系统所具备的数据库特征和功能，例如数据共享、事务管理、并发控制与恢复等。因此，可以将面向对象数据库系统看做是面向对象技术与数据库技术相结合的产物。

与传统的数据库相比，建立在面向对象数据模型基础上的面向对象数据库系统具有如下特征与优势：

(1) 支持面向对象数据模型，更有效地处理对象；

(2) 提供面向对象数据库语言，提供更好的开发效率；

(3) 提供面向对象数据库管理机制，同时具有传统数据库的管理能力；

(4) 突破了传统数据库系统事务性应用的限制，在非事务性应用中取得重大进展。

这些特征与优势的发挥取决于 OODBMS 的实现。一般 OODBMS 与传统的 DBMS 在基本功能上保持一致，但在具体功能实现上有不少扩充和改变。这主要体现在如下三个方面。

(1) 类管理。OODBMS 以类为基本数据管理实体。对类的管理包括类和类层次结构的定义,以及类层次结构的变更(也称为类模式演化)。

(2) 对象管理。对象管理主要完成对类的实例(对象)的操作和管理,包括基于类层次结构上的对象查询、插入、删除和修改等功能。

(3) 对象控制。OODBMS 的对象控制包括与传统数据库管理系统相似的功能,如完整性约束、安全性、事务处理、故障恢复等;此外还包括一些新的对象功能,例如继承机制的处理、对象结构和方法的重用、版本控制等。

总体上,OODBMS 是一个集成了数据库能力和面向对象程序设计能力的数据库管理系统。

15.3 对象关系数据库

面向对象数据库研究的另一个方向是以现有的关系数据库和 SQL 为基础,扩展关系模型,增加面向对象的功能。这种扩展了对象功能的关系数据库被称为对象关系数据库(ORDB),与之对应的管理系统则称为对象关系数据库管理系统(ORDBMS)。

对象关系数据库并不是严格意义上的面向对象数据库,但是将对象和关系技术结合起来容易获得两者的优点,既可保护现有关系数据库的投资,用户也容易接受,易于推广。因此,ORDB 不仅获得一批数据库研究人员的支持,也得到了主要数据库厂商的广泛响应。

15.3.1 对象关系数据模型

对象关系数据库系统采用对象关系数据模型。对象关系数据模型是对传统关系数据模型的扩充。扩充的内容主要表现在以下几个方面:

(1) 支持嵌套关系。

(2) 支持一些复杂数据类型。

(3) 支持用户自定义数据类型。

(4) 支持继承机制。

下面就 SQL-3 分别阐述这几个方面的内容。SQL-3 是以传统 SQL 为基础,并适当增加了面向对象概念的对象关系数据库子语言。该语言在 1993 年由美国标准化组织(ANSI)发布,并在 1999 年成为了 ISO 国际标准,因此又称为 SQL:1999。SQL-3 除了传统 SQL 的基本功能外,还具有定义复杂数据类型和抽象数据类型的功能,支持数据间的组合与继承机制,可以定义并使用函数和规则等。这些内容的引入都是基于面向对象的思想。

1. 嵌套关系

在传统关系模型中,数据结构主要由关系、元组和属性三个要素构成。其中属性为一些基本的数据类型,例如整型、数值型、字符串型、布尔型、枚举型等,而元组是属性的有序集合,关系则是元组的无序集合。为了满足 1NF 的要求,传统关系模型规定属性都是不可分的。其结果是所有关系最终都表现为简单的二维表，只能使用简单的基本数据类型，无法直接表达一些复杂的数据结构。

如果在关系模式中，允许属性值可以是一个关系，而且可以多次交替出现，那就可以构成嵌套关系。嵌套关系是对关系模型的一个扩展，允许属性值是可以再分的结构，具有复合性质，可以用来表达一些复杂的结构，可以弥补传统关系模式建模能力的不足。

嵌套关系将以"关系—属性—关系—属性……"方式出现。例如学生选课关系，可以描述为如下直接嵌套的结构：

```
SC (sname, course( cname, credit, grade ))
```

其中 sname、cname、credit 和 grade 分别表示学生姓名、课程名、学分和成绩；关系 SC 的属性 course 本身也是一个关系。

2. 复杂数据类型

嵌套关系类型要求定义的"关系"和"属性"严格交替出现，还不足以满足实际应用的需求。为此，对象关系数据模型引入复杂数据类型的概念，将关系扩展到更为广泛和常见的数据类型。对象关系模型的复杂数据主要有结构数据类型、聚合数据类型、引用数据类型和大对象。与此对应，传统关系模型中的那些数据类型称为基本数据类型。

(1) 结构数据类型

结构类型(Structured Type)是不同类型元素的有序集合。结构数据类型也称为行数据类型(Row Data Type)或元组数据类型(Tuple Data Type)。

在传统 SQL 中的表结构就是行数据类型的一种。在 SQL-3 中使用关键词 ROW 来构造行数据类型。行数据类型可以嵌入到表结构的定义中，如例 15-5 所示。

【例 15-5】 创建一个带有行数据类型的表结构：

```
CREATE TABLE Person (
  name char(20),
  address ROW(
    street char(50),
    city char(30),
    state char(10)))
```

对于行类型中的属性或字段，可以采用点号"."来访问，例如：

```
SELECT P.address.city FROM Person P
```

(2) 聚合数据类型

聚合类型(Collection Type)是指由零个或多个相同类型的元素组成的满足一定要求的集合。对象关系模型一般支持的聚合类型有数组、列表、包和集合。数组和列表是有序集合，而包和集合则是无序的。这四种聚合类型在概念上与高级程序设计语言中所支持的类型是一致的。

SQL-3 支持的聚合类型只有数组类型这一种形式。例 15-6 显示了数组类型在表结构中的使用。

【例 15-6】 创建一个带有数组类型的表结构：

```
CREATE TABLE Book (
  bookname char(50),
  authors char(20) ARRAY[5])
```

在这里通过关键字 ARRAY 指定表 Book 中的 authors 属性是一个包含 5 个元素的数组。

(3) 引用数据类型

引用类型(Reference Type)是指一个类型的属性可以是对一个指定类型的对象的引用。这里的引用相当于程序设计语言中的指针。引用类型主要用来表达数据类型中的递归结构。如果用简单的嵌套关系来定义递归结构，会引发无穷嵌套。而引用类型可以将数据类型定义中的实例映射扩充到类型值域中的实例映射，避免了类型定义中的无穷嵌套。同时引用类型还可以用来建立类型或表之间的联系。

在 SQL-3 中使用关键词 REF 来指定引用类型。引用类型总是与某个具体的结构类型关联在一起，而引用类型的值是对可引用表(referenceable table)中的行的引用。可引用表则是指那些类型化的表(typed table)，即表中列的定义是从某个结构类型的属性导出的，表中的行都是这个结构类型的实例，每一行都有唯一的标识符。该标识符类似于对象标识符 OID，由系统自动生成，可读但是不可删改。实际上，引用类型的值就是引用表的行标识符。在 SQL-3 中只有基本表(base table)和视图(view)是类型化的表。例 15-7 展示了 SQL-3 中引用类型的使用。

【例 15-7】 创建一个带有引用类型的表结构：

```
CREATE TYPE emp_type (
  name char(10),
  sex char(1),
  age integer);
CREATE TABLE depart (
  depart_name char(50),
  manager REF(emp_type))
```

在该例中先创建类型 emp_type，然后创建表 depart。表 depart 中的 manager 字段为引用类型。对于引用类型，可以使用指针符号(→)来访问引用类型所引用的结构类型的属性，例如：

```
SELECT depart.manager->name FROM depart
```

(4) 大对象

除了上述复杂数据类型外，SQL-3 还提供了字符型大对象数据类型(Character Large Object, CLOB)和二进制大对象数据类型(Binary Large Object, BLOB)。CLOB 是一种长度不受限制的变长字符串。BLOB 是一种二进制的字节序列，主要针对多媒体数据量大、数据格式多样的特点提出来的。在数据表的定义中，可以将属性列定义为大对象，以便存放图像、视频、音频和文本等数据量大的内容。大对象一般用于外部应用，对大对象的修改操作往往需要借助外部应用程序来实现。例 15-8 展示了大对象的使用。

【例 15-8】 创建一个可以存放学生照片的学生表，对应的 SQL 语句如下：

```
CREATE TABLE student(
  name varchar(20),
  age integer,
  address varchar(50),
  image BLOB(5M));
```

3. 自定义数据类型

在 SQL-3 中支持两种用户自定义数据类型：区分类型(DISTINCT Type)类型和抽象数据类型(Abstract Data Type)。

(1) 区分类型

区分类型允许用户自行复制已有的数据类型。复制类型和被复制类型的唯一区别就是类型名不同。在 SQL-3 中区分类型是没有结构的，只能建立在内置的类型基础上，也就是说被复制的类型(源类型)只能为内置的基本数据类型。

区分类型的说明形式如下：

```
CREATE TYPE <类型名> AS <源类型名>FINAL
```

下面的语句声明了一个新的区分类型 age_type：

```
CREATE TYPE age_type AS Integer FINAL
```

(2) 抽象数据类型

抽象数据类型实际上是用户自定义的结构化的数据类型。在 SQL-3 中抽象数据类型的基本定义形式如下：

```
CREATE TYPE <类型名>
        (<属性名  数据类型>
        [,<属性名  数据类型> ,
               ……]);
```

下面的例子展示了抽象数据类型的创建与使用

【例 15-9】 抽象数据类型的创建与使用

```
CREATE TYPE mystring varchar(40);  //创建类型 mystring
CREATE TYPE mydate   //创建类型 mydate
          (year integer,
          month integer,
          day integer);
CREATE TYPE publisher_type   //创建类型 publisher_type
          (pub_name char(20),
          address varchar(40),
          email char(20));
CREATE TYPE book_type  //创建类型 book_type
          (book_num char(20),
```

```
        book_name varchar(40),
        authors char(10) ARRAY[5],
        publisher_ref REF (publisher_type),
        date mydate);
CREATE TABLE publisher of publisher_type;  //创建表 publisher
CREATE TABLE book of book_type;  //创建表 book
```

4. 继承机制

在对象关系数据库中实体称为对象，实体的型称为对象类型，简称为类型。前面介绍的基本数据类型、复杂数据类型和用户自定义数据类型，都属于对象数据类型的范畴。为了便于创建各种新的数据类型，对象关系模型引入了继承机制，使用继承的概念来描述更为复杂的数据结构。在对象关系模型中继承分为类型(type)继承和表(table)继承。

(1) 类型继承

在类型继承中，子类型(subtype)可以继承超类型(supertype)的特征，而且子类型本身还可以具有自己的特征，也允许类型之间存在多重继承。类型继承可以描述比嵌套关系更为复杂的层次结构，特别是其中多重继承，进一步增强了对象关系模型的建模能力。

在 SQL-3 中子类型和超类型之间的继承关系通过关键字 Under 来指定。例 15-10 中的 SQL 语句展示了类型继承关系的创建方法。

【例 15-10】 创建类型 Person 及其子类型 Student 和 Teacher

```
CREATE TYPE Person( //创建超类型 Person
  name varchar(20),
  sex char,
  age integer);
CREATE TYPE Student Under Person( //创建继承 Person 的子类型 Student
  sid char[10],
  class varchar(30));
CREATE TYPE Teacher Under Person( //创建继承 Person 的子类型 Teacher
  tid char[10],
  department varchar(30));
```

(2) 表继承

表继承与类型继承类似，子表继承超表的全部属性，但是子表和超表需要满足两个一致性要求：①超表中的每个元组最多只能与每个子表中的一个元组对应；②子表中的每个元组在超表中有且仅有一个元组与之对应，并且在继承的属性上具有相同的值。表继承的好处在于可以将超表定义的属性和性质用到属于子表的对象上，在子表中不必存放继承来的属性。

在 SQL-3 中定义表间继承性的方法如例 15-11 所示，也是通过关键字 Under 来指定子表与超表之间的继承关系。

【例 15-11】 定义超表 people 及其子表 students 和 teachers

```
CREATE TABLE people of Person;  //创建超表 people
CREATE TABLE students of Student Under people;
```

```
//创建继承表 people 的子表 students
CREATE TABLE teachers of Teacher Under people;
//创建继承表 people 的子表 teachers
```

15.3.2 对象关系数据库系统

以对象关系数据模型为基础建立起来的数据库系统称为对象关系数据库系统(Object-Relational Database System,ORDBS)。ORDBS 包含对象关系数据库(ORDB),以及管理对象关系数据库的 ORDBMS。对象关系数据库系统的特性主要是通过 ORDBMS 体现出来的。

ORDBMS 不仅要具备传统关系数据库的管理功能,同时还要支持面向对象的某些特性,把对象技术和关系技术结合在一起。这种结合使得 ORDBMS 既能支持通用的 SQL 查询,又能够处理复杂的数据,具有关系数据库和对象数据库的双重特点。这样就可以在不丢失现有数据库特征和功能的前提下,以革命性的方式来扩展和增强新系统的对象功能。

ORDBMS 的这些优势和特点吸引了很多数据库厂商对 ORDBMS 的研究与开发,并很快推出了自己的 ORDBMS 产品。目前市场上典型的 ORDBMS 产品有 IBM 公司的 DB2/V2、Oracle 公司的 Oracle9i、Microsoft 公司的 SQL Server 等。

15.4 小 结

面向对象数据库和对象关系数据库都是数据库技术与面向对象技术相结合的产物,但是两者分别代表了两种不同的研究方法和发展方向,主要区别在于:面向对象数据库以面向对象数据模型为基础,而对象关系数据库则采用对象关系数据模型。面向对象数据模型和对象关系数据模型,与传统的关系数据模型相比,具有更强的表达能力和建模能力。因此对象数据库(包括面向对象数据库和对象关系数据库)在传统数据库技术难以有效发挥作用的领域获得了成功应用。本章主要介绍了面向对象的基本概念、对象数据库系统的基本特征及其发展情况、面向对象数据模型和面向对象数据库系统、对象关系模型和对象关系数据库系统。

习 题

1. 解释下列概念和术语。

   对象与对象标识符、类、类的层次结构、类的继承、嵌套关系
2. 传统的关系数据库系统有哪些不足?
3. 简述面向对象数据库系统的基本特征。
4. 与关系模型相比,面向对象数据模型有哪些优势?
5. SQL-3 在面向对象方面做了哪些扩充?
6. 结合 SQL-3 举例分析对象关系数据模型中引用类型的含义及其用法。

第16章 多媒体数据库

在数据库广泛应用的当今时代，许多数据库应用中都涉及大量的文字、图形、图像、动画、声音和视频等各种媒体数据，这些数据与数字、字符等格式化数据不同，它们是一些结构复杂的对象。因此，传统数据库技术中的数据存储、管理、检索、更新等都不能适应对这些数据的应用和管理需求，需要专门的多媒体数据库管理系统的支持。

多媒体技术涉及数据的采集、处理、压缩/还原、存储、管理、传输和表现等。在计算机软件技术中，媒体(Media)就是人与人之间实现信息交流的中介，简单地说，就是信息的载体，也称为媒介。多媒体(Multimedia)可以理解为直接作用于人感官的文字、图形、图像、动画、声音和视频等各种媒体的统称，即多种信息载体的表现形式和传递方式。

多媒体数据库(Multimedia Database Management System，MMDBMS)是数据库技术与多媒体技术相结合的产物，它提供多媒体数据建模、存储、管理和查询功能。

16.1 多媒体数据库的特点

传统数据库管理对象主要是数值和字符数据，当数据库管理对象被扩充到多媒体数据后，其性质和功能都发生了重大的变化，多媒体数据库的主要特点如下：

(1) 能够表示多种媒体的数据。多媒体数据表示起来比较复杂，需要根据多媒体系统的特点来决定表示方法。例如，如果感兴趣的是它的内部结构，且主要是根据其内部特定成分来检索，则可把它按一定算法映射成包含它所有子部分的一张结构表，然后用格式化的表结构来表示它；如果感兴趣的是它本身的内容，要检索的也是它的整体，则可以用源数据文件来表示它，文件由文件名来标记和检索。

(2) 多媒体数据库从实用性的要求出发，强调媒体间的独立性，即用户可以最大限度地忽略各媒体间的差别，从而实现对多媒体数据的管理和操作。

(3) 传统的数据模型概念更强调描述应用对象的逻辑结构，而多媒体应用则对于对象的物理表现和交付方式非常重视。

(4) 多媒体数据库应能够协调处理各种媒体数据，正确识别各种媒体数据之间在空间或时间上的关联。

（5）多媒体数据库应提供比传统数据库管理系统更强的、适合多媒体数据查询的搜索功能。

为了满足以上特点，多媒体数据库要解决多媒体数据模型、用户界面、查询等关键技术问题。具体介绍如下。

（1）多媒体数据模型。多媒体数据具有数据量大、类型多样以及表现具有时、空性质等特点。而作为数据模型应提供统一的概念，既要在用户使用时屏蔽各类媒体间的差异，又要在具体实现时考虑各种媒体的不同。

（2）多媒体信息的再现及良好的用户界面。在多媒体数据库中应提供多媒体宿主语言调用，还应提供对声音、图像、图形和动态视频的各种编辑和变换功能。

（3）多媒体数据的索引、检索、存取和组织技术。信息检索既是计算密集的，也是I/O密集的。信息检索也可能是模糊的或基于不完全信息的。研究多媒体数据的索引、检索、存取和组织技术，对加速多媒体数据库的应用无疑是很重要的。

在多媒体数据库中还要引入基于内容的检索方法、矢量空间模型信息索引检索技术、超文本检索技术及智能索引技术等。

（4）多媒体查询语言。期望的多媒体查询语言应能够表达复杂的时空概念，允许不精确检索。

16.2 系统体系结构

多媒体数据库系统的体系结构可以从其层次结构和组织结构两方面加以描述，下面分别进行介绍。

16.2.1 多媒体数据库系统的层次结构

多媒体数据库系统的的层次结构与传统的关系数据库（RDBMS）基本一致，同样具有物理层、概念层和表现层（如图16-1所示）。

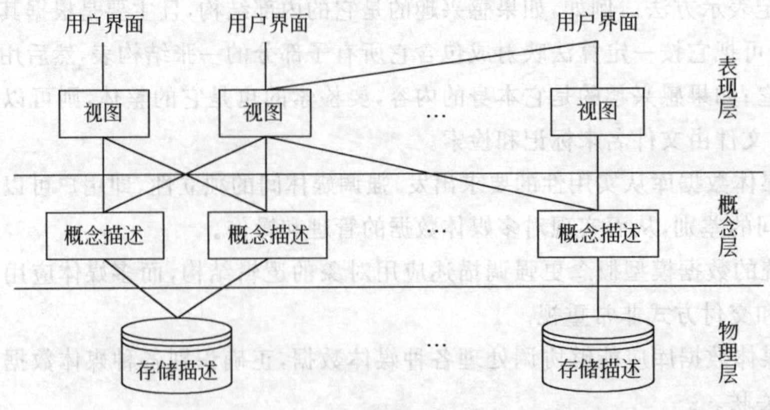

图16-1　MMDBMS层次结构

1. 物理层

物理层是多媒体数据库的物理存储描述，即形式地描述多媒体数据在计算机的物理存储设备上是如何存放的。对多媒体数据库而言，实际的数据允许分散在不同的数据库中。例如在多媒体的人事档案管理中，人的声音和照片可以分别保存在声音数据库和图像数据库中，人事记录可以保存在关系数据库中。

2. 概念层

概念层表示的是现实世界的抽象结构，是对现实世界事物对象的描述。多媒体应用开发人员通过该层提供的数据库语言可以对存储在多媒体数据库中的各种多媒体数据进行统一的管理。

概念层由一组概念对象构成。概念对象涉及的对象可能来自几个数据库。例如，个人信息由人事记录、照片等描述，它们分别来自一般的关系数据库和图像数据库。在概念层上，模式必须按照几个数据库的概念模式来定义。

3. 表现层

表现层可以分为视图层和用户层。用户层是多媒体数据库的外部表现形式，即用户可见到的表格、图形、画面和播放的声音等。用户层可由专门的多媒体表现语言来描述，并向用户提供使用接口。由于各种媒体数据的表现形式各不相同，同时它们之间存在一定的关联性，所以表现层在多媒体数据库系统中显得格外重要。

16.2.2 多媒体数据库系统的组织结构

多媒体数据库系统的组织结构一般可以分为三种，即集中型、主从型和协作型。

1. 集中型

集中型 MMDBMS 是指由单独一个多媒体数据库管理系统来管理和建立不同媒体的数据库，并由这个 MMDBMS 来管理对象空间及目的数据的集成，如图 16-2 所示。

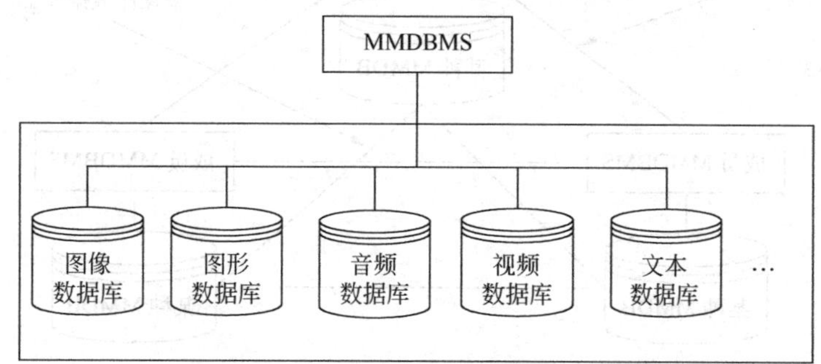

图 16-2　集中型多媒体数据库系统的组织结构

2. 主从型

每一个数据库都有自己的管理系统，称为从数据库管理系统，它们各自管理自己的数据库。这些从 MMDBMS 由一个称为主 MMDBMS 的进行控制和管理，用户在主 MMDBMS 上使用多媒体数据库中的数据时，是通过主 MMDBMS 提供的功能来实现的。目的数据的集成也是由主 MMDBMS 进行管理，它们之间的关系如图 16-3 所示。

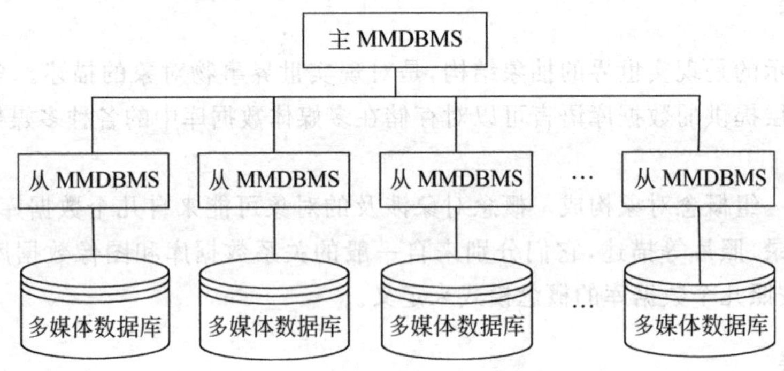

图 16-3 主从型多媒体数据库管理系统

3. 协作型

协作型 MMDBMS 是由多个 MMDBMS 组成的，每个 MMDBMS 之间没有主从之分，只要求系统中每一个 MMDBMS 能协调工作，但因每一个成员 MMDBMS 彼此之间有差异，所以在通信中必须首先解决这个问题。为此，对每一个成员要附加一个外部处理软件模块，由它提供通信、检索和修改界面。在这种结构的系统中，用户可以位于任一数据库管理系统所在的位置，如图 16-4 所示。

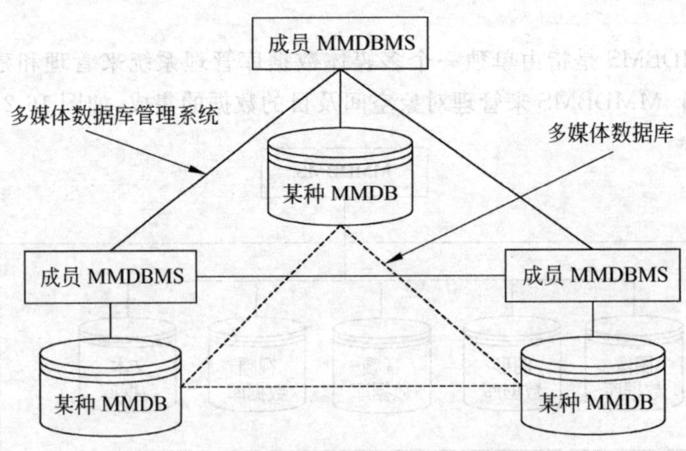

图 16-4 协作型 MMDBMS 的组织结构

16.3　多媒体数据模型

16.3.1　数据模型的需求

DBMS 中的数据模型负责提供存储和查询数据的框架，该框架能够让设计者和用户定义、插入、删除、修改和查询数据库的记录和结构。在 MMDBMS 中，数据模型负责设置和计算多媒体数据不同层次的抽象信息。

多媒体数据模型捕获数据库记录的静态和动态属性，由此为开发用于处理多媒体数据需要的属性工具提供基础。静态属性可以包括组成多媒体数据的对象、对象之间的关系和对象的特征。动态属性包括对象之间的交互、用户交互等。

数据模型在 MMDBMS 中起着至关重要的作用。它们必须支持基本类型的媒体，并且为添加更多的功能提供基础。

总之，MMDBMS 的数据模型应当满足下列要求。

(1) 可扩展，可以添加新的数据类型。

(2) 能够表现基本媒体类型和具有复杂时空关系的复合对象。

(3) 灵活，可以在不同的抽象层上定义、查询和搜索媒体。

(4) 高效的存储和搜索。

16.3.2　通用数据模型

通常认为，MMDBMS 的数据模型应当基于面向对象的方法并具有多层次的分层结构。面向对象将代码和数据封装到一个对象中，代码定义可以在数据上执行的操作。封装有助于模块化并隐藏了媒体及其处理的具体细节，更为重要的是面向对象方法为改进和扩展现有对象提供了可扩展性。

图 16-5 显示了一个通用的多媒体数据模型。

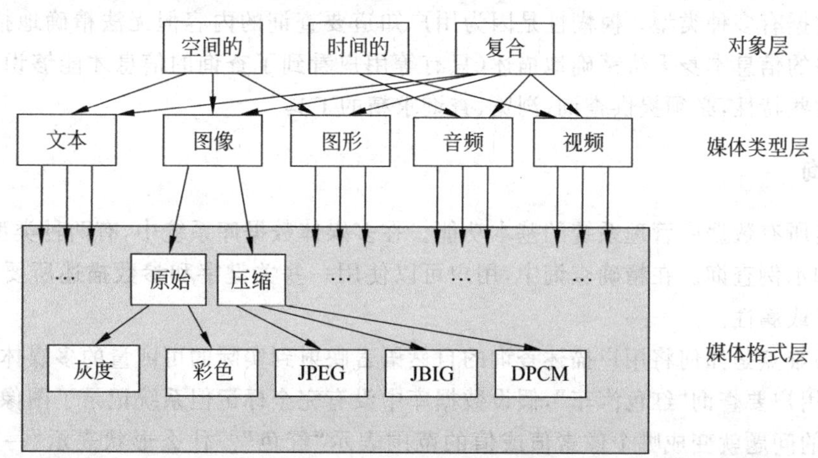

图 16-5　通用多媒体数据模型

1. 对象层

一个对象包含一个或多个具有特定时空关系的媒体。例如，一个幻灯片由若干图像和声音组成。

如何说明时空关系是一个关键的问题。空间关系可以由窗口大小和每一项在其中的位置来说明。说明时间关系的一个常用方法是基于一个公共时钟说明每一项的起始时间和时间长短。在描述时，只有维护时空关系才能保证对象语义的正确性。

2. 媒体类型层

媒体类型层包含常用媒体类型，如文本、图形、图像、声音、动画和视频，这些媒体类型可以由一个抽象的媒体类继承而来。

在该层上说明了媒体的特征。以图像为例，特征包括图像尺寸、颜色直方图、所包含的主要对象以及其他要说明的内容。这些特征将直接用于查询。

3. 媒体格式层

媒体格式层说明媒体存储所用的格式。一种媒体类型常常有多种可能的格式，例如，一幅图像有原始位图和压缩格式，另外还有多种不同的压缩格式。该层的信息用于解码、分析和表现。

不同的应用有不同需求，其数据模型也因不同的需求而变化，如可视化信息管理系统(VIMSYS)数据模型是一个专用于视频媒体的数据模型，它与通用的多媒体数据模型有很多不同之处。

16.4 多媒体数据的查询

多媒体数据的查询具有复杂性和模糊性。复杂性是因为用户会以多种方式进行查询并且查询的数据有多种类型。模糊性是因为用户知道要查询的内容但无法精确地描述内容，或者所需要的信息本身无法精确地描述(只有等用户看到了查询的信息才能够识别它们)。为了满足这些特性，必须提供查询、浏览、查询求精的工具。

1. 查询

查询是所有数据库管理系统的基本功能。在多媒体数据库系统中，有两种类型的查询：精确查询和示例查询。在精确查询中，用户可以使用一些关键字和参数描述所要查询信息的主要特征或属性。

这里的难点是如何将用户描述查询的自然语言映射到实际的可度量的多媒体数据模型中。例如，用户要查询“红色汽车”，假设数据库中没有完全标记但系统记录了图像的颜色和形状，现在的问题就变成哪个像素值或值的范围表示“红色”？什么形状表示“一辆汽车”？为了提高查询的效率，系统的用户界面应当给出查询说明的详细指导。

上面的映射问题的复杂性在示例查询中得以缓解。在示例查询中，查询界面允许用户可以使用不同类型的媒体或媒体的组合，查询只是提供一个示例对象，系统搜索与示例对象类似的内容。在上面的例子中，用户可以画一个形状与汽车类似的图形并涂以需要的颜色，系统能够计算示例中的图形的颜色值和形状并使用这些数据进行查询。要支持这种方式的查询，用户界面必须提供相应的输入工具，如麦克风、画图工具、摄像机、扫描仪和其他多媒体创作工具。用户也可以使用数据库中现有的项进行查询。

2. 浏览

有时，用户无法精确地描述所需要的内容但在看到后能够识别它们，这类信息可以通过浏览来实现。浏览也支持示例查询功能。有三种浏览的方法：第一种方法是提供一个非常模糊的查询，然后通过浏览找到需要的信息；第二种方法需要数据库中的信息是按照某种规则(例如日期和主题)进行组织，这样，用户就可以按照组织规则进行浏览；第三种方法是从数据库中随机选取若干项作为用户浏览的起点，如果用户没有找至需要的信息，用户可以再请求其他一些随机项。

为了提高浏览效率，在浏览时应当对信息项进行合理的组织并使用小的图标(icon)而不是信息项本身来表示信息。

3. 查询求精

绝大多数多媒体查询是模糊或不确定的，用户界面应当提供对初始查询结果进行求精的工具。当用户找到一个与所需要结果类似的项时，可以将该项的特征加入到一个新的查询中，经过若干次迭代后，如果数据库中存在相关的媒体，用户可以查找到所需要的结果。领域知识和用户个性化信息有助于查询求精。

相关反馈在多媒体应用中特别有用，因为用户能够告知与所需要的结果相似的图像或音频段。

实际上，定位多媒体信息是一个查询、浏览和查询求精的组合过程。

4. 结果表现

多媒体数据库系统通过用户界面将查询结果展现给用户。在结果表现中有许多设计问题需要考虑。

首先，用户界面必须能够表现所有的媒体类型并维护它们的空间和时间关系。维护时空关系是 QoS 保证(关于 QoS 保证见 16.6 节)中的主要问题。

其次，结果中可能有很长的音频段、大型图像文件或者长视频。问题是如何提取这些结果的必要信息并将它们展现给用户以进行浏览和选择。换句话说，使用哪些技术构建信息的轮廓(或结构)以便用户能够很快地知道哪些是可用的信息。缩略图和图标是很有用的工具。

第三个问题是系统应当有较快的响应速度。响应时间由通信子系统和数据库查询效率决定。一种常采用的技术是边解码边显示而不是等所有数据都传输完成后再显示，但并不是所有的系统都支持这种技术。

第四个问题是当不是最终结果时，结果表现应当有助于相关反馈和查询求精。

16.5 特征提取、索引和相似性度量

如前所述,多媒体数据库中的媒体的特征和属性被提取和参数化并与媒体本身一起被存储在数据库中。如果查询中没有明确指定媒体的特征和属性,也要使用类似的方法提取媒体的特征和属性。系统根据某一相似性矩阵从数据库中查询具有相似特征和属性的媒体。为了提高搜索的性能,特征和属性需要按某种索引结构进行组织。

1. 特征提取

数据库中的多媒体要进行预处理以进行特征提取。在查询过程中,使用这些特征和属性而不是媒体本身进行匹配。因此,特征提取的质量直接决定查询效率。如果一个特征没有从媒体中提取出来,那么使用该特征指定的查询就不会查询到该媒体。这是常规 DBMS 与 MMDBMS 的主要区别。在常规 DBMS 中,所有的属性都会完整地给出,而在 MMDBMS 中,特征和属性要根据所期望的查询类型进行提取且通常是不完整的。

特征提取必须满足下列要求:

(1) 所提取的特征应尽可能完整地表示媒体内容。

(2) 特征描述和存储应当简洁。复杂的特征有悖于特征提取的目的,它应当能够快速地进行媒体内容的搜索和匹配。

(3) 特征差异的计算应当是高效的,否则,系统就会响应迟缓。

通常,特征有四个级别:元数据、文本标记、低层内容特征和高层内容特征。元数据包括媒体对象的常规或实际属性,如作者、创建时间、对象的标题等。需要注意的是,元数据并不描述对象内容。这些属性可以使用 DBMS 进行处理。

文本标记使用文本描述对象内容。标记可以是一些关键字或一个较长的自由格式的文本描述。尽管文本标记会受到主观性和不完整性的限制,但它仍然是一种功能强大且常用的方法。在多媒体应用中,应当将其他方法与文本标记结合起来使用。这种限制还可以通过相关反馈以优化文本标记。同时,文本标记需要大量的人工处理,应当有一些半自动化和高效的工具加快标记过程。领域知识和辞典能够大幅度地提高查询性能。

低层内容特征捕获媒体对象的数据模型和统计信息,这些信息可能包括对象不同部分之间的时间和空间的关系。不同媒体具有不同的低层内容特征。对于声音,低层内容特征包括平均音量、频率分布和静音率;图像的低层内容特征包括颜色分布、纹理、形状和空间结构;视频的低层特征在图像的低层内容特征的基础上又增加了时间结构特征。

高层内容特征侧重于识别和理解媒体对象。除文本和语音识别外,识别声音片段和可视对象仍然是很困难的一件事。但是,这方面的任何突破都会对多媒体信息的索引和查询提供极大的帮助,特别是在一些对象数量不多的特定应用中,描述和识别一些常规对象是可行的。例如,有统计表明有超过 95%的视频的主题是关于人的。这种方法对于系统识别和解释人是很有用的。开始时,识别和解释过程是半自动化的。

基于以上两种特征的查询被称为基于内容的查询。系统应当使用四个级别的特征以支持更加灵活的查询。这些特征相互补充以使对象的描述更加完整。例如，文本标记善于捕获感情（如高兴、悲伤等）一类的抽象概念但不善于描述复杂的对象数据模型如形状和纹理，另一方面，低层特征可以捕获这些数据模型但不能描述抽象概念。

当多媒体对象有多种媒体类型时，必须使用这些媒体之间的关系和交互来完成特征提取。一些类型的媒体比另一些类型的媒体更易于理解和解释，我们可以利用易于理解和解释的媒体去理解和解释其他类型的媒体。例如，一个视频对象中包含一个视频流和语音轨迹，我们可以利用语音识别以获得对象的知识并利用这些知识对视频流进行分段并从中提取特征。

MPEG-7 虽然对特征描述进行了标准化，但没有指定特征提取的方法。

2. 索引结构

特征提取后，需要对特征创建索引以提高查询效率。描述一个对象需要使用多个特征且每个特征可能由多个参数描述。例如，颜色分布由一个包含多个颜色箱（bin）的直方图表示。DBMS 中的索引并不适用于基于内容的特征。

MMDBMS 的索引应当是层次结构且在每一层都要创建索引。最高层可以是应用分类，第二层可以在不同的特征层上。对于不同的特征需要不同的索引。第三层索引可以建立在对象之间的时间关系上。

3. 相似性度量

多媒体查询是基于相似性而不是准确的匹配，相似性基于特征值进行计算。然而，查询结果的相关性是由人判断的，因此，相似性度量的主要需求是满足相似性的值要与人的判断相匹配。特征的类型也起着至关重要的作用。由于人的判断有主观性并且与上下文相关，因此相似性度量变得很复杂。所有这些因素使得查询评价变得复杂且重要。

16.6 QoS 保证

通常，多媒体数据库系统是分布式的。多媒体对象从多个服务器上被提取出来并被发送到客户端。多媒体数据对多媒体系统提出了更多的和更苛刻的要求，它们需要更多的带宽、更大的存储空间和更高的传输速率、延迟和抖动限制、时间和空间同步等。不同的媒体和应用具有不同的需求，这些需要必须在整个系统的范围内得到满足。

QoS 的引入就是为了保证这些需求而提供的一个统一框架。QoS 是一个需求参数集合。虽然没有一个公认的参数集合，但常规的需求参数包含了上面提到的需求。这些参数被划分成两个级别：好的质量和可接受的质量。

QoS 是多媒体应用和多媒体系统（服务提供者）之间经过协商的一个合同。当应用开始一个会话时，它给系统发送一个 QoS 请求，系统接收或者拒绝请求，也可能经过协商降低应用的需求。当系统接收请求后，系统和应用之间会签订一份合同，系统必须提供所需要的QoS。这一保证可以有三种形式：精确保证、软保证或统计性保证以及最大努力保证。在精确保证中，需要的QoS被完全保证；统计保证提供某一概率为p的保证；在最大努力策略中，保证不是被完全保证，应用尽可能地执行。

保证必须是端到端的或系统范围的。一个典型的多媒体系统包括三个主要的组件：主机（客户端和服务器）、存储管理器、传输或通信系统。

QoS只有在系统资源合理地被管理的情况下才能得到保证。系统资源包括CPU、内存、带宽等。每个组件应当有一个资源管理器，它用于监控资源的使用情况。当收到一个新的会话请求时，它会执行一个允许测试。如果可用资源足够支持新的请求并且新请求不会对已有的会话产生干扰，新的会话就会被允许。否则就会根据可用资源的情况给应用提出一个建议的QoS参数集合，如果应用接收建议，开始新的会话，否则，新会话被拒绝。

QoS仍然是一个新的研究领域并有许多问题需要解决。这些问题包括如何将QoS参数转换成资源需求以及对于固定资源如何定制会话以使系统支持更多的会话。从本质上讲，多媒体通信就是如何有效地利用资源以保证应用的QoS。

16.7 多媒体数据库的实现

构造多媒体数据库的方法大致可以分为如下两类。

第一类是在关系数据库的基础上构造多媒体数据库。虽然关系数据模型抽象能力较差，不适于用来表示复杂的多媒体对象，但它比较成熟、应用广泛，对于某些应用而言，在关系数据库的基础上构造多媒体数据库还是可行的。

第二类是在面向对象数据库的基础上构造多媒体数据库。因为面向对象数据模型具有很强的抽象能力，可以很好地满足复杂的多媒体对象的各种表示需求，能够为多媒体数据库的构造提供理想的基础，而面向对象技术在多媒体数据存储及管理中的应用也成为重要研究课题。

1. 基于关系数据库

从20世纪80年代以来，关系数据库系统凭借其坚实的理论基础、简单的结构，具有国际标准的数据库语言、成熟的产品和广大的用户群，一直在数据库领域占统治地位。

但关系模型结构简单，是单一的二维表，数据类型和长度被限制在一个较小的子集中，又不支持新的数据类型和数据结构，难以实现空间数据和时态数据，缺乏演绎和推理操作，因此表达数据特性的能力受到限制。在多媒体数据库系统中使用关系模型，必须对现有的关系模型进行扩充，使它不但能支持格式化数据，也能处理非格式化数据。对关系数据库模型的扩充技术主要有三种。

(1) 与文件系统结合

使关系数据库管理系统和操作系统中的文件系统相结合，实现对非格式化数据的管理。其主要方法是，若表中的某个字段的属性是非格式化数据，则以存放非格式化数据的文件名代替，这样数据库管理系统不负责非格式化数据本身的存储分配，它管理的只是非格式化数据的引用，对非格式化数据的控制只能通过操作系统、文件系统和应用程序来实现。这种方法效率低，但方法简单、容易实现。

(2) 统一存储

将关系元组中格式化数据和非格式化数据组合在一起形成一个完整的元组，存放在数据页面或页面组中。由于非格式化数据的数据量一般都很大，所以存放非格式化数据常常需要多个页面，这样读取一个完整的元组，需要多次页面 I/O 操作。这时只涉及元组中格式化数据而不涉及非格式化数据的操作，无形中增加了不必要的页面 I/O 操作，影响了系统的响应速度。但这种方法的优点是将格式化数据和非格式化数据统一处理，实现了管理的一致。

(3) 单独存储

将元组中格式化数据和非格式化数据分成两部分，一部分是格式化数据本身，另一部分是对非格式化数据的引用。将元组中格式化数据和非格式化数据的引用放在一起存储，而非格式化数据本身则单独存放，这样一般元组的存储只涉及格式化部分，仅当有必要访问对应的非格式化数据时才要求进行较多的页面 I/O 操作。采用这一策略的优点是资源分配使用较为合理，实现性能较好。

三种策略的关键是要扩充数据类型，解决非格式化的语义解释。

大多数商业数据库系统(关系型数据库)中已加入了对一种称为二进制大对象 BLOB (Binary Large Object)的数据类型的支持，从而使这些关系数据库产品具有一些简单的管理多媒体的能力。虽然 BLOB 的确允许用户涉及大型的数据对象，但是它并没有对各类复杂数据类型提供足够的支持。

2. 基于面向对象数据库

面向对象的数据库管理系统中处理的是存储在磁盘上的多媒体数据组成的对象，因此设计有效的对象存储结构和多媒体数据的存取方法就成为系统实现的重要问题。从现有的面向对象系统原型讨论中可以看到，目前存储结构的实现方法可以分为两大类：一类是基于现有关系模型存储结构的方法；另一类是重新设计更加符合多媒体对象特点的存储结构方法。

(1) 基于关系模型的方法

在基于关系模型的方法中，每个对象存放在一个关系中，任何对象一进入系统，数据库管理系统就自动分配给它一个全库唯一的系统标识符，这个系统标识符在对象的生命周期中是不可改变的。对象间的联系是通过在存放对象元组中增加另一对象的系统标识符体现的。系统对相关对象类建立索引，当用户要求按“聚合”或“概括”联系查询时，系统就可以使用索引满足查询要求。

使用系统标识符的优点是：对象所有属性中不必再由用户定义标识码，降低了更新操作的限制，使所有属性可依统一方式进行处理。另外，由于系统标识符通常比用户数据小得多，所以使用系统标识符后，一般连接索引可以做得很小，甚至可以放在内存，大大加快了查询速度。

(2) 适合多媒体数据特点的存储结构和存取方法

虽然基于关系模型的方法可以利用许多关系系统成功的经验，但现有的关系模型的存取方法并不完全适合多媒体数据的特点，因此人们提出了一些更适合多媒体数据特点的存储结构和存取方法。

为了实现多媒体对象的快速存取，最简单的方法是将其按逻辑模型中定义的拓扑顺序存放。但使用这种方法，当对象较大时，可能需要物理上跨磁道存放，这时会大大降低查询速度，而且这种方法不能有效地支持子类的查询。

面向对象模型比较复杂，缺乏坚实的理论基础。在实现技术方面，还需要在面向对象多媒体数据库系统中解决模拟非格式化数据的内容和表示、反映多媒体对象的时空关系、允许有类型不确定对象存在等问题。

16.8 其他问题

前面的内容讨论了多媒体数据库中一些主要的设计与实现问题，本节讨论数据压缩、多媒体数据表现标准、查询过程和搜索。

1. 多媒体数据压缩

绝大多数的声音、图像和视频文件会使用某一技术和标准进行压缩。为了从这些文件中提取特征，首先需要进行解压缩。压缩与解压缩这一过程需要几倍于特征提取的计算量，而且特征与压缩文件分别存储也会导致效率的降低。因此，需要一种可以直接从压缩数据中提取特征值的压缩技术，其中压缩是基于对象而不是基于某些单独的样本值。已经有一些方法用于创建图像的索引，这些方法包括 DCT、矢量化和小波压缩数据，但结果不是十分令人满意。从根本上讲，如果将位图图像变换成矢量图形，则既能得到很高的压缩比也能使查询更加简单。对图像和视频的压缩正在朝着这个方向前进。MPEG-4 和 JPEG 2000 就是综合了压缩和查询的两个标准。

数据压缩的另一方面是要考虑数据是否适合传输和表现。在许多应用中，一些缩略图首先用来供用户浏览，如果用户对某一图像感兴趣，他会选择该图像，然后会查询并显示一个高分辨率的图像。这一类型的应用可以使用两种方法。

第一种方法，由一幅相同的图像创建不同尺寸的多幅图像，压缩并将它们存储到服务器上。按照请求的尺寸的图像被发送到客户端。例如，缩略图用于初始的显示，全尺寸的图像在后续的请求中被发送。

第二种方法，图像只按照原来的尺寸进行压缩并存储。查询时，完整图像数据发送到客户端而不考虑客户端的需求。在绝大多数情况下，客户端会通过减少传输的图像数据将尺寸降低到初始显示的大小。如果用户希望查看全尺寸的图像，会再一次发送图像数据。

从存储空间和网络带宽的角度考虑，这两种方法的效率都不高。在第一种方法中，因为存储了从同一图像导出的不同大小尺寸的图像而浪费了空间，同时，由于要传输全尺寸图像，网络带宽也有类似的浪费。在第二种方法中，存储空间的使用是高效的，但即使客户端只是需要缩略图也需要传输全尺寸的图像数据而极大地浪费了网络带宽，另外，传输全尺寸图像数据也导致额外的传输延迟。

要解决以上问题，应当使用可伸缩的、渐进的和分层的压缩技术，如 JPEG 和 MPEG-4。由于图像传输、解码和显示是渐进式的而不是等所有的数据都可用后才进行解码和显示，这些方法不仅节约存储空间和带宽，还缩短了响应时间。

2. 数据表现标准

在特征提取和压缩过程中，假设每个媒体的原始样本值是以相同的方式获得并有相同的含义。实际上，这种假设与实际并不相符。例如，声音片段可以在不同的放大级别进行录制，所以直接比较不同声音段的样本值是没有意义的。类似地，不同图像的像素值由于所使用的颜色模型和 gamma 值不同其意义也不相同。因此，应当在文件头存放影响样本值的信息，这样在特征提取时就可以根据这些信息修正特征值。但是，常规的声音和图像格式不包含这些信息。对于每种媒体应该有这样一种表现标准：它们不仅使样本值具有相同的含义，而且还由于避免了需要处理多个不同的表现和格式而简化了解码和表现操作。

3. 查询过程和搜索

与查询有关的问题有很多。首先，需要一种正式的多媒体查询语言。虽然 SQL/MM 在这方面解决了一些问题，但它还有许多限制。其次，一个多媒体查询需要使用多个特征，每个特征都会产生一个排序表，问题是如何将多项单个的排序表组合成一个排序表。哪一个特征更重要？第三是系统集成。信息由不同类型的媒体组成，然而用户只对信息本身感兴趣而不关心媒体的类型。将不同媒体类型和处理技术集成以更加有效的方式将信息展现给用户是必须要考虑的问题。

16.9 小　　结

本章讨论了多媒体数据库系统的结构、数据模型、用户界面、特征提取、索引、特征相似性度量、QoS 保证、数据压缩、数据表现标准和查询、多媒体数据库的实现方法等。这些问题的详细讨论已经超出了本书的范围，有兴趣的读者可以参考相关的资料。

习 题

1. 简述多媒体数据库系统中数据模型的作用。DBMS 与 MMDBMS 中数据模型有何差异？
2. 简述多媒体数据库系统中用户界面的主要功能。实现这些功能需要考虑的主要问题和需求是什么？
3. 为什么要进行特征提取？特征提取是如何影响多媒体数据库系统的质量的？
4. 什么是 QoS？有哪三种 QoS？
5. 使用面向对象程序设计语言设计一个媒体抽象类，然后继承它设计文本、图形、音频和图像类。

第17章

数据库新技术与新应用

数据库技术从诞生到现在，在不到半个世纪的时间里，形成了坚实的理论基础、成熟的商业产品和广泛的应用领域，吸引了越来越多的研究者加入，使得数据库成为一个研究者众多且被广泛关注的研究领域。随着信息管理内容的不断扩展和新技术的层出不穷，数据库技术面临着前所未有的挑战。

在应用领域，由于互联网的技术与应用的迅速发展，许多企业的应用由原来的企业内变成了跨企业，因为企业感兴趣的是如何与供应商和客户进行更密切的交流，以便提供更好的客户支持。这类应用需要更加安全和易于集成的工具。

越来越重要的另一个应用领域是自然科学，特别是物理科学、生物科学和工程领域，这些领域产生了大量复杂的数据集，需要比现有的数据库产品更先进的数据库的支持。这些领域同样也需要信息集成机制的支持。除此之外，它们也需要对数据分析器产生的数据管道进行管理，需要对有序数据进行存储和查询(如时间序列、图像分析、网格计算和地理信息)，需要更大范围内数据网格的集成。

除了在信息管理领域的这些挑战之外，在传统的 DBMS 相关的问题上，诸如数据模型、访问方法、查询处理、并发控制、备份与恢复、查询语言和用户界面等主题也面临着巨大的变化。这些问题过去已经得到充分研究，但是技术的发展不断改变其应用规则。比如，磁盘和 RAM 容量的不断变大，存储每个比特数据的花费不断降低等。虽然访问次数和带宽也在不断提高，但是它们不像前者发展得那样快。不断变化的相对比率要求我们重新评估存储管理和查询处理。除此之外，处理器缓存的规模和层次的提高，也要求 DBMS 算法能够适应缓存大小的变化。上述只是由于技术变迁诱导的根据新情况对原有算法重新评价的两个例子。

另一个推动数据库研究发展的动力是相关技术的成熟。比如，在过去的几十年里，数据挖掘技术已经成为数据库系统一个重要的组成部分。Web 搜索引擎导致了信息检索的商品化，并需要和传统的数据库查询技术集成。许多人工智能领域的研究成果也和数据库技术融合起来，这些新的技术使得我们可以处理语音、自然语言，进行模糊推理和机器学习等。

面对新的数据形式，人们提出了丰富多样的数据模型(层次模型、网状模型、关系模型、面向对象模型、半结构化模型等)，同时也提出了众多新的数据库技术(XML 数据管理、数据流管理、Web 数据集成、数据挖掘等)。建立和实现了一系列新型数据库系统，如分布式数据库系统、面向对象数据库系统、演绎数据库系统、知识库系统、多媒体数据库系统等，它们共同构成了数据库系统的大家族。传统的数据库系统仅是数据库大家族的一员，当然，它也是最成熟的和应用最广泛的一员。它的核心理论、应用经验、设计方法等仍然是整个数据库技术发展和应用开发的先导和基础。

17.1 数据库新技术

数据库新技术可以划分为以下几类。

1. 在整体方面有较大的技术改进

相对于传统数据库而言,在数据模型、查询语言、事务处理、数据存储等各层上都集成了新技术、工具与机制的有:

(1) 面向对象数据库技术
(2) 实时数据库技术
(3) 主动数据库技术
(4) 时态数据库技术

2. 在体系结构方面集成新技术

在数据库原理方面没有根本的变化,但在系统的体系结构方面集成了新技术的有:

(1) 内存数据库技术
(2) 并行数据库技术
(3) 分布式数据库技术
(4) 数据挖掘技术

3. 在应用功能方面的增强

数据库原理没有根本的变化,而是以一定的应用特点为出发点,在某些方面采用一些非传统数据库技术,从而增强了系统对应用的支持能力,尤其表现在数据模型、查询语言和查询处理等方面。这些技术有以下几类:

(1) 工程数据库技术
(2) 统计数据库技术
(3) 空间数据库技术
(4) 知识数据库技术
(5) 多媒体数据库技术

17.1.1 面向对象数据库

面向对象数据库(OODBMS)是数据库技术与面向对象技术结合的产物。关系数据库的数据模型和系统在设计和实现复杂的数据应用时往往不能满足应用要求。例如,设计和实现 CAD/CAM 数据库、科学实验数据库、地理信息系统数据库及多媒体数据库。这些新的应用与过去的商业应用不同，对象结构复杂，事务持续时间长，需要处理文本、图形、图像、声音、视频等新数据类型，需要定义非标准的特殊应用操作。面向对象的方法为处理这些应用需求提供了灵活性，使人们摆脱了传统数据库对数据类型和查询语言的限制。面向对象数据库系统既是一个 DBMS，又是一个面向对象系统，因而既有持久性、存储管理、数据共享、数据可靠性、查询处理、模式修改等 DBMS 的特性，又具有面向对象的封装性、继承性、重载、对象标识、复合对象和可扩充等特性。面向对象数据库系统以对象为基本元素，以"类"和"继承"表达事务间的共性和它们之间的内在关系。目前面向对象数据库比较有影响力的新技术有：数据模型中嵌套了更多的语义，允许定义复杂的数据模型；提供对象操作，可以实现实体的对象化，并根据对象的逻辑关系将它们在物理上聚集存储，以减少访问时间；通过创建子类实现复杂的完整性约束，而继承能力方便数据的开发和维护；具有处理模糊对象的能力；OODBMS 提出了许多新的事务模型，如开放嵌套事务模型、工程设计数据库模型、多重提交点模型等；通过对象高速缓存、定义与性能相关的特征等技术，使 OODBMS 执行多媒体的复杂应用时具有较高的性能。

面向对象数据库系统的研究方法有两种。一种是建立完全的面向对象数据库系统，这种方法是开发全新的数据模型，设计相应的语言及相应的 OODBMS 核心。这种数据库系统可以处理多媒体等复杂数据类型，在应用系统开发速度和维护等方面有极大的优越性。但这种纯粹的面向对象数据库系统并不支持 SQL 语言，在通用性方面失去了优势，其应用领域受到很大的局限。第二种方法是对传统的关系数据库加以扩展，增加面向对象特性，建立对象关系数据库管理系统，这种系统既支持已被广泛使用的 SQL，具有通用性，又支持复杂对象和复杂对象行为。

17.1.2 实时数据库

传统数据库在传统应用领域获得极大成功，然而在一些对响应时间要求较高的应用领域，传统数据库却存在致命的弱点。传统的实时系统虽然支持任务定时限制，但在维护大量数据，保证数据的完整性和一致性方面却有不足。在许多应用领域，如电子银行、武器制导、实时仿真等，这些领域既需要维护大量数据，又要保证这些活动的时间性和实效性，这时仅用数据库技术或实时系统均不能有效的处理这些事务。因此实时数据库(RTDBMS)的研究应运而生。实时数据库是数据库系统发展的一个分支，它适用于处理不断更新的快速变化的数据及具有时间限制的事务处理。实时数据库技术是实时系统和数据库技术相结合的产物，利用数据库技术来解决实时系统中的数据管理问题，同时利用实时技术为实时数据库提供时间驱动调度和资源分配算法。

概括地讲，实时数据库就是其数据和事务都有显式定时限制的数据库，系统的正确性不仅依赖于事务的逻辑结果，而且依赖于逻辑结果所生产的时间。

实时数据库并非实时系统和数据库在概念、结构和方法上的简单集成，它在概念、理论、技术、方法和机制方面具有自身的特点。如数据库的结构与组织，数据处理的优先级控制、调度和并发控制协议和算法，数据和事务特性的语义及其与一致性、正确性之间的关系，数据查询/事务处理算法与优化、I/O 调度、故障恢复和通信的协议与算法等，这些问题之间彼此都高度相关。实时数据库主要的理论研究有实时数据建模、实时事务调度与资源分配策略、实时数据查询语言、实时数据通信等。

17.1.3 主动数据库

主动数据库是相对于传统数据库的被动性而言的。在许多应用领域,如计算机集成制造系统、管理信息系统、办公自动化系统中常常希望数据库系统在紧急情况下能根据数据库的当前状态,主动地做出反应,执行某些操作,向用户提供有关信息。为满足这些要求,将传统数据库与人工智能技术和面向对象技术结合提出了主动数据库。主动数据库通常采用在传统数据库系统中嵌入事件—条件—动作规则,相当于系统提供了一个"自动监测"机构,主动地不时地检查这些规则中包含的事件是否已发生,一旦事件被发现,就主动触发执行相应的动作。主动数据库主要解决的问题有知识模型、执行模型、条件检测、事务调度、体系结构、系统效率。系统实现的关键技术是条件检测,条件可以是动态条件、多重条件、交叉条件。目前已取得的成果有:多重条件同时求值算法;求值过程中,中间结果的生成和维护方法;递增求值方法;求值时利用规则动作部分知识;代价模型和启发式方法。欧美一些国家的研究机构、大学从 20 世纪 80 年代开始就对主动数据库进行了专门研究,称之为"带规则的数据库系统"。

17.1.4 分布式数据库

分布式数据库是数据库技术与计算机网络技术相结合的产物。传统的集中式数据库将数据存储于单个计算机上,但随着数据库应用的不断发展,规模的不断扩大,逐渐感觉到集中式数据库系统有很多不便之处。如大型数据库系统的设计和操作都比较复杂,系统显得不灵活且安全性较差。分布式数据库系统是将分散在各处的数据库系统通过计算机网络连接起来。这种系统由多个数据库服务器组成,各服务器之间由通信网络相互联系,故从场地上看,分布式数据库的数据分散在各个场地,但从系统角度来看,这些数据在逻辑上却是一个整体,如同一个集中式数据库。因此分布式数据库就有局部数据库和全局数据库的概念。它具有以下优点:

(1) 既能对数据进行全局管理,又能使各结点自主管理本结点数据,数据具有独立性且分布透明;增大了数据的容量。

(2) 提高了数据的可靠性与可用度。

(3) 改善了系统的性能和并行处理能力。

当然也具有以下缺点:

(1) 通信系统开销较大。

(2) 存取结构复杂。

(3) 数据的安全性和保密性较难处理。

不过这些缺点正随着计算机其他技术的发展逐步得到解决。

17.1.5　数据挖掘

数据仓库技术是从数据库技术发展而来的，是面向主题的、稳定的、综合的、随时间变化的数据集合。创建数据仓库的主要目标是使各种各样的数据源数据对于那些急需的人——执行官、经理、分析师易于访问以帮助他们做出符合发展规律的决策。

数据挖掘是从超大型数据库或数据仓库中发现并提取隐藏在内部的信息的一种新技术，其目的是帮助决策者寻找数据间潜在的关联，发现被经营者忽略的要素，从而做出正确的决策。有关数据挖掘技术的研究尽管时间不长，但已经从理论走向了产品开发，其发展速度十分惊人。在国外，尽管数据挖掘工具产品并不成熟，但其市场份额却在逐年增加，越来越多的大中型企业利用数据挖掘工具分析公司的数据，能够首先使用数据挖掘工具已经成为在市场竞争中获胜的关键所在。

17.1.6　多媒体数据库

传统的数据库只能提供文字、数值数据的信息服务，而多媒体数据库则能提供文本、图形、图像、声音、动画、视频等信息的全方位服务。多媒体数据库的建立与利用有许多关键技术，而计算机硬件与网络环境、数据压缩、数据模型方法是主要技术条件。多媒体数据库应具备的功能有：能表示和理解多媒体数据，能刻画、管理和表现各种媒体数据的特性和相互关系；具备物理数据独立性和媒体数据独立性，媒体类型可扩展；提供更为灵活的模式定义和修改功能，支持模式进化与演变，具备某些长事务处理的能力；提供多媒体访问的各种手段，近似性查询，混合方式访问等。多媒体数据库的应用日益广泛，如远程教育、电子博物馆与艺术画廊、数字图书馆、电子商务都是多媒体数据库的实际应用。多媒体数据库是数据库的主要发展方向之一。

17.2　并行数据库

并行数据库是将传统的数据库管理技术与并行处理技术结合提供高性能、高可用性与高可扩展性的一种数据库，充分利用多处理器的能力，通过多种并行性，在联机事务处理与联机分析处理应用两种典型环境中提供优化的响应时间与事务吞吐量。目前，并行数据库已经得到了较为广泛的应用，许多主商用 DBMS 都支持并行数据库，如 Oracle、DB2 和 Sybase。

17.2.1　并行数据库系统的体系结构

目前并行计算机的体系结构主要有以下几类：第一类是紧耦合全对称多处理器(SMP)系统，所有 CPU 共享内存与磁盘；第二类是松耦合集群系统，所有 CPU 共享磁盘；第三类是大规模并行处理(MMP)系统,所有 CPU 均有自己的内存与磁盘。此外还有混合结构,比较常见的是 SMP 集群系统(SMP Cluster),即 MMP 系统的每个结点不是一个单一的处理器,而是一个 SMP 系统。相应地,并行数据库系统的体系结构有以下三种。

1. 共享内存(Shared-Memory)结构

在该结构中,共同执行一条 SQL 语句的多个数据库构件通过共享内存交换消息与数据。数据库中的数据存储在多个局部磁盘上,并可以为所有处理器访问。共享内存结构是单 SMP 硬件平台上最优的并行数据库结构。

2. 共享磁盘(Shared-Disk)结构

在该结构中,所有处理器可以直接访问所有磁盘中的数据,但它们各有自己的内存。因此该结构需要一个分布式缓存管理器来对各处理器(结点)并发访问缓存进行全局控制与管理。多个 DBMS 实例可以在多个结点上运行,并通过分布式缓存管理器共享数据。共享磁盘结构是共享磁盘的松耦合群集平台上最优的并行数据库结构。

3. 无共享资源(Shard-Nothing)结构

在该结构中,数据库存储在多个结点上,可以由网络的多个结点并行执行一条 SQL 语句,各个终点拥有自己的内存与磁盘,执行过程中通过共享的高速网络交换消息与数据。无共享资源结构是 MMP 和 SMP 集群平台上最优的并行数据库结构。

如果并行数据库系统的结构没有准确地映射到所运行的硬件平台结构上,其效率可能会降低,或者需要额外加一层软件才能运行,或者可能根本就不能运行。

并行数据库系统的三种体系结构各有利弊。共享内存结构的并行数据库系统相对说容易实现。由于可以动态分配任务,因此各处理器的负载比较均衡。但是由于访问共享内存和磁盘会成为瓶颈,因此它的可伸缩性不佳,目前最多只能高效地扩充到 32 个 CPU。另外由于内存错误会影响所有处理器,因此可用性也不是太好。

共享磁盘的并行数据库系统消除了访问内存的瓶颈,但访问磁盘的瓶颈仍然存在,分布式缓存管理器也是一个瓶颈,因此它可扩充性仍不够理想,CPU 最多只能达到数百个。

无共享资源结构的并行数据库系统不易做到负载均衡,往往只是根据数据的物理位置而不是系统的实际负载来分配任务。但它最大限度地减少了共享资源,具有极佳的可伸缩性,结点数目可达数千个,并可获得接近线性的伸缩比,而通过在多个结点上复制数据又可实现高可用性。因此目前人们普遍认为,MMP 或 SMP 集群平台上的无共享资源结构是并行数据库系统的优选结构,非常适合于复杂查询及超大型数据库应用。但同时它也是最难实现的结构,主要表现在以下几个方面。

(1) 支持函数传送(Function-Shipping)

当所操作的数据位于多个结点时,例如对不同结点中的数据执行连接操作,往往需要将一个结点的数据传送到另一个结点中。这时局部结点必须能够判断出将数据传送到哪个结点执行连接操作的效率最高,必须知道执行下一操作之前是否需要将数据送回到中心协调结点上。中心协调结点可能是一个潜在的瓶颈。而传送数据的需要又使数据库性能对数据划分策略极为敏感。

(2) 查询优化

可以在任何结点上进行，还是必须由某个特定结点负责，这将影响系统的性能。与此相关的问题是如何处理系统目录，是设立一个全局目录，还是允许系统目录分布在多个结点上。由某个特定结点负责查询优化或必须设立全局系统目录会存在潜在瓶颈。

(3) 并行连接的策略

连接策略包括：局部连接，即被连接的两个表位于同一结点时直接在该结点上执行连接操作；重定向连接，即将一个表中的行送到另一个表相应行所在结点上，或者将两个表中匹配的行送到第三个结点上进行连接；广播式连接，即将参加连接的一个表送到所有其他结点上；重新划分数据后再连接，即两个表中的行都按连接属性重新划分，并重定向到适当的结点上执行局部连接。不同连接策略的灵活性与效率不同，必须进行权衡。

(4) 事务管理

无共享资源结构需要全局死锁检测机制、两阶段提交协议等来保证事务的完整性和恢复。

(5) 为数据库环境提供唯一的系统视图

应使整个数据库环境成为一个逻辑整体。例如启动或关闭数据库时应不必一个结点一个结点地进行。

17.2.2　并行处理技术

一个理想的并行数据库系统应能充分利用硬件平台的并行性，采用多进程或多线程结构，提供四种不同粒度的并行性：不同用户事务间的并行性、同一事务内不同查询间的并行性、同一查询内不同操作间的并行性和同一操作内的并行性。

事务间的并行性是粒度最粗也是最易实现的并行性。由于这种并行性允许多个进程或线程同时处理多个用户的请求，因此可以显著增加系统吞吐量，支持更多的并发用户。

同一事务内的不同查询如果是不相关的，它们并行执行必将提高效率，但由 DBMS 进行相关性判断比较复杂。

同查询内的不同操作往往可以并行执行，即将一条 SQL 查询分解成多个子任务，由多个处理器执行。例如下列查询操作：

```
SELECT 部门.部门号,职工号
FROM 部门,职工
WHERE 部门.部门号=职工.部门号
ORDER BY 部门.部门号
```

可以分解为扫描部门表和职工表、对两表进行连接、对连接结果排序以及分组和输出五个子任务。前一子任务的输出即是下一子任务的输入，后一子任务等待前一子任务产生一定量的输出后(而不必等待前一子任务执行完毕)即可在另一处理器上开始执行。这种并行方式称为垂直并行或流水线并行。

操作内并行性的粒度最细，它将同一操作(如扫描操作、连接操作、排序操作等)分解成多个独立的子操作，由不同的处理器同时执行。例如，如果部门表划分到四个不同的磁盘上，则扫描部门表的操作就可以分解成四个子操作同时执行，从而加快了扫描部门表的操作。这种并行方式称为水平并行或划分并行。从广义上讲，事务间和查询间的并行性也属于水平并行。

水平并行性要求物理地将数据库划分为较小片(称为一个分区),并存放在不同磁盘上,这就是并行数据库系统中的数据分区。分区时可以依据一个属性的值,也可以同时依据多个属性的值,前者称为一维数据分区,后者则称为多维数据分区。一维数据分区方法相对比较简单,包括轮转(round-robin)分区法、值域(range)分区法、哈希(Hash)分区法、自定义分区法、模式(schema)分区法。

轮转分区法按顺序将数据依次分布到多个磁盘上。它保证了数据均匀分布在所有磁盘上,适合于进行全关系顺序扫描的查询应用。但由于数据是随机分布的,系统无法推算出数据的存放位置,因此查询具有某一属性值的元组时会有许多不必要的开销,另外系统的可用性也受到影响。

值域分区法按某个属性的值域来分区数据。例如可以按职工名字的第一个字母划分职工表,A～E 放在磁盘 1 上,G～I 放在磁盘 2 上,等等。该方法适合于在划分属性上进行范围查询,这时它可以跳过所有无关的数据分区,而直接访问与查询所在的分区。

哈希分区法使用一个经过高度调优的系统函数对划分码计算哈希值,并据此确定相应行的分区。该方法可以保证数据分布比较均匀。当需要查询某一数据行时,DBMS 能够利用哈希值计算出该行位于哪个分区,并利用该分区上的局部索引快速访问到该行。

自定义分区法是指按照用户定义的规则对表进行分区。它使数据的分区更为灵活,可以满足不同用户的特殊应用需要。

模式分区法是指不对表进行分区,以表为基本单位分布数据。这种方法适合于以查询为主很少进行修改的小表,如州代码表。将表放在一个磁盘上,不仅复制时效率高,而且维护复本的工作量小。

目前商用并行数据库系统都只提供了一种或多种一维数据分区方法。但部分产品还允许选择一个表是分布到全部磁盘上,还是只分布到部分结点上,从而使数据分区更为灵活。

使用正确的数据分区算法以达到负载均衡是一个极为重要的问题,它关系到并行数据库系统的性能。即使能够找到一个很好的分区算法使系统在初始情况下达到各结点间的负载平衡,随着数据的不断更新,这种初始的负载平衡必将被打乱,产生数据扭曲,这时就应当进行数据重组,理想的数据重组方式是动态重组。

17.2.3 商用并行数据库系统的并行策略

商用并行数据库系统的并行策略各不相同。

1. 体系结构

采用不同的体系结构,如共享内存、共享磁盘或无共享资源等,适用于不同的硬件平台。

2. 并行操作策略

这是非常关键的差别,包括三个方面:查询、DML 语句和管理实用程序。

查询包括许多子任务,如扫描、连接、排序、分组、计算聚集函数等。有的数据库产品能够并行扫描表,但不能并行扫描索引。

为了加快查询操作,应能并行执行插入操作,因为查询大数据集时通常需要建立临时表存放中间结果，串行插入数据必将造成性能瓶颈。

除并行插入外，并行执行更新、删除等 DML 操作也是很重要的，特别是当用于 OLTP 应用时。在无共享资源环境中如何优化 DML 操作也是一个重要的问题，例如是否能提供多个日志文件以消除 DML 操作的瓶颈。

能够联机地动态执行并行实用程序，包括并行装载数据，并行备份数据、并行恢复等，对高效管理超大型数据库非常关键。在联机分析处理环境中装入数据是一项费时的工作，并行进行将会提高效率。而如果能提供较细粒度的数据恢复(如数据分区级的恢复)，则可以提高系统的可用性。

3. 并行环境的感知能力

如果数据库服务器能够感知所处的并行环境，就可使其更好地优化操作的执行策略并在服务器间进行低级通信。但在一些并行 DBMS 中，单个服务器无法知道其运行环境，它只能接收完整的 SQL 语句，而不能接收低级请求。

4. 优化方法

基于代价的优化器是影响 DBMS 性能的重要因素，并行 DBMS 对不佳的执行计划更为敏感，但并行性使构造代价函数更加复杂。好的优化器应该能够很好感知所处的并行环境，能够估算出并行执行的开销与收益。它应充分利用所有可用的数据划分信息，并确定在什么情况下使用什么样的连接策略。优化器生成的应是一个基于代价的并行计划，而不是先生成串行计划，然后再基于用户定义的参数将其并行化。因为从一开始就考虑并行性的计划往往要好得多。例如，同一查询在并行的划分数据的环境中的连接策略与其在串行环境中的连接策略是截然不同的。

5. 透明性

透明性一方面是指已有应用迁移到并行环境中时是否需要修改，例如是否需要在查询中加一个标志；另一方面也指原有的 DBMS 功能，如触发器、存储过程、声明的完整性、游标、BLOB、复制等，在并行环境中是否仍得以保留。有一些产品是在较早的版本上分别开发并行性功能和其他新功能，这样用户只能选择并行版本或者选择其他新功能版本。

6. 管理工具

是否提供丰富的管理工具，在并行环境中，配置、调优、管理、性能监控、重组数据等都是非常重要的工作，并行 DBMS 应该提供相应的管理工具以减轻 DBA 的负担。

17.3 主动数据库

随着计算机应用的扩大，在许多应用领域不仅希望数据库系统像传统数据库那样被动地接受请求而进行服务，而且希望数据库系统能主动地向用户提供服务。数据库技术和人工智能技术相结合产生了主动数据库(Active DBMS,ADBMS)。它是相对传统数据库的被动性而言的,能根据应用系统的当前状况,主动适时地做出反应,执行某些操作向用户提供相关信息。

主动数据库强调主动性、快速性和智能性,其主要目标是提供对紧急情况的及时反应能力,同时提高数据库管理系统的模块化程度。通常采用的方法是在数据库系统中嵌入ECA(事件—条件—动作)规则,设置触发器,在某一事件发生时引发数据库管理系统检测数据库当前状态,只要条件满足,就触发规定动作的执行。

主动数据库的核心是规则的概念,规则由用户采用ADBMS系统提供的规则描述语言定义。主动规则的最基本形式包含以下三个部分。

当一组规则被定义后,ADBMS将监视相关事件,当事件发生时,进行条件评估,并在条件成立时执行相应的动作。上述规则常被称做"事件—条件—动作"规则,或"ECA规则"。主动规则期望的行为是由主动数据库系统提供的主动规则语言(active rule language)描述的。显然,语言的丰富程度决定了ADBMS系统的描述能力和复杂度。

(1) 事件(event)

在主动规则描述语言中,事件用于描述规则被触发的原因,可能的触发事件既可能来自数据库系统内部,如对数据的更新、访问等;也可能来自数据库系统外部,如实时信号、时间等,这些基本事件称为原子事件(atomic event)。由原子事件通过事件运算符可以定义复杂的复合事件(composite event)。

某些系统允许省略事件(时刻处于触发状态),此时主动规则便退化为产生式规则。事件描述语言是主动规则系统的重要组成部分,事件表达式中的值应可以被传递到规则的条件部分。目前主动规则系统都支持比较丰富的事件描述语言,如SAMOS系统。

事件检测是实现主动规则系统的基础,ADBMS系统必须自动探测原子事件的发生,并基于发生的原子事件检测相关复杂事件的发生。为提高主动数据库的速度和效率,复合事件的检测方法应具有并行和增量性质,例如SAMOS系统采用Petri网模型检测复合事件。

(2) 条件(condition)

主动规则中的条件部分用以进一步表达规则触发后,执行相应动作的附加条件。条件用限定条件(布尔)表达式表示,有意义的条件包括数据库谓词、限定性谓词、数据库查询等。大多数主动数据库系统允许默认条件,此时隐含条件恒真。描述能力强的规则语言,允许条件表达式中的值被传递到规则的动作部分。

(3) 动作(action)

规则动作可以是任何与数据库操作有关或无关的语句序列。有关数据库的操作包括数据修改操作、数据存取操作和其他数据库命令,也可以包括对预先定义过程的调用。规则动作在事件发生且条件满足时执行,具体执行时刻还与耦合方式、规则优先级别、规则处理粒度有关。由于动作可能操作数据库并因而引发其他原子事件,因而可能造成级联式触发。

1. 主动数据库研究中需解决的问题

实现主动数据库的关键技术在于它的条件检测技术,能否有效地对事件进行自动监督,使得各种事件一旦发生就很快被发觉,从而触发执行相应的规则。此外,如何扩充传统的数据库系统,使之能够描述、存储、管理ECA规则,适应于主动数据库;如何构造执行模型,也就是说ECA规则的处理和执行方式;如何进行事务调度,使之不仅能满足开发环境下的可串行化要求，而且满足对事务时间方面的要求；如何在传统数据库管理系统的基础上扩充事务管理部件和对象管理部件以支持执行模型和知识模型并增加事件侦测、条件检测和规则管理等部件从而形成主动数据库的体系结构；如何提高系统的整体效率等都是主动数据库需要集中研究解决的问题。

2. 主动数据库的研究进展

在数据库范畴内，与主动数据库关系最密切的是演绎数据库和实时数据库，前者定义的产生式规则可看做主动规则的特殊形式（默认事件时），后者在主动规则的支持下更趋完善（通过事件自动检测达到对外部事件的及时响应）。主动数据库在分布环境的应用产生了主动型分布数据库。主动数据库与模糊理论结合产生了模糊主动数据库，与知识库结合产生了主动型知识库系统。主动规则的自主特性已被应用于 Agent 系统。主动规则系统对工作流建模提供了引擎方面的支持。

“主动数据库”的一个突出的思想是要让数据库系统具有各种主动服务的功能，并以一种统一而方便的机制来实现各种主动性需求，即要求把这些主动性功能用一种统一的方法与原有的数据库功能集成在一个数据库系统中。到目前为止，这种机制主要是通过将一些规则嵌入数据库系统的办法来实现，目前人们研究工作主要集中在主动数据库的实现模式和方法上。

传统的 ADBMS 一般采用“事件—条件—动作”(ECA)模式，独立地进行 DBMS 全部功能的设计实现；或在原有的 DBMS 基础上添加主动机制，使原来的 DBMS 具有主动性，能够主动地实现动态修改和主动适应的功能。目前大多数 ADBMS 都采用“事件驱动”、“规则匹配”的机制来实现，即 ECA 模式是 ADBMS 的基础。这方面当前国内外都有一些已实现的主动数据库实现模型，如美国哈佛大学的 CPLEX、IBM 公司的 STARBURST 等。

但传统的 ADBMS 在实际应用中存在着开发难度大、周期长、无法快速利用已有的历史数据的不足之处。因此，如何提出一种新的 ADBMS 实现方式，通过这种实现方式既可以直接利用现有的数据资源，又无需对传统 DBMS 做大量的改动就可以将主动机制加入到数据库应用中便成为最近研究的重点。比较典型的方法主要有以下几种：

(1) 基于组件的主动数据库

基于组件的 ADBMS 实现方法直接利用已有的 DBMS 完成数据组织、共享等方面的功能，在数据连接层加入一个中间层组件监视系统发生的变化，并将这些变化实时地传给系统的事件监视器，当事件监视器发现有系统定义的事件发生时自动进行条件匹配，如果匹配成功，则触发相应的动作执行。基于组件的 ADBMS 进行事件监视的关键在于，能够实时地探测用户对数据库的操作，并把用户的操作发送给事件监视器。基于组件的 ADBMS 采用对象探测用户对数据库的操作，利用消息队列将探测到的信息发送给事件监视器。此模型实现中主要采用面向对象技术和消息队列等技术。模型分为语义分析器、事件监视器、情形评价器、活动触发器、时钟定时器和事件及规则管理器等六个模块。

(2) 基于图的主动数据库规则模型 E-RG

此模型基于规则执行的时间关系，引入依次关系、同步关系与并发关系，将多个 C-A 规则按时间语义关系组成规则图(Rule Graph，RG)，相同的规则集可对应不同的 RG，分别联系于不同的事件，从而形成一种 E-RG 主动规则。E-RG 主动规则的语义可表示为：事件 E 的发生触发规则图 RG 的执行，RG 的执行满足 RG 所含的时序关系，执行的耦合方式包括立即、推迟和分离方式。此规则由于从最基本的时间关系引入了规则图 RG 中的控制结构，从而可以避免由规则任意并发执行而导致的规则行为难以控制和理解的问题，同时规则图 RG 中具有的局部并发性可以避免强制规则串行执行的低效率，而且相同的 C-A 规则集使用不同的控制结构可对应于不同的 RG，增加了 C-A 规则的使用灵活性。

(3) 基于动态模糊逻辑(DFL)的主动数据库

基于动态模糊逻辑的主动数据库系统(DFADBS)引入了动态模糊(DF)数据的概念，它由一个 DF 数据库(DFDBS)外加一个 DF 事件驱动规则库(DFEB)及其相应的 DF 事件监视器(DFEM)组成。即

$$DFADBS=DFDBS+DFEB+DFEM$$

其中 DF 事件库由系统和用户定义的各种 DF 事件驱动的 DF 规则组成。DF 事件驱动的 DF 规则具有如下一般形式：

```
WHEN<DF 事件>
IF <DF 条件 1> THEN <DF 动作 1>
…
IF <DF 条件 n> THEN <DF 动作 n>;(n≥1)
```

其中<DF 事件>是 DF 代数中的任一 DF 事件表达式，<DF 条件 i>($i=1,2,\cdots,n$)既可以是系统预先定义的一些标准动作，也可是用户定义的动作，或是某种语言编写的 DF 过程。上述 DF 驱动规则的定义是：一旦<DF 事件>的发生度大于等于某预先设定的阈限时，计算机就主动触发执行其后 DF 的 IF-THEN 规则。即如果<DF 条件 1>足够真，则执行其后的<DF 动作 1>，并且接着检查下一个 IF-THEN 规则，直至执行完为止。

动态模糊主动数据库的研究还处于初级阶段，目前只能给出其设计方法等基本概念，具体实现等问题还有待解决。

3. 主动数据库理论问题

主动数据库理论在各个主动数据库实验性原型系统中都有探讨，但不同系统中采用的处理技术不尽相同。仍有一些问题没有很好地解决，如主动规则标准、规则的正确性执行语义、终止性分析、保证合流性的主动规则执行模型等。

(1) 事件描述语言

由于主动数据库是由事件驱动的，事件描述语言在主动规则系统中处于特别重要的地位。尽管目前的事件描述语言已包括较多的运算符，但在表达时序方面仍不够丰富。实际上，目前的事件描述语言只能表示序列，第几次发生等简单时间关系，不能表示事件发生的时刻和发生次序。

(2) 规则终止性分析

规则之间可能发生级联触发(cascading triggering)关系。为保证主动数据库执行语义的完整性，这种级联式触发必须是有限的，即终止的(terminate)。

(3) 正确性语义描述

尽管目前已将建立了许多主动数据库原型系统，然而其理论基础还很不完善，一个最基本的问题是缺乏清晰定义的执行语义：当涉及多种耦合方式的多个规则被触发时，这些规则将如何被处理，对此目前缺乏形式化的理论基础。尽管有一些初步工作，但没有统一的可

以与演绎数据库相对等的主动数据库理论，甚至没有可以与查询优化和事务处理等相当的理论基础。形式化的主动数据库基础理论对于主动数据库理解和正确性保证具有重要实际意义。当考虑完整的耦合方式、冲突与优先级等因素时，主动规则系统具有比较复杂的执行语义。为使规则定义与 ADBMS 系统无关，必须建立一个与经典数据库理论一致，能够为用户所接受的主动数据库执行语义。

(4) 合流性与耦合方式

合流性与正确性在主动规则执行终止的前提下，合流性(confluence)表达主动数据库确定性行为特性，即结果的唯一性。给定任意数据库初始状态，若规则集 R 的执行导致数据库进入唯一确定的终止状态，则称规则集 R 是合流的(confluent)，否则称 R 是不合流的。不满足合流性的规则集意味着冲突的存在。在实际规则系统中，保证所有规则不冲突是过于苛刻的条件，因而在 ADBMS 理论模型中，要在冲突存在的条件下得到合流性执行结果。

合流性是与正确性密切相关的，因为在数据库范畴内，只有唯一确定的执行结果是可以接受的。

4. 主动数据库的应用

虽然 ADBMS 还处于研究的初级阶段，但 ADBMS 已被成功地应用于数据库完整性约束的自动维护、时态一致性约束、异常检测、商务建模与应用、设计与管理等许多领域，为高级数据库应用提供了良好的支持。例如，在一些商品化的数据库管理系统中，如 Oracle 和 Sybase 等数据库系统，在某种意义上都引入了主动处理的功能。

17.4 空间数据库

空间数据库(Spatial Database)是为存储、管理与查询与空间对象(如点、线、多边形等)相关的数据而优化的一种数据库。

17.4.1 基本概念

1. 空间数据

空间数据是各种空间对象特征和关系的符号化表示，包括空间位置、属性特征(简称属性)及时域特征三部分。空间位置数据描述地物所在位置。这种位置既可以根据经纬度坐标等大地参照系定义，也可以定义为地物间空间上相邻、包含等相对位置关系；属性数据属于一定地物，描述地物特征的定性或定量指标。时域特征是指地理数据采集或地理现象发生的时刻/时段。另外空间数据还具有以下特性。

(1) 空间分布性

空间信息具有空间定位的特点，先定位后定性，并在区域上表现出分布式特点，其属性表现为多层次，因此空间数据库的分布或更新也应是分布式。

(2) 数据量大

由于空间信息所具有的空间、属性和时间三大特征,特别是随着全球对地观测计划不断发展,每天都可获得上万亿兆的地球资源、环境特征的数据。这必然对数据处理与分析带来很大压力。

(3) 信息载体的多样性

空间信息的第一载体是空间对象的物质和能量本身,除此之外,还有描述空间对象的文字、数字、地图和影像等符号信息载体以及多种物理介质载体。对于地图来说,它不仅是信息的载体,也是信息的传播媒介。

(4) 数据应用广泛

空间数据广泛应用于地理研究、环境保护、土地利用与规划、资源开发、生态环境、市政管理、道路建设等方面。

非结构化特征在关系数据库管理系统中,记录一般是结构化的,每条记录是定长的,记录中的每个字段只能是原子的、不可再分的,即满足关系理论中的第一范式(1NF)。但空间数据不满足这种结构化的要求,如果用一条记录表示一个空间对象,则它的数据项可能是变长的,弧段上有两对甚至更多对坐标,空间图形数据呈现不定长的非结构化特征。

2. 地理信息系统

地理信息系统(Geographic Information System,GIS)是对地理分布数据进行采集、储存、管理、运算、分析、显示和描述的计算机软件系统;处理、管理的对象是多种地理空间实体数据及其关系,包括空间定位数据、图形数据、遥感图像数据、属性数据等,用于分析和处理在一定地理区域内分布的各种现象和过程,解决复杂的规划、决策和管理问题;技术优势在于它的数据综合、模拟与分析评价能力,可以得到常规方法或普通信息系统难以得到的重要信息,实现地理空间过程演化的模拟和预测;各种测量技术、GPS全球定位技术和遥感技术为地理信息系统提供了丰富的、实时的信息源,并促使地理信息系统向更高层次发展。

GIS的定义是由两部分组成的。一方面,GIS是一门学科,是描述、存储、分析和输出空间信息的理论和方法的一门新兴的交叉学科;另一方面,GIS是一个技术系统,是以空间数据库为基础,采用地理模型分析方法,提供多种空间的和动态的地理信息,为地理研究和地理决策服务的计算机软件系统。

3. 空间数据库

空间数据库是作为一种应用技术而诞生和发展起来的,其目的是为了使用户能够方便灵活地编辑和查询所需的空间数据,并以此建立的如实体、关系、数据独立性、完整性、数据操纵、资源共享等一系列基本概念。以空间数据存储和操作为对象的空间数据库,把被管理的数据从一维推向了二维、三维甚至更高维。由于传统数据库系统数据模拟主要针对简单对象,因而无法有效地支持以复杂对象(如图形、影像等)为主体的工程应用。空间数据库系统必须具备对空间对象进行模拟和推理的功能。一方面可将空间数据库技术视为传统数据库技术的扩充;另一方面,空间数据库突破了传统数据库理论(如将规范关系推向非规范关系),其实质性发展必然导致理论上的创新。

GIS 可以说是建立在空间数据库管理系统上的应用信息系统。但传统意义上的 GIS 与空间数据库管理系统很难划清明显的界限,所以空间数据管理系统和 GIS 的概念经常可以互相交换。

空间数据库使用空间索引而不是传统的索引技术提高查询的速度。

对于 SQL 查询如 SELECT 语句,空间数据库可以执行各种空间操作,这些操作包括:

(1) 空间度量。查找点、多边形之间的距离。

(2) 空间函数。修改现有特征可以产生新的空间对象,如提供空间对象的缓冲区域、交互区域等。

(3) 空间预测。例如,在某一点要建一个垃圾处理厂,则可以查询在该点附近一公里的范围内是否有居民居住。

(4) 构造功能。可以通过现有的属性构造新的空间对象,例如,使用 SQL 通过点构造线,如果第一个点与最后一个点相同,则构造的是多边形。

(5) 观察功能。查询位置信息,例如一个圆的圆心的位置。

4. 空间数据模型

空间数据模型就是对现实世界中的空间环境进行表达,反映现实世界中空间实体及其相互间的动态联系,为空间数据组织和空间数据库模式设计提供基本的概念和方法。空间数据模型所研究的是用何种方式在计算机系统中将现实世界中复杂的空间实体抽象、存储和管理。它决定了空间数据结构和特殊的数据编码,也决定了空间数据管理方法和系统空间数据分析功能,成为地理学研究和资源管理的重要工具。

5. 空间数据库与 GIS 的关系

GIS 是基于一种使用地理术语来描述世界的结构化数据库,从空间数据库的角度看,GIS 是一个包含了用于表达通用 GIS 数据模型(要素、栅格、拓扑、网络等)的数据集的空间数据库。在实际应用中,ARC/INFO 等大型 GIS 软件已经开始向集成化管理方向发展,通过空间数据引擎(SDE),对空间数据进行处理。

图 17-1 说明了 GIS 与空间数据库的关系。

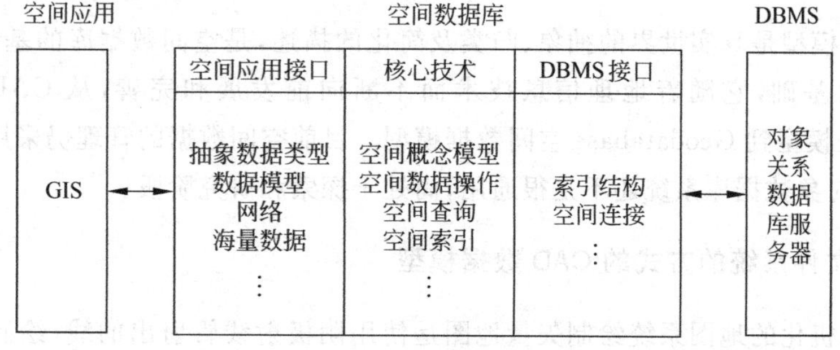

图 17-1　GIS 与空间数据库的关系

17.4.2 空间数据操作

空间数据的操作有基本数据操作、空间关系判断和空间关系代数运算。

1. 基本数据操作

基本数据计算包括相交、求中心点、重叠、数值计算等。

(1) 相交。基本数据类型相互间相交关系，例如，两区域邻接、线与线相交、线与区域相交、两区域相交。

(2) 求中心点。求线段或几何区域的中心点。

(3) 重叠。

(4) 数值计算。

(5) 空间位置的一些计算

其中有求两空间对象间的最大距离、最小距离、多点的直径、线的长度、区域的周长等。

2. 空间关系判断

标识和判断任意形状的多维空间对象间的关系是一个复杂的问题。在空间数据库中，空间关系主要用于查询。为了获得可接受的查询效率，常常将空间对象用点、矩形、方盒等规则的对象进行简化，因此，判断对象间空间关系的问题变成了一维空间线段的关系、二维空间中边平行于坐标轴矩形间的关系以及如何使用规则空间对象表示复杂空间对象的问题。

3. 空间关系代数运算

空间代数运算的特点在于选择条件或连接条件中出现空间谓词，主要有空间选择、空间连接等。

17.4.3 空间数据建模

空间数据模型是真实世界的抽象、归类及简化的描述，是空间数据库的基础和核心，也是研究 GIS 的基础，它随着地理信息技术而不断向前发展和完善，从 CAD 数据模型、Coverage 数据模型到 Geodatabase 空间数据模型。目前空间数据的管理仍采用关系型数据库，完全面向对象数据库系统还不是很通用，尚处于探索和研究阶段。

1. 基于文件系统的方式的 CAD 数据模型

最早计算机化的地图系统绘制矢量地图是使用阴极射线管射出的线，绘制栅格地图基于文件系统与数据库的混合组织管理方式的 Coverage 数据模型是使用线划打印机的套印符号。由此开始，20 世纪六七十年代出现了优化的制图硬件和绘图软件，能够以合理的制图逼真地渲染地图。在这个时代，地图通常由普通的 CAD(计算机辅助制图) 软件绘制。

CAD 数据模型以二进制文件格式存储地理数据，并以点、线划和面域的形式表达。很少属性信息能保存在这些文件里；地图图层和注记是主要的属性表达方式。这种方式直接采用文件系统来存储和管理空间数据，系统结构简单，便于操作，但提供的功能非常有限。它适合于小型 GIS 系统，难以满足当前 GIS 对空间数据管理的需求。

2. 基于文件系统与数据库的混合组织管理方式的 Coverage 数据模型

Coverage 数据模型(也称空间关系数据模型)源于 1981 年 ESRI 公司推出的 GIS 软件 ArcInfo 和 INTRGRAPH 公司的 MGE，此模型比 CAD 数据模型有了较大的改进：采用了一种“空间实体模型＋空间索引”的数据模型。这种数据模型的基础是“空间对象”。空间对象主要包括点、线、面三种基本类型。它支持属性数据，将空间数据与属性数据有机地结合在一起；空间数据存储为索引化二进制文件，它为显示和存取做了优化。属性数据存储在表中，有一定数量的记录，通过共同的唯一码组织在一起。其次，它存储了矢量数据的拓扑关系；这意味着一个线状的空间数据纪录包含了以下信息：哪些结点界定了这条线，通过推断可知哪些线相连，还有哪些多边形在其左边和右边。因此 Coverage 数据模型提高了对地理空间信息的表达能力和数据的分析能力。

3. 扩展关系数据库的组织管理方式的 Geodatabase 数据模型

ArcInfo 8 推出一种新的面向对象数据模型——Geodatabase 数据模型。这种新的数据模型的定义通过赋予要素更贴切的“自然”行为，从而使得 GIS 数据集里的要素更加智能，Geodatabase 数据模型也使得物理数据模型与其逻辑数据模型更加接近。Geodatabase 中的数据对象更接近于逻辑模型中定义的对象，比如说所有者、建筑物、地块和道路。同时，Geodatabase 数据模型写代码就可以实现大部分自定义行为。绝大多数行为是通过 ArcInfo 提供的域、有效性规则和其他框架函数实现的。只有在为更专业的要素行为建模时才需要撰写代码。因此，Geodatabase 数据模型的主要优点是它搭建了一个用户可以轻易地创建智能化要素的框架，这些智能要素能够非常形象地模拟现实世界中对象之间的交互作用和行为。这种方式将空间数据和属性数据都存储于关系型数据库中，通过在关系型数据库之上建立一层空间数据库功能扩展模块(通常被称为空间数据引擎)来实现对空间数据的组织管理。目前主流的 GIS 软件都采用这种方式同时管理图形和属性数据。如 ARC/INFO、GEOMEDIA 等。这种方法可以利用成熟的关系型数据库技术来方便地实现 GIS 数据的一致性维护、并发控制、属性数据的索引等。当然，数据库本身并不直接支持对空间对象的操作和管理，而是通过空间数据引擎来实现。

4. 基于空间数据库的组织管理方式的空间数据模型

该种空间数据模型基于直接构建用来存储和管理空间数据和属性数据的空间数据库系统，它包含结合几何和属性信息的框架，提供并支持空间数据的类型、查询语言和接口、高效的空间索引和空间联合等。空间数据库直接支持空间对象的存储和管理，为空间数据提供了高效的查询和检索机制，是目前 GIS 数据管理技术研究的热点。

目前空间数据库的实现主要有两种方式：面向对象数据库方式和对象关系型数据库方式。前者将对象的空间数据和非空间数据以及操作封装在一起，由对象数据库统一管理，并支持对象的嵌套、信息的继承和聚集，这是一种非常适合空间数据管理的方式。但目前该技术尚不成熟，特别是查询优化较为困难。所以，对象关系型数据库成为目前空间数据库的主要技术，它综合了关系数据库和面向对象数据库的优点，能够直接支持复杂对象的存储和管理。GIS 软件直接在对象关系数据库中定义空间数据类型、空间操作、空间索引等，可方便地完成空间数据管理的多用户并发、安全、一致性/完整性、事务管理、数据库恢复、空间数据无缝管理等操作。因此，采用对象关系型数据库实现对 GIS 数据的管理是实现空间数据库的一种较为理想的方式。当前，一些数据库厂商都推出了空间数据管理的专用模块，如 IBM Informix 的 Spatial DataBlade Module、IBM DB2 的 Spatial Extender 和 Oracle 的 Oracle Spatial 等，尽管其功能有待进一步完善，但已给 GIS 软件开发带来了极大的方便。

17.4.4 空间数据索引

空间对象的形状大多比较复杂，从点、线到多边形，随着点的个数的增多，形状也越来越复杂。为了有效降低计算量，空间索引大都采用对空间对象进行近似表示的策略：使用一个能完全包围空间对象的最小边界实体(矩形、一般凸多边形甚至是圆)来近似表达该空间对象。

用目标近似的方法，在建立了空间索引的情况下，空间查询的处理过程大致如图 17-2 所示。

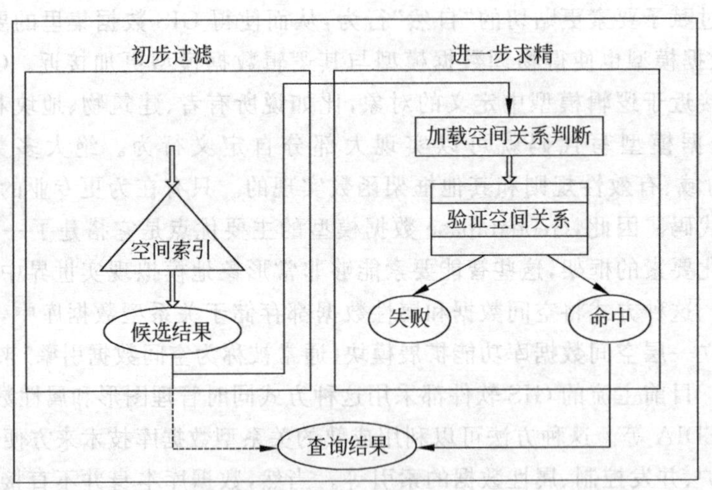

图 17-2 空间数据查询流程

(1) 对于给定的空间范围，在空间索引数据集里，快速查找出符合条件的结果集。

(2) 针对第一步求出的结果集，进一步判断结果集中的每个元素是否符合查询条件，筛选出不符合条件的空间对象。

(3) 针对第二步过滤得出的结果集，依次判断对应的空间对象是否符合给定的查询条件。

需要说明的是，一些特殊的查询，通过空间索引直接过滤就可以得到结果，如某些点查询。

由于使用 m 边形和圆来近似表示一个空间对象，尽管逼近程度高，但是它会使空间关系的计算很复杂，相对而言，使用最小边界矩形 MBR 来近似表示一个空间对象，计算相对简单，因此，在空间索引的实际应用中，采用 MBR 来近似表示空间对象的做法最为常用，并且目标近似大都采用如下原则：

(1) 尽可能地近似于空间对象。

(2) 近似目标必须占用尽可能少的存储空间。

(3) 近似目标的结果必须适合保存到索引当中。

常用的空间索引算法有空间存取方法、简单格网空间索引、*K-D* 树空间索引、*R* 树空间索引、四叉树空间索引、空间填充曲线等。目前，一些对象-关系型数据库如 Oracle、DB2、Informix、PostgreSQL 大都在原有的关系数据库系统上进行了特定的应用扩展(data blade 或者 data cartridge)，其主要思想就是为空间属性定义对应的抽象数据类型(ADT)。相应的，这些数据库在底层实现了多维空间索引(*R* 树或四叉树)，其实现过程需要直接访问数据库管理系统中的块数据。但就目前来看，它们都没有向外部提供直接访问块数据的接口。上述四种数据库也没有提供面向块访问的数据库接口的相关文档。从客观上讲，这为我们使用普通的关系表来创建空间索引造成困难。

17.5　XML 数据库

目前大量的 XML 数据以文本文档的方式存储，难以支持复杂高效的查询。用传统数据库存储 XML 数据的问题在于模式映射带来的效率下降和语义丢失。一些 Native XML 数据库(原生 XML 数据库)的原型系统已经出现(如 Taminon、Lore、Timber 等)。XML 数据是半结构化的，这样就给 XML 数据库中的存储系统带来更大的灵活性，同时，也带来了更大的挑战。恰当的记录划分和聚簇，能够减少 I/O 次数，提高查询效率；反之，不恰当的划分和聚簇，则会降低查询效率。研究不同存储粒度对查询的支持也是 XML 存储面临的一个关键性问题。当用户定义 XML 数据模型时，为了维护数据的一致性和完整性，需要指明数据的类型、标识、属性的类型、数据之间的对应关系(一对多、多对多等)、依赖关系和继承关系等。而目前半结构化和 XML 数据模型形成的一些标准(如 OEM、DTD、XML Schema 等)忽视了对这些语义信息和完整性约束方面的描述。ORA-SS 模型扩展了对象关系模型用于定义 XML 数据。这个模型用类似 E-R 图的方式描述 XML 数据的模式，对对象、联系和属性等不同类型的元素用不同的形状加以区分，并标记函数依赖、关键字和继承等。其应用领域包括指导正确的存储策略、消除潜在的数据冗余、创建和维护视图及查询优化等。

XML 数据库是一种可以对 XML 文档进行存取管理和数据查询的数据库。目前，XML 文档存储的方式有四种：关系数据库方式、面向对象数据库方式、文本方式和 XML 数据库方式。在关系数据库方式中，XML 数据的存取需要进行复杂的转换操作，面向对象数据库方式在 XML 数据的存取性能上还存在不足；在文本方式下，XML 数据的查询和更新都很困难。而 XML 数据库充分考虑了 XML 数据本身的特点，并针对这些特点进行存储和索引，在该方式下既可以实现细粒度的查询和更新，也不需要将XML文档拆分成多个部分进行存储。

XML数据库为XML文档定义了一个逻辑模型并根据这个模型存取数据。这个模型包括元素、属性、PCDATA和文档顺序。XML数据库以XML文档作为基本的逻辑存储单位，它与关系数据库中的记录类似。XML数据库对底层的物理存储结构没有固定的要求，它可以建立在关系数据库、面向对象数据库的基础上，也可以采用特定的存储格式。

目前，主流的商用DBMS(如Oracle、SQL Server、DB2)中都增加了支持XML数据处理的功能。这些数据库被称为支持XML的数据库(XML-enables DBMS)，与此对应的是一种专为处理XML而开发的数据库，这种数据库被称为原生XML数据库(Native XML DBMS)。

17.5.1 原生XML数据库

1. 什么是原生XML数据库

原生XML数据库(Native XML Database)(这里简称为XML数据库)这个术语首先在Software AG为Tamino所做的营销宣传中露面。也许由于它的成功，后来这个术语在同类产品的开发商那里成了通用叫法。它是一个营销术语，从来没有正式的技术定义，这是它的一个缺陷。

有一个接近的定义这样定义XML数据库：

(1) 它为XML文档(而不是文档中的数据)定义了一个(逻辑)模型，并根据该模型存取文件。这个模型至少应包括元素、属性、PCDATA和文件顺序。这种模型的例子有XPath数据模型、XML Infoset以及DOM所用的模型和SAX的事件。

(2) 它以XML文件作为其基本(逻辑)存储单位，正如关系数据库以表中的行作为基本逻辑存储单位。

(3) 它对底层的物理存储模型没有特殊要求。例如，它可以建在关系型、层次型或面向对象的数据库之上，或者使用专用的存储格式，比如索引或压缩文件。

该定义的第一部分与其他类型数据库的定义相似，都是关于数据库所用的模型的。不过，XML数据库所能存储的信息比模型中定义的多。例如，它可支持基于XPath数据模型的查询，但所用的存储格式是纯文本。CDATA部分和实体用法也可存储在数据库中，但是模型中没有包括。

该定义的第二个部分是说原生数据库的基本存储单位是XML文件。看起来似乎也可存储XML文件片断，但几乎所有的原生XML数据库都是以文件方式存储的。

该定义的第三部分讲的是底层的数据存储格式并不重要。确实如此，正如关系数据库所使用的物理存储格式与数据库是不是关系型之间毫无关系。

显然XML数据库最适于存储以文档为中心的文件。这是由于XML数据库保留了文件顺序、处理指令、注释、CDATA块以及实体引用等，而支持XML的数据库(XML-enabled Database)无法做到。此外，原生数据库支持XML查询语言，可以对它提这样的问题：“找出所有第三段内包含粗体字的文件”，用SQL显然很难进行这样的查询。

XML 数据库还适用于存储那些“天然格式”为 XML 的文件，而不管这些文件包含什么内容。例如，电子商务系统消息所用的 XML 文件。尽管这些文件可能是以数据为中心的，而作为消息来说它们的天然格式是 XML。这样当它们被存入消息队列后，建立在 XML 数据库上的消息队列使用起来更为方便。XML 数据库保留了 XML 的特性比如 XML 查询语言，通常能更快地取出整条消息。Web 缓存是这类应用的另一个例子。

XML 数据库的其他用途是存储半结构化数据、在某种特定情形下提高存取速度以及存储没有 DTD 的文件(良构的文件)。也就是说，XML 数据库无需事先配置即可接受和存储任何 XML 文件。将 XML 文件中的数据转换到关系型或面向对象型数据库必须首先建立映射和数据库模型。无需事先配置对于搜索引擎之类的应用程序来说是有利的，因为没有任何 DTD 能适用于所有搜索文档。

2. XML 数据库的结构

XML 数据库的结构可分为两类：基于文本的和基于模型的。

(1) 基于文本的 XML 数据库

基于文本的 XML 数据库将 XML 作为文本存储。它可以是文件系统中的文件、关系数据库中的 BLOB 或特定的文件格式。事实上，就其能力来说，一个增加了支持 CLOB (Character Large Object)字段的 XML 处理功能的关系数据库也可以是 XML 数据库了。

索引对所有基于文本的 XML 数据库来说都是一样的，它可以使查询引擎很方便地跳到 XML 文件内的任何地方。这就可以提高数据库存取文件或文件片断的速度。这是因为数据库只需进行一次检索、磁头定位，再假如所读的文件在磁盘上是连续存储的话，只需一次读盘就可读出整个文件或文件片断。相反，如果像关系数据库或基于模型的 XML 数据库那样，文件由各个部分组合而成，就必须要进行多次查找定位和多次读盘动作。

从这个意义上讲，基于文本的 XML 数据库与层次结构的数据库很相似，当存取预先定义好层次的数据的时候，它比关系数据库更胜一筹。和层次结构的数据库一样，当以其他形式比如转置层次存取数据时，XML 数据库也会遇到麻烦。这个问题的严重程度尚未可知，很多关系数据库都使用逻辑指针，使相同复杂度的查询以相同的速度完成。由此看来这确实是个问题。

(2) 基于模型的 XML 数据库

第二类 XML 数据库是基于模型的 XML 数据库。它们不是用纯文本存储文件，而是根据文件构造一个内部模型并存储这个模型。至于模型究竟怎样存储取决于数据库。有些数据库将该模型存储于关系型和面向对象的数据库中，例如在关系型数据库中存储 DOM 时，就会有元素、属性、PCDATA、实体、实体引用等表格。其他数据库使用了专为这种模型作了优化的专有存储格式。

建立在其他数据库之上的基于模型的 XML 数据库的文件存取性能与这些数据库相似，很明显，它的存取要依赖这些数据库。但是这个数据库，特别是建立在其他数据库之上的 XML 数据库的设计有很大的变化余地。例如直接以 DOM 方式进行对象—关系映射的数据库系统在获取结点的子元素时必须单独执行 SELECT 语句。另一方面，这种数据库大多对存取模型和软件作了优化。

使用专用存储格式的基于模型的 XML 数据库如果以文件的存储顺序读取文件，其性能与基于文本的 XML 数据库相似。这是因为这种数据库大多在结点间使用了物理指针，这样其读取性能和读取文本差不多，究竟哪个快一些要取决于数据格式。如果返回文本格式，显然基于文本的系统要快一些；如果希望返回的是 DOM，假如该模型很容易映射到 DOM，则基于模型的系统更快。

与基于文本的 XML 数据库一样，如果数据的读取顺序和存储顺序不同，基于模型的 XML 数据库也会遇到性能上的问题。这两种类型的数据库到底哪个快一些仍不清楚。

3. XML 数据库的特性

(1) 文档集(Document Collections)

XML 数据库支持集合的概念，其作用相当于关系数据库中的表和文件系统中的文件夹，例如想在 XML 数据库中存储销售订单，就可以定义一个销售订单的集合，这样对销售订单的查询就限于这个集合内的文件。

(2) 查询语言

XML 数据库至少支持一种查询语言。最常用的有 XPath 和 XQL，以及很多专有的查询语言。在考虑 XML 数据库时应当确定其查询语言是否满足需要，比如从全文检索到多个文件片断的合并。

将来大多数 XML 数据库都可能支持 W3C 的 XQuery。

(3) 更新和删除

XML 数据库对文档的更新和删除有许多方式，从简单的替换或删除现有文档，到修改当前的 DOM 树，以及用于指定如何修改文档片段的语言。通常每种能修改文档片段的产品都有自己的语言，尽管有几种产品支持 XML：DB Initiative 的 XUpdate 语言。至于文档的更新正是业界和学术界的探讨领域，目前还没有完整的解决方案。

(4) 事务、锁定和并发控制

XML 数据库支持事务处理。但是，锁定通常是对整个文档的而不是对文档片段，所以多用户并发性相对较低。

例如用户手册分成几个章节，每个章节都是一个文档，这时并发问题就小一些，因为两个作者同时对同一章节进行更新的情况不大可能发生。而另一方面，如果整个公司的客户数据都放在同一个文档中(糟糕的设计)，文档级的锁定很容易造成灾难性的后果。

(5) 应用程序 API

XML 数据库提供编程 API。这种 API 很像 ODBC，并提供连接到数据库、浏览元数据、执行查询和返回结果的方法。返回结果通常是 XML 字符串、DOM 树、返回文档的 SAX 解析器或 XMLReader。如果查询返回结果是多个文档的话，通常都会提供列举这些结果的方法。

虽然大多数 XML 数据库都提供有自己的 API，但是 XML：DB.org 已经开发出一种与供应商无关的 XML 数据库 API，许多 XML 数据库已经支持它，而且有些非 XML 数据库也可能支持。不管这个或其他的 API 是否会成为工业标准，但此类 API 的广泛采用最终是不可避免的。

(6)“往返车票”

XML 数据库的一个重要特性是它可以为 XML 文档提供了“往返车票”(Round-

Tripping)。就是说可以将 XML 文档存放在 XML 数据库中,而且再取回“同样的”文档。对于以文档为中心的应用程序来说非常重要,因为 CDATA 部分、实体应用、注释和处理指令是这些文档不可缺少的组成部分。特别是对于法律和医学文件,按照要求这些文档必须要保持原样。

对于以数据为中心的应用来说,由于它主要关心的是元素、属性、文本以及层次顺序,所以这种“往返车票”显得不是很重要。

XML 数据库都能够在元素、属性、CDATA 和文件顺序的级别上为文档提供“往返车票”,至于究竟能达到什么程度取决于数据库。一般来说,基于文本的 XML 数据库能够原样存取 XML 文档,而基于模型的 XML 数据库只能在文档模型的级别上原样存取 XML 文档。对于特别小的文档模型,意味着比普通的 XML 原样存取的级别低。

(7) 外部数据

XML 数据库可包含有外部数据(Remote Data),这些外部数据来自存储在数据库中的文档。通常这些数据通过 ODBC、OLE DB 或 JDBC 从关系数据中取出,模型可以是基于表格的或对象—关系型映射。XML 数据库决定了这些数据是不是即时的,即 XML 数据库中文档的更新是否在外部数据库中反映出来。

(8) 索引

XML 数据库都支持元素和属性的索引。像非 XML 数据库一样,索引用于提高检索速度。

(9) 外部实体存储

XML 文档存储时的一个棘手问题就是怎样处理外部实体。也就是说,应当将其展开,把它的值存储在文件中,还是保留实体引用原封不动?这个问题没有统一的答案。

例如,假设文档中包含一个外部实体用来调用一个当前天气报告的 CGI 程序。如果将这个文件用于提供天气预报的网页,那么将这个实体展开就是错误的,因为网页中提供的不是即时的数据。相反,如果文件是气象历史资料的一部分,那么不展开它反而是不对的,否则文件总是含有当前的数据而不是历史资料了。

17.5.2　XML 数据库的研究问题

在 XML 数据查询处理研究中,存在下列问题。

1. 如何定义完善的查询代数

众所周知,关系数据库统治数据管理领域长盛不衰的法宝就是描述性查询语言 SQL 和其运行基础关系代数。关系代数的目的之一是约束明确的查询语义,目的之二是用于支持查询优化。关系代数的优势来自简单明确的数据模型——关系,具有完善的数学基础和系统的转换规则。而 XML 数据模型本身具有的半结构化特点是定义完善的代数运算的最大障碍。XML 查询语言中的不确定性是另一个难以克服的困难。目前提出的 Xquery Formal Semantic 标准基于函数语言的思想,为查询优化带来了新的困难。

2. 复杂路径表达式是 XML 查询语句的核心

必须将复杂、不确定的路径表达式转换为系统可识别的、明确的形式。面向对象数据库中的模式支持的分解方法，不适应处理没有模式或者虽有模式信息但模式本身为半结构化和不确定性的 XML 路径分解的情况。并且，XML 数据的存储和索引方法与面向对象数据库不同，而这正是影响路径分解的重要因素。

3. XML 数据信息统计和代价计算

传统的对值的统计对 XML 查询是不够的。XML 数据本身缺乏模式的支持，使对数据结构信息的统计显得更加重要。XML 数据中的数值分布在类似树状结构的树叶上，即使相同类型的数据，由于半结构化特点，其分布情况也可能完全不同。因此，需要把对结构的统计信息和对值的统计信息结合到一起，才能得到足够精确的统计信息。对 XML 查询代价的计算可以分为两个层次：上层为对查询结果集大小的估计。给定 XPath 路径，忽略方法的不同，只估计返回路径目标结点结果集的大小。这种方法普遍用于路径分解后确定查询片段的执行次序。下层为执行时间的估计。给定查询片断，估计不同的执行算法所需时间代价。这种方法用于确定查询片段的执行方法。

目前，XML 数据索引按照用途可分为三种：简单索引、路径索引和连接索引。简单索引包括标记索引、值索引、属性索引等。路径索引抽取 XML 数据的结构，索引具有相同路径或者标记的结点用于导航查询时缩小搜索的范围。连接索引在元素的编码上建立特定的索引结构来辅助跳过不可能发生连接的结点，从而避免对这些结点的处理。可以利用的索引结构包括 $B+$树、改进的 $B+$树、R 树和 XR 树等。利用索引提高查询效率实际上是空间换时间的做法。如何针对不同的查询需求建立、使用和维护合适的索引是研究者面临的一个问题。另一个问题是，不同的索引，索引目标也不相同，如何在一个查询中综合地使用不同的索引。随着 XML 数据在电子商务中的广泛应用，XML 数据更新需求迫切，更多的研究者开始关注如何动态地维护索引以适应数据不断更新的问题。

对于 XML 数据的更新操作，无论在语言，还是在操作方法上都没有一个统一的标准。更新操作从逻辑上是指元素的插入、删除和更新。更新包括模式检查、结点定位、存储空间的分配和其他辅助数据的更新，比如索引、编码等。在 XML 文档中插入数据的问题需要移动所有插入点后面的数据。为了解决这个问题，引入了空间预留方法，在数据存储时，根据模式定义预留一部分空间给可能的插入点。当有数据插入时，如果预留空间足够，则无需数据移动。如果预留空间不够，则在新申请的页面中插入数据，原有数据也不需要移动。与此同时，为以后的数据插入预留了更多的空间。针对不同的存储策略，数据更新的方法也不同，非簇聚存储方法在更新时无需在物理上保持数据的有序性，更新代价较小。簇聚存储方法在更新时需要更多的无关数据移动以维护簇聚性。因此，对更新频繁的数据，不宜采用簇聚存储方法。

XML 数据处理面临的未解决的问题还包括：首先在查询处理上，是导航处理还是基于代数的一次一集合的处理？这一直是 XML 查询优化研究的焦点，而如何在一个系统中把二者有机地结合起来以提高效率的研究还很不充分。目前对 XML 数据查询的各种不同的执行方法之间的孰优孰劣的比较工作还刚刚开始，并未形成共识性的规则。由于 XML 数据本身的灵活性，找到一些普遍适用的规律是很困难的。在今后的一段时间内，相信会有更多的研究工作在这方面展开。其次，示例化视图作为查询优化的一个重要手段并未在 XML 查询优化研究中得到足够的重视。最后，Native XML 数据库是否是合适的 XML 数据处理解决方案？如果是的话，如何做到 XML 数据与传统数据库数据的互操作？这些都是有待进一步研究的问题。

17.6 小　结

本章主要从新型数据库类型的角度对数据库新技术进行了简要的介绍，这些新型的数据库包括并行数据库、多媒体数据库、主动数据库、空间数据库和 XML 数据库。分布式数据库、面向对象数据库和多媒体数据库在本书的第 14 章、第 15 章和第 16 章分别有专门的介绍。除了这些不同类型的数据库外，数据库理论也有许多新的发展，但这些理论的发展都是和某种数据库结合在一起的，如分布式事务处理是与分布式数据库相结合的。因此，本章没有专门对此进行讨论，有兴趣的读者可以参考文献[23]、[26]。

习　题

1. 什么是并行数据库？并行数据库有哪些模式？
2. 什么是主动数据库？主动数据库需要解决哪些问题？
3. 什么是空间数据库？简述空间数据库的特点。
4. 简述空间数据索引的特点与作用。
5. 什么是 XML 数据库？简述 XML 数据库的特点。
6. XML 数据库的研究问题有哪些？

参考文献

[1] Ullman J D. Principles of Database System. Computer Science Press，1982

[2] Date C J. An Introduction to Database System. Thition Edition，1983(Ⅱ)

[3] 萨师煊，王珊. 数据库系统概论. 第三版. 北京：高等教育出版社，2000

[4] 施伯乐，丁宝康，杨卫东. 数据库教程. 北京：电子工业出版社，2004

[5] 西尔伯沙茨等著. 数据库系统概念. 杨冬青，马秀莉，唐世渭译. 北京：机械工业出版社，2000

[6] Ramez A Elmasri 著. 数据库系统基础. 第三版. 邵佩英，张坤龙等译. 北京：人民邮电出版社，2002

[7] 吴鹤龄. 数据库原理与设计. 北京：国防工业出版社，1987

[8] 汪成为. 面向对象分析、设计与应用. 北京：国防工业出版社，1992

[9] Tamer Ozsu M，Valduriez Patrick. Principles of Distributed Database Systems(Second Edition，影印版). 北京：清华大学出版社，2002

[10] 陈禹六. IDEF 建模分析和设计方法. 北京：清华大学出版社，1999

[11] 李建中，王珊. 数据库系统原理. 北京：电子工业出版社，2001

[12] 周志逵. 数据库原理与技术. 北京：科学出版社，1994

[13] 何玉洁，数据库基础及应用技术. 北京：清华大学出版社，2002

[14] 杨国强，路萍，张志军. ERwin 数据建模. 北京：电子工业出版社，2004

[15] Ltzik Ben-Gan，Dejan Sarka，Roger Wolter 著. SQL Server 2005 技术内幕：T-SQL 程序设计. 赵立东译. 北京：电子工业出版社，2007

[16] (美) Garcia-Molina H，Ullman J D，Widom J 著. 数据库系统实现. 杨冬青，唐世渭等译. 北京：机械工业出版社，2001

[17] Maier D. The Theory of Relation Database. Computer Seince Press，Inc.，1983

[18] David Sceppa 著. ADO. NET 2.0 技术内幕. 贾洪峰译. 北京：清华大学出版社，2007

[19] 邵佩英. 分布式数据库系统及其应用. 北京：科学出版社，2000

[20] 周志逵. 数据库理论与新技术. 北京：北京理工大学出版社，2001

[21] Lu Guojun. Multimedia Database Management Systems. Boston：Artech House，1999

[22] 王意洁. 面向对象的数据库技术. 北京：电子工业出版社，2003

[23] 李昭原. 数据库技术新进展. 北京：清华大学出版社，1997

[24] 徐洁磐. 面向对象数据库系统及其应用. 北京：科学出版社，2003

[25] 李建中，孙文隽. 并行关系数据库管理系统引论. 北京：科学出版社，1998

[26] 孟小峰，周龙骧，王珊. 数据库技术发展趋势. 软件学报，2004，15(12)：1822～1836

[27] 逯鹏，吕良双，高庆一. Native XML 数据库技术综述. 计算机科学，2004，31(4)

[28] 李春葆，曾慧. SQL Server 2000 应用系统开发教程. 北京：清华大学出版社，2005

读者意见反馈

亲爱的读者：

感谢您一直以来对清华版计算机教材的支持和爱护。为了今后为您提供更优秀的教材，请您抽出宝贵的时间来填写下面的意见反馈表，以便我们更好地对本教材做进一步改进。同时如果您在使用本教材的过程中遇到了什么问题，或者有什么好的建议，也请您来信告诉我们。

地址：北京市海淀区双清路学研大厦 A 座 602　　计算机与信息分社营销室 收
邮编：100084　　电子邮件：jsjjc@tup.tsinghua.edu.cn
电话：010-62770175-4608/4409　　邮购电话：010-83470235

教材名称：数据库系统原理

ISBN：978-7-302-18626-7

个人资料

姓名：________________ 年龄：_______ 所在院校/专业：____________________

文化程度：____________ 通信地址：______________________________________

联系电话：____________ 电子信箱：______________________________________

您使用本书是作为：□指定教材 □选用教材 □辅导教材 □自学教材

您对本书封面设计的满意度：

□很满意 □满意 □一般 □不满意　改进建议______________________________

您对本书印刷质量的满意度：

□很满意 □满意 □一般 □不满意　改进建议______________________________

您对本书的总体满意度：

从语言质量角度看 □很满意 □满意 □一般 □不满意

从科技含量角度看 □很满意 □满意 □一般 □不满意

本书最令您满意的是：

□指导明确 □内容充实 □讲解详尽 □实例丰富

您认为本书在哪些地方应进行修改？（可附页）

____

____

您希望本书在哪些方面进行改进？（可附页）

____

____

电子教案支持

敬爱的教师：

为了配合本课程的教学需要，本教材配有配套的电子教案（素材），有需求的教师可以与我们联系，我们将向使用本教材进行教学的教师免费赠送电子教案（素材），希望有助于教学活动的开展。相关信息请拨打电话 010-62776969 或发送电子邮件至 jsjjc@tup.tsinghua.edu.cn 咨询，也可以到清华大学出版社主页（http://www.tup.com.cn 或 http://www.tup.tsinghua.edu.cn）上查询。